Claudia Eilles-Matthiessen / Susanne Janssen
Beratungskompass

Claudia Eilles-Matthiessen /
Susanne Janssen
Unter Mitarbeit von Sandra Merz-Hörmann

Beratungskompass

Grundlagen von Coaching, Karriereberatung, Outplacement und Mediation

Mit 78 Steckbriefen zur Beraterweiterbildung

GABAL
Professional Training

Bibliografische Information Der Deutschen Bibliothek

Die Deutsche Bibliothek verzeichnet diese Publikation in
der Deutschen Nationalbibliografie; detaillierte bibliografische
Daten sind im Internet über <http://dnb.ddb.de> abrufbar.

ISBN 3-89749-565-1

Lektorat: Dr. Sonja Ulrike Klug, www.buchbetreuung-klug.com
Umschlaggestaltung: + Malsy Kommunikation und Gestaltung, Willich
Umschlagfoto: Getty Images, München
Satz und Layout: Das Herstellungsbüro, Hamburg | www.buch-herstellungsbuero.de
Druck und Bindung: Salzland Druck, Staßfurt

www.gabal-verlag.de – More success for you!

Inhalt

Vorwort

Der *Beratungskompass* – ein Beitrag zur Klientenprofessionalisierung

Wer als Auftraggeber bzw. Interessent die passende Beratungsdienstleistung sucht, dem begegnen allerlei interessante Angebote. Da bietet etwa ein lösungsorientiert arbeitender Coach und NLP-Master A seine Dienstleistungen an, die Karriereberaterin B hat eine systemische Weiterbildung und arbeitet ressourcenorientiert, der Wirtschaftsmediator C hat neben Mediation und Supervision auch psychoanalytisches Konfliktcoaching für Einzelne und Gruppen im Angebot.

> Wer als Auftraggeber oder Klient die Fachbegriffe und die dahinterstehenden Modelle und Theorien kennt, hat Vorteile – und zwar dann, wenn es darum geht, das passende Beratungsangebot zu finden, die Kompetenzen eines Beraters einzuschätzen und diesem als kompetenter Partner im Gespräch gegenüberzusitzen.

Orientierung auf dem Markt

Personenbezogene Beratung und Intervention im Kontext von Arbeit, Beruf und Organisationen sind ein unübersichtliches Feld. Dies gilt für den Markt, aber auch für Themen und Inhalte. Der *Beratungskompass* möchte hier eine Orientierung geben. Er richtet sich an Auftraggeber und Klienten personenbezogener Beratung wie Unternehmensverantwortliche und Personalentwickler, die schnell und zielgerichtet einen Überblick über Grundlagen und Formen der Beratung gewinnen möchten. Er richtet sich auch an Neu- und Quereinsteiger in den Beratungsmarkt, an Weiterbildungsinteressenten im Kompetenzfeld Beratung sowie an Beraterkollegen.

Der *Beratungskompass* ist ein Kooperationsprojekt zweier Autorinnen, die aus unterschiedlichen Perspektiven auf das Thema Beratung blicken: *Susanne Janssen* aus unternehmensinterner Perspektive, *Claudia Eilles-Matthiessen* aus der Perspektive einer selbstständigen Beraterin. Für die Arbeit am *Beratungskompass* bedeutet das: anregende Diskussionen, Austausch von Erfahrungen und die Entscheidung, das Kompetenzfeld Beratung aus einer Metaperspektive zu beleuchten.

Marktübersicht

Die Recherchen für den Serviceteil wurden von *Sandra Merz-Hörmann* übernommen, die Informationen über beratungsbezogene Weiterbildungen gesammelt, strukturiert und daraus eine Marktübersicht in Form von 78 Steckbriefen verfasst hat. Damit hat sie einen wichtigen Beitrag zur Realisierung des *Beratungskompass* geleistet. An dieser Stelle möchten wir ihr herzlich danken.

Wir wünschen Ihnen nützliche Informationen, interessante Anregungen und Freude bei der Lektüre des *Beratungskompass*.

Frankfurt, im Sommer 2005

Claudia Eilles-Matthiessen
Susanne Janssen

Teil I

Coaching, Karriereberatung, Outplacement und Mediation

»Gebraucht der Zeit, sie geht so schnell von hinnen,
Doch Ordnung lehrt euch Zeit gewinnen.«

Johann Wolfgang von Goethe

1. Personenbezogene Beratung und Intervention im Kontext von Arbeit, Beruf und Organisation – Basisinformationen zum Einstieg

Claudia Eilles-Matthiessen und Susanne Janssen

Der Beratungsmarkt ist in Bewegung. Neue Beratungsformen entstehen, neue Anbieter drängen mit immer neuen Themen und Angeboten auf den Markt. Das gilt insbesondere für den Bereich Coaching.

Bemühungen um Professionalisierung

Als Reaktion auf die vielfach beklagte inflationäre Verwendung des Coachingsbegriffs – Coaching als Modebegriff, der für jede Art von Beratungstätigkeit verwendet wird – wurden die Bemühungen um die Professionalisierung des Coachings intensiviert. Dachverbände wurden gegründet, die Forschungsaktivitäten zum Thema Coaching vorangetrieben und vielfältige Möglichkeiten der Weiterbildung im Kompetenzfeld Coaching geschaffen. Im Zuge dieser Professionalisierungsbemühungen ist allerdings eine neue Ebene der Komplexität entstanden. Der Kunde trifft auf einen dynamisch sich wandelnden Markt von Anbietern, Weiterbildungsangeboten, Dachverbänden und einzelnen, engagierten Protagonisten. Hier ist es nicht nur für Kunden kaum möglich, den Überblick zu bewahren.

Da Coaching nicht die alleinige Intervention für alle organisationsbezogenen Situationen ist, wird der Kunde entsprechend seiner Ausgangslage auch andere Beratungsangebote berücksichtigen. Fachberatung, Supervision, Mediation, Teamentwicklung, Outplacement und andere Konzepte bilden ein buntes Kaleidoskop, das Fragen aufwirft. Wie unterscheidet sich Coaching von der Supervision? Was ist eigentlich das »Systemische« an systemischer Beratung? Was leistet ein Teamcoaching – im Unterschied zur Teamentwicklung – oder gibt es da gar keinen Unterschied? Was hat die Psychoanalyse in der Beratung zu suchen? Wie unterscheidet sich die Mediation von der Konfliktmoderation? Was bedeuten TZI, TA und RET? Sprechen Outplacementberater auch Kündigungen aus? Was leistet eine Karriereberatung – und welche Qualifikationen sollte ein Karriereberater mitbringen? Schließlich: Welche Möglichkeiten der Weiterbildung im Bereich der personenbezogenen Beratung gibt es?

> Die Idee des *Beratungskompass* besteht darin, dem Leser einen Überblick über theoretische Grundlagen, Modelle und Konzepte personenbezogener Beratung zu liefern. Dabei ist es unser Ziel, einen ordnenden Rahmen zu schaffen und ein komplexes Feld übersichtlich zu strukturieren.

Coaching, Karriereberatung, Outplacement und Mediation

Im Sinne dieses Ziels ist es erforderlich, uns auf bestimmte Beratungsformen zu beschränken. Die Einschränkung auf Coaching, Karriereberatung, Outplacement und Mediation erfolgt aus der Überlegung, die wichtigsten personenbezogenen Beratungsformen aufzunehmen. Diese vier sind Beratungsformen, die für Menschen zur Unterstützung in beruflichen Entscheidungs-, Veränderungs- und Konfliktsituationen angeboten werden.

- *Coaching* ist eine ziel- und konzeptgeleitete Prozessberatung zur Unterstützung von Führungskräften, Fachexperten und Selbstständigen.
- *Karriereberatung* ist die individuelle Unterstützung bei der Planung einer erfolgreichen beruflichen Zukunft.
- *Outplacementberatung* unterstützt entlassene oder von Entlassung bedrohte Mitarbeiter bei der Suche nach einem Arbeitsplatz.
- *Mediation*, ein Verfahren der konstruktiven Konfliktlösung, setzt an, wenn in Organisationen bereits verhärtete Konflikte vorliegen, die Ressourcen binden und daher vorrangig bearbeitet werden müssen.

Allen Beratungsformen ist gemeinsam, dass sie zunächst auf individueller Ebene, d. h. an der individuellen Situation der Klienten, ansetzen. Gegenstand der Beratung ist oft die subjektive Bedeutung einer arbeitsplatz- oder organisationsbezogenen Situation, die Berater und Klient gemeinsam rekonstruieren. Beratungsformen, die vorrangig auf der Ebene der Organisation ansetzen – wie Organisations- oder Strategieberatung, die durchaus mit personenbezogenen Beratungsformen wie Coaching verknüpft sein können –, haben wir ausgeklammert.

Zugrunde liegende Theorien und Modelle

Kern des *Beratungskompass* ist die Trennung der vier Beratungsformen von den dahinterliegenden Theorien und Modellen. Dazu gehören etwa der systemische Ansatz, der kognitive Ansatz, die Rational-Emotive Therapie (RET) oder aber Modelle wie Themenzentrierte Interaktion (TZI) oder Transaktionsanalyse (TA).

In der Praxis gibt es vielfältige Kombinationen von Beratungsform und theoretischem Hintergrund des Beraters: Beispiele sind der systemisch arbeitende Coach, der Mediator mit transaktionsanalytischem Hintergrund oder die Karriereberaterin mit klientenzentrierter Weiterbildung. Eine Trennung der Beratungsform von den dahinterliegenden Theorien und Modellen ist wesentlich, um Klarheit und Transparenz in dem zunächst unübersichtlichen Feld der personenbezogenen Beratungsformen zu gewinnen.

> Im *Beratungskompass* sollen die gemeinsamen theoretischen und methodischen Grundlagen der verschiedenen personenbezogenen Beratungsformen herausgearbeitet und systematisiert werden.

Auftraggeber und Kunden der vielfältigen Beratungsdienstleistungen sollen so in die Lage versetzt werden, sich schnell und zielgerichtet zu informieren sowie einen für den eigenen Beratungsbedarf passenden Beratungsansatz und Berater zu finden. Den Aufbau des *Beratungskompass* haben wir im Modell eines Hauses veranschaulicht.

Aufbau des Buches

Basis des Buchs bilden die Grundlagen personenbezogener Beratung, die in diesem Kapitel behandelt werden. Hier wird geklärt, was wir darunter verstehen, wie sich diese Form der Beratung von Psychotherapie unterscheidet und über welche Kompetenzen ein Berater verfügen sollte.

In Kapitel 2 werden die gemeinsamen theoretischen und methodischen Grundlagen von Coaching, Karriereberatung, Outplacement und Mediation dargestellt. Dabei werden wir zunächst die wichtigsten psychologischen Theorien und Modelle wie den systemischen Ansatz, den kognitiven Ansatz oder die Transaktionsanalyse vorstellen. Es folgt in Kapitel 3 eine systematische Darstellung von Beratungstechniken, die in der personenbezogenen Beratung eingesetzt werden. Gegenstand von Kapitel 4 sind die vier »Säulen« unseres Hauses: die Beratungsformen Coaching, Karriereberatung, Outplacement und Mediation. Diese werden anhand einer einheitlichen Struktur beschrieben. Eng verwandt und ebenfalls personenbezogen sind Supervision, Moderation und interkulturelle Beratung.

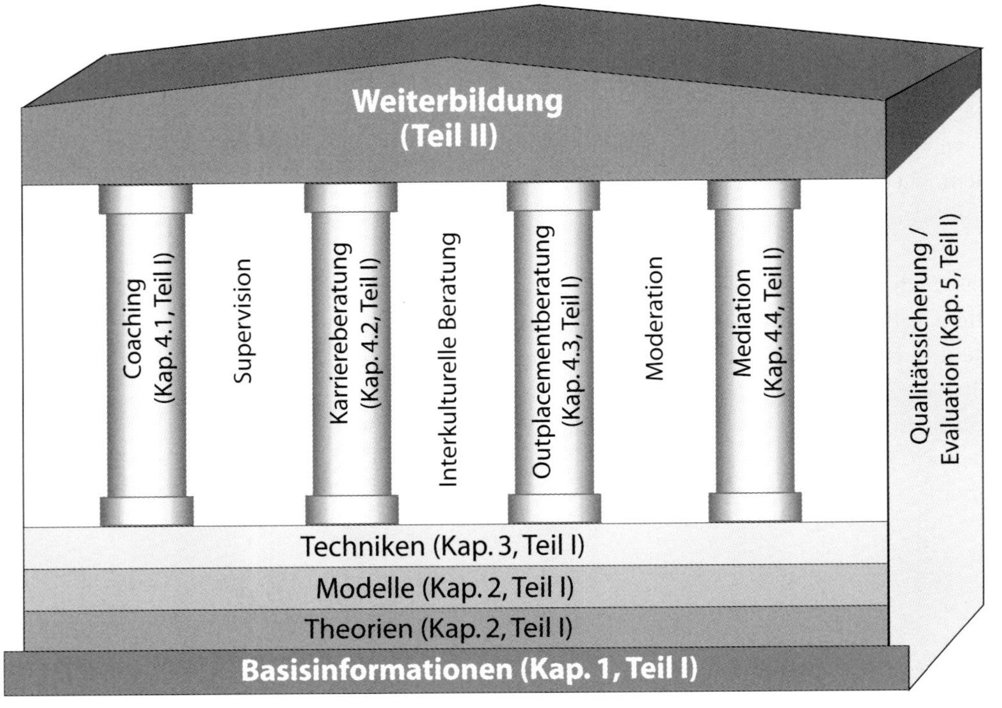

Aufbau des *Beratungskompass*

Die Supervision weist vielfältige Gemeinsamkeiten zum Coaching auf und wird daher in Kapitel 4 aufgenommen. Moderation wird in Abgrenzung zur Mediation betrachtet. Interkulturelle Beratung schließlich ist weniger eine eigenständige Beratungsform als vielmehr eine Perspektive, die mit verschiedenen Interventionsformen wie Coaching, Training, Teamentwicklung arbeitet. In Kapitel 5 schließlich befassen wir uns mit dem Thema Qualitätssicherung und Evaluation von Beratung, das alle vier Säulen betrifft.

Serviceteil

Teil II des *Beratungskompass* beinhaltet einen Serviceteil. Ein Leitfaden dient Interessenten einer beratungsbezogenen Weiterbildung als Orientierung bei der Wahl des passenden Angebots. Kern des Serviceteils ist eine Marktübersicht zu Weiterbildungsangeboten personenbezogener Beratung in Form von 78 Steckbriefen, die nach einem einheitlichen Schema gegliedert sind und über Ziele, Zielgruppen, Inhalte und Rahmenbedingungen einer Weiterbildung informieren.

1.1 Coaching, Karriereberatung, Outplacement und Mediation – gemeinsame Merkmale

> Coaching, Karriere- und Outplacementberatung sowie Mediation sind Beratungsformen, die Menschen in Organisationen bzw. in der Auseinandersetzung mit beruflichen und organisationsbezogenen Fragen unterstützen. Sie setzen bei der individuellen Situation und den Rahmenbedingungen der Rat suchenden Personen, Gruppen oder Organisation an, gehen prozessorientiert vor und zielen auf die Erweiterung von berufsbezogenen Handlungskompetenzen ab.

Individuell ist eine Beratung, wenn sie die Rat suchende Person, das Team oder die Arbeitsgruppe, deren spezifische Situation und Perspektive im Blick hat und zur Entwicklung individueller Problemlösungsstrategien beiträgt. Bei der *prozessorientierten* Begleitung von Lernprozessen werden im Unterschied zur Fach- oder Expertenberatung nicht in erster Linie inhaltliche Lösungen erarbeitet; Ziel ist es vielmehr, die Problemlösungsfähigkeit im Rat suchenden System zu stärken. Der Berater initiiert und begleitet Lernprozesse – die Verantwortung für das Problem und die Lösung verbleibt beim Klienten (*Pühl,* 2003a). Damit verbunden ist oft eine *Erweiterung der Handlungs- und Selbststeuerungskompetenzen.* Der Klient erweitert über die aktuelle Fragestellung hinaus seine Fähigkeit zur Bewältigung berufsbezogener Veränderungen.

1.2 Anlässe und Ziele der Beratung

Die folgende Abbildung stellt einige typische Beratungsanlässe für Coaching, Karriereberatung, Outplacement und Mediation vor. Diese umfassen ein breites Spektrum an Themen, wie z.B. Karriereplanung, Mobbing, Persönlichkeitsentwicklung, Stress und Unternehmensgründung.

Unterschiedliche Ziele

Mit diesen Beratungsanlässen können unterschiedliche Ziele verknüpft sein. Das Klären von Zielen ist ein Prozess, an dem in der Regel Berater, Klient und Auftraggeber beteiligt sind. Als Orientierungshilfe mag die folgende Unterscheidung in vier Arten von Zielen dienen: Informationssuche und Orientierungshilfe, Persönlichkeitsentwicklung, Problemklärung und Ausgleich unterschiedlicher Interessen. Sie sollten in einem Abstimmungsprozess zwischen den Beteiligten geklärt und präzisiert werden. Hat ein Klient z.B. angesichts von Entscheidungssituationen zu wenig Informationen oder benötigt er Orientierungshilfe, dann dient die Beratung vorrangig dazu, die Informationssuche zu strukturieren und Orientierungshilfe zu leisten.

Die Persönlichkeitsentwicklung und die Erweiterung von überfachlichen Kompetenzen können beispielsweise Ziele der Beratung sein. Dazu gehören Selbstklärung, Stärkung und Stabilisierung von Selbstkonzept und Selbstwertgefühl, Verbesserung der Beziehungs- und Arbeitsfähigkeit. Dies kann bedeuten, Handlungsspielräume zu erweitern und Kompetenzen wie Konfliktbewältigung, Kreativität und Kommunikationsfähigkeit zu fördern. Beispiele für diesen Bereich sind Coaching zur Vorbereitung auf die erstmalige Übernahme einer Führungsposition oder interkulturelle Beratung zur Entwicklung kulturell gemischter Arbeitsgruppen.

Lautet das Beratungsziel Problemklärung, so steht neben der Bewältigung eines Problems der Umgang mit Krisen oder Veränderungen im Vordergrund. Die Handlungskompetenz des Klienten kann aufgrund von Krisen, Veränderungen oder Konflikten wie Mobbing oder (drohendem) Arbeitsplatzverlust vorübergehend beeinträchtigt sein. Die Beratung dient in solchen Situationen – z.B. beim Coaching von Führungskräften in strategischen Fragen – etwa dazu, einzelne Aspekte eines Problems zu unter-

Beratungsanlässe von A bis Z

scheiden, neue Perspektiven zu erarbeiten, Ressourcen zu aktivieren und Handlungsmöglichkeiten auszuloten.

Eine Beratung kann auch primär dem Ausgleich unterschiedlicher Interessen dienen. Ziel ist dann, die Handlungs- und Entscheidungsfähigkeit von Einzelpersonen, Arbeitsgruppen, Teams oder Organisationseinheiten wieder herzustellen. Dies ist Aufgabe der Mediation und der Konfliktmoderation.

1.3 Beratung und Psychotherapie – eine viel diskutierte Abgrenzung

Psychotherapie

Beratung und Psychotherapie sind zwei grundsätzlich unterschiedliche Interventionsverfahren. Psychotherapie ist ein Sammelbegriff für Heiltätigkeiten zur Behandlung psychischer Störungen, wie beispielsweise Ängste, Depressionen oder Suchtprobleme. Im deutschsprachigen Raum werden psychische Störungen mit Krankheitswert durch die internationale Klassifikation psychischer Störungen (ICD-10, *Dilling, Mombour und Schmidt,* 2004) der Weltgesundheitsorganisation WHO definiert. Psychotherapien dürfen nur von approbierten psychologischen oder ärztlichen Psychotherapeuten durchgeführt werden. Psychotherapien sind – gegebenenfalls mit medikamentöser Unterstützung – auch für die Behandlung schwerer psychischer Störungen mit gestörtem Realitätsbezug angezeigt.

Allgemeine Kennzeichen psychischer Störungen sind unter anderem das erhebliche Leiden und/oder die Beeinträchtigung der Person in sozialer, beruflicher oder körperlicher Hinsicht, klare Symptome wie Ängste, Schlafstörungen, Suchtverhalten oder Beziehungsprobleme, eine gewisse Mindestdauer (meist einige Wochen oder Monate) sowie keine vorrangig körperliche Verursachung (*Kraiker und Peter,* 1998).

> Die wesentlichen Unterschiede zwischen Beratung und Psychotherapie bestehen im Hinblick auf Ausgangssituation, Anlass, Ziele und vor allem die Bearbeitungstiefe eines Problems.

Unterschiede zwischen Beratung und Psychotherapie

Beratung wird ersucht wegen aktueller Veränderungs- oder Entscheidungssituationen, aber auch aus dem Bedürfnis heraus, die eigene Situation zu klären und geeignete Handlungsstrategien zu entwickeln. Bei der Psychotherapie dagegen ist der Leidensdruck der Klienten oft größer, die

Lebensqualität zum Beispiel aufgrund von Depressionen oder Sucht eingeschränkt. Dies erfordert häufig eine tiefere Bearbeitung der dahinterstehenden Problematik, die – je nach Ausrichtung eines Psychotherapeuten – die Aufarbeitung der lebensgeschichtlichen Entwicklung oder »nur« eine systematische Analyse und Veränderung dysfunktionaler Denk- und Handlungsstile beinhalten kann.

Schließlich unterscheiden sich Beratung und Psychotherapie hinsichtlich Evaluation und Qualitätssicherung: Für den Bereich der Psychotherapie liegen umfangreiche Forschungen zu Wirksamkeit und Wirkmechanismen psychotherapeutischer Intervention vor. Im Bereich der professionellen Beratung gibt es umfangreiche Praxiserfahrungen und Berichte; eine systematische Wirksamkeitsüberprüfung findet bislang jedoch nur in Ansätzen statt.

Behandlung durch einen Psychotherapeuten

In der Beratungspraxis wird es immer wieder zu Situationen kommen, die dem Berater signalisieren, dass eine psychische Störung vorliegt, deren Behandlung durch einen Psychotherapeuten erfolgen sollte. Dies ist dann der Fall,

- wenn die Probleme, Konflikte oder Symptome, die ein Klient schildert, nicht mehr ausschließlich oder überwiegend als Folge einer aktuellen Belastungsreaktion erklärt werden können,
- wenn die Realitätswahrnehmung gestört oder beeinträchtigt ist,
- wenn Selbst- oder Fremdgefährdung vorliegt oder ein entsprechender Verdacht besteht und
- wenn die seelischen und/oder intellektuellen Funktionen des Klienten beeinträchtigt sind. Zu den seelischen Grundfunktionen gehören Wahrnehmung, Denken, Fühlen, Motivation und Lernen bzw. Verarbeitung von Erfahrungen.

Beeinträchtigungen in diesen Bereichen können sich etwa in unkontrollierbaren Gefühlsausbrüchen (Emotion), in der Unfähigkeit, Pläne umzusetzen oder Vereinbarungen einzuhalten (Motivation), oder in selbstzerstörerischem oder destruktivem Verhalten (Erlebnisverarbeitung) äußern. In diesen Fällen sollte der Berater mit dem Klienten klären, inwieweit weiter gehende Hilfe durch einen Psychotherapeuten und/oder Arzt angemessen wäre.

1.4 Beraterkompetenzen – Zusammenspiel zwischen Psychologie und Wirtschaft

Beraterkompetenzen lassen sich nicht vollständig in einem statischen Katalog von wünschenswerten Qualifikationen und Erfahrungen abbilden. Schließlich ist Beratung eine differenzierte und individuelle Dienstleistung, deren Qualität vorrangig auf der Ebene der Gestaltung von Beziehungen und Prozessen verstanden werden kann. Aufstellungen der wünschenswerten Kompetenzen geben dennoch einen ersten Überblick über Merkmale, die einen Berater im Kontext von Arbeit, Beruf und Organisation kennzeichnen sollten.

Kein Berater wird all die genannten Kompetenzen und Merkmale in optimaler Ausprägung vorweisen können. Unternehmen, die mit verschiedenen Beratern kooperieren, sollten daher ihren Beraterpool – unter Beachtung der Mindestanforderungen, die sie an Berater stellen – möglichst heterogen zusammenstellen.

Wünschenswerte Kompetenzen

Die folgende Aufstellung wünschenswerter Kompetenzen mag als Raster dienen, welches zur Auswahl von Beratern hinzugezogen werden kann. Dabei unterscheiden wir die Bereiche:

- Fachkompetenzen,
- Feldkompetenzen,
- Methodenkompetenzen,
- soziale Kompetenzen und
- Persönlichkeit.

Fachkompetenzen

> Zu den Fachkompetenzen gehört zunächst die formale fachliche Ausbildung des Beraters, in der Regel ein Hochschulabschluss. Hinzukommen können eine beratungsspezifische Weiterbildung (etwa als Coach oder Mediator) und/oder eine psychotherapeutische Weiterbildung.

Innerhalb der verschiedenen Beratungsansätze finden sich Vertreter unterschiedlicher Fachrichtungen wie Anbieter mit wirtschaftswissenschaftlicher Ausbildung, Psychologen sowie Berater mit pädagogischem oder psychosozialem Hintergrund. Mediation wird vor allem von Juristen angeboten, kann aber nach einer Entscheidung der Bundesregierung vom 17.7.2002 auch durch Unternehmensberater mit anderem akademischen Hintergrund durchgeführt werden *(www.bdu.de)*. Naturgemäß stehen die Vertreter der unterschiedlichen Professionen bei der Aufteilung des Marktes in berufspolitischer Konkurrenz zueinander. Offensichtlich wird dies etwa, wenn innerhalb der Diskussionen um die Fach- und Feldkompetenz eines Beraters wahlweise die betriebswirtschaftliche oder aber die psychologische Kernkompetenz betont wird.

Als Konsens in der Diskussion um die fachlichen Qualifikationen kann die Forderung nach einer interdisziplinären »Schnittfeldqualifikation« gelten, wie sie für den Bereich des Coachings von *Looss* (1997, S. 189) formuliert wurde. Demnach sollte ein Coach sowohl über fundiertes psychologisches Wissen als auch über entsprechende betriebswirtschaftliche Kenntnisse verfügen – eine Forderung, die auch für andere Bereiche der Beratung Gültigkeit besitzt.

Psychologische Kompetenzen

Zu den wichtigsten Kernkompetenzen der Psychologen gehören diagnostische Kompetenzen, d.h. die angemessene Auswahl, Anwendung und Interpretation diagnostischer Instrumente. Standardisierte diagnostische Instrumente wie Leistungs- oder Persönlichkeitstests, welche etwa in der Outplacement- oder Karriereberatung und teilweise im Coaching eingesetzt werden, dürfen teilweise nur von Diplom-Psychologen angewandt werden. Die Kenntnis und die Klassifikation psychischer Störungen wie Depressionen, Sucht- oder Angststörungen sind immer dann notwendig, wenn es darum geht, eine behandlungsbedürftige psychische Störung und damit die Grenzen der Beratungsleistung zu erkennen.

In der Regel werden in der psychologischen Ausbildung und im Rahmen einer beratungsbezogenen oder psychotherapeutischen Weiterbildung auch ausführlich sozialpsychologische, rollen- oder gruppenbezogene Modelle und Denkansätze vermittelt, die ein Verständnis von Gruppen und Gruppenprozessen erleichtern.

Die psychologische Fachkompetenz eines Beraters sollte in jedem Fall deutlich über eine reine Methodenkompetenz hinausgehen, denn Techniken, wie sie etwa in einer NLP-Weiterbildung vermittelt werden, können ohne fundiertes Wissen über menschliches Erleben und Verhalten nicht verantwortungsvoll ausgewählt und eingesetzt werden.

Betriebswirtschaftliche Kompetenzen

Die betriebswirtschaftliche Kompetenz als zweite Säule der geforderten Schnittfeldqualifikation betrifft unter anderem die Grundkenntnisse betrieblicher Funktionen, der Aufbau- und Ablauforganisation sowie die Grundlagen der Umsatz- und Gewinnorientierung.

Ein Outplacementberater, ein Coach oder ein Wirtschaftsmediator, der mit betriebswirtschaftlichem Denken vertraut ist, wird sicherlich von der Zielgruppe der Manager eher akzeptiert. Auch wird Coaching häufig parallel oder im Anschluss an Beratungsprojekte zur Kosteneinsparung und Prozessoptimierung oder an Organisationsentwicklungsmaßnahmen eingesetzt, was ebenfalls wirtschaftliche Kompetenzen erfordert. Konflikte in oder zwischen Organisationen – das Tätigkeitsfeld eines Wirtschaftsmediators – betreffen oft komplexe wirtschaftliche Fragen. Nur mit entsprechenden Kenntnissen und Erfahrungen wird es dem Mediator gelingen, den Konflikt schnell zu analysieren und zu einer von allen Beteiligten getragenen und im betrieblichen Kontext realisierbaren Lösung zu führen. Dass Outplacement- und Karriereberater wirtschaftliche Kenntnisse benötigen, versteht sich von selbst. Die Kenntnis der Aufbau- und Ablauforganisation bzw. neuerer Arbeits- und Organisationsstrukturen ist unabdingbar, um den Klienten in Hinblick auf seine weitere berufliche Karriere beraten zu können.

Feldkompetenzen

Zu den Feldkompetenzen gehört, dass der Berater über Kenntnisse und Erfahrungen der Märkte und der Branche verfügt, in denen er seine Leistungen anbietet. Für das Coaching von Führungskräften wird zudem gelegentlich eigene Führungserfahrung des Beraters gefordert.

Führungskräfte sind oft besonders hohen Leistungsanforderungen ausgesetzt. Sie sind in erster Linie den Organisationszielen verpflichtet, müssen in ihrer Führungsposition unbeliebte Entscheidungen treffen, durchsetzen und dabei gleichzeitig die Motivation und das Commitment der ihnen unterstellten Mitarbeiter aufrechterhalten bzw. stärken. Parallel sind viele Führungskräfte der mittleren Ebene in einer Phase verstärkter familiärer Verpflichtungen und durch die Integration der verschiedenen Rollen und Anforderungen zusätzlich herausgefordert. Ein Vorteil eigener Führungserfahrung ist etwa das Wissen um die Bedeutung von Mikropolitik im Unternehmen sowie Erfahrungen bezüglich der mit der Führungsrolle verbundenen Konflikte und Rollendilemmata.

Verengter Blickwinkel

So nützlich eigene Erfahrungen zum Verständnis spezifischer Themen sein mögen, so können sie jedoch auch den Blickwinkel eines Beraters einengen. Mit zunehmender Kenntnis einer Position, eines Unternehmens oder einer Branche kann die Gefahr steigen, in unterschiedlichen Situationen und Problemen Bekanntes wiederzuerkennen und auf bekannte und bislang bewährte Art zu intervenieren. Die Fähigkeit, in unterschiedlichen

Situationen bekannte Muster zu erkennen, gilt als Zeichen von Expertise; sie ermöglicht ökonomisches Handeln. Zum Problem wird eine solche Ausbildung gedanklicher Schablonen und Muster dann, wenn sie dem Berater nicht mehr bewusst sind und die gedankliche Flexibilität und das kreative Denken hemmen. Die beste Gegenstrategie kann dann nur lauten: die eigenen Erfahrungen reflektieren, sich der eigenen Muster und Denkschablonen bewusst werden und jeder neuen Beratungssituation mit Offenheit und Unvoreingenommenheit gegenübertreten.

Seit einigen Jahren trifft man mehr und mehr Anbieter, die mit Führungserfahrung und in der Regel guten Fachkenntnissen sowie spezifischen Branchenkenntnissen als Berater auftreten. Mit diesem Profil unterscheiden sie sich oft nicht nennenswert von den Auftraggebern oder Klienten. Erst Kompetenzen zur Gestaltung und Steuerung von Beratungsprozessen sowie Beratungserfahrung machen eine beruflich erfolgreiche Person auch zu einem guten Berater.

Methodenkompetenzen

> Zu den Methodenkompetenzen eines Beraters gehört es, ein breites Spektrum an unterschiedlichen Beratungsmethoden und -techniken zu kennen und diese flexibel und situationsangemessen anwenden zu können.

Methoden können problemvertiefend oder lösungsorientiert wirken. Sie können, wie die paradoxe Intervention, vorübergehende Verwirrung schaffen oder zur Klärung beitragen. Sie fordern eine intellektuelle oder eine eher intuitive Zugangsweise heraus. All dies muss bedacht und auf Persönlichkeit, Belastbarkeit und Ziele des Klienten sowie auf die Rahmenbedingungen eines Beratungsprozesses abgestimmt werden.

Neben Beratungstechniken und -methoden ist es nützlich, wenn ein Berater auch über Arbeitstechniken wie Präsentationstechniken, Zeit- und Projektmanagement sowie Informationsmanagement verfügt. Deren Vermittlung und Einübung wiederum kann auch Bestandteil eines Coachings sein.

Soziale Kompetenzen

Soziale Kompetenzen sind in der professionellen Beratung von nicht zu unterschätzender Bedeutung. Soziale Unabhängigkeit betrifft die Fähigkeit, sich ein Urteil über Sachverhalte zu bilden, ohne sich von der Meinung anderer beziehungsweise der Mehrheit beeinflussen zu lassen. Wichtig ist diese Fähigkeit unter anderem in der Mediation, in der es darum geht, die geforderte Allparteilichkeit zu wahren. Des Weiteren sollte ein Berater über Empathie, Konfliktfähigkeit und die Fähigkeit zum Konfliktmanagement sowie über ein gesundes Maß an Durchsetzungsfähigkeit verfügen. Feedbackfähigkeit, verstanden als die Fähigkeit, einem Klienten eine angemessene Rückmeldung etwa über dessen Auftreten oder Kommunikationsstil zu geben, gehört ebenfalls zu den wichtigen Fähigkeiten eines Beraters.

Wünschenswert ist eine dialogische Beratungshaltung, in der sich der Berater nicht als überwachende, kontrollierende oder (all)wissende Instanz, sondern als Begleiter versteht, der einen Rahmen zum Fragen, Experimentieren, Perspektivwechsel und Erforschen bereitstellt.

Ein Berater, der diese Haltung verinnerlicht hat,

- hinterfragt scheinbare Sicherheiten und Selbstverständlichkeiten,
- kann Zusammenhänge erfassen und herstellen,
- bringt Geduld, Ausdauer und Vertrauen in den Erkenntnisprozess des anderen auf,
- konfrontiert den Klienten bei offensichtlichen Missverständnissen oder Fehlhaltungen und
- vermeidet dogmatische oder durch Konventionen fixierte Aussagen (*Schmidt-Lellek*, 2001, S. 203).

Persönlichkeit

Auch eine Beratung, die vorrangig auf berufsbezogene Themen und Fragen zugeschnitten ist, berührt den persönlichen Lebensbereich des Klienten. Themen, wie etwa Konflikte oder Fragen der Vereinbarkeit beruflicher und außerberuflicher Rollen, erfordern eine vertrauenswürdige und reife Beraterpersönlichkeit.

> Ein guter Berater braucht eine stabile Persönlichkeit. Dazu gehört, dass er eigene Emotionen und die Emotionen des Klienten wahrnimmt und angemessen mit diesen Gefühlen umgeht – auch und gerade dann, wenn es sich um negative Gefühle wie Ärger oder Angst handelt.

Situationen, in denen Konflikte etwa in Teams angesprochen und bearbeitet werden, sind oft emotionsgeladen und schwierig. Einen Klienten zur Auseinandersetzung mit eigenen Anteilen an einem Konflikt mit den Mitarbeitern anzuregen, erfordert die richtige Mischung aus Konfrontation und Wertschätzung. Die Fähigkeit, auch mit unsachlicher Kritik gegenüber der eigenen Person oder dem eigenen Beratungsansatz umzugehen, erfordert professionelle Distanzierung. Die Aufzählung von Beratungssituationen, in denen die Stabilität des Beraters gefordert ist, ließe sich fortsetzen.

Positiv für die Klärung von Zielen oder zur Unterstützung bei Konfliktlösungen sind sicherlich auch Optimismus und Ruhe. Eine angstfreie und von Offenheit des Beraters geprägte Atmosphäre kann das Selbstvertrauen des Klienten stärken, den Klienten zur Mitarbeit motivieren und in seiner Entwicklung unterstützen. Humorvolle Bemerkungen des Beraters können neue Sichtweisen auf alte Probleme erschließen, indem sie die »Wirklichkeit« auf neue Weise beschreiben. Aus einer humorvollen Distanz zu den Dingen können Stärke und Kreativität entwickelt werden.

Authentizität und Integrität

Voraussetzung für einen konstruktiven Beratungsprozess sind weiterhin Authentizität und Integrität des Beraters. Ein Berater ist dann authentisch, wenn Einstellungen, Werte und Handeln übereinstimmen. Die unterschiedlichen Fassetten des professionellen Handelns – der Beratungsansatz, die Methoden und der Stil des Beraters – sollten in sich stimmig sein und der Persönlichkeit des Beraters sowie dessen Werten und Menschenbild entsprechen.

Zur Integrität eines Beraters gehören neben kritischer Selbstreflexion Diskretion und Vertraulichkeit, die Grundvoraussetzung für eine vertrauensvolle Arbeitsbeziehung sind. Sie betreffen das Wissen über ein Unternehmen und strategische Entscheidungen, die einen Berater zu einem »Insider« machen können. Inhalte dürfen nicht an Dritte weitergegeben werden. Eine Einschränkung dieses Diskretionsanspruchs kann nur dann bestehen, wenn Auftraggeber, Klient und Berater gemeinsam vereinbaren, ob und in welcher Form Informationen an Dritte oder an den Auftraggeber weitergegeben werden dürfen.

Das Menschenbild des Beraters sowie dessen Haltung zum gesamten Beratungsprozess ist ebenfalls von großer Bedeutung. Ziel der Beratung sollte es sein, berufliche, persönliche und soziale Ressourcen des Klienten zu erschließen und zu nutzen. Somit stehen nicht die defizitären Anteile des Klienten im Vordergrund, sondern dessen konstruktives Potenzial. Aufgabe des Beraters ist es, die Entwicklung des Klienten zu unterstützen und ihn bei der Bewältigung einer Situation zu begleiten, kurz: sein Potenzial zu erkennen und zu fördern.

Kreativität

Kreativität schließlich geht über die Kenntnis und Anwendung von Kreativitätstechniken hinaus. Sie umfasst die Fähigkeit, Sachverhalte und

Probleme in neuem Licht zu sehen, sie ungewöhnlich zu kombinieren und so zu hinterfragen, dass neue Ideen und Lösungsmöglichkeiten entstehen. Ein guter Berater versteht es, die Kreativität seines Klienten zu fördern. Der Kreativität dienlich sind alle Bedingungen, die eine konstruktive und entspannte Arbeitsatmosphäre schaffen: klare Rahmenbedingungen, eine wertschätzende Haltung des Beraters, Ermutigung, der flexible Einsatz unterschiedlicher Techniken, genügend Zeit sowie – zum richtigen Zeitpunkt – ein spielerischer Zugang, Provokation und Humor.

> Betrachtet man die Aufstellung wünschenswerter Beraterkompetenzen, dann fällt auf, dass die Persönlichkeit des Beraters einen besonders breiten Raum einnimmt. Gerade diese lässt sich allerdings erst im näheren persönlichen Kontakt mit ihm einschätzen.

Coachingkompetenzen, die über die harten Fakten wie Aus- und Weiterbildung, Feldkompetenzen, Erfahrungen etc. hinausgehen, transportieren sich implizit. Sie können schwerlich in einer Broschüre, im Webauftritt oder mittels Referenzen belegt werden – hier ist letztlich der persönliche Eindruck entscheidend.

1.5 Zur Auswahl des »richtigen« Beraters

Den deutschen Markt für Coaching, Karriereberatung, Outplacementberatung und Mediation teilen sich über 1000 Anbieter. Genaue Zahlen liegen nicht vor. *Geißler* (2005) geht von ca. 3.000 Coaches aus. Viele Berater treten als Einzelperson oder in kleinen Instituten auf. Wie finde ich als Auftraggeber aus dem großen Pool den passenden Berater heraus (*Lauterburg,* 2004; *www.bdu.de; www.coach-datenbank.de)*?

Vier Stufen der Beraterwahl

Das Vorgehen für die Beraterauswahl ist bei allen vier Beratungsformen ähnlich und kann in vier Stufen beschrieben werden (*Bornmüller und Seefeldt,* 2003):

- Identifikation und Kontaktaufnahme
- Vorauswahl
- Auswahlgespräche
- Angebotsbewerbung und Auswahl

Der Auswahl des passenden Beraters voraus geht immer eine Phase der Situationsanalyse und Klärung der Frage, welche Beratungsform in einem vorliegenden Fall angemessen ist. Auch sollten die Anforderungen an einen Berater formuliert werden.

Identifikation und Kontaktaufnahme

Bei der Suche nach dem passenden Coach gibt es verschiedene Wege. In Unternehmen führt der Weg in der Regel über die Personalabteilung bzw. über den Bereich Personalentwicklung. Oft verfügen die Personalfachleute über einen Beraterpool und können mit entsprechenden Informationen weiterhelfen. Ideal ist, wenn dieser Pool unter Berücksichtigung der Mindestanforderungen an einen Coach möglichst heterogen zusammengestellt ist. So sollten die Coaches beispielsweise verschiedene Arbeitsschwerpunkte haben, verschiedene theoretische Ausrichtungen und verschiedene Methoden einsetzen und auch in Bezug auf Alter und Geschlecht heterogen sein. Auf der Ebene des Topmanagements erfolgt die Ansprache eines potenziellen Coachs dagegen häufiger über direkte Kontakte oder Empfehlungen.

Ein anderer Weg, der auch von privaten, selbst zahlenden Kunden genutzt werden kann, führt über das Internet. Die bekannten Seiten des Coaching-Reports bieten unter dem Stichwort »Coach-Datenbank« und »Coach-Profile« bequeme Suchmöglichkeiten an (Näheres unter *www.coaching-report.de*).

Viele Coaches bieten auch Karriereberatung bzw. einzelne Leistungssäulen von Karriere- und Outplacementberatung an. Die Suche nach einem geeigneten Berater mit diesen Schwerpunkten kann über *www.coaching-report.de* erfolgen. Karriere- und Outplacementberater finden sich ebenfalls auf der Homepage der *Deutschen Gesellschaft für Karriereberatung* unter *www.dgfk.org* und beim *Bundesverband Deutscher Unternehmensberater* (BDU) unter *www.bdu.de*.

Bei der Suche nach einem Mediator können die im Anhang aufgelisteten Dachverbände behilflich sein. – Neben Personalabteilung, Branchenverzeichnis oder Internet bieten auch Fachzeitschriften in Printversion bzw. deren Websites einen Zugang zu Coaches, Karriere- und Outplacementberatern, interkulturellen Beratern oder Mediatoren. Ebenfalls hilfreich kann die Durchsicht von Publikationen sein.

Schließlich bleibt der von vielen Beratern favorisierte Königsweg zum Kundenkontakt: die persönliche Empfehlung. Personen, die mit einem Berater bereits erfolgreich zusammengearbeitet haben, empfehlen diesen weiter. Oder aber der Berater selbst, an den eine Anfrage herangetragen wird, die er nicht übernehmen kann oder will, empfiehlt einen Kollegen weiter.

Vorauswahl Im zweiten Auswahlschritt werden die Informationen über den Berater und seine Dienstleistung gesichtet. Kriterien für diese Vorauswahl können das Kompetenzprofil – sofern es sich aus den Angaben ableiten lässt – oder die angegebenen Spezialisierungen sein.

Berater können sich spezialisieren auf eine bestimmte

- Branche (z. B. Konsumgüter),
- Führungsebene (z. B. Führungsnachwuchs),
- Funktion (z. B. Vertrieb und Produktentwicklung),
- bestimmte Personengruppen (z. B. ältere Arbeitnehmer) oder
- Themen (z. B. Stress und Stressbewältigung, Selbstmanagement).

Auch eine fehlende Spezialisierung ist eine wichtiges Kriterium – für die Ablehnung. Die thematische Vielfalt in unseren Beratungsansätzen ist derartig groß, dass nur sehr wenige Berater wirklich alles abdecken können.

Es gibt Anbieter, die vorzugsweise länger andauernde Verträge anbieten oder über Mindestpauschalen abrechnen. Wer das nicht möchte, sollte schon an dieser Stelle die allgemeinen Regeln der Vertragsgestaltung berücksichtigen. Bis zu diesem Punkt werden Qualifikationen und Kompetenzen über formale Kriterien definiert. Die Passung eines Beraters für sich und den eigenen Beratungsbedarf kann allerdings erst in einem persönlichen Gespräch beurteilt werden. Hier wird es letztlich auf Faktoren wie Zuschreibung von Kompetenz, Vertrauen, gegenseitige Wertschätzung und Akzeptanz ankommen – Faktoren, die über schriftliche Informationen ohnehin nicht beurteilt werden können.

Auswahlgespräche Spätestens an dieser Stelle sollte sich der Auftraggeber über das Beratungsziel im Klaren sein. Dies erlaubt, klare Mindestanforderungen abzuleiten, aus denen sich Fragen hinsichtlich Eignung oder Nichteignung ableiten lassen. Dies betrifft zum Beispiel den Einsatz bestimmter Methoden, Erfahrung in Projekten mit vergleichbarer Problemstellung oder regionale Ansässigkeit.

Es empfiehlt sich, drei bis vier Berater zu Vorgesprächen einzuladen. Manche Berater setzen in Akquisegesprächen eine Standardpräsentation ein. Ein Interviewleitfaden hilft dem Auftraggeber, das Gespräch zu strukturieren und alle für ihn wichtigen Informationen zu bekommen. Dieses

Vorgehen ermöglicht es, die Antworten der Berater in der Auswertung der Gespräche besser zu vergleichen.

Auswahlgespräche werden häufig in einem Team von zwei bis drei Kollegen durchgeführt. Dieses Team kann sich auch zur Persönlichkeit des Beraters abstimmen: Passt er in die Unternehmenskultur? Spricht er die Sprache der potenziellen Kunden? Ist er eher sympathisch oder polarisiert er? Wird er aller Voraussicht nach akzeptiert werden? Ist er eine Ergänzung für unseren Beraterpool?

Angebotsbewertung und Auswahl

Im letzten Auswahlschritt sollten die Referenzen, bei denen vergleichbare Problemstellungen bereits gelöst wurden, nachgeprüft und alle nun vorliegenden Informationen hinsichtlich der vorher definierten Mindestanforderungen abgeglichen und verglichen werden.

Bei zwei ähnlich guten Beratern sind oft Honorarhöhe und Nebenkosten entscheidend. Da es keine feste Gebührenordnung gibt, sind Berater in der Kalkulation ihres Honorars frei. Im Vordergrund sollte ein angemessenes Preis-Leistungs-Verhältnis stehen.

Entscheidung nicht unter Druck

Die Entscheidung für einen Berater sollte keinesfalls unter Druck erfolgen. Ein Coach oder Karriereberater empfiehlt sich sicherlich nicht dadurch, dass er häufigen telefonischen Kontakt sucht oder auf eine schnelle Zusage drängt. Bei der Suche nach einem Mediator oder Outplacementberater übt oft auch die Organisation Druck aus. Das ist nachvollziehbar, da sich das Problem meistens bis zur Entscheidung für die Unterstützung schon verschärft hat, so dass die Beratung nicht weiter hinausgezögert werden sollte. Auf der anderen Seite können Fehlentscheidungen zu Folgekosten – z. B. durch Verfehlung des Beratungsziels oder Berateraustausch – führen. Deshalb ist es sehr wichtig, diesen Druck auszuhalten und sich für die Entscheidung ausreichend Zeit zu lassen.

2. Theorien und Modelle der Beratung

Claudia Eilles-Matthiessen

Wer als Kunde oder Auftraggeber einen Berater sucht, trifft auf eine bunte Vielfalt von Anbietern: Transaktionsanalytiker, systemisch arbeitende Berater, NLPler und Berater mit verhaltenstherapeutischem oder psychoanalytischem Hintergrund konkurrieren um Aufträge.

> Um eine präzise Vorstellung von den unterschiedlichen Angeboten zu entwickeln, ist es nicht erforderlich, sich intensiv in einzelne Theorien einzuarbeiten. Oft genügt es, die Grundgedanken und Besonderheiten der Theorien und Modelle zu kennen.

In diesem Kapitel haben wir daher die wichtigsten psychologischen Grundlagen beschrieben, auf die Berater in ihrem professionellen Handeln zurückgreifen.

2.1 Die Bedeutung von Theorien und Modellen

Die Theorie

Eine Theorie besteht aus einem Gedankengebäude: einer Reihe von Annahmen und Überlegungen, die sich auf einen bestimmten Gegenstand beziehen. Aus diesem Gedankengebäude, das unterschiedlich komplex sein kann, werden Annahmen in Form von Hypothesen abgeleitet. Hypothesen sind Behauptungen, die – im Unterschied zur Theorie selbst – empirisch, d. h. anhand von wissenschaftlichen Beobachtungen, überprüfbar sind. Die aus einer Theorie abgeleiteten Hypothesen werden oft in Form von Wenn-dann-Aussagen formuliert. Sie sollten sich nicht widersprechen, sondern in einer logischen Beziehung zueinander stehen. Werden die Hypothesen empirisch bestätigt, dann spricht das für die Plausibilität und die Brauchbarkeit der Theorie.

> Der Sinn einer Theorie besteht darin, Erklärungen für bestimmte Beobachtungen und Phänomene zu liefern und gleichzeitig Prognosen für zukünftige Entwicklungen abzuleiten.

Theorien können keine »Wahrheiten« abbilden. Sie bieten vielmehr eine bestimmte Sichtweise, eine bestimmte Perspektive auf den Gegenstandsbereich, mit dem sie sich befassen. Theorien sind demnach nicht richtig oder falsch, sie sind nur in unterschiedlichem Maße brauchbar, um Erklärungen über ein Phänomen abzugeben und Prognosen über zukünftige Entwicklungen zu ermöglichen.

Im Zusammenhang mit Beratungsdienstleistungen spricht man auch von der theoretischen Ausrichtung oder dem theoretischen Hintergrund, mit dem ein Berater arbeitet. Dieser theoretische Hintergrund gibt Auskunft darüber, welches Menschenbild der Berater hat, worauf er bei seiner Beratungstätigkeit in besonderem Maße achtet und welche Vorannahmen seine Wahrnehmung und sein beraterisches Handeln steuern.

Die wichtigsten Theorien

Die wichtigsten psychologischen Theorien, auf die in der professionellen Beratung zurückgegriffen wird, sind die tiefenpsychologische, die verhaltensorientierte, die kognitive, die humanistische sowie die systemische Theorie.

An ein Modell sind nun – im Unterschied zur Theorie – weniger hohe Anforderungen geknüpft, was die Wissenschaftlichkeit und die empirische Überprüfbarkeit angeht. Ein Modell dient als Landkarte, als Orientierungshilfe, als Kompass. Ein Modell ist ein mehr oder weniger kompliziertes Gedankengebäude, das dem Berater bestimmte Vorstellungen von Kommunikation, Beziehungen, Veränderungen, Krisen und Ähnlichem vermittelt und somit sein beraterisches Handeln leitet. Ein prominentes Modell aus dem Bereich der Kommunikation ist etwa das Modell der »Vier Seiten einer Nachricht« von *Schulz von Thun* (1982). Dabei geht es nicht um empirische Überprüfbarkeit (und schon gar nicht um Wahrheit). Der Sinn des Modells besteht vielmehr darin, zu einem besseren Verständnis von Kommunikationsprozessen, Missverständnissen und Kommunikationsstörungen beizutragen, Kommunikationsprozesse zu analysieren und den eigenen Kommunikationsstil weiterentwickeln zu können. Die

Verbreitung des Modells – kein Kommunikationstrainer kommt ohne aus – zeigt, dass diese Zielsetzung gelungen ist.

Häufige Modelle

Ein Modell ist ein plausibles Annahmengefüge mit außerordentlich hohem praktischen Nutzen, auch ohne den Anforderungen einer wissenschaftlichen Theorie zu genügen.

Modelle, die dem Auftraggeber und Klienten im Bereich Beratung und Coaching oft begegnen, sind die Transaktionsanalyse (TA), die Themenzentrierte Interaktion (TZI) und das Neurolinguistische Programmieren (NLP). TA und TZI stammen aus dem Bereich der Psychotherapie und der psychosozialen Beratung, ihre Methoden und Instrumente werden jedoch ebenso wie NLP auch in der Wirtschaft eingesetzt.

Wenngleich Kenntnisse der theoretischen Hintergründe professioneller Beratung es dem Klienten erleichtern, den für ein vorliegendes Problem passenden Ansatz auszuwählen, so sollte die Bedeutung der jeweiligen theoretischen Ausrichtung nicht überschätzt werden.

> Für die professionelle Beratung und die Einschätzung ihrer Qualität ist es nicht in erster Linie von Bedeutung, welcher Theorie ein Berater folgt, sondern dass er überhaupt auf intersubjektives Wissen und auf Theorien zurückgreift. Schließlich ist professionelles Handeln dadurch gekennzeichnet, dass es nicht auf den persönlichen Theorien oder privaten Meinungen des Beraters basiert (»Stammtischwissen«), sondern dass es auf intersubjektiv prüfbares Wissen zurückgreift.

In der Praxis kommt es selten vor, dass ein Berater ausschließlich einer Theorie verpflichtet ist, sich bei der Planung von Interventionen ausschließlich in deren Gedankengebäude bewegt und andere plausible Überlegungen oder Alltagserfahrungen außer Acht lässt. Gängige Praxis unter Beratern ist es vielmehr, aus den unterschiedlichen Theorien und Modellen ihr Beratungs- oder Coachingkonzept zu entwickeln.

2.2 Psychologische Theorien als Grundlage

Im Folgenden werden psychologische Theorien beschrieben, die als wichtige Grundlage für Beratung gelten können. Es sind dies der tiefenpsychologische, der verhaltenstheoretische, der kognitive, der humanistische und der systemische Ansatz.

2.2.1 Tiefenpsychologische Ansätze

Der Witz, im Zusammenhang mit Coaching vom »Couching« zu sprechen und damit auf das berühmte Symbol und Arbeitsinstrument des Psychoanalytikers, die Couch, anzuspielen, ist zwischenzeitlich hinreichend verbreitet. Das Wissen um die unbewusste Seite unseres Erlebens und Verhaltens gehört zum allgemeinen Gedankengut, wie dieses Wortspiel und die alltägliche Verwendung psychoanalytischer Begriffe – z. B. »Verdrängung« und »freudscher Versprecher« – zeigen.

Psychoanalyse

Der Begriff Psychoanalyse wird üblicherweise verwendet, um das Folgende zu bezeichnen:

- ein Verfahren zur Untersuchung bewusster und unbewusster seelischer Vorgänge,
- eine Behandlungsmethode zur Behandlung psychischer Störungen,
- ein Theoriegebäude, das Annahmen über die gesunde und die neurotische seelische Entwicklung (Entwicklungstheorie), Annahmen über die Entstehung der Persönlichkeit (Persönlichkeitstheorie) und Annahmen über die Behandlung neurotischer Störungen beinhaltet.

Die auf *Sigmund Freud* (1856–1939) zurückgehende psychoanalytische Theorie geht davon aus, dass das Erleben und Verhalten eines Menschen – unabhängig davon, ob man es als »normal« oder »gestört« bezeichnen würde – zu einem großen Teil von unbewussten Kräften bestimmt wird. Auffälliges, »gestörtes« Verhalten bzw. Symptome wie Ängste, Depressionen oder Suchtverhalten werden als Ausdruck unbewusster Konflikte bzw. als unbewusster Versuch, innerpsychische Konflikte zu lösen, betrachtet.

Eine zentrale Rolle für das Verständnis aktueller Konflikte und Symptome kommt den Erfahrungen der frühen Kindheit und den verinnerlichten Beziehungen zu den frühen wichtigen Bezugspersonen – in der Regel

Mutter und Vater – zu. *Sigmund Freud* entwickelte die Auffassung, dass drei Arten von überwiegend unbewussten Kräften die Persönlichkeit des Menschen formen:

- instinkthafte Triebe und Impulse, die im Wesentlichen sexueller, aber auch aggressiver Natur sind (das »Es«),
- das rationale, realitätsorientierte Denken (das »Ich«) sowie
- moralische Anforderungen und Werte der Umwelt (zunächst der Eltern), die verinnerlicht werden (das »Über-Ich«).

Die Aufgabe des »Ich« besteht nun darin, die Bedürfnisse des »Es«, die Forderungen des »Über-Ich« und die Anforderungen der äußeren Realität in Einklang zu bringen. Gesund ist eine Persönlichkeit demnach dann, wenn ein stabiles Gleichgewicht zwischen den drei Instanzen »Ich«, »Es« und »Über-Ich« besteht.

Freuds Theorien wurden von Zeitgenossen und Nachfolgern aufgenommen, übernommen, kritisiert und weiterentwickelt, so dass in der Folge eine Reihe unterschiedlicher psychoanalytischer Richtungen und Schulen entstanden, die heute noch die psychoanalytische Ausbildung und die therapeutische Arbeitsweise prägen. Zu den wichtigsten Vertretern der tiefenpsychologischen Theorien gehören *Alfred Adler* (1870–1937), *Carl Gustav Jung* (1875–1961), *Heinz Kohut* (1913–1981), *Melanie Klein* (1882–1960), *Margaret Mahler* (1897–1985) und *Otto Kernberg* (*1928). Die wichtigsten und einflussreichsten theoretischen Weiterentwicklungen der Psychoanalyse sind die Ich-Psychologie, die Theorie der Objektbeziehungen sowie die Theorien des Selbst.

Zentrale Erkenntnisse, die für die Beratung bedeutsam sind, sind die Anerkennung der begrenzten Rationalität menschlichen Handelns, die Bedeutung früher Erfahrungen, unbewusster Motivationen, Gefühle und Erinnerungen sowie deren Einfluss auf die Gestaltung gegenwärtiger Beziehungen – auch derer am Arbeitsplatz.

Übertragung

Ein zentrales Instrument der psychoanalytischen Behandlung ist die Übertragung: Der Patient erlebt Gefühle, Fantasien oder Impulse, die eigentlich einer anderen Person, oft einer seiner frühen Bezugspersonen, gelten, in der psychoanalytischen Therapie gegenüber dem Therapeuten wieder. Verliebtsein, Idealisierung, aber auch Abwertung oder Neid werden auf die Person des Therapeuten gerichtet. Frühkindliche Beziehungsmuster und Erfahrungen werden auf diese Art wieder erlebt und »reinszeniert«. Sie können bewusst gemacht, verarbeitet und im Zuge einer vertrauensvollen und stabilen Beziehung zum Therapeuten korrigiert werden – ein Prozess, der oft Jahre dauert, mit vielfältigen Widerständen verbunden ist und zu einer grundlegenden Veränderung der Persönlichkeit in Richtung einer umfassenden psychischen Gesundheit führen kann.

Projektion

Ein weiteres wichtiges Phänomen ist die Projektion. Dabei schreibt eine Person einer anderen Eigenschaften, Einstellungen, Verhaltensweisen oder Motive zu, die sie bei sich selbst nicht wahrnehmen möchte – sei es, weil sie nicht in das eigene Selbstbild passen, sei es, weil sie tabuisiert sind.

> Es ist von Vorteil, sich der eigenen Projektionen bewusst zu werden. Es verhilft uns, unser Selbstbild reicher, offener und vor allem realitätsangemessener zu gestalten. Nur wenn die eigenen – zunächst nicht akzeptablen – Wünsche und Persönlichkeitsmerkmale bewusst sind, können sie integriert und in angemessene Handlungen umgesetzt werden.

Übertragung und Projektion gehören nach psychoanalytischer Auffassung zu den zentralen Ursachen für Kommunikations- und Beziehungsprobleme. Gleichzeitig sind sie der Schlüssel zum Verständnis und zur Klärung derselben. Übertragung und Projektionen treten keinesfalls nur in der psychoanalytischen Behandlung auf, sondern sind ein alltägliches Phänomen, das unsere wichtigen persönlichen Beziehungen, aber auch unsere Beziehungen am Arbeitsplatz prägen kann.

Berichtet etwa ein Klient davon, dass sich bestimmte als unbefriedigend erlebte Beziehungsmuster auch an seinem Arbeitsplatz immer wiederholen, oder zeigt die nähere Betrachtung, dass er immer wieder mit demselben Menschentyp »aneinander gerät«, dann weist dies darauf hin, dass der Klient möglicherweise altbekannte Beziehungsmuster wiederholt. Die Führungskraft, die sich – obgleich fachlich kompetent und erfolgreich – wie ein »kleiner Junge« fühlt, wenn sie zum Vorstandsvorsitzenden (Vater?) gerufen wird; die Managerin, die mit der Kollegin (Schwester?) um Aufmerksamkeit und Anerkennung konkurriert – sie alle können Übertragungsphänomenen unterliegen. Ein Hinweis darauf, dass frühe Erfahrungen das Erleben und Verhalten in einer aktuellen Situation trüben, liegt dann vor, wenn die Gefühle und das Verhalten einer Person kaum durch die reale aktuelle Arbeitssituation erklärt werden können. Die Klärung und Bewusstmachung dieser Zusammenhänge kann ein erster wichtiger Schritt sein, um dieses Muster aufzulösen und das eigene Verhalten in Richtung einer stärkeren Realitätsbezogenheit zu verändern. Die Musteranalyse, die wir in Kapitel 3 vorstellen, ist ein solches Instrument, alte Muster zu identifizieren und zu verändern.

Topmanager

Auch für die Arbeit mit Topmanagern leistet die psychoanalytische Perspektive eine wertvolle Hilfe. Topmanager sind gerade aufgrund ihrer Position und ihrer Persönlichkeit, die sie in diese Position gebracht hat, besonders anfällig für irrationales Verhalten, wie *Manfred Kets de Vries* beschreibt, der als Psychoanalytiker und INSEAD-Professor das »intrapsychische Theater von Topmanagern« erforscht (*Kets de Vries*, 2003, 2004). Gerade bei Topführungskräften ist demnach eine besondere Häufung narzisstischer Störungen zu beobachten. Sie zeigt sich in einem überhöhten Bedürfnis nach Macht, Anerkennung und Bewunderung, in einer Tendenz zur Dramatik, zu oberflächlichen Beziehungen, grandiosen Inszenierungen, aber auch in Kreativität, Engagement und einer weit überdurchschnittlichen Leistungsbereitschaft.

Die dunkle Seite des Narzissmus zeigt sich in einem Mangel an Einfühlungsvermögen, einer starken Überempfindlichkeit gegenüber Kritik und einem manipulativen Kommunikationsstil. Der Schaden, den narzisstische Topmanager für ihr Unternehmen anrichten können, ist enorm. Umso wichtiger ist es, über Selbstreflexion und Beratung einen Raum des offenen Austauschs, der Reflexion eigener narzisstischer Tendenzen und deren Licht- und Schattenseiten zu nutzen. Gelingt es, etwa im Coaching einen Zugang zur offenen Reflexion eigener narzisstischer oder anderer dysfunktionaler Tendenzen zu finden, so ist der erste Schritt getan. Führungskräfte können dann lernen, sich selbst und ihre Verhaltensweisen besser zu verstehen und punktuell zu korrigieren – um Schaden für sich, ihre Mitarbeiter und für das Unternehmen zu vermeiden.

> In der Beratung kann tiefenpsychologisches Denken, richtig eingesetzt, eine sinnvolle Bereicherung sein. Das Wissen um unbewusste Prozesse, Konflikte und Abwehrmechanismen ist ein hochwirksames Instrument zum Verständnis von Konflikten.

Es bleibt zu ergänzen, dass die Psychoanalyse in Organisationen weit über die Anwendung individualpsychologischer Konzepte hinausgeht. Aufgabe der Psychoanalyse in Organisationen ist es, vor dem Hintergrund klinischer Erfahrungen unbewusste Arbeitsbeziehungen im Kontext einer Organisation zu untersuchen. Die aus dem klinischen Kontext stammende familialistische Perspektive wird dabei durch eine organisationsbezogene Perspektive ersetzt (*Becker*, 1998).

2.2.2 Lerntheorien

Wer kennt nicht »Pawlow's dog«, den Hund des russischen Physiologen *Iwan Pawlow*. Er fehlt in keinem Einführungskurs in Lerntheorien und ist das Paradigma, an dem Studierende und andere Interessenten ihr Wissen über die Gesetzmäßigkeiten des Lernens erwerben. Er ist das Symbol der Lerntheorie.

Die Lerntheorie ist Grundlage der Verhaltenstherapie, die neben der Psychoanalyse eine der bedeutsamsten therapeutischen Richtungen darstellt. Die Lerntheorie interessiert sich ausschließlich für das beobachtbare Verhalten und für dessen Gesetzmäßigkeiten. Grundlegend ist die Annahme, dass jedes Verhalten, ob »normal« oder »gestört«, das Ergebnis von Lernprozessen darstellt. Nicht nur gesundes und realitätsangemessenes Verhalten ist gelernt, auch psychische Störungen wie Angststörungen, Depressionen oder Sucht sind gelerntes Verhalten – und können folglich wieder verlernt werden.

Die Wurzeln der Lerntheorie reichen in die USA der 1950er-Jahre zurück, wo Lerntheoretiker (Behavioristen) in Laborexperimenten die Gesetzmäßigkeiten des Lernens erforschten. In zahllosen Experimenten – überwiegend an Ratten – analysierten sie, wie Belohnung und Bestrafung funktionieren, wie man ein bestimmtes Verhalten aufbauen, verändern oder wieder »löschen« kann. Sie erforschten das Phänomen der Konditionierung, das den Zusammenhang zwischen einem auslösenden Reiz und der darauf folgenden Reaktion beschreibt. Der pawlowsche Hund erlangte Berühmtheit, als *Iwan Pawlow* (1849–1936) an ihm erstmals den Zusammenhang zwischen Reiz (Futter für den Hund, später ersetzt durch den Glockenton) und Reaktion (Speichelfluss des Hundes) demonstrierte. Dieser Vorgang wird als Klassisches Konditionieren bezeichnet.

Klassische Konditionierung

Das Klassische Konditionieren beruht auf der zeitlichen Verknüpfung von zwei Ereignissen, die eine angenehme (oder unangenehme) Reaktion auslösen. Der Hund etwa reagierte auf die Darbietung von Futter mit einem angeborenen Reflex, dem Speichelfluss. Bekommt der Hund zeitnah mit dem Futter wiederholt auch einen Glockenton zu hören, so genügt alsbald dieser Glockenton, um beim Hund die angeborene Reaktion (den Speichelfluss) auszulösen, und zwar ganz ohne Futter!

Neben dem Klassischen Konditionieren gehört auch das Operante Konditionieren, das Lernen durch Belohnung und Bestrafung, zu den Grund-

Operante Konditionierung

lagen der Lerntheorie. Beim Operanten Konditionieren lernen Menschen (und Tiere) aus den Folgen ihres Verhaltens. Hat das eigene Verhalten angenehme Konsequenzen (»Belohnung«), dann verstärkt sich die Neigung, dieses Verhalten zu wiederholen. Unangenehme Folgen (»Bestrafung«) führen dazu, ein Verhalten nicht zu wiederholen. Bei wiederholter Bestrafung wird das Verhalten aus dem Verhaltensrepertoire »gelöscht«.

Die Gesetzmäßigkeiten der Konditionierung können vielerlei menschliche Verhaltensweisen und Reaktionen erklären. Hat man etwa am Arbeitsplatz mit einer bestimmten Kollegin wiederholt negative Erfahrungen gemacht, dann genügt schon der Geruch von deren Parfum, um negative Gefühle hervorzurufen, auch wenn die Kollegin gar nicht anwesend ist, ein Beispiel für Klassisches Konditionieren. Auch Probleme, die Thema einer Beratung sein können, wie etwa die Angst, vor Publikum zu sprechen, können lerntheoretisch erklärt werden.

Beispiel

Eine junge Nachwuchsführungskraft muss vor einem großen Auditorium, in dem auch die Geschäftsführung anwesend ist, eine Präsentation halten. Der junge Mann leidet im Vorfeld dieses Termins unter extremen Angstzuständen, schläft schlecht und malt sich immer wieder aus, was in dieser Situation alles schief gehen könnte.

Woher kommt diese Angst? Wann genau tritt sie auf und wie wurde in der Vergangenheit damit umgegangen? Eine genauere Analyse könnte zutage treten lassen, dass gar nicht das große Publikum, sondern vor allem die Anwesenheit eines bestimmten Geschäftsführers das eigentlich Angst auslösende Moment darstellt. Diese Angst wiederum wurde – so könnten Nachfragen zeigen – erstmals erlebt, als dieser Geschäftsführer einen Kollegen öffentlich »heruntermachte«. Hier hat unser Klient stellvertretend aus den Erfahrungen des Kollegen »gelernt« und in der Folge alle Situationen des Sprechens vor Publikum vermieden.

Das Vermeiden dieser angstbesetzten Situation führte zunächst zu der angenehmen Erfahrung, keine Angst mehr zu verspüren (»Belohnung«), wodurch das Vermeidungsverhalten stabilisiert wird. Der Preis für die Vermeidung der Angst auslösenden Situation ist eine Einschränkung des Handlungsspielraums. Präsentationen und andere Situationen des Redens vor Publikum werden vermieden. Die junge Führungskraft beginnt unter diesen Einschränkungen zu leiden und möchte etwas verändern. Sie wendet sich an einen Coach.

Generell ist der richtige Zeitpunkt für eine Veränderung mit professioneller Unterstützung dann gegeben, wenn die betroffene Person selbst unter Ängsten und der damit verbundenen Vermeidungsstrategie leidet. Beispiele für Ängste, die im beruflichen Kontext zu unnötigen Einschränkungen der eigenen Handlungs- und Entwicklungsmöglichkeiten führen, sind neben der Nervosität vor öffentlichem Sprechen die Tendenz, Entscheidungen hinauszuzögern, Unwohlsein, im Zentrum der Aufmerksamkeit zu stehen, und das Vermeiden von Aufzügen oder Flugreisen.

Klassische Verhaltenstherapie obsolet

Es gibt verschiedene verhaltenstherapeutische Möglichkeiten, derartige Probleme in relativ kurzer Zeit erfolgreich zu bewältigen. Dabei ist anzumerken, dass die klassische Verhaltenstherapie, also jene Form, die sich ausschließlich für beobachtbares Verhalten, nicht aber für innerpsychische Prozesse interessiert, kaum mehr praktiziert wird. Verhaltenstherapeuten arbeiten zunehmend mit den inneren Prozessen, Gedanken, Vorstellungen und Bewertungen, die in einer Person ablaufen. Sie arbeiten mit Kognitionen.

2.2.3 Kognitive Ansätze

Es gibt zahlreiche Hinweise und wissenschaftliche Belege dafür, dass nicht die objektive Situation bestimmt, wie wir uns fühlen, sondern die Art und Weise, wie wir eine Situation interpretieren oder ein Ereignis bewerten. Diese Interpretationen und Bewertungen zu untersuchen und gegebenenfalls zu verändern ist Gegenstand der kognitiven Theorien.

Kognitive Theorien wurden entwickelt, als sich herausstellte, dass lerntheoretische Ansätze, die sich ja nur für das objektive, beobachtbare Verhalten interessieren, nicht ausreichen, um bestimmte Phänomene zu erklären. Kognitive Theorien sind demnach eine Weiterentwicklung der klassischen Verhaltenstheorie. Grundgedanke aller kognitiven Ansätze ist die Überlegung, dass menschliche Probleme und Störungen auch – oder gar in erster Linie – durch Gedanken, Überzeugungen und Bewertungen (Kognitionen) ausgelöst oder zumindest verstärkt werden. Demnach sind es oftmals nicht die Ereignisse an sich, sondern unsere Bewertungen derselben, die unangenehme Gefühle und damit einhergehende Schwierigkeiten hervorrufen.

Rational-Emotive Therapie (RET)

Exemplarisch für die kognitiven Methoden werden wir die Rational-Emotive Therapie (RET) vorstellen, da deren Techniken sich in Beratungsprozessen, insbesondere im Einzelcoaching, hervorragend einsetzen lassen.

Die Rational-Emotive Therapie wurde von dem New Yorker Psychotherapeuten *Albert Ellis* (*1913) begründet, seitdem ständig weiterentwickelt und in unterschiedlichen Anwendungsgebieten eingesetzt (z.B. *Ellis*, 1993). Grundgedanke dieser Therapieform ist, dass seelische Probleme wie Depressionen oder Ängste nicht durch bestimmte belastende Lebensereignisse an sich verursacht werden, sondern vielmehr durch irrationale und dysfunktionale Überzeugungen, die negative Gefühle wie Angst oder Ärger hervorrufen können.

Die RET geht davon aus, dass der Kindheit eine entscheidende Bedeutung für die Entstehung irrationaler und dysfunktionaler Grundüberzeugungen zukommt. Anders als die Psychoanalyse, die Kindheitserfahrungen und psychische Traumata bewusst reaktiviert, um sie dadurch erfahrbar und veränderbar zu machen, arbeitet die RET allerdings an den gegenwärtigen und aktuellen Problemen eines Klienten. Unser Beispiel der Nachwuchsführungskraft, die im Vorfeld einer Präsentation vor großem Publikum unter extremen Angstzuständen leidet, soll dies verdeutlichen.

Beispiel Der RET zufolge hat dieser Mann möglicherweise dysfunktionale Grundüberzeugungen verinnerlicht, z.B.: »Ich darf keine Fehler machen. Ich muss perfekt sein.« Eventuelle Fehler werden als Katastrophe betrachtet, die es unbedingt zu vermeiden gilt. In der Rational-Emotiven Therapie sowie in der Beratung werden solche irrationalen Grundüberzeugungen identifiziert und durch neue, angemessenere Denkweisen ersetzt. So kann etwa die bisherige Überzeugung der jungen Führungskraft verändert werden in folgende Haltung: »Es ist wünschenswert, dass ich mein Bestes gebe. Ich muss jedoch nicht perfekt sein. Es ist unlogisch, dass mein Wert als Mensch und mein Wohlbefinden davon abhängen, dass ich keine Fehler mache. Fehler bedeuten nicht zwingend, dass meine Leistungen insgesamt nicht anerkannt werden. Aber selbst in solchen Fällen bleibe ich dennoch ein wertvoller Mensch. Es ist vielleicht unangenehm, von anderen kritisiert zu werden, aber ich kann das gut aushalten. Es ist keine Katastrophe.«

Als wirksame Technik zur Identifikation und Veränderung irrationaler Gedanken hat sich die ABC-Analyse erwiesen, die in Kapitel 3 vorgestellt wird.

Kennzeichen dysfunktionaler Grundüberzeugungen sind Generalisierungen und absolute Aussagen. Häufig anzutreffende Grundüberzeugungen betreffen

- den Anspruch, gemocht oder geliebt zu werden (»ich muss immer von allen Menschen gemocht werden«),
- den Anspruch, perfekt sein zu müssen (»ich muss immer alles richtig machen; Fehler sind eine Katastrophe«),
- den Anspruch, im Leben müsse es fair und gerecht zugehen (»es ist ganz schrecklich, wenn ich unfair oder ungerecht behandelt werde«) sowie
- den Anspruch, das Leben müsse leicht und angenehm verlaufen (»Schwierigkeiten und Probleme sind ein schwerer Makel«).

Gelingt es, derartige Grundüberzeugungen zu identifizieren und zu verändern, dann verändern sich auch die Gefühle, die mit bestimmten Situationen verbunden sind. Dieser Prozess bedarf jedoch der aktiven Mitwirkung des Klienten. Überzeugungen, die sich jahrzehntelang eingeschliffen haben und niemals hinterfragt wurden, können zwar in recht kurzer Zeit identifiziert und als störend entlarvt werden. Es bedarf jedoch regelmäßiger Übung, bis auch die neuen, realitätsangemessenen Denk- und Bewertungsmuster dauerhaft wirksam werden.

2.2.4 Humanistische Ansätze

> Die Humanistische Psychologie wird neben Psychoanalyse und Behaviorismus als »dritte Kraft« bezeichnet und kann als eine Gegenbewegung zu ihnen verstanden werden. Während sie mit der Psychoanalyse noch einige Annahmen teilt, wird das schematische und emotionsfeindliche Menschenbild des Behaviorismus von Vertretern der Humanistischen Psychologie abgelehnt.

Zu den bekanntesten Vertretern der Humanistischen Psychologie gehören neben *Ruth Cohn* auch *Fritz Pearls* (1893–1971), *Eric Berne* (1910–1970) sowie *Virginia Satir* (1916–1988) und *Abraham Maslow* (1908–1970). Vor allem aber ist die Humanistische Psychologie mit dem Namen *Carl Rogers* (1902–1987) verbunden, der die Klientenzentrierte Gesprächspsychotherapie entwickelte (*Rogers,* 1978).

Klientenzentrierter Ansatz

Der Klientenzentrierte Ansatz gilt als wissenschaftlich fundierte Methode der Problemanalyse und Intervention und ist eine wichtige Grundlage von Psychotherapie und Beratung. Als Gesprächspsychotherapie bezeichnet, hat sich der Klientenzentrierte Ansatz als bekannte psychotherapeutische Richtung etabliert. Im psychosozialen Bereich gehört die Klientenzentrierte Beratung nach *Rogers* zu den am häufigsten eingesetzten Verfahren. Zentrale Konzepte des Klientenzentrierten Ansatzes, die auch für Beratungssituationen im Kontext von Arbeit, Beruf und Organisation Bedeutung haben, sind

- die therapeutisch-beraterische Haltung, die als personenzentriert oder klientenzentriert bezeichnet wird,
- die Bedeutung der Beziehung für den therapeutischen bzw. beraterischen Prozess,
- die Tendenz zur Selbstaktualisierung sowie
- das Bedürfnis nach Anerkennung und Selbstachtung.

> Die therapeutisch-beraterische Haltung nach *Rogers* ist durch die Merkmale positive Wertschätzung, Echtheit/Selbstkongruenz und empathisches Verstehen gekennzeichnet. Diese drei Merkmale werden als therapeutische Basisvariablen bezeichnet und haben sich auch in Anwendungsgebieten außerhalb der Klientenzentrierten Gesprächstherapie durchgesetzt.

Wertschätzung

Positive Wertschätzung beinhaltet eine positive Grundeinstellung gegenüber dem Klienten, die nicht an irgendwie geartete Voraussetzungen gebunden ist. Nimmt der Klient diese Haltung des Beraters wahr, dann gelingt es ihm zunehmend, angstfrei seine eigenen Gedanken, Gefühle und Wünsche zu erkunden und auszudrücken. Der Klient macht die Erfahrung, dass er alle Gedanken und Gefühle äußern kann, ohne dass ihm die grundlegende Wertschätzung und Achtung des Therapeuten bzw. Beraters entzogen wird. So wird es ihm zunehmend möglich, auch jene Teile der eigenen Persönlichkeit zu akzeptieren, die er bis dahin ablehnen oder verleugnen musste. Die mit der positiven Wertschätzung verbundene Akzeptanz bedeutet nicht, dass der Berater alles gutheißen muss, was der Klient sagt oder tut. Sie bedeutet vielmehr eine grundlegend wertschätzende Haltung, die den anderen als eigenständiges Individuum respektiert, würdigt und achtet sowie auf moralisches Urteilen oder Manipulation verzichtet. Die wertschätzende Haltung des Therapeuten sollte keine professionelle Technik, sondern ernsthaft, glaubhaft und echt sein. Dies gelingt nur, wenn der Berater in der Beratungssituation »mit sich selbst im Reinen« ist, also Echtheit bzw. Selbstkongruenz vermittelt.

Echtheit

Die Forderung nach Echtheit beinhaltet, dass der Therapeut bzw. Berater sich seiner eigenen Gefühle und Gedanken gegenüber dem Klienten bewusst ist und diese reflektieren kann. Sie bedeutet allerdings nicht, dass er dem Klienten alles mitteilt, was in ihm vorgeht. In therapeutischen

Zusammenhängen ist der Ausdruck von der selektiven Authentizität des Therapeuten bzw. Beraters verbreitet. Dies besagt, dass ein Berater dem Klienten nicht alles mitteilen sollte, was in ihm vorgeht. Das aber, was er zum Ausdruck bringt, sollte echt und kongruent sein.

Empathie

Empathie als dritte der drei Basisvariablen schließlich bezieht sich auf das Bemühen des Therapeuten bzw. Beraters, die innere Realität des Klienten – die emotionalen Erlebnisinhalte, aber auch Gedanken, Werte, Konflikte und Wünsche – wertschätzend und einfühlend wahrzunehmen und seine Wahrnehmung mitzuteilen.

In der Klientenzentrierten Beratung wird die Beziehung zwischen Klient und Berater als wesentlicher, nach *Rogers* sogar als alleiniger Wirkfaktor für den Erfolg einer Beratung betrachtet. Interventionen im Sinne von Beratungstechniken sind nicht von der Beziehung und der grundlegenden Haltung des Beraters zu trennen. Eine Haltung, die durch die drei therapeutischen Basisvariablen gekennzeichnet ist, fördert die Selbstaktualisierungstendenz des Klienten. Dahinter verbirgt sich die Annahme, dass Menschen von Natur aus nach Selbstverwirklichung, Wachstum, Gesundheit und Weiterentwicklung streben. Der Mensch verhält sich demnach von Natur aus konstruktiv, rational und sozial. Destruktives und unsoziales Verhalten werden als Ausdruck einer Störung dieser grundsätzlich wachstumsorientierten Entwicklung betrachtet. In dieser Vorstellung von der Selbstaktualisierungstendenz werden die humanistischen Wurzeln des Klientenzentrierten Ansatzes besonders deutlich.

Anerkennung und Selbstachtung

Als vierter Aspekt des Klientenzentrierten Ansatzes, der auch für die Beratung außerhalb des therapeutischen und psychosozialen Feldes bedeutsam ist, sind noch das von *Rogers* postulierte Bedürfnis nach Anerkennung sowie das Bedürfnis nach Selbstachtung zu nennen. Demnach haben Menschen das grundlegende Bedürfnis, von anderen geachtet, respektiert und anerkannt zu werden.

Viele Berater – auch jenseits des psychosozialen Feldes – haben die Ideen *Rogers'* in ihre Arbeit integriert. Die wertschätzende und authentische Haltung des Beraters, der Verzicht auf Manipulation oder moralisches Werten, der Glaube an die Ressourcen und konstruktiven Kräfte sowie der Respekt von Verantwortlichkeit und Selbstbestimmung des Individuums – all das sind wichtige Elemente auch von Coaching, Karriereberatung, Outplacement, Mediation und anderen Beratungsansätzen im Kontext von Arbeit und Beruf.

2.2.5 Systemische Ansätze

Viele Beratungs- und Coachingangebote werden mit dem Attribut »systemisch« charakterisiert. Da wird systemische Beratung angeboten, ebenso systemisches Coaching, systemische Organisationsberatung oder systemische Psychotherapie. Was aber verbirgt sich hinter dem Begriff?

Das systemische Denken hat in den letzten Jahren enorm an Popularität gewonnen. Es entpuppt sich bei näherer Betrachtung als eine anspruchsvolle Theorie mit vielfältigen Anwendungsmöglichkeiten in Beratung und Intervention.

> Das systemische Denken ist keine in sich geschlossene Theorie, sondern ein Gedankengebäude, das Konzepte und Befunde aus unterschiedlichen Theorien verwendet: Erkenntnisse der Naturwissenschaften Biologie, Physik und Kybernetik fließen in das Denken ein und werden mit der sozialwissenschaftlichen Systemtheorie, der Kommunikationstheorie und dem Konstruktivismus verknüpft.

Zu den wichtigsten Vertretern und Begründern systemischen Denkens im Bereich Beratung und Psychotherapie gehören *Virginia Satir* (1916–1988), *Mara Selvini Palazzoli* (1917–1999) und *Paul Watzlawick* (*1921).

Um dem Leser einen Einblick in das systemische Denken zu vermitteln, werden wir nach kurzen Anmerkungen zur sozialwissenschaftlichen Systemtheorie einige Prinzipien der systemischen Beratung vorstellen. Es folgen Anmerkungen zur Rolle des systemischen Beraters. Beratungstechniken, die auf den systemischen Ansatz zurückzuführen sind – bekannt ist in diesem Zusammenhang die »Wunderfrage« –, werden in Kapitel 3 beschrieben.

Sozialwissenschaftliche Systemtheorie

Die sozialwissenschaftliche Systemtheorie, als deren prominentester Vertreter *Niklas Luhmann* (1927–1998) gilt, geht davon aus, dass Menschen die unübersichtliche, komplexe, prinzipiell unüberschaubare Möglichkeitsvielfalt der Welt in überschaubare Sinnbezirke (Systeme) unterteilen. Dieser Mechanismus wird als Reduktion sozialer Komplexität bezeichnet. Der Vorteil dieser Komplexitätsreduktion besteht darin, unterscheidbare Handlungsalternativen erkennen und eingrenzen zu können.

Systeme entstehen, indem eine Person den Gegenstand ihrer Betrachtung als zusammengehörendes Ganzes ansieht, etwa ein Bild, eine Landschaft, eine Beratungsstelle, ein Team. Eine wesentliche Grundlage für die Konstruktion von Systemen ist die Grenzziehung, d.h. die Unterscheidung zwischen »innen« (zum System gehörend) und »außen« (nicht zum System gehörend). Die Frage, was innen und außen ist, wird vom Betrachter entschieden. Er oder sie konstruiert einen Sinn, der etwas Wahrgenommenes als zusammengehörendes System definiert. Für den professionellen Berater ist es wichtig herauszufinden, welche Sichtweise der Klient vertritt, welche Systeme er sieht und wie er diese zu sich selbst, zu seinem eigenen System, in Beziehung setzt.

Ein System ist demnach eine mentale Konstruktion, die darin besteht, dass eine Person ihre Umweltwahrnehmung nach subjektiven Sinnzusammenhängen ordnet, strukturiert und zusammengehörige Einheiten bildet. Ein System kann wahrnehmungspsychologisch auch als Figur vor einem Hintergrund betrachtet werden. Es hebt sich ab, unterscheidet sich; seine Grenzen sind zu erkennen.

Beispiel

Ein 30-jähriger Softwareentwickler tritt in ein mittelständisches Unternehmen ein, einen Automobilzulieferer in Süddeutschland mit ca. 350 Mitarbeitern. Er arbeitet in einem Großraumbüro gemeinsam mit sechs weiteren Entwicklern. Der Mann ist Nichtraucher und vor kurzem Vater geworden. Er fährt montags in aller Frühe von seinem Wohnort in Frankfurt am Main an den Arbeitsplatz in der Nähe von Stuttgart. Dort bewohnt er ein kleines Appartement in unmittelbarer Nähe der Firma. Freitags gegen Mittag fährt er zurück, um das Wochenende mit seiner Familie zu verbringen.

Als neuer Mitarbeiter ist er mit einer Fülle neuer Informationen, expliziter und impliziter Normen, Beziehungsbotschaften und (Rollen-)Erwartungen konfrontiert. Die Kollegen, der Vorgesetzte und die Organisation erscheinen zunächst noch diffus. Erst im Laufe der Zeit wird das noch diffuse soziale Umfeld greifbar. Es werden sich Systeme herausbilden, unterscheidbare (Sinn-)Einheiten, mit denen bestimmte Erwartungen verknüpft sind.

Ebenso wie Systeme durch Differenzierungsvorgänge konstruiert und von der Umwelt unterschieden werden, können sie auch nach innen ausdifferenziert werden. Sie werden dann komplexer, es bilden sich Subsysteme, Systeme im System, die jeweils durch ihre Beziehung zum Umgebungssystem und in ihrer Relation zueinander definiert sind. Je weiter ein System intern ausdifferenziert ist, desto komplexer ist die Struktur, mit der es der Berater zu tun hat.

Seine wachsende Kenntnis der Organisation erlaubt es unserem Softwareentwickler nun, zunehmend komplexere Systeme und Subsysteme zu konstruieren. Er könnte die Kollegen etwa nach ihrer Abteilungszugehörigkeit als »Entwickler«, »Vertriebler« und »Controller« unterscheiden. Seine Systembildung wird sich jedoch nicht (nur) an formalen Kriterien orientieren, sondern auch subjektiv bedeutsame Faktoren – die Raucher, die Familienväter, die Pendler – zugrunde legen.

Neben der Bildung und Ausdifferenzierung von Systemen ist es ein wichtiges Merkmal systemischen Denkens, nicht nur die Dinge und deren Eigenschaften oder Merkmale »an sich« zu betrachten, sondern deren Beziehung zueinander zu untersuchen. Es wird z. B. angenommen, dass die Zuschreibung von Eigenschaften viel über den Betrachter und viel über die Beziehung der beiden Personen zueinander, aber nicht unbedingt etwas über die beurteilte Person selbst aussagt. Ein Vorgesetzter konstatiert z. B.: »Mitarbeiter X ist faul und unmotiviert.« Der systemische Berater wird aufgrund dieser Aussage nicht etwa Faulheit als feste Eigenschaft von X sehen, sondern sich zumindest fragen: »Was tut X, damit er vom Vorgesetzten als faul wahrgenommen wird?«

Der Wechsel der Perspektive – weg von einer festen Eigenschaftszuschreibung (Faulheit) hin zu konkretem Verhalten – führt bereits zu einer Lösung von festen Betrachtungsweisen und ermöglicht Veränderungen.

Komplexität der Systeme und der Umwelt

Im Zusammenhang mit der Komplexität von Systemen wurde angemerkt, dass diese durch eine zunehmende Ausdifferenzierung von Elementen, Subsystemen und Relationen zueinander entstehen. Dennoch wird das System selbst immer weniger komplex sein als die Umwelt, die durch eine letztlich unendliche Komplexität ausgezeichnet ist. Wir unterscheiden also ein System – das, was für den Betrachter relevant ist – und eine Umgebung, die für diesen zunächst irrelevant ist. Während wir für Veränderungen in den eigenen – sozialen, psychischen oder anderen – Systemen in der Regel sensibel reagieren, sind wir unsensibel gegenüber Umweltveränderungen, sofern diese für das System (vermutlich) irrelevant sind.

Welche Umweltveränderungen für ein System als relevant oder irrelevant betrachtet werden, ist für den Berater zunächst nicht vorherzusehen. Vielmehr ist es seine Aufgabe, die interne Funktionsweise eines Systems vor dem Hintergrund der Annahme kennen zu lernen, dass das System nicht nach vorhersehbaren und planbaren Gesetzmäßigkeiten, sondern gemäß seiner subjektiven, eigenen Logik reagieren wird.

Kontingenz

Neben der Komplexität ist Kontingenz ein weiteres Merkmal systemischen Denkens. Komplexität – also die prinzipiell unübersehbare Fülle von Systemen, Subsystemen, Elementen und deren Beziehung zueinander – erfordert die Reduktion von Komplexität durch eine Auswahl (Selektion). Alle Möglichkeiten von Verknüpfungen der Elemente zueinander, die nicht gewählt wurden, bleiben als potenzielle Möglichkeiten erhalten. Kontingenz bedeutet alternative Verknüpfungen von Systemen und Elementen, die derzeit nicht aktiviert, aber prinzipiell möglich sind und durch systemische Intervention gegebenenfalls aktiviert werden können. Man kann Kontingenz daher auch als die ungenutzten Potenziale eines Individuums oder einer Gruppe bezeichnen. Kontingenz heißt kurz: Es könnte auch anders sein. Für die Beratungspraxis bedeutet dies, dass ein System – ein Klient, ein Team oder eine Organisation – in der Regel nicht genutzte Möglichkeiten aufweist, die im Beratungsprozess aktiviert werden können.

Aus dem Verständnis der Begriffe System, Komplexität und Kontingenz heraus können nun einige Bausteine systemischen Denkens erklärt werden. Es sind dies die Bausteine:

- vom Individuum zum System,
- Konstruktivismus statt objektiver Realität,
- keine Ursache-Wirkung-Beziehungen,
- Kontextabhängigkeit von »Problemen«,
- Lösungsorientierung statt Ursachenforschung sowie
- die Rolle des Beraters.

Vom Individuum zum System

Kennzeichnend für das systemische Denken ist es, nicht mehr nur das einzelne Individuum und dessen »Probleme« zu betrachten. Der Einzelne wird stattdessen als Teil eines Systems gesehen. Seine Probleme, Symptome etc. können nur verstanden und gegebenenfalls verändert werden, wenn man ihre Funktionsweise und Bedeutung innerhalb des Systems versteht.

Konstruktivismus statt objektiver Realität

Systemisches Denken ist eng mit dem Konstruktivismus verknüpft. Objektive Realitäten existieren demnach nicht. Wahrnehmungen und Bewertungen, die unsere Sichtweise der Welt widerspiegeln, sind das Ergebnis aktiver Konstruktionsprozesse. Soziale Realität wird durch Kommunikation und kommunikative Handlungen konstruiert. Diese funktionieren nach bestimmten Regeln, die oft implizit sind und dazu dienen, ein System zu stabilisieren. Jede kommunikative Handlung verändert das System. Sie ist zugleich Ursache wie auch Wirkung vorangehender Handlungen. Daher fragt man im systemischen Denken nicht: »Wer hat angefangen?«

Stattdessen wird untersucht, wie das System funktioniert, welche Bedeutung eine Handlung, ein Prozess oder ein Symptom für andere, in einem System agierende Elemente hat.

Keine Ursache-Wirkung-Beziehungen

Systemisches Denken fragt nicht nach den Ursachen, sondern nach der Funktionsweise, der Bedeutung und dem Ziel von Handlungen innerhalb eines Systems. Damit grenzt sich systemisches Denken deutlich ab von anderen Ansätzen ab, nach denen ein Problem eine Ursache habe und durch eine Lösung zu beseitigen sei.

Kontextabhängigkeit von »Problemen«

Aus systemischer Perspektive sind viele Verhaltensweisen nur im Zusammenhang mit ihrem Kontext zu verstehen. Eigenschaftszuschreibungen wie »faul«, »autoritär« etc. sind daher kontraproduktiv. Ein systemischer Berater wird versuchen, diese durch geeignete Fragetechniken zu »verflüssigen«: Welche Verhaltensweisen des Mitarbeiters lassen diesen als »faul« erscheinen? In welchen Situationen zeigt der Mitarbeiter diese Verhaltensweisen? Was bewirkt er damit? Hat sein Verhalten eine bestimmte Funktion? Unter welchen Umständen zeigt der Mitarbeiter das als »faul« bezeichnete Verhalten nicht? Wie müssen die Bedingungen verändert werden, damit das Verhalten nicht mehr auftritt? Mit solchen und ähnlichen Fragen werden starre Eigenschaftszuschreibungen verflüssigt. Es entsteht Bewegung, das System kann verändert werden.

Lösungsorientierung statt Ursachenforschung

Systemisches Denken ist lösungsorientiert. Da nicht Ursachen, sondern Funktion und Bedeutung der (störenden) Verhaltensweisen betrachtet werden, werden Probleme von Lösungen entkoppelt. Man kann ein Problem lösen, ohne die Ursache, (die es nach systemischem Denken ohnehin nicht gibt,) zu kennen. Die Vergangenheit ist nur insofern relevant, als dass sie hilft, die Dynamik und Funktionsweise der Gegenwart zu verstehen.

Grundlegend für das lösungsorientierte Vorgehen ist die Potenzialhypothese. Demnach wird angenommen, dass der Klient über alle nötigen Kompetenzen und Ressourcen verfügt, sein Problem zu lösen. Dabei gibt es nicht eine, sondern eine Vielzahl möglicher Lösungen. Die Aufgabe des Beraters ist es, die Aufmerksamkeit auf die Ressourcen und Potenziale des Klienten zu lenken, damit er diese nutzen kann, um eine Situation zu verändern und sein »Problem« zu lösen.

Die lösungsorientierte Haltung eines Beraters zeigt sich auch in der Sprache. Anstatt lange und ausführlich Probleme darzustellen, wird der Klient angeregt, Veränderungen positiv zu beschreiben. Ziele und Zielzustände werden positiv, eindeutig und spezifisch formuliert. Dies aktiviert die Kreativität des Klienten und trägt dazu bei, Lösungen zu entwickeln. Der Klient wird sich seiner eigenen Ressourcen bewusst, er entfernt sich von einer problemorientierten Sichtweise und bewegt sich zur Lösungsorientierung.

Die Rolle des Beraters

Aus den Prinzipien des systemischen Denkens ergeben sich Besonderheiten, die die Rolle des Beraters im Beratungsprozess betreffen (*Barthelmees,* 2001). Zunächst versteht sich der systemische Berater nicht als Wissensexperte, sondern als Prozessbegleiter. Ziel der Beratung ist es, durch minimale Interventionen im System die Anzahl der Handlungs- und Lösungsmöglichkeiten für den Klienten zu vergrößern. Dabei agiert der Berater im Spannungsfeld zwischen Nähe und Distanz. Er versucht als neutraler Beobachter, die Funktionsweise eines Systems zu verstehen; gleichzeitig wird er als Berater zum Teil des Systems. In diesem Spannungsfeld ist Beratung ein Prozess der Bildung, Anwendung, Überprüfung und Neubildung von Hypothesen. Der Berater versucht zu ergründen, nach welchen Regeln das System funktioniert und welche Kommunikations- und Interaktionsprozesse es aufrechterhalten. Der Berater geht davon aus, dass Systeme sich nur entsprechend ihrer eigenen Struktur und entsprechend den ihnen innewohnenden Gesetzmäßigkeiten verändern können. Daher gilt es, Interventionen sparsam einzusetzen und zunächst deren Wirkung auf das System zu beobachten. Welche Interventionen ein systemischer Berater typischerweise einsetzt, wird in Kapitel 3 beschrieben.

2.3 Psychologische Modelle als Grundlage

2.3.1 Transaktionsanalyse (TA)

Prominente Buchtitel wie *Spiele der Erwachsenen* (*Berne,* 1968, 2002), *Ich bin o.k. – Du bist o.k.* (*Harris,* 1992), aber auch bekannte Konzepte der Transaktionsanalyse wie das »Drama-Dreieck« oder die »Theorie der drei Ich-Zustände« gehören für viele Berater und Trainer zur Grundausstattung ihres Werkzeugkoffers.

Die Transaktionsanalyse ist ein ursprünglich psychotherapeutisches Verfahren, das inzwischen in vielfältigen außertherapeutischen Feldern wie Beratung und Weiterbildung zur Anwendung kommt. Begründet wurde die Transaktionsanalyse durch *Eric Berne,* der psychoanalytisch ausgebildet ist, jedoch gleichzeitig als einer der ersten und führenden Vertreter der kognitiven Therapie gilt. Als zweiter wichtiger Begründer der TA gilt *Thomas A. Harris,* ein Psychiater, der seit 1960 zu den engsten Mitarbeitern von *Eric Berne* gehörte und als Direktor der Internationalen Vereinigung für Transaktionsanalyse tätig war (*Klein,* 2001).

> Kennzeichen der Transaktionsanalyse ist die Verknüpfung von tiefenpsychologischem und kognitivem Denken. Das Menschenbild der Transaktionsanalyse ist zudem humanistisch geprägt, betont also die Bedeutung von Eigenständigkeit, Selbstverantwortung und Bewusstheit des Menschen.

Als Grundpfeiler des transaktionsanalytischen Denkens gelten

- die Strukturanalyse (die Analyse der drei Ich-Zustände),
- die Transaktionsanalyse (die Analyse der Kommunikation zwischen zwei Personen),
- die Spielanalyse (die Analyse wiederkehrender Kommunikationssequenzen zwischen zwei Personen, so genannter Spiele) sowie
- die Skriptanalyse (die Analyse der aus frühen Kindheitserfahrungen entwickelten Lebensentwürfe) (*Klein,* 2001).

Ich-Zustände

Ausgangspunkt für die Entwicklung des Modells der drei Ich-Zustände war *Bernes* Beobachtung bei der Behandlung seiner Patienten. Er beobachtete, dass diese Sprache, Gesichtsausdruck, Haltung und Gestik oft von einem zum anderen Moment extrem veränderten. *Berne* schloss, dass Menschen innerhalb einer Situation zwischen unterschiedlichen Bewusstseinszuständen, so genannten Ich-Zuständen, wechseln können. In Anlehnung an die psychoanalytische Unterscheidung von Ich, Es und Über-Ich bezeichnete er diese Ich-Zustände als Eltern-Ich, Erwachsenen-Ich und Kindheits-Ich.

Eltern-Ich

Das Eltern-Ich ist das erlernte Lebenskonzept. Es umfasst alle Botschaften und Einstellungen, die das Kind während der frühen Kindheit von Eltern und anderen wichtigen Bezugspersonen aufgenommen hat. Das Eltern-Ich beinhaltet moralisch urteilendes, strenges und wertendes Verhalten, hat aber auch eine wohlwollende, fördernde und verwöhnende Seite. Das Eltern-Ich äußert sich in typischen Botschaften, die von den Eltern stammen, verinnerlicht wurden und die Persönlichkeit und das Handeln des erwachsenen Menschen beeinflussen. In der Transaktionsanalyse werden diese Botschaften als Antreiber bezeichnet. Häufig vorkommende Antreiber sind Aussagen der Art »Sei stark!«, »Sei schnell!«, »Sei perfekt!« und »Streng dich an!«.

Innere Antreiber

So nützlich die inneren Antreiber sind, wenn es gilt, Anforderungen zu bewältigen und Ziele zu erreichen, so können sie sich auch als Quelle von Störungen und Problemen erweisen. Dies ist dann der Fall, wenn Antreiber und andere fordernde Botschaften aus dem Eltern-Ich die Persönlichkeit dominieren und das natürliche Gefühl für die eigenen Grenzen, für das Bedürfnis nach Spiel und Erholung, nach Nichtstun und Entspannung unterdrücken. Personen mit dieser Konstellation sind häufig beruflich erfolgreich, leiden jedoch unter Stress-Symptomen, innerem Druck und dem Gefühl, trotz aller Bemühungen und Erfolge »nicht zu genügen«.

Kahler und Vogelauer (in *Vogelauer,* 2001) entwickelten eine Technik, die im Coaching eingesetzt dazu dient, innere Antreiber zu identifizieren, ihren konstruktiven Kern zu erkennen und diesen in den Alltag umzusetzen. Der innere Antreiber »Sei perfekt!« hat beispielsweise den durchaus konstruktiven Kern, sich um bestmögliche Qualität zu bemühen. Zu Problemen kann er dann führen, wenn die betroffene Person in ihrem Bemühen um Perfektionismus immerzu unzufrieden ist, an sich selbst und an andere überhöhte Anforderungen stellt und – ein häufiges Problem – Projekte und Arbeiten nicht termingerecht abschließt. *Kahler* und *Vogelauer* schlagen vor, den »Antreiber« durch eine positiv formulierte Erlaubnis zu ersetzen, hier etwa durch die Erlaubnis »Ich darf Fehler machen«, »Ich darf etwas abschließen«.

Die Vorgehensweise, innere Antreiber aus dem Eltern-Ich zu identifizieren und in konstruktive, wohlwollende Aussagen umzuformulieren, erinnert an das kognitive Umstrukturieren der kognitiven Therapien und ist eine von vielfältigen Möglichkeiten, das Modell Transaktionsanalyse im Kontext von Beratung einzusetzen.

Kindheits-Ich

Vom Eltern-Ich werden das Kindheits-Ich und das Erwachsenen-Ich unterschieden. Das Kindheits-Ich ist in erster Linie durch Emotionen bestimmt und zeigt sich durch freies, ungezwungenes und spontanes Handeln, aber auch durch aufmüpfiges und rebellisches Verhalten. Im natürlichen Kindheits-Ich zeigen sich, so die Transaktionsanalyse, Bedürfnisse und Verhaltensweisen eines mit gesundem Selbstvertrauen ausgestatteten drei- bis fünfjährigen Kindes, das gerne spielt, faulenzt, rebellisch, spontan, egoistisch, aber auch höchst erfinderisch und kreativ agiert. Das angepasste Kindheits-Ich dagegen dominiert bei Personen, deren psychische und gelegentlich auch physische Bedürfnisse in der Kindheit nur dann erfüllt wurden, wenn sie sich den Wünschen und Forderungen der Erwachsenen anpassten. Im Erwachsenenalter zeigen sich diese Erfahrungen dann in überangepasstem Verhalten, mangelndem Selbstvertrauen, der Neigung zu Schuldgefühlen, aber auch in versteckter Aggression und passiv-aggressivem Verhalten.

Erwachsenen-Ich

Das Erwachsenen-Ich gilt als analytischer und vermittelnder Teil der Persönlichkeit, der Daten und Fakten aufnimmt, logisch denkt und realitätsangemessen zu entscheiden versucht. Ein Mensch, der aus dem Zustand des Erwachsenen-Ich heraus agiert, wägt ab, denkt nach, hört zu, sammelt Fakten und versucht – ganz wie das psychoanalytische Ich – Forderungen des Kindheits-Ich nach Spiel und Spontaneität mit den Gegebenheiten und Anforderungen der Realität in Einklang zu bringen.

Die Darstellung der drei Ich-Zustände in Form von drei übereinander angeordneten Kreisen wurde zum bekannten Symbol für die Transaktionsanalyse.

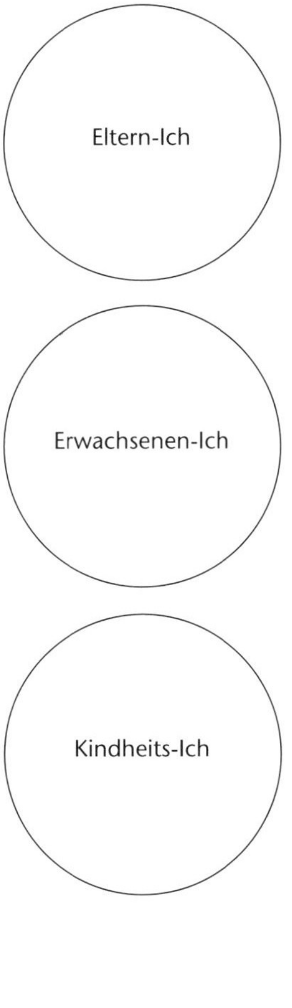

Die drei Ich-Zustände der Transaktionsanalyse

Ausgestattet mit dem Instrument der drei Ich-Zustände kann der transaktionsanalytisch denkende Berater nun darangehen, Transaktionen und Spiele, also (wiederkehrende) Kommunikationssequenzen zwischen zwei Personen, zu analysieren.

Kommunikationsprozesse

Kommunikationsprozesse – Dialoge mit anderen, aber auch »Selbstgespräche« – lassen sich daraufhin analysieren, aus welchem Ich-Zustand heraus einzelne Aussagen erfolgen. Eine Person kann demnach aus dem Erwachsenen-Ich heraus (»Entschuldigen Sie meine Verspätung, der Zug hatte eine Störung«) sprechen, aus dem Eltern-Ich (streng »Immer muss ich mich verspäten, ich bin unzuverlässig«) oder aus dem Kindheits-Ich (trotzig »Ich kann nichts dafür, immer kommt der blöde Zug zu spät«). Der Gesprächspartner wird ebenfalls aus einem dieser drei Zustände heraus antworten. Eine Aussage wie »Das kann vorkommen, ich hoffe, Sie hatten dennoch eine angenehme Fahrt« wäre demnach dem Erwachsenen-Ich zuzuordnen. Eine Äußerung wie »Immer müssen Sie zu spät kommen« entspricht dem strengen Eltern-Ich, während das Kindheits-Ich z. B. trotzig mit »Dann kann ich ja beim nächsten Mal auch zu spät kommen« reagieren könnte.

> Das Modell der drei Ich-Zustände ist keinesfalls so zu verstehen, dass Reaktionen aus dem Erwachsenen-Ich immer »richtig«, solche aus Kindheits- oder Eltern-Ich dagegen »falsch« und zu vermeiden sind. Es ist vielmehr bedeutsam, ein Bewusstsein für diese Ich-Zustände zu entwickeln und diese je nach Situation zum Ausdruck kommen zu lassen.

Das Kindheits-Ich kann etwa ein wichtiger Verbündeter sein, wenn es gilt, kreative Lösungen zu entwickeln, eigene Bedürfnisse nach Abwechslung, Entspannung und Spaß zu signalisieren und somit zu einem sinnvollen Ausgleich zwischen Arbeit und Erholung beizutragen. Das Eltern-Ich kann nützlich sein, wenn es darum geht, sich selbst vor spontanen selbstschädigenden Handlungen zu bewahren. Und wer mag bezweifeln, dass eine durchweg vernünftig-logische Haltung aus dem Erwachsenen-Ich im besten Fall langweilig ist? Nein, nicht die Unterdrückung eines dieser Persönlichkeitsanteile, sondern ihr Zusammenspiel unter der Regie des Erwachsenen-Ich ist angestrebt.

Kommunikationsprozesse bestehen nicht nur aus dem Austausch von gesprochener Sprache, sie werden auch von Körperhaltung, Mimik und Gestik begleitet. Treten zwei Menschen in Kontakt, so können sie aus unterschiedlichen Ich-Zuständen heraus kommunizieren. In der Transaktionsanalyse werden verschiedene Formen der Transaktion unterschieden – je nachdem, aus welchem Ich-Zustand heraus beide Gesprächspartner kommunizieren (siehe dazu *Gündel,* 1991 oder *Klein,* 2002). Der transaktionsanalytisch arbeitende Berater wird solche Kommunikationsprozesse und deren Störungen »lesen« und dem Klienten helfen, ein höchstmögliches Maß an Bewusstsein vom eigenen Kommunikationsstil, dem bevorzugten Ich-Zustand und dessen Wirkung zu vermitteln. Ziel ist es, eine ausgeglichene Balance zwischen den drei Ich-Zuständen zu entwickeln.

Spielanalyse

Grundlage der Spielanalyse, der dritten Säule der Transaktionsanalyse, ist die Beobachtung wiederkehrender Kommunikationsmuster, die zu vorhersagbaren Ergebnissen führen und die von den Beteiligten als unbefriedigend oder anstrengend, gleichzeitig aber als vertraut erlebt werden. Diese werden als »Spiele« bezeichnet und in dem bekannten Buch *Spiele der Erwachsenen* (*Berne,* 1968, 2002) anschaulich beschrieben.

Ein bekanntes Alltagsspiel, das auch in Beratung und Coaching anzutreffen ist, ist das »Ja-aber-Spiel«. Person A klagt über einen Missstand, woraufhin B mit Ideen und Hinweisen zur Problemlösung reagiert. In der Folge wird A jeden der Lösungsvorschläge von B mit einem Gegenargument (»Ja, das ist eine gute Idee, aber ...«) abweisen, bis B sich verärgert abwendet und A sich mit seinem »unlösbaren« Problem wieder alleine fühlen kann. Bei näherer Betrachtung derartiger Spiele finden sich häufig wiederkehrende Rollen, die *Karpman* (1968) in seinem bekannten Drama-Dreieck dargestellt hat. Das Drama-Dreieck beschreibt typische konfliktträchtige Konstellationen in Kommunikationsprozessen, bei denen die Beteiligten bevorzugt eine der Rollen Verfolger, Retter und Opfer einnehmen.

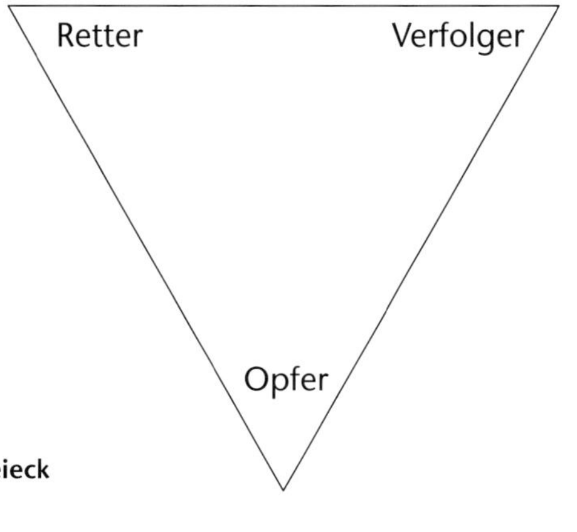

Das Drama-Dreieck

Opfer, Verfolger und Retter

Opfer geben sich hilflos, niedergeschlagen, minderwertig, ängstlich, passiv und verleugnen ihre eigene Stärke. Ihre Grundhaltung kann in der Formulierung »Ich bin nicht o.k. – du bist o.k.« zusammengefasst werden. Verfolger sind die idealen Partner für das Opfer. Sie sind abwertend und überkritisch, können auch zurückweisend oder aggressiv agieren. Ihre Haltung entspricht der Formulierung »Ich bin o.k. – du bist nicht o.k.«. Retter bieten dem Opfer ungefragt ihre Hilfe an, sie werten die Stärken und Selbsthilfekompetenzen des Opfers ab, stellen ihre eigenen Bedürfnisse zurück, sind damit überfürsorglich und fühlen sich nur gut, wenn sie anderen helfen und diese bevormunden können. Ihre Haltung heißt: »Ich bin o.k., wenn ich anderen helfen kann«.

Retter, Verfolger und Opfer sind manipulative Rollen, die durch wechselseitige (subtile) Abwertungen bei gleichzeitiger gegenseitiger Abhängigkeit gekennzeichnet sind. Innerhalb einer Begegnung können die Rollen durchaus wechseln. So kann aus dem anfänglichen Retter ein Verfolger werden, wenn das Opfer sich den Rettungsversuchen verweigert. Manipulative Rollen wie Retter, Opfer und Verfolger können auch durch gegenseitige Zuschreibung entstehen und verstärkt werden. So kann ein Mensch, der sich lediglich selbstbewusst verhält und klar seine Interessen vertritt, von einem Opfer in die Rolle des aggressiven Verfolgers gedrängt werden. Ist er sich dieses Spiels nicht bewusst, so wird er im Zuge der vom Opfer intendierten Inszenierung tatsächlich aggressiv, abwertend und zurückweisend reagieren. Er wird zum Verfolger.

Was ist der Ursprung manipulativer Spiele? Welchen Zweck verfolgen sie, und warum sind sie so resistent, obgleich alle Betroffenen darunter leiden? Nun, die Neigung zu manipulativen Spielen ist erlernt und hat zu irgendeinem Zeitpunkt des Lebens zu Erfolgen geführt. Zu Spielen neigen besonders jene Menschen, die nicht gelernt haben, klar und offen ihre Wünsche und Ansichten zu artikulieren. Spiele haben den Vorteil, Zuwendung und Beachtung zu gewinnen, die Beziehung zum Mitspieler zu sichern. Alle Rollen – Retter, Opfer und Verfolger – haben zudem den Vorteil, die Verantwortung für unbefriedigende Begegnungen anderen zuzuschreiben.

Als konstruktive Ergänzung zum Drama-Dreieck wurde von *Balling* das Gewinner-Dreieck entwickelt, das sich ebenfalls zur Anwendung in Beratung und Coaching eignet (*Marker,* 2004). Analog zu den Rollen Opfer, Verfolger und Retter werden deren konstruktive Varianten Bedürftiger, Konfrontierer und Helfer unterschieden.

Bedürftiger, Konfrontierer und Helfer

Bedürftige bitten andere um Unterstützung, ohne sich selbst abzuwerten. Sie sind zu Gegenleistungen bereit und artikulieren klar und offen, welche Art von Hilfe sie benötigen. Konfrontierer vertreten ihre Position, behaupten ihre Interessen und setzen Grenzen, ohne dabei den anderen zu bedrohen oder abzuwerten. Sie bleiben in der Haltung »Ich bin o. k. – du bist o. k.«. Helfer unterstützen den anderen punktuell, treffen klare Absprachen und stärken die Eigenverantwortung des anderen. Sie helfen, ohne den anderen abzuwerten, und nur so weit, wie ihre Unterstützung tatsächlich gebraucht wird (Hilfe zur Selbsthilfe).

Bemerkt man, dass man selbst in manipulative Spiele verstrickt ist, so gilt es zunächst durch Selbstbeobachtung – oder mit Hilfe eines Beraters – die eigenen bevorzugten Rollen und Konfliktkonstellationen zu identifizieren. Im nächsten Schritt wird die bewusste Entscheidung getroffen, aus dem manipulativen Spiel auszusteigen. Dabei sollte es nicht versäumt werden, die Funktion und Bedeutung der eigenen bevorzugten Rolle zu analysieren. Warum fühle ich mich nur gut, wenn ich anderen helfen kann? Welche Vorteile bringt das Opfer-Sein mit sich? (Es sind dies eine ganze Reihe!) Erst wenn derartige Fragen ausreichend bearbeitet sind, kann ein dauerhaftes Aussteigen aus manipulativen Spielen gelingen. Der konstruktive Kern der bevorzugten eigenen Rolle kann akzentuiert werden, neue Reaktions- und Verhaltensweisen können entwickelt, mit dem Berater eingeübt und in der realen Situation erprobt werden.

Skriptanalyse

Der Skriptanalyse, der vierten Säule transaktionsanalytischen Denkens, liegt die Annahme zugrunde, dass jeder Mensch in seiner Kindheit ein Lebensskript entwickelt. Es besteht aus verinnerlichten Erfahrungen und (Eltern-)Botschaften, die konstruktiv und förderlich, aber auch hemmend und einschränkend sein können. Das Lebensskript, oft auch als »Drehbuch« des Lebens bezeichnet, entscheidet darüber, welche Erfahrungen ein Mensch im Laufe seines Lebens aufsucht, wie er Ereignisse und Beziehungen erlebt und welche Interpretationen er über sich und die Welt ableitet. Das Skript ist demnach ein aus Kindheitserfahrungen abgeleiteter Lebensentwurf. Spätere Lebenserfahrungen werden als Bestätigung dieses Lebensentwurfs ausgelegt, es werden Erfahrungen gesucht (oder inszeniert), die diesen Lebensentwurf, und sei er noch so leidvoll, bestätigen sollen. Eine Skriptanalyse ist dann angebracht, wenn festgefahrene Erlebens- und Verhaltensmuster zu einer starken Einschränkung von Verhaltensrepertoire und Lebensqualität führen. Sie besteht darin, lebensgeschichtliche Wurzeln einschränkender oder dysfunktionaler Grundüberzeugungen aufzudecken und durch angemessenere Sichtweisen zu ersetzen. Die Skriptanalyse gilt als die tiefenpsychologische Säule der Transaktionsanalyse. Hier zeigt sich in besonderer Weise die psychoanalytische Wurzel dieses Modells.

Wenngleich die Transaktionsanalyse zunächst einfach und nachvollziehbar erscheint, so sei doch vor einer vorschnellen und unreflektierten Anwendung gewarnt. Erkenntnisse über manipulative Spiele und dysfunktionale Kommunikationsmuster alleine führen noch nicht zu einer Veränderung. Die Techniken der Transaktionsanalyse, die zunächst als schnell erlernbar erscheinen, können bei vorschneller Anwendung zu Widerständen führen und ihrerseits als Instrument der Abwertung eingesetzt werden. Die Anwendung der Transaktionsanalyse in der Beratung setzt daher umfangreiche Kenntnisse und Erfahrungen des Beraters voraus. Dem diagnostisch-analytischen Teil sollte – so fordert *Klein* (2001) zu Recht – unbedingt ein orientierender Teil folgen. Den Klienten allein zu lassen mit der Erkenntnis, er reagiere überwiegend aus dem Kindheits-Ich und spiele gerne die Rolle des Opfers, wäre höchst kontraproduktiv.

Praktikables Modell

Sind die Voraussetzungen in Bezug auf Weiterbildung und Erfahrung eines Beraters erfüllt, dann ist die Transaktionsanalyse ein wichtiges und praktikables Modell für das Coaching. Sie dient dem Berater als wichtiges Instrument zur Analyse auch der eigenen Rolle und zur Reflexion des Beratungsprozesses. Ist seine berufliche Rolle doch per se die eines Helfers, so besteht die Gefahr, in die Retterrolle abzugleiten, was durch typisches Opferverhalten des Klienten forciert werden kann. Eine Reflexion des eigenen Beratungsstils, auch in Form der Supervision, kann hier nützlich sein.

2.3.2 Themenzentrierte Interaktion (TZI)

Sätze wie »Störungen haben Vorrang« oder »Sei dein eigener Chairman« sind griffige, in der Beratungs- und Weiterbildungsszene häufig gebrauchte Formeln. Ihren Ursprung haben diese Sätze in der Themenzentrierten Interaktion, die im Folgenden vorgestellt wird.

> Die Themenzentrierte Interaktion ist ein Modell, das den Gedanken der Humanistischen Psychologie verpflichtet ist. Der Begriff »themenzentriert« besagt, dass Themen, Ideen, Aufgaben oder Ziele im Zentrum der Arbeit stehen. Diese Themen werden in der Interaktion – d.h. in der Begegnung und Auseinandersetzung mit anderen – bearbeitet.

Begründet wurde die TZI von *Ruth Cohn,* einer Psychotherapeutin, die die TZI ab 1955 in den USA entwickelte. Den Ausgangspunkt ihrer Überlegungen bildete die Frage, wie man die seelische Gesundheit des Menschen auch außerhalb der Psychotherapie verbessern und erhalten kann. Im deutschsprachigen Raum fand die TZI in den 1960er- und 1970er-Jahren zunehmend Verbreitung, zunächst bei Psychotherapeuten, Lehrern, Sozialpädagogen, später auch im Bereich Politik sowie in Organisationen und Wirtschaftsunternehmen. Die Entwicklung der TZI ist eng mit dem Lebensweg von *Ruth Cohn* (*1912) verbunden. Als wichtige Einflüsse auf die TZI gelten die Tiefenpsychologie und die Humanistische Psychologie.

Auch wenn man TZI nicht beschreiben kann, sondern erleben muss (*Langmaack,* 2001), so kann doch eine systematische Annäherung versucht werden mit Hilfe

- der drei zentralen TZI-Axiome,
- der TZI-Postulate und anhand
- des TZI-Dreiecks mit seinen vier Grundelementen.

TZI-Axiome

Axiome sind praxis- und wertgerichtete Grundsätze, die als Kompass für realitätsgerechtes Entscheiden und humanes Handeln dienen und Ausgangspunkt der Reflexion über den Menschen sind: Sie stehen in enger Beziehung zueinander und bilden den Rahmen und die Orientierung, ohne die die TZI eine beliebige Methode wäre, die – ähnlich dem NLP – unabhängig von wertenden und ethischen Entscheidungen anwendbar wäre.

Ruth Cohn (2000) unterscheidet:

1. das existenziell-anthropologische Axiom,
2. das ethisch-soziale Axiom und
3. das pragmatisch-politische Axiom.

Existenziell-anthropologisches Axiom

> Das erste Axiom lautet: Der Mensch ist eine Einheit von Verstand, Körper und Gefühlen. Er ist eigenständig und in Zusammenhänge eingebunden. Seine Eigenständigkeit ist desto größer, je mehr er sich dieser Abhängigkeiten bewusst ist.

Der erste Satz dieses Axioms verweist auf das, was heute oft mit dem Begriff der Ganzheitlichkeit gemeint ist und durch Ergebnisse interdisziplinärer Forschung gestützt wird.

Der Mensch hat intellektuelle, körperliche und emotionale Bedürfnisse und Erfahrungen, die untrennbar miteinander verbunden sind. Wenn

Erfahrungen oder Veränderungen in einem dieser Bereiche stattfinden, dann sind untrennbar auch die anderen Bereiche davon berührt. Im Alltag zeigt sich diese Verbundenheit in vielerlei Hinsicht. Wir werden gereizt, missmutig oder traurig, wenn wir anhaltende körperliche Schmerzen haben (emotionaler und physischer Bereich). Starke aktuelle Gefühle wie Verliebtheit oder Zorn stören Konzentration und intellektuelle Leistungsfähigkeit (emotionaler und intellektueller Bereich), während die Erfahrung der Selbstvergessenheit bei der Bewältigung einer herausfordernden Aufgabe, das so genannte *Flow*-Erlebnis, körperliches Unwohlsein oder Unzufriedenheit in einem anderen Lebensbereich vorübergehend vergessen lassen. Diesen Beispielen lassen sich viele weitere anfügen. Der Grundgedanke ist der gleiche: Körperliche, seelische und intellektuelle Erfahrungen bilden eine Einheit, sie sind untrennbar verbunden.

Der zweite Teil des Axioms bezieht diese Ganzheitlichkeit des Menschen in seine Beziehungswelt ein. Die Verflechtung mit anderen, mit Partner, Familie, Freunden, Kollegen und Gesellschaft, kennzeichnet den Menschen als soziales Wesen. Diese Abhängigkeiten machen ihn jedoch nicht passiv, vielmehr stärken sie ihn, das zu entwickeln, was in ihm angelegt ist.

Ethisch-soziales Axiom

> Das zweite Axiom besagt: Alles Lebendige und seine Entwicklung sind zu achten. Der Respekt vor der Entwicklung erfordert bewertende Entscheidungen für das Menschenwürdige.

In diesem Axiom zeigen sich die humanistische Wurzel der TZI und die Auseinandersetzung der Gründerin mit den Erfahrungen des Nationalsozialismus. Der Bezug zu aktuellen Problemen unserer Welt ist unübersehbar. Es geht um Entscheidungen für den verantwortungsvollen Umgang mit der Welt und ihren Ressourcen anstelle einer einseitigen Orientierung an wirtschaftlichem Wachstum, Macht und der Umsetzung des technisch Machbaren.

Pragmatisch-politisches Axiom

> Das dritte Axiom besagt: Freies Entscheiden geschieht innerhalb von einschränkenden inneren und äußeren Grenzen. Eine Erweiterung dieser Grenzen ist möglich.

Grenzen unterliegen Veränderungen. In gewissem Rahmen ist es uns möglich, unsere Grenzen zu erweitern, etwa indem wir uns weiterbilden, lernen, neue Fähigkeiten erwerben oder uns seelisch weiterentwickeln. Grenzen können jedoch auch enger werden, etwa durch Krankheit oder materielle Verluste. Generell können wir unsere Grenzen beeinflussen und vor allem auch lernen, den uns zur Verfügung stehenden Raum vollauf zu nutzen.

Während die drei Axiome die Grundwerte der TZI beinhalten, ist es die Aufgabe der Postulate, das eigenständige und selbstverantwortliche Lernen zu fördern. Sie dienen als »Schnittstelle« zwischen Axiomen und der konkreten Lernsituation.

Postulate Die vielfach bekannten Postulate lauten: »Sei dein eigener Chairman« und »Störungen haben Vorrang«. Das erste Postulat appelliert an die Eigenverantwortung des Lernenden. Der Chairman, vielfach übersetzt mit Manager, Dirigent, Leitperson, Kapitän oder Bildhauer (*Langmaack,* 2001), achtet sich selbst und seine Bedürfnisse und Gefühle. Er kann diese angemessen zum Ausdruck bringen und bewusste, handlungsleitende Entscheidungen treffen.

Das zweite Postulat »Störungen haben Vorrang« ist in den Sprachgebrauch vieler Trainer und Berater eingegangen. Störungen sind Einflüsse, die die Konzentration des Einzelnen und der Gruppe auf das eigentliche Vorhaben stören. Störungen können sein: Konflikte und Spannungen in der Gruppe, ungünstige Rahmenbedingungen wie schlechte Luft, körperliche Empfindungen wie Müdigkeit oder Durst oder aber intensive Gefühle wie Freude oder Ärger. Der Begriff Störung wird in der TZI, im Unterschied zum alltäglichen Sprachgebrauch, dabei nicht wertend verwendet. Ungünstige Folgen entwickeln Störungen erst dann, wenn man ihnen keinen Raum gibt, wenn man versucht, sie zu übergehen oder zu unterdrücken. Störungen nehmen sich, so die Annahme der TZI, ohnehin den Raum, den sie brauchen. Sie ernst zu nehmen und sie zu verstehen ist daher der konstruktive und bessere Weg. Neben den drei Axiomen und den Postulaten unterscheidet die TZI vier Grundelemente für die Arbeit mit Gruppen. Diese werden in dem bekannten TZI-Dreieck visualisiert.

In der Grundstruktur besteht die TZI aus einem Modell, das die Faktoren »Ich«, »Wir« und »Es« unterscheidet. Demnach haben die folgenden Faktoren in der strukturierten Gruppenarbeit die gleiche Bedeutung:

- das »Ich«, gemeint sind die einzelne Person mit ihrer Persönlichkeit, ihren Stimmungen und Erfahrungen,
- das »Wir«, gemeint sind die Interaktion und die Beziehungen der Beteiligten untereinander, die Stimmung in der Gruppe sowie eventuell bestehende Spannungen oder Konflikte sowie

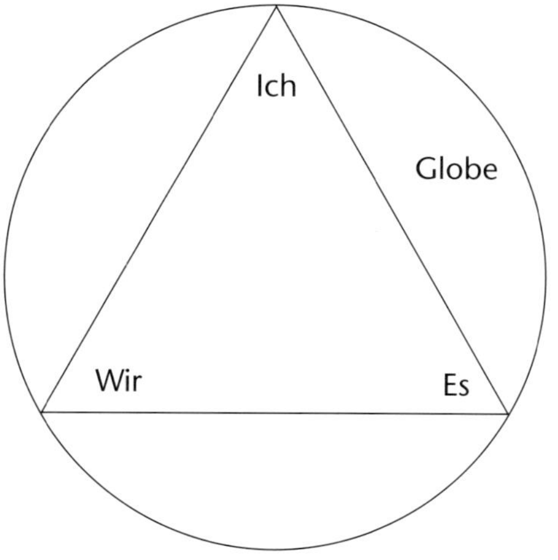

Das TZI-Dreieck (Klein, 2001, S. 301)

- das »Es«, gemeint ist die Sache, der Lehrstoff, der Inhalt oder das Thema, das bearbeitet werden soll.

Globe

Das TZI-Dreieck wird von einem Kreis umschlossen, der von *Ruth Cohn* als »Globe« bezeichnet wurde. Der Globe beinhaltet die Rahmenbedingungen, die psychosoziale, aber auch die materielle Umgebung, in der die Gruppe oder der Einzelne agieren. Konkret beinhaltet der Globe zum Beispiel:

- das zur Verfügung stehende Zeitbudget,
- den finanziellen Rahmen,
- die Geschichte des Systems oder der Organisation, in der jemand arbeitet,
- die expliziten und impliziten Regeln,
- das politische oder wirtschaftliche Umfeld.

Ziel oder Leitlinie der Arbeit mit dem TZI-Dreieck ist die »dynamische Balance« zwischen diesen Elementen. Die klärende Frage lautet: Welche der Ecken des Dreiecks haben zu wenig Gewicht, welche drängen sich in den Vordergrund? Welche sollten mehr Gehör bekommen, damit diese Gruppe oder dieser Mensch effektiv arbeiten und zufrieden leben kann?

Das Dreieck ist damit ein Hilfsmittel zur Diagnose und Steuerung von Gruppenprozessen, aber auch ein Instrument zur Analyse der Situation eines Einzelnen etwa in der Beratung. Die Skizze des TZI-Modells ist in der Praxis weit bekannt und wird auch von Beratern genutzt, die sich nicht explizit dem Denkmodell der TZI verpflichtet fühlen.

Die TZI ist für sehr unterschiedliche Anwendungsgebiete und Arbeitsfelder geeignet. Sie ist ein Lehr- und Lernansatz, der immer dann eingesetzt werden kann, wenn Menschen gemeinsam etwas erfahren und lernen möchten. Dies sind unter anderem Bereiche wie Schule, Unterricht, Hochschuldidaktik, Aus- und Weiterbildung, Arbeit, Organisation sowie Politik und Wirtschaft.

Für die Gruppenarbeit

Die TZI wurde primär als Modell für die Arbeit mit Gruppen entwickelt. Die grundlegenden Gedanken – das TZI-Dreieck, die Axiome und die Postulate – bieten einen nützlichen Rahmen für alle Beratungsansätze, die in erster Linie mit Gruppen arbeiten. Die Aufforderung zur Selbstverantwortung, die Betonung ethischer Prinzipien, die Berücksichtigung der Balance zwischen dem Einzelnen, der Gruppe und dem Thema, die ausdrückliche Beachtung materieller und immaterieller Rahmenbedingungen – all dies sind Prinzipien, die die Moderation, die Teamsupervision und auch die Mediation in hervorragender Weise unterstützen können.

Die Grundgedanken der TZI lassen sich jedoch auch auf die Einzelberatung anwenden. Die Postulate »Sei dein eigener Chairman« und »Störungen haben Vorrang« appellieren an das Prinzip der Selbstverantwortung, das allen hier dargestellten Beratungsansätzen – gleich, ob mit Einzelnen oder in der Gruppe durchgeführt – zugrunde liegt.

2.3.3 Neurolinguistisches Programmieren (NLP)

Das Neurolinguistische Programmieren (NLP) begegnet dem Leser vermutlich im Zusammenhang mit den Qualifikationen von Beratern, die sich als NLP-Practitioner oder Master bezeichnen, oder aber im Zusammenhang mit Weiterbildungsangeboten, die auf diesem Feld nach wie vor reichlich gesät sind. NLP wurde in den 1970er-Jahren entwickelt und erlebte in Deutschland in den 1980er- und 1990er-Jahren eine rasche Verbreitung. Nach einem vorübergehenden Abflauen des Interesses an NLP ist im Zusammenhang mit Beratung und Coaching aktuell eine Renaissance dieses Ansatzes zu beobachten. So tauchen auf dem Weiterbildungsmarkt für angehende Coaches zunehmend Angebote zum »Diplom-Coach« auf, die eine Weiterbildung zum NLP-Practitioner und Master voraussetzen. Auch der Anfang 2004 neu gegründete Verband *Professional Coaching Association (ProC)* ist mit den Gründern *Thies Stahl* und *Martina Schmidt-Tanger* ein dem NLP nahe stehender Verband. Aufgrund der aktuellen Verbreitung des NLP kann es sinnvoll sein, die Grundgedanken und Besonderheiten dieses Ansatzes zu kennen, um dessen Eignung im Hinblick auf den eigenen Beratungsbedarf beurteilen zu können.

> »Das Neuro-Linguistische Programmieren (z.B. *Bandler und Grinder*, 1975, 1984a, 1984b) beschreibt – ausgehend von Erkenntnissen der modernen Systemtheorie, Linguistik, Neurophysiologie und Psychologie – die wesentlichen Prozesse, wie Menschen
> - sich selbst und ihre Umwelt wahrnehmen,
> - diese Informationen auf ihre eigene Weise verarbeiten,
> - auf dieser Grundlage handeln,
> - entsprechend miteinander kommunizieren,
> - lernen und
> - sich verändern.« (*Deutscher Verband für Neuro-Linguistisches Programmieren DVNLP e.V.*, S. 4)

Begründet wurde NLP in den 1970er-Jahren von dem Mathematiker *Richard Bandler* (*1950) und dem Linguisten *John Grinder* (*1939), die ihre Annahmen auf Beobachtungen und Analysen der Arbeit der Familientherapeutin *Virginia Satir*, des Gestalttherapeuten *Fritz Perls* und des Hypnotherapeuten *Milton Erickson* (1902–1980) stützen. Aufgrund ihrer Beobachtungen der Kommunikation dieser Personen entwickelten sie ein Metamodell therapeutischen Verhaltens, das in der Folge rasch Verbreitung fand.

NLP versteht sich als ein interdisziplinäres Fach. Neben den genannten psychologischen und psychotherapeutischen Wurzeln greift der Ansatz auch Gedanken aus der Linguistik, der Mathematik, den Computerwissenschaften und der Kybernetik auf.

Zentrale Grundannahme

Einer zentralen Grundannahme des NLP zufolge ist menschliches Verhalten programmiert. Möchte man sich verändern – seine Motivation steigern, erfolgreich eine Rede halten oder das Rauchen aufgeben –, so muss man die zugrunde liegenden mentalen Programme verändern. Diese Veränderung erfolgt mit Hilfe der Sprache. In der Sprache offenbaren sich Denk- und Verhaltensmuster, sinnvolle Muster, aber auch solche, die zu emotionalen und verhaltensbezogenen Problemen führen. Mit Hilfe der Sprache können dysfunktionale Muster verändert werden. Letztlich erfolgt diese Veränderung auf der Ebene neuronaler Strukturen – daher der Name des Verfahrens: »neuro«, die Gehirnstrukturen betreffend, und »linguistisch«, die Sprache betreffend, über die Sprache vermittelt.

Eine Besonderheit des NLP besteht weiterhin darin, dass der Berater mit einem Klienten kaum inhaltlich arbeitet. Der NLP-orientierte Berater bietet dem Klienten Techniken an, die seine Problemlöse- und Selbstmanagementkompetenz steigern; die inhaltliche Auseinandersetzung mit dem Thema des Klienten steht demgegenüber im Hintergrund. NLP ist damit ein hochgradig prozessorientierter Ansatz. Die Beschäftigung mit Inhalten und deren Bedeutung verbleibt beim Klienten.

Über die Analyse von Sprache und Körpersprache erkennt der Berater, in welcher Verfassung der Klient ist. Die Intervention besteht darin, ihn in einen entspannten, kreativen Zustand zu bringen, was es ihm ermöglichen soll, selbst die passenden Lösungen zu generieren. Als Mittel dazu steht dem Berater eine Reihe von Techniken zur Verfügung. Dazu gehört es, eine gute Beziehung *(Rapport)* zum Klienten herzustellen, sich dessen Sprache und Wahrnehmungsmodus anzupassen *(Pacing)* und ihn durch den Beratungsprozess zu führen *(Leading).*

Modellieren

Eine weitere bekannte Technik des NLP ist das Modellieren. Damit gemeint ist die systematische Beobachtung und Analyse des Verhaltens einer anderen Person mit dem Ziel, deren erfolgreiches (Kommunikations-)Verhalten zu identifizieren und nachzuahmen. Nach Ansicht der NLP-Vertreter erlaubt das Modellieren effizientes und elegantes Lernen in den unterschiedlichsten Bereichen. Anstatt eine reale Person als Modell zu beobachten, kann man auch eine innere Vorstellung der Modellperson entwickeln. Ein Klient, der etwa sehr schüchtern ist, imaginiert eine Person, die in sozial kompetenter Weise selbstbehauptend auftritt. Wie ein Schauspieler identifiziert er sich anschließend mit allen Sinnen mit dieser Zielperson. Das erwünschte Zielverhalten – hier selbstbehauptendes Auftreten – wird auf diese Art mental gebahnt (ein Begriff aus der Hypnotherapie). Es entsteht zunächst ein inneres Bild des erfolgreichen Verhaltens, das anschließend in der Realität umgesetzt werden kann.

Kritikpunkte

Im Zuge seiner raschen Verbreitung wurde das Neurolinguistische Programmieren vielfach kritisiert (z.B. von *Bördlein,* 2001):

- NLP ist theoretisch nicht ausreichend fundiert.
- Die Techniken des NLP sind zum größten Teil anderen Therapieformen entnommen. Die Wirksamkeit einzelner Techniken ist in deren theoretischer Fundierung in anderen Therapieformen

(so etwa der Verhaltenstherapie) begründet. In vielen Fällen handelt es sich auch um Suggestion.

- NLP vermittelt einen positivistischen Machbarkeitswahn.
- NLP ist eine manipulative Technik.
- Es liegen keine wissenschaftlichen Forschungen vor, die die Wirksamkeit des NLP überzeugend dokumentieren können (vgl. *Grawe, Donati und Bernauer*, 1994).
- Es besteht ein auffälliges Missverhältnis zwischen der überzogenen Selbstdarstellung einiger NLP-Ausbilder und -Anwender und der Qualität dieses Ansatzes.

Modell mit Methoden und Techniken

Wir meinen, NLP lässt sich nicht als eine Theorie, sondern allenfalls als ein Modell bezeichnen. Es besteht aus einer Reihe von Annahmen über menschliche Wahrnehmungs- und Kommunikationsprozesse, die den verschiedenen therapeutischen Schulen wie der Gestalttherapie, der Hypnotherapie und der Familientherapie entnommen sind. Aus diesen Annahmen wurden Methoden und Techniken abgeleitet, die in Coaching, Beratung und Psychotherapie, aber auch im Training, insbesondere im Verkaufstraining, eingesetzt werden. NLP ähnelt damit eher einer Sammlung therapeutischer Gedanken und Ideen als einem in sich geschlossenen Modell.

Hinzu kommt, dass es *das* NLP ohnehin nicht gibt. Der Ansatz wurde vielmehr, seit der Begründung durch *Bandler* und *Grinder,* in vielfältiger Weise verändert, teilweise stark vereinfacht und weiterentwickelt. Was den Nutzen von NLP für den eigenen Beratungsbedarf betrifft, so wird Auftraggebern und Klienten von Beratungsdienstleistungen in der Regel empfohlen, Berater auszuwählen, die nicht ausschließlich in NLP ausgebildet sind, sondern darüber hinaus noch über andere beratungsrelevante Weiterbildungen verfügen.

Zu den prominentesten Vertretern von NLP in Deutschland gehört *Thies Stahl,* der 1983 die erste NLP-Ausbildung in Deutschland anbot und in der Folge zur raschen Verbreitung dieses Ansatzes beitrug. In einem Interview mit der Zeitschrift *wirtschaft & weiterbildung* (2003) kritisiert er die starke Vereinfachung des NLP, die dazu beigetragen habe, NLP als schnell zu erlernende Manipulationstechnik in Misskredit zu bringen. Tatsächlich scheint NLP dem Bedürfnis nach einfachen Lösungen und schnellen Erfolgen vieler Anwender zu entsprechen – ein Grund dafür, dass kaum ein anderes Modell im Kontext von Therapie und Beratung so viel Misstrauen und Ablehnung, aber auch überzeugte Anhängerschaft hervorruft.

3. Instrumente und Techniken der Beratung

Claudia Eilles-Matthiessen

Die meisten Methoden und Techniken der Beratung sind nicht spezifisch auf bestimmte Beratungsansätze zugeschnitten. Frage- oder Gesprächsführungstechniken, Feedback oder Visualisierungen können in allen Beratungssituationen zum Einsatz kommen. Einige der Techniken sind zudem unabhängig von Theorien und Modellen, andere, so etwa die bekannte »Wunderfrage«, sind einem theoretischen Hintergrund, in diesem Falle der systemischen Theorie, zuzuordnen.

> Techniken sind mehr als eine Reihe von Tools, die in den Werkzeugkoffer eines Beraters gehören, sie sind vielmehr die Substanz der Beratung, die Schnittstelle zwischen Berater und Klient. Methoden – analog Werkzeuge, Instrumente oder Techniken – dienen dazu, Inhalte zu transportieren, Erkenntnisse oder Einsichten zu erleichtern, den kreativen Selbstausdruck zu fördern, Abwechslung, Lebendigkeit und damit Freude am Beratungsprozess zu vermitteln.

Zweck von Techniken

Beratungstechniken sollen zum Nachdenken anregen, Widersprüche aufzeigen, zielorientiert sein und im optimalen Fall zu einem anregenden Wechsel von kognitiven, verhaltensorientierten und emotionalen bzw. erlebnisorientierten Elementen führen. Dabei sollte allerdings nicht angenommen werden, dass Techniken immer so wirken, wie der Berater oder deren »Erfinder« es vorgesehen hat. Eine Entspannungstechnik kann von einem Klienten als stressauslösend erlebt werden, eine Kreativitätstechnik kann, anstatt die Ideenproduktion zu fördern, Konflikte und Konkurrenz in einer Gruppe sichtbar machen, auch konstruktives Feedback kann als Abwertung erlebt werden. Es ist daher zu empfehlen, Methoden sorgfältig auszuwählen, sparsam einzusetzen und genau zu beobachten, was der

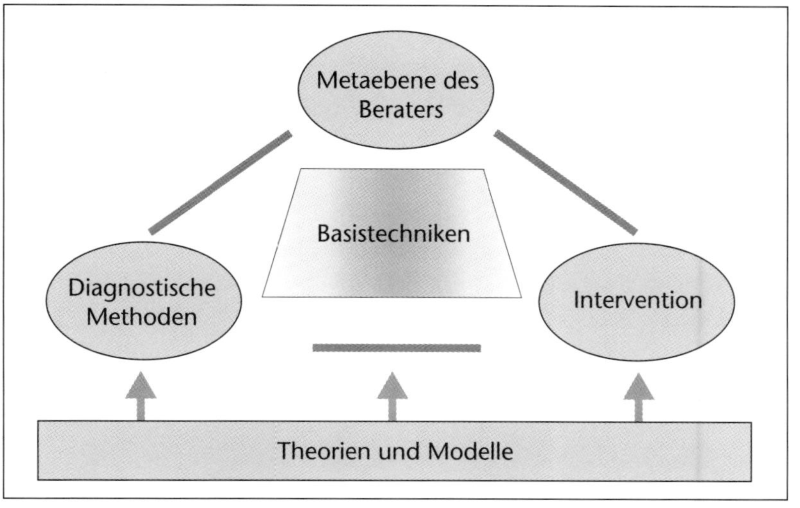

Techniken der Beratung

Klient damit macht, wie er sie nutzt und welche Veränderungen der Einsatz einer Technik nach sich zieht.

Im Zentrum eines Beratungsprozesses stehen die Basistechniken der Beratung. Dazu gehören alle Techniken, die unabhängig von der Phase einer Beratung und unabhängig von der Beratungsform eingesetzt werden.

Techniken der Diagnostik und der Intervention

Von den Basistechniken der Beratung werden Techniken der Diagnostik und der Intervention unterschieden. Zu den diagnostischen Methoden gehören unter anderem die psychologischen Testverfahren. Interventionen beinhalten verhaltensorientierte Methoden, kognitive Methoden, Entspannungsmethoden sowie einige speziell entwickelte Coachingtechniken. Diagnose und Intervention sind in der Beratung oft nicht klar zu trennen. In einigen Fällen setzt bereits die Klärung der Ausgangssituation und das Verständnis für biografische Zusammenhänge – wie es etwa im Rahmen der Musteranalyse entwickelt wird – eine Veränderung in Gang. Nicht selten führen Klärung und Ordnung zu einer unmittelbaren emotionalen Entlastung. Die Bezüge zwischen Diagnose und Intervention sind vielfältig.

Metaebene

Bei einer Sammlung von Tools und Techniken kann man leicht den Überblick verlieren, wäre da nicht die Metaebene. Sie erlaubt es dem Berater, den Beratungsprozess zu überblicken, Methoden auszuwählen, deren Wirkung zu beobachten, den Beratungsprozess zu steuern und gegebenenfalls zu unterbrechen.

3.1 Basistechniken

3.1.1 Gesprächsstrukturierung

Zur Gesprächsstrukturierung gehört die Gliederung einer Beratungssitzung in einzelne Phasen, die wie folgt aussehen kann:

Gesprächseröffnung

Zunächst wird eine entspannte und konzentrierte Gesprächsatmosphäre hergestellt. Gegebenenfalls wird der zur Verfügung stehende Zeitrahmen besprochen. Auch werden Themen und Inhalte des Gesprächs vereinbart. In vielen Beratungssituationen ist es sinnvoll, zunächst an die vergangene Beratungssitzung anzuknüpfen bzw. den Klienten zu fragen, ob seinerseits bestimmte klärungsbedürftige Punkte vorliegen.

Beratungsteil

Im Zentrum des Gesprächs steht die gemeinsame Arbeit am Beratungsanliegen des Klienten. Die Aufgabe des Beraters besteht jetzt darin, neben der inhaltlichen Arbeit auch den Beratungsprozess im Auge zu behalten und zu strukturieren. Pausen, Zusammenfassung des Gesagten, Herstellen von Bezügen zu früheren/anderen Inhalten, Aufzeigen von Widersprüchen, Verdeutlichen von Entwicklungen und Ressourcen – all dies sind Interventionen, die der Berater anbringen kann. Wichtig ist es auch, zwischen der inhaltlichen Ebene der Beratung und der Metaebene wechseln zu können. Sowohl Klient als auch Berater können jederzeit die inhaltliche Arbeit unterbrechen und auf die Ebene des Beratungsprozesses wechseln. Dies kann etwa dann der Fall sein, wenn Störungen im Verständnis der inhaltlichen Arbeit oder im Kommunikationsprozess auftreten.

Abschlussphase

Der Berater steuert den Prozess so, dass gegen Ende der vereinbarten Beratungszeit ein sinnvoller Gesprächsabschluss erfolgen kann. Er selbst oder der Klient fasst die Beratungssitzung zusammen, zieht ein Resümee und vereinbart das weitere Vorgehen.

3.1.2 Verbale Techniken der Gesprächsführung

Zu den Gesprächsführungstechniken gehören weiterhin verbale Techniken wie

- *Paraphrasieren:* Der Berater gibt mit eigenen Worten wieder, was er gehört hat. Er lehnt sich dabei an die Worte des Klienten an.
- Beim *Verbalisieren* emotionaler Erlebnisinhalte (bekannt aus der klientenzentrierten Gesprächsführung) geht der Berater mit seinen Äußerungen einen Schritt über die Wiedergabe des Gesagten hinaus. Er formuliert Gefühle oder Äußerungen »zwischen den Zeilen«, die er aus den Äußerungen des Klienten heraushört. Diese sollte er jedoch vorsichtig in Form von »Hypothesen« äußern.
- *Reframing* bezeichnet eine Technik des Um-Rahmens, d. h., Problembeschreibungen des Klienten werden in ein anderes Bezugssystem gestellt und dadurch anders bewertet. Verändert man den Rahmen, so die Annahme, dann verändert sich auch die Bewertung eines Verhaltens oder Ereignisses. Das »Gute im Schlechten« kann so erkannt werden.
- *Spiegeln:* Es werden zwei Arten unterschieden. Bei der aus der Hypnotherapie und dem NLP bekannten Form des Spiegelns gleicht der Berater oder Therapeut sein nonverbales Verhalten (Körperhaltung, Ausrichtung des Körpers, Atemrhythmus etc.) dem des Klienten an, um auf diese Art eine positive Atmosphäre (Rapport) herzustellen. Spiegeln kann jedoch auch bedeuten, dass der Berater ausdrückt, wie der Klient auf ihn wirkt und welche Gefühle er in ihm auslöst.
- *Verstärken:* Der Begriff entstammt der Lerntheorie. In der Gesprächsführung meint er meist das positive Verstärken, d. h., Äußerungen des Klienten werden durch positive Signale des Beraters wie etwa Kopfnicken, Zustimmung, besonders aufmerksames Zuhören, Lächeln etc. »belohnt«.

Neben den vorgestellten werden in der Gesprächsführung noch weitere Techniken eingesetzt, die jedoch keiner näheren Erläuterung bedürfen. Es sind dies: Differenzieren, Kommentieren, Auffordern, Konfrontieren, Unterbrechen, Senden von Ich-Botschaften oder Verwenden von Metaphern.

3.1.3 Nonverbale Techniken und Zuhören

Die Fähigkeit zum Zuhören gehört zu den Basiskompetenzen eines jeden Beraters. Zuhören bedeutet zunächst schweigen und aufmerksam den verbalen und nonverbalen Äußerungen des Klienten folgen. Je nachdem, in welchem Ausmaß der Berater seine Präsenz gegenüber dem Klienten deutlich macht, wird zwischen passivem und aktivem Zuhören unterschieden. Beim passiven Zuhören enthält der Berater sich sämtlicher Äußerungen; er beschränkt sich darauf, seine Aufmerksamkeit durch Blickkontakt oder akustische Signale (das berühmte »Hm« des Psychoanalytikers) zum Ausdruck zu bringen. Eine derart zurückhaltende Haltung des Beraters kann den Klienten dazu ermutigen, sich »frei zu reden«, also alle aktuellen Belastungen, momentanen Gefühle, Eindrücke usw. zu verbalisieren und damit eine Klärung, Entlastung oder erste Strukturierung herbeizuführen. Das passive Zuhören, das ja keinesfalls ein passiver Prozess ist, wird zum aktiven Zuhören, wenn der Berater durch Paraphrasieren und Verbalisieren rückmeldet, was er von den Äußerungen des Klienten verstanden hat.

Passives Zuhören

Vorsicht geboten ist beim Einsatz des allzu passiven Zuhörens beim Erstkontakt bzw. zu Beginn einer Beratungsbeziehung. Hier kann eine zu große Zurückhaltung des Beraters als verunsichernd oder bedrohlich erlebt werden. Anders als in der psychoanalytischen Therapie, wo der Verzicht auf Struktur und Transparenz zum therapeutischen Instrumentarium gehört, ist es in der Beratung nicht angesagt, den Klienten durch andauerndes Schweigen und allzu große Zurückhaltung zu irritieren. Dem Bedürfnis des Klienten nach Transparenz, Klarheit und Struktur sollte gerade zu Beginn einer Beratungsbeziehung Rechnung getragen werden.

Ergänzt und eingebettet wird das Zuhören durch nonverbale und paraverbale Techniken wie Blickkontakt, Nicken, Schweigen und Lächeln.

3.1.4 Fragetechniken

Fragetechniken sind in nahezu allen Beratungssituationen von zentraler Bedeutung. Die Kunst der Beratung besteht auch darin, zum richtigen Zeitpunkt die richtige Art von Fragen zu stellen. Fragen haben im Beratungskontext ganz unterschiedliche Funktionen.

- *Gesprächsatmosphäre schaffen:* Gerade in der Eingangsphase eines Gesprächs sind Fragen nach der Anfahrt, nach Getränken etc. dazu

Frage-funktionen

geeignet, eine entspannte Atmosphäre für die folgende inhaltliche Arbeit zu schaffen.

- *Beziehungsbotschaften:* Fragen können Interesse, Anteilnahme und Wertschätzung vermitteln und dem Klienten das Gefühl geben, mit seinem Anliegen ernst genommen zu werden.
- *Informationsgewinn:* Fragen dienen häufig dazu, Informationen zu generieren. Diese können sich sowohl auf »harte Fakten« als auch auf die subjektive Sichtweise, Deutungsmuster oder die Wirklichkeitskonstruktion des Klienten beziehen.
- *Lösungen anregen:* Fragen können eine Problemlösung anregen, wenn sie ein neues Element enthalten, das vom Klienten aufgegriffen und zur Weiterentwicklung eines Gedankens oder einer Problemlösung genutzt wird. Dies kann auch in Form provokativer Fragen geschehen.
- *Klärungshilfe:* Der Berater kann zur Klärung des Gesagten beitragen, indem er Widersprüche und Unstimmigkeiten aufzeigt oder indem er Verallgemeinerungen oder weitreichende Schlussfolgerungen des Klienten hinterfragt.
- *Strukturierung:* Fragen sind dazu geeignet, den Beratungsprozess zu strukturieren und zu steuern.
- *Ergebnissicherung:* Fragen können das Gesagte zusammenfassen und Ergebnisse absichern. Dies kann gerade in Verhandlungssituationen wichtig sein, um Missverständnissen und erneuten Konflikten vorzubeugen.

Es können verschiedene Frageformen unterschieden werden (vgl. z.B. *Haeske,* 2003).

Frageformen

- *Offene Fragen* lassen dem Adressaten einen breiten Spielraum zur Beantwortung. Sie sind dadurch gekennzeichnet, dass sie nicht mit einem einzigen Wort (Ja oder Nein) beantwortet werden können. Offene Fragen können viele Informationen erbringen, an die der Berater dann anknüpfen kann. Diese Frageform ist besonders wichtig am Anfang eines Beratungsprozesses, wenn es gilt, das »System Klient« kennen zu lernen.
- *Geschlossene Fragen* lassen sich zumeist mit einem Wort oder mit wenigen Worten beantworten. Sie können sich sowohl auf Fakten als auch auf subjektive Sichtweisen beziehen. Geschlossene Fragen beschleunigen den Beratungsprozess, sie wirken eher direktiv, gelegentlich konfrontativ, können aber auch humorvoll eingesetzt werden.

- *Informationsfragen* zielen darauf ab, Informationen über die objektive Situation des Klienten und dessen subjektive Wirklichkeitskonstruktion zu gewinnen (»Was ist passiert?«, »Wer?«, »Wann?«, »Warum?«).
- Zur Absicherung des eigenen Verständnisses können *Verständnisfragen* gestellt werden (»Habe ich richtig verstanden, dass Sie ...?«).
- *Kontaktfragen* zielen auf die Beziehungsebene der Beratung ab. Sie können eingesetzt werden, um von der inhaltlichen Ebene auf die Metaebene des Beratungsprozesses zu wechseln (»Was ist in unserem Gespräch gerade passiert?«).
- *Beteiligungsfragen* sind dazu geeignet, den Klienten in den Beratungsprozess einzubinden und seine Mitverantwortung für den Beratungsprozess zu stärken (»Was schlagen Sie vor?«).

Die folgenden Fragetechniken sind besonders dann geeignet, wenn es gilt, kreative Prozesse in Gang zu setzen, eingefahrene Muster aufzuweichen und Lösungen zu entwickeln (vgl. *Hösl,* 2002). Sie sind teilweise dem systemischen Beratungsansatz entnommen (*Barthelmees,* 1999).

Kreative Prozesse in Gang bringen

- *Hypothetische Fragen* (»Was wäre, wenn ...?«) führen zu neuen Wahlmöglichkeiten und sind dazu geeignet, einengende dysfunktionale Kognitionen (»Dazu bin ich zu alt«) aufzuweichen. Sie dienen außerdem dazu, spielerisch Szenarien zu entwickeln, und können positive Zukunftserwartungen fördern.
- Die bekannte *Wunderfrage* ist ein Spezialfall der hypothetischen Frage. Sie ist dann sinnvoll, wenn der Klient sich über seine Ziele oder die gewünschte Lösung seines Problems noch nicht im Klaren ist. »Stellen Sie sich vor, Sie wachen morgen früh auf und Ihr Problem ist über Nacht durch ein Wunder verschwunden. Woran merken Sie das? Was ist an diesem Tag anders? Wie genau sieht Ihr Tag aus?« Der Klient ist aufgefordert, seine Gedanken und Handlungen nach diesem Wunder möglichst konkret und in positiven Formulierungen zu beschreiben. Auf diese Art werden gedankliche Begrenzungen aufgeweicht, Ressourcen aufgezeigt und kreative Lösungen entwickelt.
- *Zirkuläre Fragen* sind ebenfalls dem systemischen Ansatz entnommen. Indem die Sichtweise einer dritten, im Klientensystem wichtigen Person erfragt wird (»Was sagt Ihre Frau dazu, dass Sie ...?«), kann der Berater mehr über die Wirklichkeitskonstruktion des Klienten erfahren und neue Sichtweisen einbeziehen. Damit kann eine möglicherweise erstarrte, festgefahrene Haltung des Klienten

aufgeweicht werden. Zirkuläre Fragen können dahin gehend erweitert werden, dass der Klient tatsächlich die fiktive Position der Person einnimmt, deren Perspektive er darstellen soll. Er kann sich auf einen anderen Stuhl setzen und von dort aus die Sichtweise des anderen einnehmen. Dies schafft Distanz und neue Perspektiven, aus der heraus er die eigene Rolle und Position neu erleben und bewerten kann.
- *Verflüssigungsfragen* weichen festgefahrene Ansichten oder Zuschreibungen auf, indem sie auf die Ebene des konkreten Verhaltens überführt werden (»Was tut Ihre Vorgesetzte, was Sie als autoritär empfinden?«).

Wurden im fortgeschrittenen Beratungsprozess Lösungen entwickelt, die nun auf ihre Tragfähigkeit hin überprüft und umgesetzt werden müssen, so bieten sich folgende Fragetechniken an (*Hösl,* 2002):

Lösungen überprüfen

- *Operationalisierungsfragen* dienen dazu, Wünsche in konkrete Ziele umzuwandeln (»Wie sieht Ihre Beziehung zu Herrn X aus, wenn dieser Konflikt bewältigt ist?«).
- *Entscheidungsfragen* stellen Vorteile und Risiken von Handlungsalternativen einander gegenüber. Sinnvoll ist es, dabei nicht nur die gegenwärtigen Vor- und Nachteile, sondern auch zukünftige Entwicklungen in die Entscheidung einzubeziehen.
- *Tragfähigkeitsfragen:* Vor der Entscheidung für eine Handlungsalternative bzw. ein Ziel ist es wichtig, dessen »Passung« in die Lebenswelt des Klienten zu prüfen. Es ist der Frage nachzugehen, welche Veränderungen es im Leben des Klienten nach sich zieht, wenn ein als positiv bewertetes Ziel erreicht wird. Dieser etwa im Coaching oder in der Karriereberatung wichtige Schritt, oft als »Öko-Check« bezeichnet, sollte unbedingt sorgfältig durchgeführt werden, bevor die Arbeit an der Umsetzung bzw. Zielerreichung beginnt. Typische Fragen zur Tragfähigkeit eines Ziels lauten etwa: »Hätte es auch Nachteile, wenn Sie das Ziel erreicht haben?«, »Gibt es wichtige Menschen in Ihrem Leben, für die es auch Nachteile hätte, wenn Sie das Ziel erreicht hätten?«.

3.1.5 Feedback geben

Eine wichtige Funktion des Beraters ist die eines Spiegels. Feedback informiert den Klienten darüber, wie sein Verhalten beim Gegenüber, hier beim

Coach oder Berater, ankommt. Im Unterschied zum spontanen Feedback in alltäglichen sozialen Situationen ist das Feedback eines Beraters darauf angelegt, beim Adressaten Selbstreflexions- und Lernprozesse zu fördern. Zwar spiegelt auch das Feedback eines Beraters eine subjektive Wahrnehmung wider. Diese ist, anders als in vielen Alltagssituationen, in der Regel weder durch starke Emotionen wie Ärger oder Kränkung noch durch manipulative Absichten getrübt. Da der Berater – jenseits des Interesses an einer professionellen und erfolgreichen Beratung – keinerlei Eigeninteressen verfolgt, ist seine Aufmerksamkeit im besten Fall frei auf den Gesprächspartner gerichtet; die Rückmeldung kann ohne unangemessene Schmeicheleien, Aggressionen und ohne appellative »Du sollst«-Botschaften erfolgen.

3.1.6 Visualisierung

Umsetzen in Bilder

Die Visualisierung – das Umsetzen von Gedanken, Gefühlen oder Ideen in Bilder und bildhafte Kommunikation – ist ein wichtiges Werkzeug in der Beratung. Beispiele für Visualisierungen sind die Verwendung von Bildern und bildhaften Darstellungen, die Gestaltung von Arbeitsmaterialien sowie die Arbeit mit Symbolen, Mindmaps oder dem Soziogramm. Visualisierungen können

- Aufmerksamkeit wecken,
- komplexe Sachverhalte strukturieren,
- Verknüpfungen zwischen verschiedenen Bereichen darstellen,
- Kommunikationsprozesse beschleunigen,
- Emotionen aktivieren,
- das Wesentliche eines Themas fokussieren,
- Kreativitäts- und Denkprozesse fördern,
- zeitliche Prozesse darstellen,
- die Zuhörer/Teilnehmer einbinden und
- den Redeaufwand verringern.

Visualisierungen ergänzen die verbale und nonverbale Kommunikation. Sie klären und vermitteln Bedeutungen, die sprachlich schwer oder nur unzureichend erfasst werden können, indem sie unterschiedliche Hirnareale ansprechen und damit das ganzheitliche Lernen oder Verstehen erleichtern. Visuelle Darstellungen können diagnostisch eingesetzt werden, haben jedoch oft bereits verändernde Wirkung, da kreative Denkprozesse angeregt und neue Lösungen oder Sichtweisen offenkundig werden können.

Gedanklicher Prozess

Die Visualisierung ist zunächst ein gedanklicher Prozess, bei dem Ideen, Zusammenhänge oder Themenfelder in Bilder und Symbole übersetzt und dargestellt werden. Als Ergebnis dieses Prozesses können Symbole, Muster oder Zeichnungen entstehen, die ihrerseits zur Weiterentwicklung der Gedanken und Ideen beitragen. Auch die Verwendung von Metaphern ist eine Form der Visualisierung, bei der Themen, Zusammenhänge oder Ideen in sprachliche Bilder übersetzt werden.

Die bildhafte Kommunikation durch Visualisierungen findet in der Personalentwicklung sowie bei Trainern, Moderatoren und Beratern zunehmende Verbreitung. Organisationen verwenden Visualisierungen in Workshops, Konferenzen und Großgruppenveranstaltungen sowie im Rahmen von Veränderungsprozessen, wenn Visionen entwickelt und komplexe Zusammenhänge kommuniziert werden sollen (*Scholz,* 2003). Aber auch in der Beratung, im Coaching, in der Mediation und bei Moderationen werden Visualisierungen gewinnbringend eingesetzt.

3.1.7 Moderationstechniken

Moderationstechniken erleichtern die Kommunikationsprozesse zwischen verschiedenen Parteien bzw. Personen und dienen dazu, Sichtweisen, Werte, Erwartungen oder Einstellungen der Teilnehmer sichtbar zu machen. Durch den kompetenten Einsatz von Moderationstechniken wird es leichter, Probleme zu lösen, Entscheidungen zu treffen oder Konsens zwischen den Gruppenmitgliedern herzustellen.

Berater-abhängiger Erfolg

Der Erfolg einer Moderationstechnik hängt in hohem Maße von den Fähigkeiten und Erfahrungen des Beraters ab. Dessen Rolle variiert je nach Situation und Beratungsauftrag. Moderationstechniken können im Rahmen einer Konfliktmoderation, einer Mediation, einer Arbeitsbesprechung, einer Projektsitzung, der Teamentwicklung, einer Großgruppenveranstaltung oder einer Präsentation eingesetzt werden. Sie sind eng mit den Visualisierungstechniken verknüpft, erfordern darüber hinaus jedoch Kenntnisse und Erfahrungen in Bezug auf die Steuerung von Gruppenprozessen.

Eine interessante Zugangsweise zur Moderation von Gruppen, Projektsitzungen und anderen Besprechungen wurde mit den »sechs Denkhüten« von *Edward de Bono* (1999) entwickelt. Die Methode eignet sich sowohl für Gruppensituationen als auch für Anwendungen im Einzelcoaching.

Die »sechs Denkhüte«

Endlose Diskussionen, die zu keiner Entscheidung führen; fruchtlose Besprechungen, bei denen jeder Teilnehmer rigide seinen Standpunkt verteidigt, aber auch Entscheidungskonflikte, die man mit sich selbst ausmacht, das ständige Abwägen verschiedener Alternativen oder widersprüchlicher Argumente: all das sind Situationen, die von dem Konzept der »sechs Denkhüte« profitieren.

Das primäre Ziel der Methode ist die Strukturierung von Denkvorgängen. Nach Einschätzung des Kreativitätsforschers *de Bono* führen viele Diskussionen deshalb zu keinen Ergebnissen, da die Beteiligten sich in unterschiedlichen Denkrichtungen befinden. Ein Teilnehmer denkt innovativ, ein anderer sieht Vorschläge grundsätzlich kritisch, ein dritter beruft sich immer auf die Fakten und wieder ein anderer argumentiert vorrangig emotional. Die Grundidee der sechs Denkhüte besteht nun darin, typische Denkstile zu unterscheiden, zu beschreiben und Denkvorgänge bzw. Diskussionen dadurch zu strukturieren, dass nacheinander und bewusst verschiedene Denkstile eingenommen werden, um ein Problem zu beleuchten. *DeBono* verwendet dazu die Hut-Metapher. Das Aufsetzen des Hutes einer bestimmten Farbe signalisiert, dass der Betreffende jetzt aus einem bestimmten Denkstil heraus argumentiert.

Der weiße Hut

Der weiße Hut symbolisiert neutrale Informationen. Wer ihn aufsetzt, versucht, eine Diskussion durch neutrale Fakten zu bereichern. Fakten beziehen sich dabei auf überprüfbare Informationen wie Daten und Zahlen, aber auch auf Meinungen anderer, Hypothesen und andere Hintergrundinformationen, die jedoch keine emotionalen Äußerungen des Sprechers beinhalten. Gefühle, Intuition oder bewertende Stellungnahmen sind nicht Bestandteil des weißen Hutes.

Der rote Hut

Das Denken mit dem roten Hut steht für Emotionen und nichtrationale Aspekte. Wer den roten Hut aufhat, äußert Gefühle und Bewertungen wie Zweifel, Unsicherheit, gemischte Gefühle, Begeisterung oder Zorn. Erklärungen oder Rechtfertigungen für Gefühle sind dabei nicht erwünscht.

Der schwarze Hut

Der schwarze Hut repräsentiert die Vorsicht. Die Argumentation unter diesem Hut ist kritisch; hier stehen vor allem mögliche Gefahren, Hindernisse, Risiken und Probleme im Vordergrund. Vorschläge, Ideen und Projekte werden ausschließlich unter einem kritischen und pessimistischen Blickwinkel betrachtet. Dabei geht es nicht um negative Emotionen (diese gehören zum roten Hut), sondern um eine kritische, negative Perspektive, um potenzielle Probleme und Nachteile einer Entscheidung, einer Idee, eines Projekts. Der schwarze Hut ist ein Bedenkenträger.

Der gelbe Hut

Der gelbe Hut ist der Gegenspieler des schwarzen Huts. Er steht für konstruktives und optimistisches Denken. Jetzt stehen die potenziellen Vorteile, Möglichkeiten und Chancen einer Idee im Vordergrund. Gelbes-Hut-Denken erfordert Disziplin. Es setzt die bewusste Entscheidung voraus, sich ausschließlich auf die positiven Aspekte und Chancen einer Angelegenheit zu konzentrieren.

Der grüne Hut

Der grüne Hut steht für Energie und Kreativität. Unter ihm werden neue Ideen entwickelt und vorhandene Vorschläge modifiziert. Der grüne Hut bietet Raum für eine neuartige Wahrnehmung der Dinge, für Ideen, Provokationen und das Streben nach völlig neuen Lösungen und Zugangsweisen. Der grüne Hut bietet den nötigen Schutz gegenüber den kritischen Ansichten des schwarzen Hutes.

Der blaue Hut

Wer den blauen Hut trägt, nimmt die Moderatorenrolle ein. Aus einer Metaperspektive heraus beobachtet er das Geschehen und greift gegebenenfalls ein. Die Position des blauen Hutes wird üblicherweise vom Leiter oder Veranstalter einer Sitzung bzw. vom Moderator übernommen. Seine Aufgabe ist es, die gerade ablaufenden Denkprozesse zu beobachten, Probleme oder Stellungnahmen zusammenzufassen und Fragen zu stellen. Auch Statements zu den Rahmenbedingungen, wie etwa das Bedürfnis nach einer Pause, gehören unter den blauen Hut.

> Die sechs Denkhüte können immer dann nutzbringend eingesetzt werden, wenn Ideen generiert, Lösungsmöglichkeiten entwickelt, bewertet und Entscheidungen getroffen werden müssen. Der zentrale Vorteil dieser Methode besteht nach *de Bono* in einer erheblichen Zeitersparnis: Das Denken wird klarer, einfacher und effektiver.

Im Einzelcoaching

Das Konzept der Denkhüte ist nach unserer Einschätzung nicht nur für die Moderation von Projektgruppen, Teams und anderen Arbeitsgruppen, sondern auch für das Einzelcoaching geeignet. Anwendungsgebiete im Einzelcoaching sind etwa Entscheidungsprobleme, Orientierungs- und Zielfindungsprozesse oder die Neigung eines Klienten, Dinge vorrangig unter einer bestimmten Perspektive (häufig unter dem schwarzen Hut) zu betrachten. Der Coach kann den Klienten in solchen Fällen zunächst mit dem Konzept der sechs Denkhüte vertraut machen und ihn anschließend auffordern, das Problem jeweils zwei Minuten lang (Stoppuhr!) unter jedem Hut zu betrachten. Auch kann der Coach seinerseits eine bestimmte Rolle (z. B. die des Kritikers mit dem schwarzen Hut) einnehmen und so mit dem Klienten in einen kontrollierten Dialog treten.

3.1.8 Kreativitätstechniken

In Beratungsprozessen können Kreativitätstechniken eingesetzt werden, um möglichst viele Lösungsideen für Probleme zu generieren oder um die Sichtweise auf eine Situation zu verändern. Gerade bei Konflikten, in Mediations- oder Moderationsprozessen haben Kreativitätstechniken in der Phase der Generierung von Lösungsideen einen hohen Stellenwert; sie können jedoch auch im Coaching oder in der Karriere- und Outplacementberatung gewinnbringend eingesetzt werden.

Kreativität in Beratungsprozessen beschränkt sich nicht auf die Anwendung von Techniken wie etwa Brainstorming, Analogien, Morphologien oder 6-3-5-Methode. Kreative Prozesse können vielmehr immer dann initiiert werden, wenn es darum geht,

- eine Aufgabe oder ein Ziel zu formulieren,
- Ideen zu sammeln,
- Ideen auszuwählen und zu bewerten,
- Ideen umzusetzen und
- die Vorgehensweise bei der Zielverfolgung aufgrund von Erfahrungen zu modifizieren.

Kreative Prozesse anregen

Kreative Leistungen und Produkte entstehen aus dem Zusammenwirken einer Person und deren kreativen Fähigkeiten einerseits mit einem kreativitätsfördernden Umfeld andererseits. Dies gilt auch in der Beratung. Um kreative Prozesse anzuregen, hat der Berater demnach die Möglichkeit, seine eigenen kreativen Potenziale und die des Kunden zu stärken. Er kann kreativitätsfördernde Bedingungen auf- und kreativitätshemmende Bedingungen abbauen. Der Einsatz von Kreativitätstechniken gehört dabei zu den kreativitätsfördernden Arbeitsbedingungen, da die Techniken eingefahrene Denkweisen und gedankliche oder emotionale Blockaden abbauen und dazu beitragen, neue Sichtweisen und Ideen zu generieren. Wir verzichten im Folgenden darauf, einzelne Kreativitätstechniken vorzustellen (siehe dazu z. B. *Baron,* 2001 oder *Blumenscheid und Ehlers,* 2002) und werden stattdessen in Anlehnung an *Preiser und Buchholz* (1997) kurz diejenigen Denkstile charakterisieren, die durch den Einsatz von Kreativitätstechniken angeregt und gefördert werden.

Kreativitätsfördernde Denkstile

- *Spontane Einfälle zulassen:* Ohne Bewertung alle spontanen Gedanken zu einem Thema zulassen.
- *Neue Verknüpfungen zulassen:* Gedanken und Themen, die normalerweise nichts miteinander zu tun haben, auf neue, ungewöhnliche Weise verknüpfen.
- *Alternativen entwickeln:* Auch bei scheinbar guten Lösungen weitere Alternativen entwickeln, um starre Denkmuster aufzubrechen.
- *Analogien herstellen:* Für Probleme aus einem Lebensbereich (z.B. zwischenmenschliche Probleme) Analogien aus anderen Lebensbereichen (z.B. Natur, Technik) suchen.
- *Visualisieren:* Probleme in Bildern und Metaphern darstellen.
- *Zerlegen:* Aspekte eines Problems in Einzelteile zerlegen, um sie zu neuen Systemen zusammenzusetzen.
- *Umwege gehen:* Bewusst gedankliche Umwege gehen, wenn der direkte Weg zur Entwicklung von Lösungen nicht weiterführt.
- *Umkehren:* Anstatt bei der Entwicklung von Ideen vom Ausgangspunkt zum Ziel zu gehen (»Ich stehe bei x, wie komme ich zu y?«), den Gedankengang umkehren: (»Ich habe y bereits erreicht, wie bin ich dahin gekommen?«).
- *Vereinfachen:* Ein komplexes Problem mit einfachen Worten darstellen; so beschreiben, als würde man es einem Kind erklären. Durch diese Vereinfachung können Denkblockaden überwunden werden.
- *Perspektivwechsel:* Ein Problem bewusst aus der Perspektive anderer Menschen betrachten. Die eigene Einstellung gegenüber einem Thema bewusst umkehren und Argumente für diese Position sammeln.
- *Kontraproduktiv denken:* Anstatt darüber nachzudenken, wie ein bestimmtes Ziel erreicht werden kann, umgekehrt vorgehen und zusammentragen, was getan werden muss, um das Gegenteil des Ziels zu erreichen. Diese Punkte dann wieder umkehren.
- *Voraussetzungen anzweifeln:* Scheinbare Selbstverständlichkeiten in Frage stellen, prüfen, ob Vorannahmen zutreffend sind.

Diese und ähnliche Prinzipien werden beim Einsatz von Kreativitätstechniken angewandt bzw. in Gang gesetzt. Alle haben das Ziel, eingefahrene Denkprozesse zu durchbrechen und gedankliche oder emotionale Blockaden abzubauen.

Unschwer ist zu erkennen, dass ein Berater kreativitätsfördernde Denkstile auch unabhängig vom Einsatz konkreter Kreativitätstechniken in Form von Fragen, Anregungen oder Provokationen in den Beratungsprozess einfließen lassen und somit Problemlösungen und neue Sichtweisen anregen kann.

3.2 Diagnostische Instrumente und Techniken

»Wer bin ich?«, »Was will ich?« oder »Was kann ich?« sind für viele Menschen immer wiederkehrende Fragen, die gerade in Zeiten von Veränderungen und wichtigen Lebensentscheidungen berücksichtigt werden wollen.

Standortbestimmung

Vielfältige Anlässe können zu dem Wunsch führen, eine Standortbestimmung durchzuführen: Wichtige Lebensentscheidungen stehen an, berufliche Perspektiven wollen ausgelotet werden, eine wichtige Phase im (Berufs-)Leben geht zu Ende – all dies sind Situationen, die den Wunsch nach einer Klärung der eigenen Wünsche, Ziele und Möglichkeiten hervorrufen können. Eine realistische Einschätzung der eigenen Person mit ihren individuellen Eigenschaften, Fähigkeiten und Möglichkeiten, Motiven und Zielen ist die beste Grundlage dafür, die richtigen Entscheidungen zu treffen und Veränderungsprozesse aktiv im Sinne einer persönlichen und beruflichen Weiterentwicklung zu gestalten.

Der Einsatz diagnostischer Instrumente und Techniken durch einen entsprechend ausgebildeten und erfahrenen Berater kann in dieser Situation eine wertvolle Hilfe sein:

> Richtig ausgewählt und eingesetzt unterstützen diagnostische Instrumente eine sichere und verlässliche Einschätzung des individuellen Persönlichkeits- und Fähigkeitsprofils. Damit ist eine zuverlässige Grundlage dafür geschaffen, im weiteren Beratungsprozess individuell passende und Erfolg versprechende Perspektiven und Ziele zu entwickeln, Entscheidungen zu treffen, diese zielführend umzusetzen und damit zu einer Steigerung der persönlichen Lebensqualität beizutragen (*Kaesler*, 2003).

3.2.1 Die Musteranalyse

Im Coaching sowie in der Karriere- und Outplacementberatung kann eine Bezugnahme auf biografische Elemente und Muster sinnvoll sein. Die strukturierte Auseinandersetzung mit der Lebensgeschichte des Klienten und seinen (früheren) Beziehungserfahrungen kann immer dann angezeigt sein, wenn der Klient vor einer wichtigen Lebens- und Berufsentscheidung steht, wenn Krisen oder massive Veränderungen einen »Bruch« der Biografie ankündigen (so etwa im Falle einer Kündigung) oder wenn der Klient um eine generelle Reflexion seiner Berufs- und Lebensgeschichte bemüht ist.

Wiederholung früherer Verhaltensmuster

Wenn die aktuell problematische oder als unbefriedigend erlebte Situation des Klienten am Arbeitsplatz darauf hinweist, dass Aspekte früherer Beziehungsmuster am Arbeitsplatz (unbewusst) wiederholt werden, kann auch eine Musteranalyse angezeigt sein. Konkrete Hinweise auf derartige Wiederholungen können z.B. sein:

- Der Klient schildert Gefühle wie Unsicherheit oder Angst gegenüber einer bestimmten Person, die nicht durch das Verhalten dieser Person begründet sind.
- Der Klient erzielt trotz offenkundigen Engagements und hoher Fachkompetenz keine befriedigenden beruflichen Erfolge.
- Der Klient erlebt immer wieder ähnliche Probleme (z.B. Autoritätskonflikte, Zurückweisungen) an verschiedenen Arbeitsplätzen.
- Der Klient »gerät« immer wieder an denselben Menschentyp, mit dem er nicht zurechtkommt.
- Der Klient verhält sich in bestimmten Situationen oder gegenüber bestimmten Personen nicht entsprechend seiner Position. Er erlebt sein eigenes Verhalten und seine Gefühle in wiederkehrenden Situationen als »unangemessen«.
- Der Klient »scheitert« immer wieder an ähnlichen Stellen, z.B. kurz vor dem erfolgreichen Abschluss eines Projektes.

Das gemeinsame Element dieser Situationen ist eine auffallende Diskrepanz zwischen situativen Gegebenheiten und dem Erleben und Verhalten des Klienten. Er selbst beschreibt seine Reaktionen als unangemessen, irrational oder versucht, sie sachlich zu rechtfertigen. In diesen Situationen kann es lohnend sein, einen tieferen Blick auf die Lebensgeschichte eines Klienten, auf dessen frühe Beziehungserfahrungen, Glaubenssätze und Grundüberzeugungen zu werfen. Die Einsicht in Zusammenhänge zwischen früheren Erfahrungen und deren aktueller Wiederholung am Arbeitsplatz führt oft zu einer unmittelbaren emotionalen Entlastung, da das zunächst kaum verständliche eigene Verhalten und Erleben vor dem Hintergrund der eigenen Biografie als nachvollziehbar und sinnvoll erlebt wird. Im nächsten Schritt kann der Klient dann üben, die alten Muster und Rollen sukzessive zu verändern und die damit einhergehende Veränderung der Beziehungsgestaltung am Arbeitsplatz zu beobachten, bis eine befriedigende Festigung neuer Wahrnehmungs- und Verhaltensmuster erreicht ist.

Biografie des Klienten

Die Arbeit mit der Biografie des Klienten stellt hohe Anforderungen an Klienten, Berater und Rahmenbedingungen einer Beratung. Zunächst muss geklärt werden, ob der Beratungsauftrag eine tiefere Beschäftigung mit lebensgeschichtlichen Aspekten des Klienten zulässt. Günstige Rahmenbedingungen sind zudem ausreichende Zeit und ein stabiles, verlässliches Setting der Beratung. Auf Seiten des Klienten sollten das Interesse, die Bereitschaft und die psychische Stabilität vorhanden sein, sich mit Aspekten seiner Lebensgeschichte wie Beziehungsmustern, Glaubenssätzen oder Wertvorstellungen auseinanderzusetzen. Auf Seiten des Beraters ist es wichtig, im Rahmen einer biografischen Analyse den Grad der Auseinandersetzungstiefe zu regulieren, den Bezug zu den Ressourcen des Klienten aufzuzeigen und immer wieder den Bezug zum aktuellen Coachinganlass herzustellen (*Martens-Schmid,* 2003). So eingesetzt kann die biografische Analyse ein wichtiges Instrument zu Verständnis und Klärung einer belastenden Situation und der Schlüssel zu nachhaltigen Veränderungen im Erleben und Verhalten darstellen.

3.2.2 Testverfahren

> Ein psychologischer Test wird definiert als ein Verfahren zur Feststellung des Ausprägungsgrades psychischer Merkmale, wobei es sich um Aspekte der Leistungsfähigkeit, um Einstellungen, Interessen oder aber um Persönlichkeitsmerkmale handeln kann.

Standardisierte Tests

Standardisierte Testverfahren sind dadurch gekennzeichnet, dass die zu bearbeitenden Fragen oder Aufgaben und die Antworten einer Person in standardisierter Form erfasst werden. Zu diesem Zweck liegen z. B. Ratingskalen (abgestufte Antwortmöglichkeiten, bei denen eine Person die für sie zutreffende Alternative ankreuzen soll) oder vorgegebene Antwortalternativen vor, zu denen der Klient die richtige bzw. auf ihn zutreffende

Antwort ankreuzen soll. Ein weiterer Aspekt der Standardisierung bezieht sich darauf, dass ein Test vor der Publikation an einer hinreichend großen Stichprobe normiert werden muss. Durch diese Normierung entstehen Vergleichswerte, die es erlauben, das individuelle Testergebnis einer Person in Relation zu den Ergebnissen anderer Personen zu interpretieren. Es kann dann beurteilt werden, ob z.B. eine 28-jährige Hochschulabsolventin verglichen mit anderen Hochschulabsolventen dieser Altersgruppe als unterdurchschnittlich, durchschnittlich oder überdurchschnittlich leistungsorientiert einzustufen ist.

Standardisierte Tests lassen sich in Leistungstests und Verfahren zur Selbstbeschreibung unterteilen (vgl. *Eilles-Matthiessen, el Hage, Janssen und Osterholz,* 2002). Letztere bestehen aus Aussagen (z.B. »In belastenden Situationen suche ich Unterstützung von Freunden oder Kollegen«), bei denen der Grad der Zustimmung anzugeben ist.

Erläuterungen erforderlich

Tests sollten niemals isoliert eingesetzt werden. Sie bedürfen der Erläuterung durch einen erfahrenen Berater. Der Klient sollte verstanden haben, dass Persönlichkeitstests und andere Selbstbeschreibungen lediglich das aktuelle Selbstbild wiedergeben und keine Aussagen über die »wahre« Persönlichkeit geben. Testergebnisse müssen immer mit anderen Informationen aus den Beratungsgesprächen kombiniert und zu einem Gesamtbild integriert werden. Die inzwischen verbreitete Möglichkeit, psychologische Testverfahren wie etwa das *Bochumer Inventar zur Berufsbezogenen Persönlichkeitsbeschreibung* (*Hossiep und Paschen,* 1998) im Internet durchzuführen und gegen vergleichsweise geringe Gebühr auswerten zu lassen, ist daher kritisch zu sehen.

3.3 Interventionstechniken

3.3.1 Verhaltensorientierte Methoden

> Ziel der verhaltensorientierten Methoden ist es, den Klienten in der Änderung bzw. Erweiterung seines Handlungsrepertoires zu unterstützen.

Innerhalb des klassischen Beratungsverlaufs sind verhaltensorientierte Methoden meist in der Phase der Umsetzung zuvor erarbeiteter Handlungsalternativen und Problemlösungen angezeigt. Sie können jedoch schon an früherer Stelle des Beratungsprozesses eingesetzt werden. Zu den klassischen verhaltensorientierten Methoden gehören Hausaufgaben, Rollenspiele und die Technik des Gedankenstopps.

Hausaufgaben

Hausaufgaben werden nicht nur in der verhaltensorientierten, sondern auch in der systemischen Beratung eingesetzt. Das generelle Ziel der Hausaufgaben ist es, die Wahrnehmungs- und Verhaltensflexibilität des Klienten zu erhöhen, indem etwa neue Sichtweisen oder Verhaltensweisen erprobt werden. Zudem trägt der Klient durch die Umsetzung konkreter Aufgaben direkt zur Erreichung des Beratungsziels bei.

Beobachtungsaufgaben

Man kann zwischen Beobachtungs- und Handlungsaufgaben unterscheiden. Bei den Beobachtungsaufgaben wird der Klient aufgefordert, bis zur nächsten Sitzung ein bestimmtes Verhalten oder Ereignis zu beobachten, so z. B., wann das Verhalten, das er selbst als unangenehm erlebt und verändern möchte – etwa unkontrollierte Zornausbrüche oder Verspätung bei Terminen –, nicht auftritt.

Diese Beobachtungsaufgabe kann zu der Erkenntnis führen, dass das Verhalten, das der Klient selbst als problematisch erlebt und verändern möchte, keineswegs immer auftritt. In einem weiteren Schritt könnte dann analysiert werden, unter welchen Bedingungen das als problematisch erachtete Verhalten nicht auftritt. Typisch für die systemische Beratung ist es zudem, mit dem Klienten zu reflektieren, inwieweit das Verhalten, das er selbst als unerwünscht betrachtet, unter bestimmten Umständen durchaus sinnvoll sein kann – eine Technik, die als Reframing bezeichnet wird.

Handlungsaufgaben

Bei den Handlungsaufgaben entscheiden Klient und Berater gemeinsam über Aufgaben, die der Klient bis zur nächsten Beratungssitzung erledigen soll. Sie können sehr vielfältig sein. Im Falle der Karriereberatung könnte der Klient aufgefordert sein, Recherchen zu einem bestimmten Karrierepfad durchzuführen oder seine Bewerbungsunterlagen zu aktualisieren. Im Falle des Coachings mag es angezeigt sein, den Klienten zum Aufräumen, Aussortieren und Ordnen seiner Arbeitsumgebung aufzufordern, in einem anderen Fall ist der Klient vielleicht aufgefordert, in einem Gespräch mit einem schwierigen Kunden eine neue Art des Gesprächsverhaltens auszuprobieren. Die Erfahrungen, die der Klient bei der Umsetzung der Hausaufgaben macht, können dann in der nachfolgenden Sitzung besprochen werden: Gab es Widerstände oder Probleme bei der Umsetzung? Kamen immer andere, »wichtigere Dinge« dazwischen, die den Klienten davon abgehalten haben, seine Ziele zu verfolgen?

Interessant ist die Frage, wie ein Berater mit fortwährend nicht erledigten Aufgaben umgehen sollte. Wir meinen, dass hier zunächst besondere Aufmerksamkeit angezeigt ist. Möchte der Klient den Berater provozieren, ihn gemäß des transaktionsanalytischen Drama-Dreiecks in die Rolle des kritischen Verfolgers drängen? Möchte er den Erfolg der Beratung verhindern? Oder sind die zu erledigenden Aufgaben einfach doch nicht das, womit der Klient sich gegenwärtig befassen möchte? Wie auch immer, der Berater sollte aufmerksam sein und sich nicht in die Rolle des »tadelnden Lehrers« (Verfolgers) drängen lassen. Beratung ist Hilfe zur Selbsthilfe, alle Techniken und Methoden sind Angebote, die den Klienten dabei unterstützen, seine Ziele zu erreichen – wenn er das möchte.

Rollenspiele

Neben den Hausaufgaben können in der Beratung auch Rollenspiele eingesetzt werden. Schwierige Gesprächssituationen wie etwa Konflikt- oder Bewerbungsgespräche können in geschütztem Rahmen geübt werden. Der Berater unterstützt den Klienten, indem er als Rollenspieler fungiert und gleichzeitig konstruktives Feedback gibt. Mit dem Einsatz von Rollenspielen und ähnlichen Techniken rückt die Beratung in die Nähe des Trainings. Im Vordergrund steht es jetzt, den Klienten bei der Entwicklung und Verbesserung von Fertigkeiten zu unterstützen.

Technik des Gedankenstopps

Die Technik des Gedankenstopps schließlich kann sinnvoll sein, wenn der Klient zu wiederkehrenden negativen, entmutigenden oder selbstquälerischen Gedanken neigt. Derartige Grübeleien können demotivierend sein und die Leistungsfähigkeit herabsetzen. Unterlaufen dem Klienten aufgrund wiederkehrender negativer Gedanken tatsächlich zunehmend Fehler, so werden diese als Bestätigung für die negativen Gedanken gewertet. Ein Teufelskreis ist entstanden. Diesen zu durchbrechen ist Ziel des Gedankenstopps. Nachdem wiederkehrende, negative Gedanken identifiziert worden sind (»Ich schaffe das nicht, ich bin ein Versager«), wird der Klient aufgefordert, immer dann, wenn diese Gedanken auftauchen, laut (oder leise) »stopp!« zu sagen und seine Aufmerksamkeit sofort auf andere Gedanken umzulenken. Mit der Zeit führt diese Übung dazu, dass Grübeleien weniger Gewicht bekommen und schließlich seltener werden.

Mit der Technik des Gedankenstopps sollen keinesfalls begründete Befürchtungen oder Themen, die den Klienten beschäftigen, unterbunden werden. Die Technik ist vielmehr dann angezeigt, wenn wiederkehrende Gedanken an ein gegenwärtig nicht zu änderndes Problem – etwa ein kränkendes Ereignis aus der Vergangenheit – Wohlbefinden und Leistungsfähigkeit des Klienten beeinträchtigen.

3.3.2 Kognitive Methoden

> Kognitive Methoden zielen darauf ab, eingeschliffene Denkschemata und Bewertungsprozesse, die immer wieder zu unangemessenen Gefühlen, wie etwa zu Angst oder Zorn, führen, zu identifizieren und zu verändern.

Kognitive Methoden basieren auf der oben beschriebenen Grundannahme der kognitiven Theorie, der zufolge nicht die Ereignisse an sich, sondern vielmehr unsere Gedanken und Bewertungen dieser Ereignisse zu negativen Gefühlen wie Angst, Niedergeschlagenheit oder Zorn führen.

Sokratischer Dialog

In der Beratung können störende Denkschemata zunächst sichtbar gemacht und anschließend verändert werden. Als wirksame Techniken zur Identifikation und Veränderung störender Denkschemata gilt der sokratische Dialog. Er ist eine Form des philosophisch orientierten Gesprächs, das durch eine nichtwissende, naiv fragende, um Verständnis bemühte Haltung des Beraters gekennzeichnet ist. Der sokratische Dialog regt den Klienten dazu an, seine alten Sichtweisen zu überdenken, Widersprüche und dysfunktionale Ansichten zu erkennen und diese durch selbst erarbeitete, konstruktivere und realitätsangemessene Einstellungen zu ersetzen. Der Berater regt im sokratischen Dialog Reflexions- und Veränderungsprozesse an, indem er z. B.

- die Aussage des Klienten festhält und verbalisiert (»Sie *müssen* also eine hervorragende Präsentation durchführen?«),
- nach dem Hintergrund dieser Aussage fragt (»Warum *muss* das so sein?«),
- provoziert (»Und was, wenn Sie eine schlechte Präsentation halten?«) oder
- die Rolle des Advocatus Diaboli einnimmt, d. h., die ursprünglich vom Klienten vorgebrachte Argumentation übernimmt und vertieft (»Wenn Sie eine schlechte Präsentation halten, sind Sie eine schlechte Führungskraft, sind Sie ein wertloser Mensch, wäre das eine Katastrophe!«).

Diese Art des In-Frage-Stellens von scheinbaren Selbstverständlichkeiten kann dazu führen, dass der Klient sich seiner eigenen irrationalen Denkschemata bewusst wird und diese verändert.

Eine weitere kognitive Technik zur Identifikation und Veränderung dysfunktionaler Denkmuster ist die ABC-Analyse, die der Rational-Emotiven

ABC-Analyse

Therapie entstammt. Sie kann ebenfalls in der Beratung eingesetzt werden. Die ABC-Analyse unterscheidet

- *A – Activating Events:* Auslöser, Anlass, aktivierendes Ereignis (z. B. eine bevorstehende Präsentation)
- *B – Beliefs:* Gedanken, Vorstellungen, Erfahrungen, Beschreibungen, Interpretationen, Bewertungen, Bilder, Eindrücke, Einschätzungen, Einstellungen, Glaubenssätze (z. B. »Ich darf keine Fehler machen«, »Alle werden mich kritisch anschauen«, »Die Zuhörer werden gelangweilt aus dem Fenster schauen«, »Es werden Fragen kommen, die ich nicht beantworten kann«, »Ich werde mich fürchterlich blamieren«, etc.)
- *C – Consequences:* Gefühle, die aus den Gedanken resultieren (Angst, verbunden mit entsprechenden körperlichen Symptomen wie Appetitlosigkeit oder Schlafstörungen), auch unerwünschte Verhaltensweisen wie Rauchen oder übermäßiger Alkoholkonsum am Abend vor der Präsentation

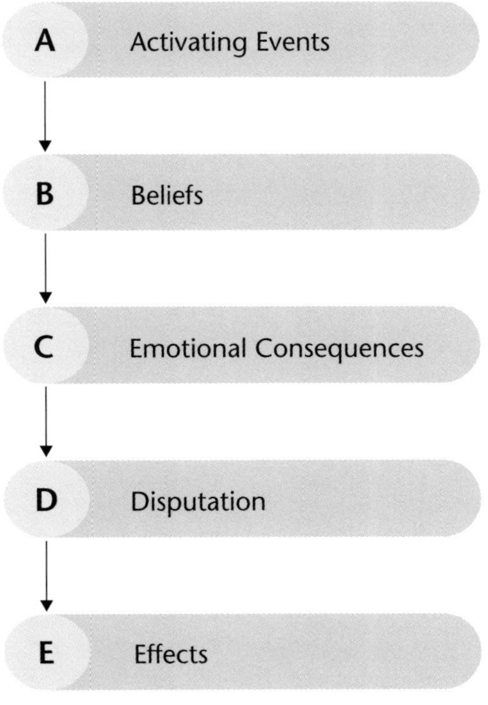

Die ABC-Analyse der Rational-Emotiven Therapie

In der Beratung wählt der Klient zunächst ein A, also eine als belastend erlebte Situation. Diese wird möglichst kurz und prägnant beschrieben. Wichtig ist es, bei komplexen Situationen genau den Punkt zu identifizieren, an dem negative Gefühle erlebt werden. Als Ergebnis erhält man ein »Standbild«, das kurz und präzise die problematische Situation festhält (z.B. »Ich betrete den Besprechungsraum und alle schauen mich erwartungsvoll an«).

Im nächsten Schritt beschreibt der Klient, welche Gefühle (Cs) er bei dieser Vorstellung erlebt (z.B. »Ich habe Angst, Herzklopfen, ich befürchte, ich habe alles vergessen und weiß nicht mehr, was ich sagen wollte«). Anschließend werden die Bs, also Gedanken, Bewertungen und Fantasien, die mit dem auslösenden Ereignis verbunden sind, aktiviert und ebenfalls notiert. Dem Berater stehen hier verschiedene Fragetechniken zur Verfügung, die geeignet sind, teilweise vorbewusste Gedanken und Vorstellungen bewusst zu machen.

Beispiel *»Alle schauen mich erwartungsvoll und kritisch an, Kollege X grinst hämisch und wartet nur auf einen Fehler, der Vorgesetzte wird gelangweilt seine Fingernägel betrachten. Ich werde rot, ich habe Schweißflecken am Hemd. Das wird vom Kollegen X bemerkt, der dann noch hämischer grinst. Der Beamer funktioniert nicht, und ich weiß nicht, was ich dann machen soll. Ich habe vergessen, was ich sagen will, meine Stimme klingt dünn und hohl, man wird mich für inkompetent und nicht belastbar halten, ich bin für eine Führungsposition nicht geeignet, ich werde entlassen …«*

Nachvollziehbar, dass dieses gedankliche Szenario zu Angst führt.

In der Beratung wird der Berater gemeinsam mit dem Klienten nun zunächst die wünschenswerte Reaktion des Klienten in der belastenden Situation beschreiben. Diese erwünschten Reaktionen werden als Es bezeichnet.

- *E – Effects:* Erwünschte Reaktionen im Hinblick auf Gefühle und Verhalten. (»Ich erlebe eine leichte, aktivierende Anspannung, ich betrete den Raum entspannt und nehme Blickkontakt zu den Zuhörern auf, meine Stimme klingt fest und sicher, ich freue mich auf die Herausforderung«).

Der entscheidende Schritt von der unerwünschten zur erwünschten Reaktion erfolgt dadurch, dass der Berater gemeinsam mit dem Klienten die mit der Situation verknüpften Gedanken und Bewertungen (Bs) analysiert, hinterfragt und auf ihren Realitäts- bzw. Wahrscheinlichkeitsgehalt hin überprüft. Diesen Vorgang nennt man

- *D – Disputation:* Sie erfolgt mit verschiedenen Frage- und Provokationstechniken und hat den Charakter des sokratischen Dialogs. Es wird überprüft, ob die Argumentation des Klienten stimmig ist, die Prämissen stimmen und die richtigen, d. h. logisch stimmigen Schlussfolgerungen gezogen werden. Verallgemeinerungen werden präzisiert und scheinbare Tatsachen hinterfragt. Dieses Vorgehen, dass durch den Einsatz von Humor und Provokation angereichert werden kann, führt oft zu einer unmittelbaren emotionalen Entlastung des Klienten, dem die Starrheit und Absolutheit seiner Annahmen oft schlagartig klar werden.

Angemessene Denkweisen entwickeln

Im Zuge der weiteren Disputation werden die irrationalen Vorstellungen und Bewertungen dann sukzessive durch angemessene Denkweisen ersetzt. Zusätzlich zur Disputation der irrationalen Gedanken kann ein Berater auch den umgekehrten Weg einschlagen und an der erwünschten, angestrebten Reaktion des Klienten, den Es, ansetzen. Die entscheidende Frage ist hier, welche Gedanken und Vorstellungen dem Klienten helfen, sich in der angestrebten Art und Weise zu fühlen und zu verhalten. Auch auf diese Art gelangt man zu konstruktiven und ermutigenden Denkschemata.

Das hier verkürzt dargestellte Verfahren der ABC-Analyse kann noch durch verschiedene Formen der Visualisierung sowie durch den Einsatz von Entspannungstechniken und Verhaltensmethoden wie Rollenspielen ergänzt werden. Zusätzlich besteht die Möglichkeit, irrationale, also absolute und stark verallgemeinernde Aussagen eines Klienten auch ohne ausführliche ABC-Analyse ad hoc zu hinterfragen und im Sinne des sokratischen Dialogs zu disputieren.

Insgesamt handelt es sich beim Einsatz kognitiver Methoden um ein ausgesprochen transparentes Vorgehen. Dem Klienten werden Grundgedanken und Vorgehensweise genau erklärt, er übernimmt eine aktive Rolle und entscheidet selbst, an welchen Denkschemata er arbeiten möchte.

3.3.3 Systemische Interventionen

Bekannt und typisch für die systemische Intervention sind die Fragetechniken, auf die im Zusammenhang mit den Basistechniken der Beratung bereits hingewiesen wurde. Zirkuläre Fragen, hypothetische Fragen oder die bekannte Wunderfrage zielen darauf ab, die Funktionsweise eines Systems kennen zu lernen, Bewegung in starre Strukturen zu bringen und neuartige Verknüpfungen (Lösungen) zu ermöglichen.

Ausnahmen erheben

Kennzeichnend für den systemisch-lösungsorientierten Beratungsansatz ist es, den Fokus vom Problem weg- und zu den Ressourcen des Klienten hinzulenken. Eine Technik, die gut dazu geeignet ist, die oft starre Fixierung eines Klienten auf das »Problem« zu lockern, ist es, Ausnahmen zu erheben. Diese Technik, die u.a. von *Steve de Shazer* vertreten wird, beruht auf folgender Annahme: Wenn ein Klient eine für ihn schwierige Situation wenigstens ausnahmsweise oder unter bestimmten Bedingungen zufriedenstellend bewältigen konnte, dann steht ihm dieses Verhalten grundsätzlich zur Verfügung. Er kann dann lernen, es systematisch in den entsprechenden kritischen Situationen zu nutzen.

Beispiel

Herr K. leidet darunter, dass er es nicht schafft, in Teamsitzungen eigene Ideen einzubringen. Er fühlt sich eingeschüchtert durch die Anwesenheit des dominanten Herrn D.

Der Berater könnte nun erfragen, wann es Herrn K. doch einmal gelungen ist, seine Ideen einzubringen. Was war in jener Situation anders? Was hat er in jener Situation gedacht oder getan, um seine Ideen präsentieren zu können?

Diese und ähnliche Fragen sind dazu geeignet, die starre negative Selbstbeschreibung des Klienten (»Ich bin zu schüchtern, meine Ideen einzubringen«) zu verflüssigen. Er lernt, sein Verhalten differenzierter zu sehen, die Wahrnehmung vom vermeintlichen Defizit weg- und zu seinen Ressourcen und Kompetenzen hinzulenken sowie Vertrauen in die eigenen Fähigkeiten zu entwickeln.

Skalierung

Eine weitere typisch systemische Intervention ist die Skalierung. Anhand einer Skala – etwa von 1 bis 10 – wird der Klient aufgefordert, eine Selbsteinschätzung abzugeben.

Beispiel

Eine Klientin möchte ihrem Vorgesetzten gegenüber selbstbewusster auftreten. Sie wird zunächst aufgefordert, anhand der Skala einzustufen, wie selbstbewusst sie ihr gegenwärtiges Verhalten gegenüber dem Vorgesetzten einschätzt, wobei 0 = »gar nicht selbstbewusst« und 10 = »völlig selbstbewusst« bedeuten könnte.

Falls sich die Klientin bei 2 einstuft, so könnte der Berater zum Beispiel Ausnahmen erheben. Er fragt dann nach, ob es schon einmal eine Situation gab, in der die Klientin sich selbstbewusster als 2 verhalten hat. Weiterhin könnte er Bedingungen variieren: Unter welchen Bedingungen könnte sich die Klientin in gewünschter Weise selbstbewusst verhalten? Was müsste passieren, damit sie ihr Verhalten als 5 einstuft? Gibt es andere Personen, denen gegenüber sie sich sogar sehr selbstbewusst (10) verhält? All dies sind Beispiele, wie in der Beratung mit der systemischen Skalierung gearbeitet werden kann. Alle Interventionen dienen dazu, Ressourcen zu aktivieren und eine starre Selbsteinschätzung (»Ich bin nicht selbstbewusst«) zu relativieren, zu verflüssigen.

Paradoxe Intervention

Eine weitere bekannte Intervention, die dem systemisch-lösungsorientierten Ansatz entstammt, ist die paradoxe Intervention. Sie besteht darin, dass der Klient aufgefordert wird, gar nichts zu verändern oder sein »Problem« zu verstärken. Ein Klient, der befürchtet, in einer Besprechung rot zu werden und zu stottern, wird aufgefordert, in der nächsten Besprechung so rot zu werden, wie es nur geht. Er soll tomatenrot werden und kein vollständiges Wort herausbringen. Alleine diese Intervention, die auch humorvoll oder provokativ eingesetzt werden kann, bringt oft eine spürbare Entlastung. Sie befreit vom »Symptomstress«. Auch die Erlaubnis, die Symptome zu belassen, nichts verändern zu müssen, kann hilfreich sein. Sie befreit vom Veränderungs- und Handlungsdruck, den gerade sehr motivierte und veränderungswillige Klienten sich oft auferlegen.

H.W.-Technik

Ähnlich paradox arbeitet die bekannte systemische *How to make things worse*-Technik (H.W.-Technik), die dann angebracht ist, wenn ein Klient starr auf immer wiederkehrenden Lösungsversuchen beharrt. Der Klient soll erläutern, was er alles tun müsste, um seine Situation zu verschlimmern. Oft führt diese Frage zu der Erkenntnis, dass er seine bisherigen Lösungsversuche nur beibehalten oder intensivieren muss (»mehr desselben«), um seine Situation zu verschlimmern. Diese Erkenntnis kann einen Perspektivwechsel bewirken und damit Platz für eine völlig neue Herangehensweise schaffen.

3.3.4 Entspannungsverfahren

Ärger über einen unzuverlässigen Kollegen, Entrüstung nach einem ungerechten Vorwurf, Frustration über den schwierigen Verlauf eines Projektes, aber auch Begeisterung über neue Aufgaben, Freude und Stolz nach einer erfolgreichen Leistung – Emotionen wie diese gehören zum (Arbeits-)Leben. Sie haben eine wichtige Signalfunktion, zeigen uns, wenn andere unsere Grenzen überschritten haben, wenn wir auf dem richtigen Weg sind oder wenn wir Abstand oder Erholung brauchen. Emotionen können jedoch auch hinderlich sein. Starke Wut kann zu unüberlegten Reaktionen führen, Begeisterung zu unvernünftigen Entscheidungen verleiten. Wer kennt nicht die leistungsmindernde Wirkung von starker Angst und Nervosität vor einer Prüfung?

Emotionen regulieren und abfedern

Aus der psychologischen Forschung ist seit langem bekannt, dass sehr intensive Emotionen, gleich welcher Qualität, die Leistungsfähigkeit beeinträchtigen können. Ziel ist es dennoch nicht, Emotionen auszuschalten, sondern sie zu regulieren und ihre Intensität zu mindern, und zwar dann, wenn die Situation dies erfordert. Von den beschriebenen Methoden sind insbesondere die kognitiven Techniken dazu geeignet, intensive und störende negative Emotionen durch Veränderung der zugrunde liegenden Gedanken abzumildern und in ihrer Intensität abzufedern.

Eine sinnvolle Ergänzung zu diesem »kopflastigen« Vorgehen können Entspannungstechniken sein. Diese sind generell dazu geeignet, den Klienten zur Ruhe kommen zu lassen und damit günstige Voraussetzungen für die weitere Beratungsarbeit zu schaffen.

> Entspannungstechniken zielen in erster Linie auf eine körperliche Entspannung ab. Der Atem wird tiefer und ruhiger, der Puls sinkt, der Blutdruck stabilisiert sich. Geistige Entspannung, oft verbunden mit einer gesteigerten Konzentrationsfähigkeit, entsteht im Zuge einer tiefen Beruhigung des vegetativen Nervensystems. Regelmäßig und systematisch angewandt, tragen Entspannungstechniken dazu bei, das allgemeine Erregungsniveau zu reduzieren, die Fähigkeit zur Regulation von Emotionen sowie die allgemeine Belastbarkeit zu erhöhen, das Immunsystem zu stärken und der Entstehung psychosomatischer Beschwerden wie Spannungskopfschmerzen vorzubeugen.

Entspannungstechniken können die Beratung bereichern. Leidet ein Klient unter Stress oder Burnout, so kann die regelmäßige Anwendung einer

Bereicherung

Entspannungsmethode hilfreich sein. Auch im Falle akuter emotionaler Belastungen wie Angst, Überforderung oder Ärger kann zu Beginn einer Beratungssitzung eine Entspannungsübung eingebaut werden. Generell sollte der Klient – und dies gilt natürlich für alle Techniken – nicht zum Einsatz einer Entspannungstechnik gedrängt werden. Die Arbeit mit dem Körper, mit Atmung und Haltung ist für viele »Kopfarbeiter« zunächst ungewohnt. Manch ein Klient wird sich erst im fortgeschrittenen Beratungsprozess für eine Entspannungstechnik interessieren, ein anderer möchte völlig darauf verzichten oder sich auf die Technik des entspannten, tiefen Atmens beschränken. Wie auch immer, Entspannungstechniken sollten keinen zusätzlichen Stress erzeugen.

Zu den wichtigsten Entspannungsverfahren, die auch in der Beratung eingesetzt werden können, gehören Autogenes Training, Progressive Muskelentspannung, Vorstellungsübungen und Atemtechniken (siehe dazu *Tönnes,* 2002).

3.4 Coachingtechniken

Coaching-Phasen

Neben den beraterischen Basistechniken, den diagnostischen Instrumenten und den Interventionstechniken wurde für das Coaching eine Reihe weiterer Arbeitstechniken und Instrumente entwickelt, die teilweise auf die beschriebenen psychologischen Modelle und Theorien zurückzuführen sind. Eine übersichtliche Zusammenstellung dieser Coachingtechniken findet sich in den Coaching-Tools (*Rauen,* 2004). Coachingtechniken werden anhand der folgenden Phasen des Coachings systematisiert:

- Phase 1 – **C**ome together (Kennenlern- und Kontaktphase)
- Phase 2 – **O**rientation (inhaltliche Orientierung)
- Phase 3 – **A**nalysis (Analyse des Klientenanliegens und -umfelds)
- Phase 4 – **C**hange (Veränderungsphase)
- Phase 5 – **H**arbour (Zielerreichung und Abschluss)

Einen Überblick über Techniken und Instrumente der Beratung bieten auch das *Methoden-ABC im Coaching* (*Vogelauer,* 2001) sowie *Kreativ beraten* (*Reichel und Rabenstein,* 2001).

3.5 Methodenkombination in der Beratung

Gegenwärtig ist ein Trend zur Kombination einzelner Theorien und Modelle der Beratung zu erkennen. Dieser Trend ist generell begrüßenswert, da ein Streit der einzelnen »Schulen« oft wenig fruchtbar ist. Sollen einzelne Beratungstechniken und Instrumente sinnvoll kombiniert werden, so gilt es allerdings, einige Punkte zu beachten.

Gründliche Kenntnis von ein bis zwei Theorien oder Modellen

Die Kenntnis in der Anwendung von verschiedenen Instrumenten und Techniken alleine führt noch nicht zur Beratungskompetenz. Ein zentrales Moment für die sinnvolle Verwendung und Kombination von Techniken sind vielmehr Haltung, Persönlichkeit und Erfahrung des Beraters (*Rauen,* 2004). Es genügt nicht, sich Techniken oberflächlich anzueignen. Eine tiefere Auseinandersetzung mit mindestens ein bis zwei Theorien oder Modellen der Beratung ist sinnvoll.

Es gibt einige Interventionen, die nicht oder nur suboptimal miteinander kombinierbar sind. Beispielsweise lässt sich die empathische Haltung der Klientenzentrierten Gesprächsführung nicht mit der direktiven und teilweise provokativen Gesprächsführung der Rational-Emotiven Therapie verknüpfen. Techniken wirken nicht immer so, wie es der Berater oder »Erfinder« vorgesehen hat. Interventionen sollten daher sparsam verwendet und in ihrer Wirkung sorgfältig beobachtet werden.

Bei der Wahl der Intervention ist unbedingt das Ziel (oder das Etappenziel) einer Beratung zu beachten. Eine tiefenpsychologische Perspektive ist zum Beispiel hervorragend geeignet, wenn es darum geht, wiederkehrende Konflikte oder Entscheidungsschwierigkeiten zu verstehen. Geht es darum, das Verhalten zu verändern, dann können Techniken aus dem Bereich der Verhaltenstherapie oder andere veränderungsorientierte Interventionen, wie sie z.B. in den *Coaching-Tools* beschrieben werden, eingesetzt werden. Es ist darauf zu achten, dass Interventionen nicht zu unvereinbaren oder widersprüchlichen Effekten führen.

3.6 Polaritäten in der Beratung

Jede Beratung ist anders, denn Beratung ist ein lebendiger Prozess, der sich nicht immer unseren Wünschen nach Ordnung und Struktur unterordnet. Auch die Methoden des Beraters, oft als »Werkzeugkoffer« bezeichnet,

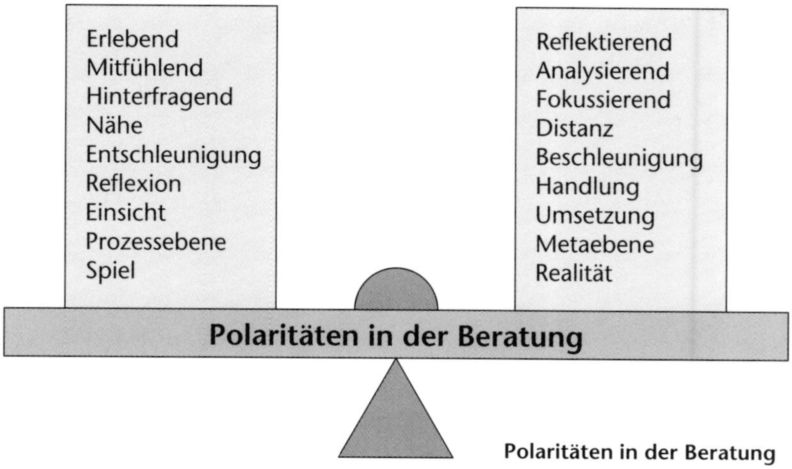

Polaritäten in der Beratung

verweigern gelegentlich ihren Dienst bzw. setzen anderes in Gang, als dies vom Berater intendiert war. Ebenso wichtig wie die Kenntnis der Beratungstechniken ist es daher, sich mit der Dynamik der Berater-Klienten-Kommunikation vertraut zu machen. Dazu ein paar Anregungen, die wir als »Polaritäten in der Beratung« bezeichnet haben.

Erlebend und reflektierend

Die Haltung eines Beraters bewegt sich zwischen den Polen erlebend, mitfühlend und reflektierend, analysierend. Im einen Fall steht das emotionale »Mitschwingen« im Vordergrund, im anderen werden Schilderungen des Klienten eher intellektuell analysierend und reflektierend verarbeitet. Ähnlich ist die Unterscheidung zwischen einer hinterfragenden und einer fokussierenden Haltung. Das Hinterfragen erweitert die Perspektive und erhöht die Komplexität. Neue Aspekte werden aufgegriffen und Bezüge zu anderen Themen hergestellt. Das Gegenteil geschieht beim Fokussieren: Nun entscheiden sich Berater und Klient dafür, (bewusst) Aspekte eines Themas auszublenden und sich nur auf einen Aspekt zu konzentrieren. Dies kann sinnvoll sein, wenn es gilt, den Kern eines Problems zu erarbeiten, Inhalte zu pointieren oder weitschweifige Ausführungen des Klienten zu konzentrieren.

Nähe und Distanz

Eine Beratung bewegt sich im Spannungsfeld zwischen Nähe und Distanz. Nähe äußert sich inhaltlich in der Wahl der Themen und ist gleichzeitig ein Aspekt der Beziehungsqualität zwischen Berater und Klient. Sie äußert sich im Vertrauen und der Bereitschaft, auch schwierige und bedrohliche Aspekte eines Themas zu äußern. Distanz ist das Regulativ der Nähe. Die

Distanz, die aus den unterschiedlichen Rollen – hier der Berater, dort der Klient – entsteht, ist eine wesentliche Voraussetzung für Vertrauen. Das Wissen um die professionelle Rolle des Beraters, die Tatsache, dass dieser keine persönlichen Interessen verfolgt und auf Machtspiele, Manipulationsversuche oder Konkurrenzgebaren verzichtet, eröffnet dem Klienten den notwendigen Raum zur Klärung, Reflexion und Veränderung.

Be- und Entschleunigung

Beratung bewegt sich auch im Spannungsfeld zwischen Beschleunigung und Entschleunigung. Letztere findet dann statt, wenn der Klient über emotional belastende Erfahrungen berichtet und diese gemeinsam mit dem Berater zu verstehen versucht. Nehmen wir eine typische Situation aus der Outplacementberatung: Einer bis dahin erfolgreichen Führungskraft wurde überraschend betriebsbedingt gekündigt, dem jüngeren Kollegen nicht. Die von der Kündigung betroffene Führungskraft erlebt widerstreitende Gefühle von Wut, Angst und Trotz, sie schwankt zwischen Selbstzweifeln und Empörung über die erlittene Ungerechtigkeit. Anstatt »auf die Tube zu drücken« wird in der Beratung nun zunächst auf Zeitlupe geschaltet. Es werden Gründe gesucht, »Schuldfragen« durchgespielt, Eigenanteile gesucht, Gefühle wie Wut, Empörung oder Hilflosigkeit artikuliert und schließlich, mit Hilfe des Beraters, das beeinträchtigte Selbstwertgefühl wiederhergestellt. So kann das Erlebte emotional verarbeitet und schließlich integriert werden. Der Weg wird frei für einen Neuanfang.

Ist die Entscheidungs- und Handlungsfähigkeit eines Klienten wiederhergestellt, dann ist Beschleunigung angezeigt. Der Outplacementberater oder Coach motiviert und unterstützt den Klienten in allen Aktivitäten der beruflichen Neuorientierung. Er begleitet die Umsetzung und wird zum Motor, zum Beschleuniger.

Reflexion und Handlung

Eng verknüpft mit der Regulation des Tempos in der Beratung sind die Pole Reflexion und Handlung bzw. Einsicht und Umsetzung. Hier geht es um die Frage, in welchem Verhältnis das gedankliche Durchdringen eines Problems und die daraus abzuleitenden Veränderungen in Denken und Handeln zueinander stehen. Blinder Aktionismus ohne vorangehende Strukturierung eines Problems ist wenig zielführend. Das Verharren in analytischen Gedankenspielen, denen keine Veränderungen folgen, mag eine angenehme Beschäftigung für Kaminabende mit Rotwein sein – die Aufgabe eines Coachings ist dies allerdings nicht. Es gilt das richtige Gleichgewicht zu finden: Ein Gleichgewicht zwischen Einsichten, Einstellungs- und Verhaltensänderungen ist angestrebt. Ein erfahrener Berater wird den Klienten im richtigen Maße Reflexion und Selbsterfahrung zumuten. Daraus folgende Erkenntnisse müssen verdaut werden, die nachfolgenden Veränderungen sollten in alltäglichen Situationen erprobt und in der Beratung besprochen werden können.

Prozess- und Metaebene

Berater und Klient oszillieren zwischen der Prozess- und der Metaebene. Im einen Fall befinden sie sich »mitten im Geschehen«. Die Kommunikation ist im Fluss, der Berater beurteilt schnell, oft intuitiv bzw. aus seinem Erfahrungswissen heraus, welche Äußerung, Frage oder andere Intervention den Prozess im Fluss hält. An anderer Stelle kann es sinnvoll sein, den Beratungsprozess zu unterbrechen und die Metaebene einzunehmen: Wo stehen wir jetzt, was wurde erreicht und wo wollen wir hin? Das sind Fragen, die zwischenzeitlich zu stellen sind, um das Beratungsschiff »auf Kurs« zu halten. Auch Störungen in der Beziehung zwischen Berater und Klient oder Störungen in der äußeren Beratungssituation – Belüftung, Getränke, Sitzordnung – können gemäß dem TZI-Postulat »Störungen haben Vorrang« Anlass sein, die Prozessebene der Beratung zu verlassen und auf die Metaebene zu wechseln.

Spiel und Realität

Es bleibt mit der Polarität zwischen Spiel und Realität eine letzte Dimension, auf die wir hinweisen möchten. Nicht der Ernst, sondern die Realität ist das Gegenteil des Spiels. Im Spiel wird erprobt, variiert, gewagt und geübt – Konsequenzen für das reale Leben des Klienten hat das nicht. Das Spiel, so verstanden als Probehandlung, ist ein ganz wesentlicher Aspekt der Beratung. Wir spielen, indem wir hypothetisch fragen (»Was wäre, wenn ...?«), indem wir Fantasien und Visionen anregen, unterschiedliche Handlungsalternativen entwerfen und belastende Situationen im Vorfeld gedanklich »durchspielen«. Das spielerische Element in der Beratung zeigt sich deutlicher noch im Einsatz von Kreativitätstechniken, durch Visualisierungen oder gar durch den Einsatz von Spielfiguren etwa in der Aufstellungsarbeit mit Inszenario®-Puppen (*König,* 2005). In allen Fällen wird im geschützten Rahmen der Beratung probiert, kombiniert und variiert. Also alles nur ein Spiel? Nein, denn im Spiel werden Handlungen für die Realität geübt und vorbereitet. Das Spiel setzt Veränderungen in Gang: Veränderungen der Selbstwahrnehmung, der Einstellung, Klarheit über die eigenen Motive und Ziele und schließlich Veränderungen im Verhalten des Klienten bis hin zu Entscheidungen, die wichtige Weichenstellungen für die weitere Biografie des Klienten bedeuten.

4. Ausgewählte Beratungsansätze im Überblick

Claudia Eilles-Matthiessen und Susanne Janssen

Nachdem in den vergangenen beiden Kapiteln die gemeinsamen psychologischen Grundlagen von Beratung im Kontext von Arbeit und Organisation vorgestellt worden sind, wollen wir im Folgenden näher auf die vier Beratungsformen Coaching, Karriereberatung, Outplacement und Mediation sowie angrenzende Beratungsformen wie Supervision, Moderation und interkulturelle Beratung eingehen.

4.1 Coaching: Handlungskompetenz stärken und Ziele erreichen

Claudia Eilles-Matthiessen

Beratungsform im Wandel

Kaum ein Thema wurde in den letzten Jahren in Fachkreisen mit so viel Aufmerksamkeit bedacht wie das Thema Coaching. Die Anzahl praxisorientierter Publikationen und wissenschaftlicher Arbeiten, die sich mit diesem Thema befassen, steigt stetig. Parallel dazu ist die Anzahl der Coaches und die der Coaching-Weiterbildungen enorm angewachsen. Verbände wurden gegründet; klar definierte Aufnahmekriterien sollen den Zugang zum Markt regeln und zur Qualitätssicherung und Transparenz beitragen. Coaching ist eine Beratungsform im Wandel.

4.1.1 Was ist Coaching?

> Coaching ist eine konzeptgeleitete, prozessorientierte und vertrauliche Beratung zur Unterstützung von Führungskräften, Experten und Selbstständigen mit dem Ziel der Weiterentwicklung fachlicher und persönlicher Kompetenzen im Kontext aktueller beruflicher Anforderungen.

Der Begriff Coaching basiert nicht auf einem einheitlichen Konzept, sondern wird für Beratungsdienstleistungen unterschiedlichster Form und Qualität verwendet. Coaching ist eine konzeptgeleitete Beratung. Coachinginterventionen beruhen auf Theorien, Modellen und Techniken der Beratung, die in einem Beratungskonzept präzisiert sind. Das Ziel von Coaching als prozessorientierter Beratung ist die Stärkung der Handlungs- und Problemlösekompetenzen eines Klienten auf der Grundlage einer vertraulichen und tragfähigen Arbeitsbeziehung zwischen Coach und Klient. Zielgruppe des Coachings sind Führungskräfte, aber auch andere Personengruppen wie Fachexperten, Selbstständige und Freiberufler. Coaching als eine hoch individualisierte Beratungsform im Kontext von Arbeit und Beruf weist eine Nähe zur Supervision auf und sollte daher von dieser abgegrenzt werden.

Supervision

Supervision ist ein interdisziplinäres Reflexionsverfahren insbesondere für Berufe, in denen die Gestaltung von Kommunikation und sozialen Beziehungen im Mittelpunkt steht. Traditionell ist die Supervision mit ihren drei Wurzeln Sozialarbeit, Psychoanalyse und Pädagogik eine Beratungsform für Angehörige der psychosozialen und helfenden Berufe. Inzwischen findet jedoch eine Ausweitung dieser Dienstleistung auf andere Berufsfelder statt. *Die Deutsche Gesellschaft für Supervision e.V. (DGSv),* der größte Verband der Supervisoren in Deutschland, nennt die Bereiche Bildung, Gesundheitswesen, Kultur, Politik, Seelsorge, soziale Arbeit, Verwaltung und Wirtschaft als Anwendungsfelder der Supervision.

Nach *Belardi* (2002, S. 15) versteht man unter dem Oberbegriff Supervision »Weiterbildungs-, Beratungs- und Reflexionsverfahren für berufliche Zusammenhänge. Das allgemeine Ziel der Supervision ist es, die Arbeit der Ratsuchenden (Supervisanden) zu verbessern. Damit sind sowohl die Arbeitsergebnisse als auch die Arbeitsbeziehungen zu den Kollegen und Kunden wie auch organisatorische Zusammenhänge gemeint.« *Belardi* unterscheidet mit dieser Definition drei Ebenen, die Gegenstand der Reflexion sein können. Supervisor und Klient reflektieren

- die Beziehung des Supervisanden zu dessen eigenen Kunden oder Klienten (Klientenebene),
- die Beziehung des Supervisanden zu dessen Kollegen und Vorgesetzten (Kollegenebene) oder
- die Arbeitsabläufe und Arbeitsbedingungen sowie die Kultur der Organisation/Institution, in der ein Supervisand tätig ist (Organisationsebene).

Ein Beispiel für die Klientenebene ist der Berater einer Drogenberatungsstelle, der regelmäßig seine eigenen Beratungsfälle, insbesondere schwierige oder »stockende« Beratungsverläufe, mit dem Supervisor bespricht und durch diese Fallarbeit neue Einsichten zur Verbesserung seiner eigenen Arbeit erhält. Supervision der Kollegenebene liegt vor, wenn dieser Berater Konflikte in seinem Team reflektieren und klären möchte. In diesem Fall kann auch eine Supervision der gesamten Arbeitsgruppe im Rahmen einer Teamsupervision sinnvoll sein. Befindet sich die Drogenberatungsstelle in einem Veränderungsprozess, etwa weil Stellen abgebaut oder neue Qualitätssicherungssysteme eingeführt werden, dann steht die Reflexion der Organisation im Vordergrund der Supervision. Die Wahrnehmung und Bewertung anstehender Veränderungen durch den Supervisanden, die Veränderungen seiner Berufsrolle und seiner Haltung gegenüber der Organisation könnten nun Gegenstand der reflektierenden Betrachtung im Rahmen einer Supervision sein.

> Das generelle Ziel der Supervision ist es, das berufliche Handeln des Supervisanden zu verbessern und zu professionalisieren. Die Reflexion der eigenen Rolle, der Beziehungen zu Klienten, Kunden, Mitarbeitern, Kollegen und zur Organisation schafft Distanz und hilft damit, emotionale Belastungen abzubauen und Lösungsstrategien zu entwickeln (*Heuel*, 2001).

Funktionen der Supervision

Entsprechend den vielfältigen Anwendungsfeldern der Supervision lassen sich unterschiedliche Funktionen der Supervision unterscheiden. Supervision kann ein Instrument der Personalentwicklung sein, wenn der Mitarbeiter die Beziehung zu Kollegen und Kunden reflektieren und seine sozialen Kompetenzen weiterentwickeln möchte. Supervision kann jedoch auch als ein begleitendes Element der Organisationsentwicklung dienen. Hier steht die Auseinandersetzung mit veränderten Rollen und Beziehungen, mit Ablehnung und Widerständen gegenüber Veränderung sowie deren Bewältigung im Vordergrund.

Eine weitere Funktion kommt der Supervision als Instrument der Prävention von Krisen, Burnout oder Mobbing zu. Eine zentrale Aufgabe hat die Supervision auch als Weiterbildungs- und Qualitätssicherungselement. In der therapeutischen, insbesondere in der psychoanalytischen Ausbildung, aber auch in vielen Beraterweiterbildungen ist die Reflexion der eigenen Therapie- bzw. Beratungsfälle ein integraler Bestandteil, der der Qualitätssicherung dient und der die Umsetzung der professionellen Standards gewährleisten soll. Auch nach der Ausbildung kann die kontinuierliche Supervision bei einem erfahrenen Kollegen helfen, die eigene inhaltliche und emotionale Handlungsfähigkeit zu erhalten und Störungen im Beratungsprozess zu verstehen, zu klären und damit aufzulösen. Supervision ist damit ebenso wie die kontinuierliche fachliche Weiterbildung ein wichtiger Faktor der Pflege professioneller Beraterkompetenzen.

Wie im Coaching, so lassen sich auch bei der Supervision je nach Art und Anzahl der beteiligten Personen unterschiedliche Varianten unterscheiden. Ähnlich der Bezeichnungen im Coaching werden Einzel-, Gruppen-, Teamsupervision und kollegiale Supervision unterschieden. Letztere stößt gegenwärtig unter dem Stichwort »Kollegiale Beratung« (*Tietze,* 2003) auf großes Interesse.

Vergleich zwischen Coaching und Supervision

Die Gemeinsamkeit zwischen Coaching und Supervision besteht zunächst einmal darin, dass es sich bei beiden Ansätzen um professionelle berufsbezogene Beratung handelt. Beide thematisieren und reflektieren den Menschen im Kontext seines beruflichen Handelns, wobei generell eine Verbesserung der Arbeitsqualität im Sinne von höherer Produktivität, Zufriedenheit und Verbesserung der Beziehungen zu Kunden, Kollegen und Mitarbeitern angestrebt wird. Beide Ansätze verstehen sich als prozessorientierte Hilfe zur Selbsthilfe.

Im Unterschied zur Supervision stehen beim Coaching Leistungsziele und fachliche Themen stärker im Vordergrund. Da im Bereich der Wirtschaft »bestimmte Charaktereigenschaften wie Machtbewusstsein, Effizienzdenken und ein höheres psychisches Abwehr- und Verleugnungspotenzial erforderlich sind, ist (im Coaching) ein anderer, eher indirekter Umgang mit psychologischem Wissen angesagt« (*Belardi,* 2002, S. 57 f.). Psychologische Perspektiven werden im Coaching daher auch implizit transportiert, während sie bei der Supervision explizit thematisiert werden. Der Charakter der Supervision ist eher reflektierend, während Coaching stärker strukturiert und verhaltensorientiert vorgeht. Supervision schafft Distanz durch Reflexion. Ein Coaching, das sich den Leistungszielen verpflichtet hat, ist eher dazu geeignet, die Selbstverpflichtung und die Identifikation mit einer Organisation zu fördern.

Schließlich ist die Supervision entsprechend ihrer Geschichte stärker im psychosozialen Bereich angesiedelt, während Coaching stärker von Wirtschaftsunternehmen nachgefragt wird. Die Supervision ist mit ihrer vergleichsweise langen Tradition und ihrer theoretischen Verankerung in der Psychoanalyse theoretisch gut entwickelt, während das Coaching sich gerade in einer Phase beginnender systematischer Forschung und vertiefter Professionalisierung befindet.

Schreyögg (2003a) nennt darüber hinaus noch weitere Differenzen zwischen Coaching und Supervision: Coaching wird in der überwiegenden Anzahl der Publikationen als Beratungsform für Führungskräfte bezeichnet, während die Supervision grundsätzlich für alle Berufsgruppen – auch solche ohne Management- und Steuerungsfunktionen wie etwa Sozialarbeiter oder Krankenschwestern – zum Einsatz kommen kann. Aus der Fokussierung auf unterschiedliche Zielgruppen, die sich aus der Differenzierung zwischen Tätigkeiten mit Managementfunktionen und solchen mit überwiegenden Sachfunktionen ergibt, folgt auch, dass Coaches und Supervisoren über unterschiedlich akzentuierte Kompetenzen und Erfahrungen verfügen sollten.

Verschiedene Veränderungsrichtungen

Eine weitere Differenzierung zwischen Coaching und Supervision schließlich bezieht sich auf die Richtung, in der Veränderungen angestrebt werden (*Schreyögg,* 2003a). Demnach strebt die Supervision Veränderungen »von unten nach oben«, d.h. von der Ebene der Mitarbeiter ohne Führungsfunktion (z.B. Pfleger) in Richtung Veränderung der Organisation, an. Die Veränderungsrichtung des Coachings lässt sich dagegen als Veränderung »von oben nach unten« betrachten. Der enorme Einfluss des Managements auf Veränderungen der Gesamtorganisation wird anerkannt, die Veränderungen von Organisationen gerade als eine der zentralen Aufgaben des Topmanagements betrachtet, ohne die Bedeutung der unteren, überwiegend mit Sachaufgaben betrauten Funktionen abzuwerten.

Die Rolle des Coachs als Veränderungsbegleiter kann sich in diesem Prozess allerdings nicht darauf richten, Führungskräften strategische Entscheidungen abzunehmen. Sie bleibt als Prozessberatung eine Plattform der Reflexion und Analyse beruflicher Probleme, Krisen, Entscheidungen und Veränderungen und kann nur als solche dazu beitragen, die Qualität der »Veränderungen von oben« zu fördern. Es ist zu ergänzen, dass Supervisoren sich zunehmend um Akzeptanz auch im Profit-Bereich bemühen und Supervisionsprozesse zunehmend kürzer und ergebnisorientierter gestaltet werden.

4.1.2 In welchen Situationen ist Coaching sinnvoll?

Es ist zu unterscheiden, ob Coaching im Organisationskontext stattfindet oder von selbstzahlenden Klienten in Anspruch genommen wird.

> Coaching wird in der Regel Führungskräften bzw. Führungsnachwuchskräften und Fachexperten angeboten: Personen, die aufgrund ihrer Tätigkeit in Wirtschaft, Politik, Verwaltung, Wissenschaft oder Kultur besondere Verantwortung tragen und mit typischen Herausforderungen ihrer Position wie hohen Leistungsanforderungen und hohen kommunikationsbezogenen Anforderungen zu kämpfen haben.

Topmanagement

Coaching ist allerdings längst keine Beratungsform mehr, die ausschließlich dem Topmanagement offeriert wird. Dazu *Böning und Fritschle* (2005, S. 23): »In nahezu allen DAX-Unternehmen wird Coaching in der Zwischenzeit durchgeführt, und zwar von der Top-Etage über das Mittelmanagement bis hin zu den Nachwuchsführungskräften. Ähnlich wie hier sieht es in der Mehrzahl der weiteren deutschen Großunternehmen und auch zunehmend im Mittelstand aus.«

Freiberufler und andere anspruchsvolle Berufsgruppen

Freiberufler und Menschen in anspruchsvollen oder künstlerischen Berufen sind ebenfalls mit Situationen konfrontiert, die mit Coaching zielführend bearbeitet werden können. Typisch für diese Personengruppe ist eine berufliche Situation, die durch hohe Komplexität, Unsicherheit und vielfältige Handlungsspielräume gekennzeichnet ist. Dabei müssen Ziele geklärt, Kriterien für Erfolg und Qualität definiert und eigene Ansprüche mit den Erfordernissen des Marktes verknüpft werden. Dies erfordert Selbststeuerungs- und Selbstmanagementkompetenzen, die durch Coaching gestärkt werden können.

Die Anlässe, für die ein Coach hinzugezogen werden kann, sind entsprechend vielfältig. Eine Führungskraft kann einen Coach z. B. hinzuziehen zur Karriereplanung, zur Rollenklärung und Standortklärung im Beruf, um sich für neue Aufgaben zu qualifizieren, zur Vorbereitung auf die erstmalige Übernahme einer Führungsfunktion, zur Leistungssteigerung, um Potenziale zu entfalten, als Vorbereitung auf neue Aufgaben, als Burnout-Prophylaxe, zur Entwicklung von Schlüsselqualifikationen und Arbeitstechniken, zur Bewältigung von Krisen oder Konflikten sowie zur Reflexion der Strategie und im Kontext von Veränderungsmanagement.

Beratungsanlässe für Coaching

Themen, die immer wieder Anlass für den Einsatz von Coaching geben, sind Krise, Macht und institutionelles Handeln (*Fengler,* 2001). Krisen wie Überforderung, Burnout oder Sinnfragen können Anlass für Coaching sein. Im Kontext von Macht sind die persönliche Aufstiegsorientierung, die Erweiterung des eigenen Einflussbereichs, die Bewältigung von Downgrading, das Spannungsfeld von Macht (durch Expertise und Position) und die Abhängigkeit (von äußeren Vorgaben) relevant; weitere Themen sind der Kampf um Anerkennung oder destruktive Konkurrenz bis hin zu Intrigen. Institutionelles Handeln schließlich bezieht sich auf die Reflexion der beruflichen Rolle und der damit verbundenen »Spielregeln« und mikropolitischen Gegebenheiten. Auch Change- und Organisationsentwicklungsprojekte können als Anlässe für Coaching an Bedeutung gewinnen (*Pichler,* 2003).

Führungskräfte ziehen einen Coach bei beruflichen Veränderungen hinzu, die als herausfordernd bzw. belastend erlebt werden und mit Entscheidungs- und Orientierungserfordernissen verbunden sind. Derartige Erfordernisse sowie die Unsicherheit darüber, wie eine Situation zu bewerten und zu bewältigen ist, können ihre Ursache in dem für Führungskräfte typischen Mangel an realistischem und konstruktivem Feedback haben (*Looss,* 2002).

Ein ähnliches Problem haben viele Freiberufler und Selbstständige. Beratungsanlässe für diese Personengruppe sind z. B. Standortklärung, Zielklärung, das Bedürfnis nach Feedback, Probleme mit Selbstmanagement, Arbeitstechniken oder Konflikte mit Mitarbeitern und Kunden.

Zu den häufigsten Anlässen von Coaching im Organisationskontext gehört die erstmalige Übernahme einer Führungsfunktion. Typische Beratungsanlässe für neu ernannte Führungskräfte sind Konflikte, die sich beim Eintritt in eine neue Führungsrolle ergeben. Nach *Schreyögg* (2005) ergibt sich in einer solchen Situation ein erhöhtes Konfliktpotenzial, das sich unter anderem nach Art der Rekrutierung und nach der Situation des Vorgängers richtet. So können sich im Falle eines »Kaminaufstiegs« – ein Mitarbeiter steigt aus der kollegialen Ebene in die Führungsposition auf – vielfältige Rollenkonflikte ergeben. Eine andere konfliktträchtige Situation liegt vor, wenn der Vorgänger als charismatische Figur galt oder wenn ein älterer Vorgänger kurz vor der Pensionierung ein Führungsvakuum hat entstehen lassen, das zwischenzeitlich durch informelle Führung kompensiert wurde. In diesen und anderen Fällen kann ein vorbereitendes und begleitendes Coaching zur Prävention von Konflikteskalationen beitragen.

Coaching ist nicht nur ein Instrument der Führungskräfte- und Personalentwicklung, sondern kann insbesondere bei selbst zahlenden privaten Klienten auch als Beratung zur Persönlichkeitsentwicklung eingesetzt werden.

> Das generelle Ziel der Persönlichkeitsentwicklung im Coaching ist eine Klärung von Selbstbild und Selbstkonzept, eine Erweiterung und Flexibilisierung der Persönlichkeit bezogen auf Wahrnehmung, Denken und Handeln sowie eine Strukturierung und Klärung bei allgemeiner Unsicherheit und Entscheidungsproblemen.

Persönlichkeitsentwicklung durch Coaching

Coaching zur Persönlichkeitsentwicklung ist insbesondere dann sinnvoll, wenn der Klient aufgrund von persönlichen Krisen, tief greifenden Veränderungen oder wichtigen Berufs- oder Lebensentscheidungen das Bedürfnis nach einer Standortbestimmung verspürt. Eine umfassende Analyse der Ausgangssituation sowie eine sorgfältige Klärung der Ziele und Motive des Klienten stehen im Zentrum der Beratung. Interviews, die auch biografische Aspekte beinhalten, sowie sorgfältig ausgewählte psychologische Testverfahren dienen als Grundlage für eine umfassende Analyse der Motive, Bedürfnisse und Ziele, Werte, Einstellungen und Normen sowie der Fähigkeiten und Fertigkeiten eines Klienten.

Ausgehend von einer Standortbestimmung und einer sorgfältigen Betrachtung der Persönlichkeit können Klient und Berater anschließend mit der Veränderungsarbeit beginnen. Deren generelles Ziel ist es, eine optimale Übereinstimmung zwischen Anforderungen der äußeren Realität und individuellen Motiven, Zielen, Werten und Fähigkeiten zu verwirklichen. Dazu gehört es auch, die eigenen privaten und beruflichen Rollen zu klären, eventuelle Rollenkonflikte zu identifizieren und die eigene Persönlichkeit als Grundlage der Integration unterschiedlicher Rollen zu stärken. Diese querschnittartige Betrachtungsweise kann durch eine längsschnittartige, die einzelnen Lebensphasen berücksichtigende Betrachtung ergänzt werden: Welche Aufgaben stehen gegenwärtig im

Vordergrund? Wo ist ein roter Faden bezüglich wichtiger Lebensthemen zu erkennen? Wie können sich Entscheidungen der Gegenwart in der Zukunft auswirken? Und welche Veränderungen sollten jetzt eingeleitet werden, damit in Zukunft (wahrscheinlich) wünschenswerte Veränderungen eintreten?

Eine kritische Überprüfung und gegebenenfalls Veränderung des persönlichen und beruflichen Lebensumfelds ist dabei eine Strategie; die Veränderung und Weiterentwicklung der eigenen Persönlichkeit und der individuellen Fähigkeiten und Kompetenzen eine andere. Beide Wege, die Veränderung der Umwelt und die Weiterentwicklung der Persönlichkeit, ergänzen einander. Am Ende dieses Prozesses sollte der Klient über eine vertiefte Einsicht seiner selbst verfügen, mehr Klarheit über seine privaten und beruflichen Rollen, seine Motive, Bedürfnisse, Ziele, Werte und Fähigkeiten besitzen sowie erste zielführende Veränderungen in seinem Leben eingeleitet und umgesetzt haben.

4.1.3 Auf welchen Theorien und Modellen beruht Coaching?

Leitfragen

Zur theoretischen Fundierung von Coaching aus psychologischer Perspektive können zwei Leitfragen dienen:

1. Wie erklärt sich das Verhalten und Erleben von Menschen in ihrer Auseinandersetzung mit Arbeit, Beruf und Organisation?
2. Wie können sich Menschen bei arbeits- und berufsbezogenen Problemen und Veränderungen aufgrund einer systematischen, professionellen Intervention weiterentwickeln?

Als Antwort auf die erste Frage stellt die Arbeits- und Organisationspsychologie eine Vielzahl von Theorien und empirischen Befunden zur Verfügung. Im Zusammenhang mit Coaching sind unter anderem folgende Themen von Interesse: Stress und Gesundheit in Organisationen (z.B. *Zapf und Semmer,* 2004), Arbeitsmotivation (*Kleinbeck,* 1996), Führung und Macht (*Neuberger,* 1995a), Kommunikation und Kooperation in Arbeitsgruppen (*Rosenstiel,* 2004), Ziele und Zielsetzung (*Locke und Latham,* 1990), Konflikte und Konfliktmanagement (*Glasl,* 1999), Mikropolitik in Organisationen (*Neuberger,* 1995b), Mobbing (*Zapf,* 1999) sowie Emotionen in Organisationen (*Zapf,* 2000).

Bezüglich der Frage nach persönlicher und berufsbezogener Entwicklung können unter anderem die in Kapitel 2 angeführten psychologischen

Theorien und Modelle hinzugezogen werden. Sie dienen als Grundlage von Beratungs- und Interventionskonzepten auch außerhalb des therapeutischen Anwendungsbereichs.

> Eine spezielle »Coachingtheorie« existiert aus guten Gründen nicht. Gegenstandsbereich, Ziele und Interventionsformen sind im Coaching derart vielfältig, dass sie nicht in eine Theorie integriert werden können. Sinnvoll ist dagegen die Arbeit mit einem integrativen Metamodell, wie es von *Schreyögg* (2003b) vorgeschlagen wird.

4.1.4 Wie läuft ein Coachingprozess ab?

Der Ablauf eines Coachingprozesses kann sehr unterschiedlich gestaltet werden. Dennoch gibt es eine Art idealtypischen Ablauf, der die Logik des Prozesses veranschaulicht. Dieser Ablauf wurde von verschiedenen Autoren ausführlich beschrieben. Die folgende Darstellung bezieht sich auf die Ausführungen von *König und Volmer* (2003), *Rauen* (2002) und *Vogelauer* (2001). Der Coachingprozess gliedert sich in vier große Phasen: die Einstiegs-, die Klärungs-, die Veränderungs- und die Abschlussphase.

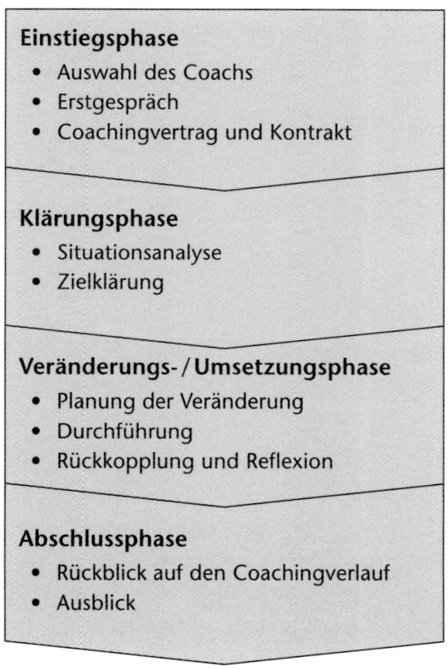

Idealtypischer Ablauf eines Coachingprozesses

1. Einstiegsphase

Auswahl des Coachs

Vor Beginn ist zu klären, ob Coaching überhaupt die angemessene Intervention für ein Problem ist oder ob es besser durch eine andere Beratungsform – durch Training, Konfliktmoderation oder durch arbeitsorganisatorische Maßnahmen – behoben werden kann. Über Möglichkeiten der Auswahl eines Coachs informiert Kapitel 1. Ist ein passend erscheinender Coach gefunden, so kommt es nach einem telefonischen Erstkontakt zu einem persönlichen Erstgespräch.

Erstgespräch

Das für den Klienten in der Regel kostenlose Erstgespräch dient Klient und Coach dazu, einander kennen zu lernen und zu prüfen, ob die Basis für eine Zusammenarbeit vorhanden ist. Der Klient beschreibt sein Problem, den Coachinganlass und das Ziel des Coachingsprozesses, soweit er es zu diesem Zeitpunkt formulieren kann. Der Coach seinerseits erläutert dem Klienten seinen Hintergrund, seine Arbeitsweise sowie die Möglichkeiten und Grenzen seines Beratungsansatzes.

> Aufgabe des Coachs im Erstgespräch ist es zu prüfen, ob die Voraussetzungen für Coaching im Hinblick auf Rahmenbedingungen und Problem des Klienten gegeben sind. Zu den unabdingbaren Voraussetzungen eines erfolgreichen Coachings gehören Freiwilligkeit, Diskretion, Akzeptanz und Veränderungsmotivation.

Freiwilligkeit bezieht sich auf die Motivation des Klienten. Kontraproduktiv ist jede Form der erzwungenen Beratung, etwa durch einen Vorgesetzten. Freiwilligkeit und Unfreiwilligkeit sind allerdings nicht immer klar abgrenzbare Bedingungen. Gelegentlich findet sich im Rahmen von Personalentwicklungsmaßnahmen eine Pseudofreiwilligkeit, nach der »selbstverständlich jeder selbst entscheiden kann«, die Teilnahme aber erwünscht ist und genau beobachtet wird, wer sich einer Maßnahme verweigert. Als Coach oder Trainer sollte man seine Mitwirkung in einem »pseudofreiwilligen Projekt« genau prüfen. Eine große Gefahr bei derartigen Bedingungen besteht darin, dass auf Seiten der Klienten Reaktanz – ein psychischer Zustand der Unwilligkeit aufgrund mangelnder Freiwilligkeit – entsteht, was sich in Widerständen oder Abwertungen gegenüber der Beratung oder der Person eines Beraters ausdrücken kann.

Diskretion als zweite Voraussetzung für ein erfolgreiches Coaching beinhaltet strikte Verschwiegenheit nach außen, was die Inhalte des Coachingprozesses oder Informationen über den Coachingkunden betrifft. Gegenseitige Akzeptanz schließlich gehört zu den Grundlagen einer wertschätzenden, vertrauensvollen Beratungsbeziehung. Die Anerkennung der Persönlichkeit des anderen, seiner Fachkompetenz und seines individuellen Stils sind hier entscheidend.

Weiche Faktoren prüfen

Letztlich dient das Erstgespräch dazu, die »weichen« Faktoren Wertschätzung, Sympathie und Akzeptanz als Grundlage einer konstruktiven Arbeitsbeziehung zu prüfen. Welchen Eindruck hat der Kunde vom Coach? Fühlt er sich ernst genommen und akzeptiert? Hat er Kompetenzen und Erfahrungen, was die Situation und die Coachingziele des Klienten betrifft? Kann der Coach ihm seine Arbeitsweise erläutern? Kann er ihm Vertraulichkeit und Diskretion glaubhaft zusichern? Vermittelt er den Eindruck einer reflektierten, reifen Beraterpersönlichkeit? Kann sich der Klient vorstellen, diesem Menschen gegenüber auch »Schwächen« oder Probleme zu äußern? Diese und ähnliche Fragen mag ein Kunde sich beim Erstgespräch mit seinem Coach stellen. Dabei kann auch ein gut ausgebildeter und professioneller Coach der unpassende sein, und zwar auch dann, wenn Persönlichkeit und Kommunikationsstil, aber auch Faktoren wie (Berufs-) Kultur, Branche, Alter oder Geschlecht nicht zueinander passen.

Bereits im Erstgespräch kann eine inhaltliche Arbeit am Anliegen des Kunden erfolgen. Dies kann etwa dann der Fall sein, wenn der Klient durch ein aktuelles Problem oder einen Konflikt emotional sehr belastet ist und eine unmittelbare Entlastung, etwa durch kognitive Umstrukturierung oder andere Formen des Emotionsmanagements, angezeigt ist. Diese Arbeit kann erforderlich sein, bevor der Coachingprozess in seinem vorgesehenen Ablauf fortgeführt werden kann. Starke Gefühle oder Konflikte beeinträchtigen die Konzentrations- und intellektuelle Leistungsfähigkeit. Daher ist das TZI-Postulat »Störungen haben Vorrang« (vgl. Kapitel 2) auch im Coachingprozess ein sinnvolles Prinzip.

Nach dem Erstgespräch kommen die Beteiligten, oft nach einer Reflexionsphase von einigen Tagen, zu einer Entscheidung darüber, ob sie die Zusammenarbeit fortsetzen und sich auf den Coachingprozess einlassen möchten oder nicht. Im positiven Fall werden die Rahmenbedingungen des Coachingsprozesses geklärt. Diese geschieht in Form von Coachingvertrag und Kontrakt.

Coachingvertrag und Kontrakt

Es wird zwischen einem formalen Vertrag und einem psychologischen Vertrag, dem so genannten Kontrakt, unterschieden. Der formale Coachingvertrag regelt die Rahmenbedingungen des Coachingsprozesses. Zu diesen Rahmenbedingungen gehören Leistungen des Coachs, Dauer,

Frequenz, Ort und Anzahl der Sitzungen, Modalitäten der Terminvereinbarung, Umgang mit Absagen und Terminverschiebungen, Höhe und Zahlungsmodalitäten des Honorars sowie Reisekosten und Haftungsregelungen. Letztere beinhalten in der Regel einen Hinweis darauf, dass es sich beim Beratungsvertrag um einen Dienstvertrag, nicht um einen Werkvertrag handelt (*Looss*, 2002). Anders als bei einem Werkvertrag, der als Gegenleistung für das Honorar ein bestimmtes Endprodukt zusichert, garantiert der Dienstvertrag die qualifizierte, fachgerechte, umsichtige und sorgfältige Durchführung der Beratung, ohne dass damit ein Anspruch auf ein bestimmtes Beratungsergebnis verbunden ist.

Der Grund für diese Vorgehensweise liegt auf der Hand: Der Erfolg des Coachingprozesses ist von vielen Faktoren abhängig. Rahmenbedingungen des Coachings sowie Persönlichkeit, Qualifikationen und Erfahrungen des Coachs sind sicherlich wesentliche Erfolgsfaktoren. Daneben sind jedoch Veränderungsmotivation, Mitarbeit und Engagement des Klienten von herausragender Bedeutung für den Erfolg. Ein Schadensanspruch wegen Nichterreichung der Coachingziele besteht für den Klienten daher nicht.

Der formale Vertrag wird entweder zwischen Coach und Klient (im Falle des Selbstzahlers) oder zwischen Coach und auftraggebendem Unternehmen geschlossen. In letzterem Fall sollte in einer klaren und von allen Seiten mitgetragenen Vereinbarung geregelt werden, ob und in welcher Form Informationen über den Coachingverlauf an die auftraggebende Organisation rückgemeldet werden. Aktuell ist eine Diskussion über die Öffnung der vertraulichen Zweierbeziehung Coach–Klient unter Einbezug Dritter zu beobachten (z.B. *Hagen*, 2005, *Sourisseaux und Banat*, 2005). Erfahrungen mit einer solchen Öffnung des Coachingprozesses sollten sorgfältig ausgewertet werden.

Festlegung der Spielregeln

Im Unterschied zum Coachingvertrag, der im Wesentlichen die Formalitäten des Coachingprozesses regelt, werden in einem Kontrakt die »Spielregeln« der Zusammenarbeit geklärt. Entscheidend ist letztlich, dass es sich beim psychologischen Vertrag um einen wechselseitigen Klärungsprozess für Coach und Klient handelt. Daneben hat der psychologische Vertrag auch eine implizite Funktion. Coaching ist für die meisten Klienten eine neuartige Situation, in der sie sich in einer ungewohnten Rolle, der Rolle von Ratsuchenden oder Klienten, wiederfinden. Dies kann auf Seiten des Klienten das Bedürfnis nach Klarheit, Sicherheit und Vorhersehbarkeit aktivieren. So wie Landkarte, Reiseroute und Informationen über Land und Leute den Zugang zu einem fremden Land erleichtern, so dient der psychologische Coachingvertrag dazu, ein noch unbekanntes Gebiet zu strukturieren und damit den Kontroll- und Sicherheitsbedürfnissen der Klienten (und des Coachs) Rechnung zu tragen. Aber ebenso wenig wie Landkarte und Reiseroute die Erfahrung einer Reise durch unbekanntes Land ersetzen, ebenso wenig wird der Kontrakt die Einmaligkeit und Dynamik des Coachingprozesses schmälern. Nach dieser ersten Einstiegs- und Vereinbarungsphase kann die eigentliche Arbeit beginnen.

2. Klärungsphase

Situationsanalyse

Die Klärung der Ausgangssituation kann damit beginnen, dass der Klient zunächst aus seiner Perspektive die Situation, deren Vorgeschichte, das Problem und die beteiligten Personen beschreibt. Die Aufgabe des Beraters besteht in dieser Phase darin, aufmerksam zuzuhören, sich einschränkender Wertungen zu enthalten und etwas über die Art der Wirklichkeitskonstruktion des Klienten zu erfahren. Der zentrale Zugang zum System des Klienten verläuft über die Sprache: Welche Sprache benutzt er? Beschreibt er die Situation in mechanisch-technischen Metaphern oder blumig und bunt? Ist die Schilderung fließend oder stockt sie an bestimmten Stellen? Wo zögert der Klient? Spricht er von anderen Personen wie von sich selbst? Wo gibt es Hinweise auf grundlegende »Glaubenssätze«, die die Wahrnehmung des Klienten steuern? Was ist mit den Themen Freiheit und Verantwortung? Sieht der Klient sich als Opfer der Umwelt oder als deren Gestalter? Welche Grundstimmung tönt das Gespräch? Ist sie düster, schwerfällig, leicht, fließend oder zäh? Zeigt der Klient Humor? Hat er Abstand zu sich selbst? Welche Grundthemen sind erkennbar? Geht es um Leistung, um Selbstwert, um Beziehungen, um Macht?

Hinweise zu diesen und weiteren Fragen gewinnt der Berater durch aktives, also aufmerksames, nicht wertendes Zuhören, Nachfragen und Techniken der Kommunikation wie Paraphrasieren, Verbalisieren emotionaler Erlebnisinhalte oder schlicht Strukturieren und Zusammenfassen des Gehörten. Beendet ist die Klärung der Ausgangssituation dann, wenn der Berater glaubt, ein vorläufiges Bild von der Situation zu haben, und der Klient die drängenden und belastenden Erfahrungen ausreichend geschildert hat.

Zielformulierung

Ziele und Zielvereinbarungen sind ein wichtiger Bestandteil von Coaching. Ziele sollten möglichst konkret formuliert und spezifiziert werden. Der Klient sollte sich mit den Zielen identifizieren. Auch ist zu klären, ob eventuell Zielkonflikte vorliegen. Dies ist dann der Fall, wenn ein Klient versucht, gleichzeitig Ziele zu erreichen, die in Widerspruch zueinander stehen. Eine solche Situation wirkt sich negativ auf den weiteren Coachingverlauf aus. Für die Klärung und Formulierung der Coachingziele sollte daher ausreichend Zeit einkalkuliert werden.

> Die Formulierung von Zielen hat verschiedene Funktionen: In einer empirischen Studie (*Brauer*, 2004) konnte gezeigt werden, dass Coachingziele umso besser erreicht wurden, je spezifischer die Ziele zuvor formuliert worden waren, und die Zielbindung einen wichtigen Einfluss auf die Zielerreichung hat.

Ein Coach sollte daher darauf achten, dass die im Coaching formulierten Ziele tatsächlich den Werten des Klienten entsprechen (*Brauer*, 2005). Schließlich wirkt es sich positiv auf die Zielerreichung aus, wenn bereits während des Coachings etwa durch Nachfragen oder Zwischenbilanzen regelmäßig überprüft wird, inwieweit der Klient sich den angestrebten Zielen nähert. Daneben ist die Formulierung von Zielen auch Grundlage einer späteren Evaluation der Beratungsarbeit und dient dazu, komplexe oder diffuse Veränderungswünsche zu konkretisieren und die Weichen für den Fokus der Beratungsarbeit zu stellen.

Bereits die Arbeit an der Problemklärung und Zieldefinition kann eine Veränderung bewirken und Entlastung schaffen. Diffuse Emotionen wie etwa Überlastung oder Unzufriedenheit können benannt, ihre Ursachen und Funktionen identifiziert werden. Ziele und Werte des Klienten, aber auch Ziel- oder Wertkonflikte können erkannt, benannt und präzisiert werden. Bereits diese Klärungsprozesse können eine Veränderung im Sinne gesteigerter Selbstwahrnehmungs- und Selbstregulationsfähigkeiten eines Klienten bewirken.

3. Veränderungsphase

Diese Phase wird in der Regel mehrere Sitzungen umfassen, wobei idealtypisch die Planung der Veränderung, die Durchführung sowie die Rückkopplung und Reflexion der durch bestimmte Handlungen bzw. Interventionen entstandenen Veränderungen zu unterscheiden sind.

Ablauf einer Sitzung

Für den Ablauf einer jeden Sitzung innerhalb dieser Phase kann wiederum eine bestimmte Struktur sinnvoll sein (*König und Volmer*, 2003). Demnach empfiehlt es sich, gemäß dem TZI-Postulat »Störungen haben Vorrang« zu Beginn zunächst aktuelle Ereignisse oder Belastungen zu erfragen. Alsdann sollte an die vorangehende Sitzung angeknüpft und das Ziel für die laufenden Sitzungen formuliert werden. Danach beginnt die Arbeit am Problem mit Hilfe von Beratungstechniken, Instrumenten und Interventionsmethoden, wie sie in Kapitel 3 oder auch in den Coaching-Tools (*Rauen*, 2004) beschrieben werden. Bei der Wahl der Interventionsmethoden ist darauf zu achten, dass diese transparent sind, dem Klienten bei Bedarf erläutert werden können und mit den Rahmenbedingungen des Coachings kompatibel sind.

Gegen Ende der Coachingsitzung erfolgt eine Vereinbarung darüber, was aus der Sitzung bereits in den Arbeitsalltag übernommen wurde, welche Veränderungen umgesetzt oder welche neue Verhaltens- oder Wahrnehmungsweise ausprobiert werden sollte. Die Sitzung endet mit einem kurzen Fazit, etwa durch die Frage, welche Erkenntnis besonders neu oder hilfreich war, was der Klient gelernt hat oder in den Alltag integrieren will, sowie mit einer Vereinbarung über das Thema der kommenden Sitzung.

4. Abschlussphase

Auch der richtige Zeitpunkt, ein Coaching zu beenden, ist wichtig. Ein zu frühes Ende kann den Erfolg, insbesondere die Festigung und Integration der Veränderungen, gefährden. Eine zu lange Dauer wiederum kann die Gefahr der Gewohnheit, im schlimmsten Fall der Abhängigkeit, nach sich ziehen – so die gängige Position.

> Der richtige Zeitpunkt, ein Coaching zu beenden, ist sicherlich dann gekommen, wenn die Coachingziele erkennbar erreicht wurden, wenn die mit der Veränderung des Klienten einhergehenden Veränderungen seines sozialen Umfeldes ausreichend beobachtet und geklärt werden konnten und wenn beide Beteiligten ein Gefühl von Stimmigkeit mit dem Coachingprozess verbinden.

Rückblick

Das Ende des Coachingprozesses sollte nicht abrupt erfolgen, sondern von einer Abschlussphase begleitet werden. Diese beinhaltet eine Auseinandersetzung mit dem Ende des Coachingprozesses, einen Rückblick auf den Coachingverlauf sowie einen Ausblick in die Zukunft. Welche Ziele wurden erreicht? Welche Veränderungen fanden statt und welche Bewegung zogen diese wiederum im Umfeld des Klienten nach sich? Gibt es unerwünschte Nebenwirkungen des Coachings, die noch bearbeitet werden müssen? Welche – anfangs nicht intendierten – Veränderungen fanden statt? Wie war die Beziehung zwischen Klient und Coach? Gab es Konflikte oder unausgesprochene Missstimmungen, die abschließend noch geklärt werden sollten? Mit welchem Gefühl sieht der Klient der Zukunft entgegen?

Ausblick Die Abschlussphase kann auch eine Vereinbarung über die zukünftige Zusammenarbeit beinhalten. Viele Coaches bieten ihren Klienten an, nach einer angemessenen Phase der Pause – etwa nach sechs Monaten – für ein erneutes Coaching abermals zur Verfügung zu stehen. Dieses Angebot kann im Hinblick auf die Person und die Situation des Klienten sinnvoll sein, es kann jedoch auch die Funktion haben, das endgültige Ende einer als positiv und vertrauensvoll erlebten Beziehung zu verhindern. Der Coach sollte in jedem Fall selbstkritisch prüfen, ob das Angebot eines erneuten Coachings tatsächlich den Interessen des Klienten oder aber seinen eigenen wirtschaftlichen oder emotionalen Bedürfnissen dient. – Wie jede Beratungsleistung sollte auch das Coaching evaluiert werden.

4.1.5 Welche Methoden und Techniken werden im Coaching eingesetzt?

Methoden und Techniken verleihen dem Beratungsprozess Farbe und Bewegung. Richtig eingesetzt dienen Beratungstechniken dazu, Erkenntnisprozesse zu erleichtern, den Zugang zu sprachlich schwer fassbaren Inhalten zu erleichtern oder komplexe Themen zu ordnen und zu strukturieren. Alle Beratungstechniken, die in Kapitel 3 vorgestellt wurden, können im Coaching eingesetzt werden. Besonders wichtig sind dabei die verbalen und nonverbalen Techniken der Gesprächsführung, Frage-, Kreativitäts-, Visualisierungstechniken, kognitive Methoden und schließlich die Coaching-Tools (*Rauen,* 2004). In einigen Coachingsituationen kann darüber hinaus ein gezielter Einsatz sorgfältig ausgewählter psychologischer Testverfahren sinnvoll sein.

4.1.6 Welche Varianten des Coachings gibt es?

Für das Coaching gibt es eine Reihe von Varianten. Diese werden durch das Setting, das Thema, den theoretischen Hintergrund, die coachende Person oder das Medium des Coachings bestimmt.

Exemplarisch werden die wichtigsten Formen externes und internes Einzelcoaching, Executive Coaching, Gruppen- und Teamcoaching sowie das Coaching durch Vorgesetzte betrachtet.

Externes und internes Einzelcoaching Das Einzelcoaching ist die häufigste Variante, wobei die Voraussetzungen, bezogen auf Vertraulichkeit und Diskretion, besonders günstig sind, insbesondere wenn es sich um einen organisationsexternen Coach handelt.

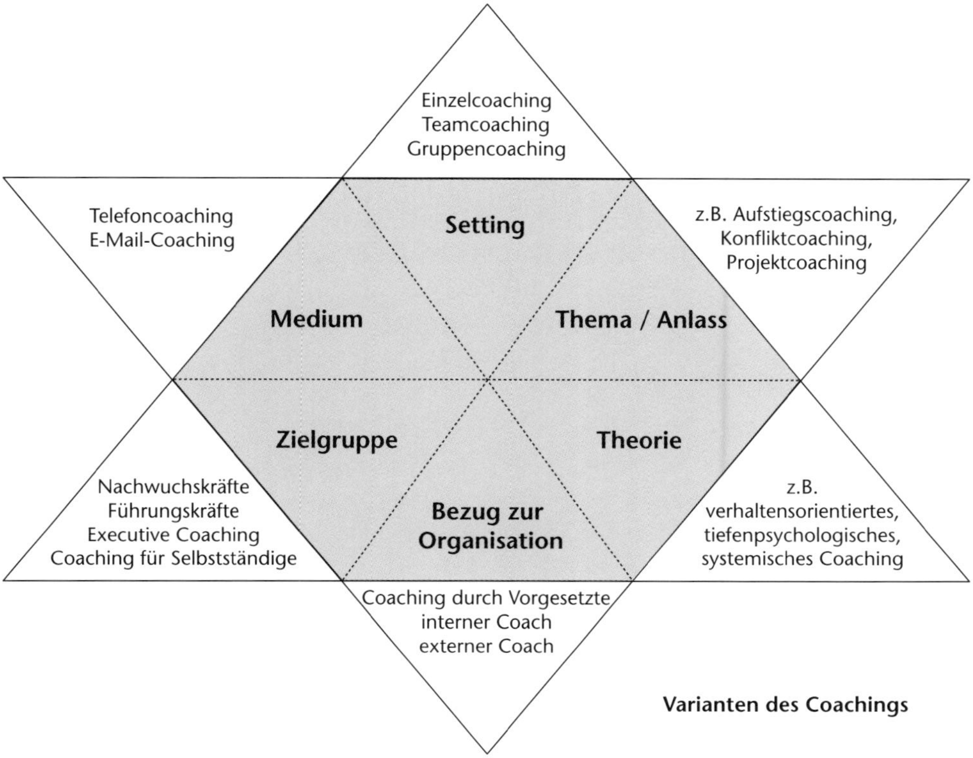

Varianten des Coachings

Da beim Einzelcoaching nur eine Perspektive – die des Klienten – betrachtet wird, ist es besonders wichtig, im Sinne einer systemischen Betrachtungsweise auch Merkmale, Funktionsweisen, Regeln und Geschichte des organisationalen Umfeldes zu betrachten. Einzelcoaching kann sowohl durch einen externen als auch durch einen organisationsinternen Coach durchgeführt werden.

Das Einzelcoaching durch einen externen Coach wird sowohl im Topmanagement als auch im mittleren Management am häufigsten eingesetzt. Wird Coaching durch organisationsinterne Coaches, Trainer oder Führungskräfteentwickler durchgeführt, dann spricht man von internem Coaching. Diese Form, die auf der Ebene des unteren und mittleren Managements eingesetzt wird, gewinnt gegenwärtig an Bedeutung; auf Topmanagement-Ebene ist diese Form des Coachings aus nachvollziehbaren Gründen allerdings sehr selten (*Böning und Fritschle,* 2005).

Aufgrund der besonderen Merkmale und Anforderungen, die die Rolle des Topmanagers kennzeichnen, hat sich auch das Coaching dieser Personen-

Executive Coaching

gruppe, das Executive Coaching, als eine weitere Variante des Coachings etabliert. Während beim Coaching des mittleren Managements Themen wie Führungskompetenzen, soziale Kompetenzen, Konfliktmanagement oder Karriereentwicklung im Fokus stehen, sind Executive Coaches mit mikropolitischen und politischen Themen, mit Fragen von Macht, Image, Strategie und Taktik befasst (*Böning und Fritschle,* 2005).

Entsprechend werden in diesem Bereich von einem Coach auch in stärkerem Maße wirtschaftliche Kompetenzen, strategisches Denken und Erfahrungen mit (mikro)politischem Denken und Handeln erwartet. *Backhausen* (2005) weist darauf hin, dass sich in Bezug auf die strategische Planung unternehmerischer Ziele ein Wandel abzeichnet. Demnach wird die Auffassung von strategischem Management als Umsetzung von Strategien auf der Basis einer Ist-Analyse und Definition unternehmerischer Ziele abgelöst von einer erweiterten Sichtweise. Diese bezieht das Unplanbare mit ein und wird somit eher der Komplexität wirtschaftlichen Handelns gerecht. Management wird zum Management von Risiken und überraschend sich bietenden Chancen.

Gruppencoaching

Ein allgemeines Argument gegen die Sinnhaftigkeit des Coachings von Gruppen oder Teams wird darin gesehen, dass die individuelle Beziehung zwischen Coach und Klient mit der für ein Einzelcoaching typischen »Nähe, Intimität, Herrschaftsfreiheit, emotionalen Intensität und gleichzeitig angstreduzierenden Intimität« (*Looss,* 2002, S. 156) bei der Arbeit mit Gruppen verloren geht. Dennoch sind die Konzepte Teamcoaching und Gruppencoaching inzwischen verbreitet.

Von Gruppencoaching wird gesprochen, wenn mehrere Menschen zusammentreffen, bei denen jeder für sich ein Interesse an einer persönlichen bzw. beruflichen Weiterentwicklung verfolgt (*Vogelauer,* 2005). Nicht ein gemeinsames Gruppenziel, sondern die gemeinsame Klärung und Bewältigung von Herausforderungen des Einzelnen stehen im Vordergrund. Die Teilnehmer eines Gruppencoachings sind oft durch ihre professionelle Identität verbunden, können aber unterschiedlichen Organisationen oder Abteilungen angehören. Themen des Gruppencoachings sind dementsprechend Sach- und Fachdiskussionen, die Klärung der Berufsrolle und die Erweiterung von Einfluss- und Handlungsspielräumen (*Fengler,* 2001).

Der Begriff Teamcoaching beinhaltet die Beratung von Gruppen und Teams mit einem gemeinsamen Anliegen (*Vogelauer,* 2005). Teamcoaching dient der Aufrechterhaltung oder Verbesserung der Leistungsfähigkeit von

Teamcoaching

Arbeitsgruppen. Adressaten des Teamcoachings sind bereits bestehende Arbeitsgruppen, Abteilungen oder aber neu gegründete Projektteams. Je nach Rahmenbedingungen und Thema weist Teamcoaching starke Parallelen zu anderen Formen der professionellen Arbeit mit Gruppen auf. Zu nennen sind hier die Teamentwicklung, die Teamsupervision, die Moderation und – bei besonders konfliktträchtigen Gruppen – auch die Mediation. Abgrenzungsschwierigkeiten gegenüber etablierten Formen der Beratung von Gruppen sind einer der Kritikpunkte, die gegen das Teamcoaching angeführt werden (*Looss,* 2002).

Ein Vorschlag zur Differenzierung von Teamcoaching und -entwicklung wurde von *Tomaschek* (2005) vorgelegt: Der wesentliche Unterschied zwischen beiden besteht demnach darin, dass Teamcoaching ein arbeitsfähiges Team mit einer stabilen und funktionierenden Kommunikationskultur voraussetzt, denn Teamcoaching dient der Aufrechterhaltung und Verbesserung der Arbeitsleistung, nicht deren Herstellung (*Tomaschek,* 2005, S. 7).

Team-entwicklung

Teamentwicklung ist dagegen dann angezeigt, wenn unklare, sich neu bildende Gruppenstrukturen oder Teamkonflikte bzw. Störungen in der Kommunikation vorliegen. Die Leistung eines Beraters besteht dann in erster Linie darin, Voraussetzungen für eine offene Kommunikation zu schaffen.

Darüber hinaus kann es Ziel der Arbeit mit Gruppen sein, die Ziele der Arbeitsgruppe zu klären, das »Wir-Gefühl« zu stärken, Synergien zu aktivieren, Rahmenbedingungen zu verbessern oder Arbeitsabläufe und Kommunikationsprozesse zu erleichtern (*Fengler,* 2001, *Vogelauer,* 2002). Ist die Arbeitsfähigkeit einer Gruppe (wieder) hergestellt, dann geht es darum, Aufgaben, Ziele und Wege der Zielerreichung zu klären und umzusetzen. Dies ist die Aufgabe des Teamcoachings.

Coaching durch Vorgesetzte

Zentrale Merkmale des Coachings sind Vertraulichkeit, Verschwiegenheit, absolute Diskretion sowie eine wertschätzende, nicht aber bewertende Haltung des Coachs gegenüber seinem Klienten. Die Neutralität seiner Rolle, die ausschließlich professionelle, klar definierte Beziehung zwischen Coach und Klient sowie der Verzicht auf Eigeninteressen – jenseits des Interesses an einem erfolgreichen Coachingverlauf – sind weitere zentrale Merkmale, die in ihrer Gesamtheit den für den Coachingprozess notwendigen Schutzraum bilden.

Kontra Vorgesetzten-Coaching

Teilt man diese Überlegungen, dann führt dies zur Position, dass ein Vorgesetzter kaum als Coach für einen Mitarbeiter fungieren kann. Führungsaufgaben wie Fördern, Entwickeln und Feedback-Geben sind Bestandteil vieler Führungs- und Managementkonzepte, zum Coach machen sie den Vorgesetzten jedoch nicht. Mitarbeiter unterstützen einen Vorgesetzten bei der Erreichung der Abteilungsziele. Eine neutrale, nur den Interessen des Mitarbeiters verpflichtete Position kann ein Vorgesetzter daher schwerlich einnehmen. Das Rollendilemma einer Führungskraft, die plant, organisiert, Ziele vorgibt, Leistungen kontrolliert und bewertet, den Zielen der Organisation und gleichzeitig als Dienstleister den Interessen des Klienten verpflichtet ist, wird als wesentliches Argument gegen das Konzept des Coachings durch Vorgesetzte angeführt (z. B. *Jochum und Jochum,* 2001). *Schreyögg* (2000, S. 3) spricht in diesem Zusammenhang von einem »terminologischen Widerspruch«, denn »eine Vorgesetzten-Untergebenen-Relation beinhaltet niemals das Ausmaß an Freiheit im Hinblick auf die Wahl des Beraters, die Wahl der Themen usw., durch die Beratung im eigentlichen Sinn definiert ist«.

Auch aus Perspektive des Mitarbeiters ist die Idee des Vorgesetzten als Coach problematisch. Von einem Coaching zu profitieren erfordert Vertrauen und Selbstöffnung. Selbstoffenbarung schafft eine Form von Nähe, die mit der Vorgesetzten-Mitarbeiter-Beziehung in der Regel nicht zu vereinbaren ist, denn die Nähe bleibt einseitig. Der Mitarbeiter gibt Persönliches von sich preis, was das Machtgefälle zwischen ihm und dem Vorgesetzten neben der faktisch bestehenden Positionsmacht noch um eine zusätzliche Dimension erweitert.

Pro Vorgesetzten-Coaching

Der zum Vorgesetzten-Coaching kritisch eingestellten Position steht eine Sichtweise gegenüber, der zufolge eine gute Führungskraft durchaus als Coach der Mitarbeiter fungieren kann, wenn bestimmte Voraussetzungen in Bezug auf die Ausgangssituation und die Qualifikationen des Vorgesetzten als Coach erfüllt sind. So wird argumentiert, dass ein Vorgesetzter über detaillierte Kenntnisse des Unternehmens verfügt und er zudem den Transfer der im Coaching besprochenen Inhalte in die Praxis hervorragend beobachten kann. Nicht jede Führungskraft sei allerdings als Coach geeignet. Es folgt eine Aufreihung wünschenswerter Eigenschaften des Vorgesetzten als Coach, die eine abgespeckte Version der üblicherweise geforderten Beraterkompetenzen darstellt (z. B. von *Troschke,* 2001).

Zur Integration beider Perspektiven wird vorgeschlagen, den Begriff des Mitarbeitercoachings für einen Führungsstil zu verwenden, der auf Förderung und Potenzialentwicklung der Mitarbeiter abzielt. Dieser Führungsstil ist durch die vier Säulen Förderung der Selbstverantwortung, der Selbstorganisation, der Selbstmotivation und des Selbstvertrauens gekennzeichnet (*Jelinek,* 2005). Ein solcher Führungsstil entspricht vermutlich dem Selbstverständnis vieler Führungskräfte, die sich aufgrund ihrer Kenntnisse von Organisation und Arbeitsabläufen, aber auch aus ihrem Rollenverständnis als Coach für ihre Mitarbeiter sehen. Grenzen ihrer Coachingkompetenz sehen Führungskräfte allerdings dann, wenn persönliche Inhalte oder psychologische Themen wie Diskrepanzen zwischen Fremd- und Selbstbild eines Mitarbeiters betroffen sind (*von Bose, Martens-Schmid und Schuchardt-Hain,* 2003).

Insgesamt gesehen ist Coaching durch Vorgesetzte aufgrund nicht auflösbarer Rollendilemmata kein sinnvolles Konzept. Dies schließt jedoch nicht aus, dass Führungskräfte einen entwicklungsorientierten Führungsstil pflegen können, der auf Potenzialentwicklung und Förderung von Selbstverantwortung, Selbstorganisation, Selbstmotivation und Selbstvertrauen abzielt.

Die Kombination von Coaching-Varianten

Es gibt zunehmend die Praxis, einzelne Coaching-Varianten miteinander zu kombinieren, um die Vorteile der verschiedenen Formen miteinander zu verknüpfen. Sinnvoll kann es zum Beispiel sein, ein klassisches Face-to-Face-Coaching durch die Möglichkeit des Tele- oder Onlinecoachings zu ergänzen. Gerade bei einer bereits etablierten Arbeitsbeziehung zwischen Coach und Klient kann diese Ergänzung gut in die gemeinsame Arbeit integriert werden. Eine andere Kombinationsmöglichkeit ist die Zusammenarbeit zwischen externem und internem Coach etwa dann, wenn größere Umstrukturierungen, Fusionen oder Reorganisationen realisiert werden müssen.

4.1.7 Was kostet Coaching?

Das Honorar für Coaching variiert im Bereich des unteren und mittleren Managements um die 100 bis 250 Euro pro Stunde zzgl. Mehrwertsteuer und Spesen. Im Bereich des Topmanagements sind deutlich höhere Stundensätze bzw. Tagessätze zwischen 2.500 und 3.500 Euro möglich (*Böning und Fritschle,* 2005). Tendenziell bezahlen Großkonzerne für Coaching bis zu einem Drittel geringere Honorare als mittelständische Unternehmen (Coachingkongress Wiesbaden, Juni 2005).

Es gibt die Praxis, dass Unternehmen und Klient sich die Kosten für das Coaching teilen. Coaching ist zwar auf berufliche Themen und Ziele begrenzt, diese sind aber in der Regel mit privaten, außerberuflichen Themen und Bedingungen verwoben und schon aus diesem Grund nicht vollständig aus dem Coachingprozess auszuschließen. Coaching geht immer über eine aktuelle Problem- oder Veränderungssituation hinaus, indem es die Selbststeuerungs- und Selbstmanagementkompetenzen eines Klienten auch für zukünftige Situationen stärkt. Damit dient Coaching auch der Persönlichkeitsentwicklung, was eine private Investition durchaus rechtfertigt.

4.1.8 Über welche Kompetenzen sollte ein Coach verfügen?

Hinsichtlich der notwendigen und wünschenswerten Kompetenzen von Coaches gibt es eine Reihe von Auflistungen, die in der Regel verschiedene Kompetenzbereiche wie fachliche, persönliche, soziale oder methodische Kompetenzen unterscheiden. Unsere Ausführungen zu den Beraterkompetenzen in Kapitel 1 lassen sich auf die Beratungsform Coaching anwenden.

Fähigkeit zur Prozessgestaltung

Weitere wichtige Coachingkompetenzen bestehen in der Fähigkeit zur Prozessgestaltung. Denn »die Qualität einer hoch differenzierten und klar individuell zugeschnittenen Dienstleistung kann nur erfasst werden auf der Verständnisebene von Beziehungen und Prozessen« (*Lauterbach,* 2003, S. 96). Nach einer qualitativen Studie mit 31 Topmanagern aus Wirtschaft und Kultur, die über ihre Einstellung zum Coaching befragt wurden (*von Bose et al.,* 2003), ist Coachingkompetenz vor allem mit der Persönlichkeit des Coachs verbunden. Erwartungen an dessen Persönlichkeit sind nach dieser Studie mit Begriffen wie Lebenserfahrung, Autorität, Integrität, Menschlichkeit, Loyalität und Unabhängigkeit verbunden.

Beziehungsgestaltung und Gesprächsführung

Daneben wird der Coach als Experte für Beziehungsgestaltung und Gesprächsführung betrachtet. Kompetenzen in diesem Bereich betreffen die Fähigkeit zum Zuhören, Einfühlen und Verstehen, beinhalten aber auch konfrontative Elemente und kritisches, offenes Feedback. Im Hinblick auf die fachlichen Kompetenzen wird weniger eine bestimmte Kompetenz als vielmehr die Fähigkeit erwartet, spezifisches Wissen auf der Metaebene mit Problemstellungen des Klienten zu verknüpfen und in Interventionen umsetzen zu können.

Studien zur Wirksamkeit von Coaching (*Jansen, Mäthner und Bachmann*, 2003; *Schmidt*, 2003) konnten damit übereinstimmend und im Einklang mit gesicherten Befunden der Psychotherapieforschung (*Grawe et al.*, 1994) zeigen, dass die Beziehung zwischen Coach und Klient für den Erfolg des Coachingsprozesses von wesentlicher Bedeutung ist. Für die Kompetenzen des Coachs bedeuten diese Ergebnisse, dass all jene Faktoren wesentlich sind, die die Fähigkeit zur Gestaltung von Beziehungen ausmachen: soziale Kompetenzen, aber auch Selbst- und Lebenserfahrung, Integrität und Authentizität.

4.1.9 Schlussbemerkungen

Marktentwicklung

Nach einer Untersuchung des deutschen Coaching-Marktes (*Böning und Fritschle*, 2005) können Berater von einer stabilen oder sogar wachsenden Nachfrage für die Beratungsleistung Coaching ausgehen. In einer Befragung von 50 erfahrenen Coaches und 70 Personalmanagern – davon 31 aus den 100 umsatzstärksten Konzernen Deutschlands – fanden *Böning und Fritschle* (2005), dass 84 Prozent der Personalmanager angaben, die Nutzung von Coaching habe in den vergangenen fünf Jahren zugenommen. 88 Prozent der befragten Personalmanager nahmen an, dass Coaching in den nächsten fünf Jahren weiterhin an Bedeutung gewinnen wird.

Der Begriff Coaching ist trotz dieser positiven Einschätzung allerdings noch immer mit ambivalenten Konnotationen verbunden. Die oben erwähnte qualitative Studie mit Topmanagern aus Kultur und Wirtschaft (*von Bose et al.*, 2003) zeigt eine ambivalente Haltung der Befragten gegenüber dem Coachingkonzept: Einerseits wurde Coaching von der Mehrzahl der interviewten Topmanager als sinnvolles Klärungs- und Entwicklungsinstrument betrachtet. Anderseits wurde geäußert, man würde eine persönliche Inanspruchnahme des Coachings lieber nicht öffentlich machen. Entscheidend für die erfolgreiche Implementierung von Coaching in einem Unternehmen scheint daher eine aktive Enttabuisierung und offene Inanspruchnahme zu sein.

Coaching ist eine Beratungsform auf dem Weg zu einer Profession. Zu einem professionellen Selbstverständnis gehört auch die Reflexion der eigenen Profession. Wo liegen also die Stärken dieses Ansatzes? Was ist kritisch zu sehen? Wo sehen wir Klärungsbedarf?

Stärke des Coachings

Eine Stärke der Beratungsform Coaching ist sicherlich das hohe Maß an Freiheit und Individualität, das damit verbunden ist. Das individuelle Aushandeln von Rahmen- und Vertragsbedingungen eröffnet vielfältige Möglichkeiten der Anwendung beraterischer und prozessorientierter Kompetenzen. Coaching als Managementberatung eröffnet Führungskräften neue Möglichkeiten der Reflexion, Rollenklärung und Weiterentwicklung ihrer Kompetenzen etwa in den Bereichen Kommunikation, Konflikte und Verhandlungen, bezogen auf das Ausbalancieren beruflicher, organisationsbezogener und außerberuflicher Rollenanforderungen. Coaching kann Belastungen durch die Arbeit abfedern, negative Folgen von Überlastung mindern und zur Identitätsentwicklung in der Auseinandersetzung mit Arbeit, Beruf und Organisation beitragen.

Die Freisetzung von Potenzialen, die Weiterentwicklung und Steigerung berufsbezogener Kompetenzen, die Verbesserung von Selbstmanagement- und Handlungskompetenzen – all das gehört zu den wünschenswerten Effekten gelungener Beratung, denen wohl jeder Coach sich verpflichtet fühlt. Kritisch wird die Idee der Leistungssteigerung dann, wenn die Akteure mit Coaching die Allmachtsfantasie einer ständigen Optimierung menschlichen Erlebens und Verhaltens in Organisationen verbinden. Nicht alle Probleme lassen sich durch Coaching oder andere Beratungsformen bearbeiten, manches bleibt schwierig, vieles unvollkommen. Das zu akzeptieren und die Individualität des Gegenübers zu respektieren – auch dies zeichnet einen guten Berater aus.

Coaching versus Psychotherapie

Wenngleich das Thema Coaching und Psychotherapie bereits vielfach diskutiert wurde, besteht in dieser Frage noch immer Klärungsbedarf. In vielen Publikationen wurde der Unterschied zwischen Coaching und Therapie beschrieben und die Notwendigkeit betont, Coaching von Psychotherapie zu trennen (z. B. *Rauen,* 2003; *Schmidt-Lellek,* 2003).

Als Unterscheidungsmerkmale zwischen Coaching und Psychotherapie werden meist genannt:

- die Fokussierung des Coachings auf Themen der Arbeitswelt,
- die Notwendigkeit einer funktionierenden Selbststeuerung als Voraussetzung für ein Coaching,
- die Zielgruppe des Coachings, das sich im Wesentlichen an Führungskräfte richtet,
- die Konzentration des Coachings auf aktuelle, noch veränderbare Situationen,

- die Indikation der Psychotherapie im Falle psychischer Störungen mit Krankheitswert und
- die stärkeren wirtschaftlichen Kompetenzen eines Coachs im Unterschied zum Psychotherapeuten.

Auch der *Deutsche Bundesverband Coaching e.V. (DBVC)* äußert sich klar zur theoretischen Abgrenzung von Coaching und Psychotherapie: »Im Gegensatz zur Psychotherapie richtet sich Coaching an ›gesunde‹ Personen und widmet sich vorwiegend den Problemen, die aus der Berufsrolle heraus entstehen, die ohne entsprechendes Fachwissen des Coachs nicht bearbeitet werden können. Psychische Erkrankungen, Abhängigkeitserkrankungen und andere Beeinträchtigungen der Selbststeuerungsfähigkeit gehören ausschließlich in das Aufgabenfeld entsprechend ausgebildeter Psychotherapeuten, Ärzte und medizinischer Einrichtungen« (*Böning und Fritschle,* 2005, S. 42).

In Ergänzung der vom *DBVC* so betonten wirtschaftlichen Kompetenz des Coachs wollen wir nochmals auf die Bedeutung klinisch-diagnostischer Kompetenzen hinweisen. Gerade die Umsetzung der theoretisch nachvollziehbaren, berufspolitisch sinnvollen und aus einer professionellen Verantwortung heraus notwendigen Unterscheidung zwischen Coaching und Psychotherapie setzt auf Seiten des Coachs zumindest voraus, dass er eine behandlungsbedürftige psychische Störung erkennt.

Grenzen zwischen Coaching und Therapie

In jedem Fall werden einem Coach Fälle im Grenzbereich der Indikationen zwischen Coaching und Therapie begegnen. Abgesehen von schweren psychischen Erkrankungen – hierzu zählen organisch bedingte psychische Störungen, alle Arten von Abhängigkeitserkrankungen, wahnhafte Störungen, schwere Depressionen, gravierende Angststörungen – gibt es in der Praxis des Coachings vielfältige Grenzsituationen, die keine zwingende psychotherapeutische oder ärztliche Indikation haben.

Aktuelle Krisen aufgrund einschneidender Veränderungen der Lebens- bzw. Berufssituation, leichte depressive Verstimmungen, Ängste, die einen eindeutigen Realitätsbezug aufweisen, die Neigung zu dysfunktionalen Bewältigungsstrategien in Stresssituationen, Defizite in der Fähigkeit zur Erholung, mangelnde Selbstbehauptungskompetenzen – all dies sind hingegen häufig vorkommende Beeinträchtigungen der psychischen Befindlichkeit, die oft einen Bezug zur Berufsrolle aufweisen und die bei entsprechender Kompetenz des Coachs auch im Coaching bearbeitet werden können.

Eine besondere Herausforderung für das Coaching sind extreme Ausprägungen von Persönlichkeitsstilen, die sich in überdauernden, unflexiblen Wahrnehmungs-, Denk- und Kommunikationsmustern zeigen, wie etwa der ängstliche, zwanghafte, hysterische oder der narzisstische Stil. Im klinisch-diagnostischen Sprachgebrauch werden sie als Persönlichkeitsstörungen bezeichnet. Wer diagnostische Kategorien als stigmatisierend empfindet, kann auf diesen Begriff verzichten. Wichtiger ist das Verständnis dessen, dass mit Persönlichkeitsstörungen oft ein typisches Kommunikationsmuster verbunden ist, das sich auch in der Kommunikation mit dem Coach zeigt und zu wiederkehrenden, oft ähnlich gelagerten Konflikten des Klienten mit Kollegen, Mitarbeitern oder Vorgesetzten führen kann. Die Zeitschrift *wirtschaft & weiterbildung* veröffentlichte eine dreiteilige Serie, die die seelische Struktur und Dynamik des Narzissmus sowie Besonderheiten des Coachings narzisstischer Führungskräfte beleuchtet (*Eidenschink,* 2004, 2005a, 2005b).

Grenzbereiche zwischen Coaching und Therapie

Über die Häufigkeit von Beratungsfällen im Grenzbereich zwischen Coaching und Psychotherapie kann gegenwärtig nur spekuliert werden. Es ist jedoch anzunehmen, dass diese nicht selten sind: Die Häufigkeit (Prävalenzrate) psychischer Störungen in der Bevölkerung ist hoch. 32 Prozent (= 15,6 Millionen) der erwachsenen deutschen Bevölkerung im Alter von 18 bis 65 Jahren leidet an einer oder mehreren psychischen Störungen im Sinne des ICD-10 (*Wittchen und Jacobi,* 2002). Die Zahl der psychischen Beeinträchtigungen, die nicht als psychische Störungen mit Krankheitswert zu bezeichnen sind, wird noch deutlich höher liegen.

Beeinträchtigungen der psychischen Befindlichkeit, die im Coachingprozess erkennbar werden, sind in der Regel multifaktoriell bedingt. Die Persönlichkeit des Klienten und seine individuelle Biografie spielen hier ebenso eine Rolle wie seine gegenwärtigen Lebens- und Arbeitszusammenhänge, das Klima der Arbeitsgruppe, strukturelle Besonderheiten der Organisation, die gegenwärtige Situation des Unternehmens oder aber gesellschaftliche und politische Ereignisse. Einfache Kausalaussagen werden der Komplexität psychischen Geschehens dabei nicht gerecht. Beratungskompetenz zeigt sich angesichts dieser Situation darin, die unterschiedlichen Ebenen eines Problems – individuell, sozial oder strukturell – zu berücksichtigen.

So gesehen kann eine psychotherapeutische Perspektive, die die individuelle Lebens- und Lerngeschichte eines Klienten berücksichtigt, einen wichtigen Beitrag zum Verständnis eines Problems leisten. Sie kann einer

Problemlösung jedoch auch hinderlich sein, wenn ausschließlich die individuelle Ebene des Klienten betrachtet und strukturelle Bedingungen übersehen werden.

Eine einfache Lösung für den Grenzbereich zwischen Beratung und Psychotherapie gibt es nicht. Denn Coaching kann »keine psychotherapeutische Behandlung ersetzen, wenn gravierende psychische oder psychosomatische Störungen die Arbeitsfähigkeit beeinträchtigen. Wohl aber kann es einen Freiraum darstellen für alle Fragen, die in der beruflichen Arbeit oder durch sie ausgelöst entstehen, mit dem übergreifenden Ziel, durch ein kontinuierliches Reflektieren die eigene Persönlichkeit in die berufliche Rolle zu integrieren und damit zu einer erhöhten Effektivität und zugleich einer erhöhten Arbeitszufriedenheit zu gelangen« (*Schmidt-Lellek,* 2003, S. 233–234).

> Für die Zukunft wäre es sehr wünschenswert, psychische Störungen und psychische Befindlichkeitsbeeinträchtigungen zu enttabuisieren und zu entdramatisieren. Weiterhin wäre es wünschenswert, dass sich die Beratungsleistung Coaching weiter ausdifferenziert. Im Unterschied zur Coachingphase des Populismus (Mitte bis Ende der 1990er-Jahre), die durch eine breite Aneignung des Coachingbegriffs durch Anbieter nahezu beliebiger Dienstleistungen gekennzeichnet war, sollte die zukünftige Ausdifferenzierung der Coaching-Leistung von der Professionsgemeinschaft getragen und gestaltet werden.

Spezialisierungen

In Einklang mit den Forderungen der Auftraggeber und Kunden ist bereits zu beobachten, dass sich im Coaching Spezialisierungen für bestimmte Fragestellungen entwickeln (*Lauterbach,* 2003). Spezialisierungen entstehen durch die Vernetzung von individuellen Feld- oder Fachkompetenzen eines Coachs mit grundlegenden prozessorientierten Beratungskompetenzen. Gesundheitscoaching, Coaching mit wirtschaftlichem Schwerpunkt, branchenspezifisches Coaching, Coaching für Zielgruppen auch außerhalb des klassischen Businessbereichs und natürlich Coaching und Beratung an der Schnittstelle von klinischer Psychologie und Organisationspsychologie werden zukünftig wichtige und spannende Aufgaben sein.

4.2 Karriereberatung: Ziele finden – Herausforderungen bewältigen

Susanne Janssen

Persönliche Stärken erkennen

Unsere Träume und beruflichen Wunschziele zu bestimmen und zu verwirklichen, ist ein kontinuierlicher Prozess im Leben. Wir entwickeln und verändern uns, und gleichzeitig verändert sich auch unser Umfeld. Zur Verwirklichung beruflicher Ziele ist es erforderlich, die eigenen Stärken zu kennen und sich treffsicher positionieren zu können.

Eine Einschätzung der eigenen Situation und der persönlichen Stärken fällt oft schwer – ebenso wie die Orientierung über Möglichkeiten und Perspektiven beruflicher Entwicklung. Gleichzeitig können aktuelle Einflüsse in der Arbeitsumgebung oder aber Veränderungen im persönlichen oder familiären Umfeld die Karriereroutine durchbrechen. Auslöser dafür können neue Techniken, eine Rezession, Umstrukturierungen, gesundheitliche Veränderungen, Familiengründung oder einfach das fortgeschrittene Alter sein. Wenn man sich nicht einfach und schnell anpassen kann, wenn es schwer fällt, sich zu positionieren, ist dies kein Grund, auf der Stelle zu treten, sondern vielleicht Zeit für eine Karriereberatung.

4.2.1 Was ist Karriereberatung?

> Karriereberatung ist die individuelle und vertrauliche Unterstützung bei der Planung und Gestaltung einer erfolgreichen beruflichen Zukunft.

Was ist eine erfolgreiche berufliche Zukunft und was versteht man unter Karriere? In den meisten Unternehmen wurden bis in die 1990er-Jahre Erfolg und Karriere als hierarchischer Aufstieg, als vertikale Entwicklung verstanden (*Meier,* 2001). So gab es mehr oder weniger klare Laufbahnen, wie z. B. in der Industrie vom Auszubildenden über den Facharbeiter zum Industriemeister, oder im öffentlichen Dienst, wo Angestellte und Beamte Laufbahnen mit entsprechenden tariflichen und funktionellen Einstufungen durchlaufen. Doch vor allem im Dienstleistungssektor entsprechen die Berufsbiografien immer seltener solchen Mustern. Unternehmen sind bekanntlich gezwungen, sich den Anforderungen des Marktes durch Flexibilität, erhöhte Produktivität und Kosteneinsparungen anzupassen. In der Konsequenz haben sie sich in den vergangenen Jahren zunehmend »schlanker« und prozessorientiert organisiert. Damit sinkt nicht nur die Planungs- und Handlungssicherheit ambitionierter, karriereorientierter Arbeitnehmer, sondern der klassische berufliche Aufstieg als solcher wird durch den Hierarchieabbau deutlich unwahrscheinlicher.

Neudefinition der Karriere

Das Zeitalter der traditionellen linearen Karrieren, der so genannten Schornsteinkarrieren oder feststehenden Karrierepfade, ist vorbei. Karriere oder beruflicher Erfolg müssen neu definiert werden. Hier hilft die Orientierung hin zur ursprünglichen Wortbedeutung. So ist im gallisch-lateinischen Wort *carrus* = *Wagen* der Aufstiegsaspekt nicht enthalten. Im französischen *carrière* = *Rennbahn, Laufbahn* (*Duden,* 2001) dagegen finden wir eine stärkere Konkretisierung, bezogen auf Wettbewerb und Leistung.

Während man sich der französischen Wortbedeutung nach in der Vergangenheit bei einer Karriere an einem festgelegten Weg und am Wettbewerbsaspekt orientieren konnte, muss man den Begriff Karriere heute neu definieren. Nicht mehr der Aufstiegsaspekt, sondern die Zunahme von Verantwortung, Einfluss und die persönliche Entwicklung sind entscheidend.

> Der Begriff Karriere steht für die Zunahme von Verantwortung und Einfluss, die durch die Übernahme verschiedener Tätigkeiten und der damit einhergehenden Kompetenzerweiterung hervorgerufen wird.

Arbeitsverhältnisse werden nicht mehr für ein ganzes Arbeitsleben geschlossen. Einer Festanstellung kann eine Tätigkeit als Selbstständiger, eine freie Mitarbeit oder ein Sabbatical folgen, bevor wieder eine Festanstellung bei einem anderen Unternehmen eingegangen wird. Diese bunten Karrieremuster werden auch als »Patchwork-Karriere« bezeichnet (*Brenner,* 2004, S. 13). Im Gefüge einer Organisation sind Abwärtsbewegungen oder horizontale Stellenwechsel denkbar. Dennoch fällt nicht jeder beliebige Stellenwechsel unter die Definition von Karriere. Die Tätigkeiten oder Funktionen müssen – um einen Karriereschritt zu markieren – in einem Bedeutungszusammenhang stehen. Dieser kann bestehen: in der Weiterentwicklung von Fertigkeiten und Expertise (z. B. Berufsbiografie im Finanzbereich mit Tätigkeiten als Finanzbuchhalter, Controller, Revisor) oder in der Übernahme wachsender Verantwortung (Budgetverantwortung und/oder Führungsspanne und/oder die zunehmende strategische

Bedeutung der Tätigkeit für das Unternehmen). Im Sinne der Definition bedeutet Karriere, dass zwischen den verschiedenen Aufgaben eine Entwicklung – kurz: ein roter Faden – erkennbar ist.

Obwohl es häufig den Anschein hat, entwickeln sich Karrieren in den seltensten Fällen rein zufällig. Eine Karriere wird aktiv (bewusst oder unbewusst) gestaltet. Dies setzt allerdings nicht voraus, dass man sich zu jedem Zeitpunkt völlig über die Ziele und die nächsten Karriereschritte im Klaren ist. Karriere beschreibt für uns eher einen kontinuierlichen Prozess der persönlichen und fachlichen Weiterbildung. Dabei gehen die Erweiterung der Kompetenzen und der Wunsch nach mehr Verantwortung häufig Hand in Hand.

Die klassische Karriere gibt es noch, wenn auch in geringerer Zahl. Was machen aber die Unternehmen mit der großen Anzahl ambitionierter Mitarbeiter, die sich weiterentwickeln wollen und für die kein Aufstieg möglich erscheint? Sollen diese sich woanders bewerben, obwohl es in anderen Unternehmen auch nicht besser aussieht? Sollen sie resigniert die Hände in den Schoß legen?

Reaktionen der Unternehmen auf verändertes Karrierebild

Wirtschaft, Industrie und auch der Staat reagieren auf das veränderte Karrierebild mit der Ergänzung der Managementlaufbahn durch die so genannten Fachlaufbahnen, zu denen die Spezialisten- und die Projektlaufbahn zählen. Die Spezialistenlaufbahn ist gekennzeichnet durch eine ständige Ausweitung der Fachkompetenz. Eine Entwicklung innerhalb dieses Karrieresystems geht mit einem Zuwachs an Expertenwissen und auch Informationsmacht einher. Die Projektlaufbahn ist charakterisiert durch die Mitarbeit an oder die Übernahme und Leitung von immer größer werdenden Projekten, Multiprojektmanagement, Projekten immer neuer Inhalte und Projektreviewfunktionen. Die verschiedenen Aufgaben bringen unterschiedliche Merkmale mit sich. Karriere bedeutet nicht mehr nur die ranghöchste Position mit dem größten Büro und einer großen Zahl an zugeordneten Mitarbeitern. Karriere definiert sich über die Aufgabe selbst und die für das Unternehmen damit verbundene Bedeutung und somit Verantwortung.

Schlüsselqualifikationen und soziale Kompetenzen

Doch aus Organisationen sind »organisierte Veränderungen« (*Weinert*, 2004, S. 37) geworden. Fachwissen verfällt schnell und die Arbeitsmarkt- und Technologieentwicklung können nicht vorhergesagt werden. Daraus ergibt sich eine Reihe von Fragen: Was benötigt man, um seine berufliche Entwicklung, seine Karriere, in der sich ständig verändernden Arbeitswelt sicher und selbstbestimmt steuern zu können? Welche Fähigkeiten benötigt man in den kommenden Jahrzehnten, um gegenüber Jüngeren konkurrenzfähig zu bleiben? Wie kann man für Unternehmen wertvoll bleiben? In diesem Kontext fallen Begriffe wie Schlüsselqualifikationen (*Eilles-Matthiessen et al.,* 2002), Softskills und soziale Kompetenzen. Dabei handelt es sich um nichtfachliche Kenntnisse und Fähigkeiten, deren Bedeutung im Berufsalltag mit zunehmendem Aufstieg, aber auch mit zunehmender inhaltlicher Vielfalt ebenfalls an Gewicht gewinnen. Beispiele hierfür sind Kompetenzen im Bereich Selbstmanagement, Problemlösung, Kommunikation und Projektmanagement. Denn die Veränderungen fordern von allen Arbeitnehmern, mit Stress, hoher Eigenverantwortung und Ungewissheit umzugehen, sich mit den eigenen Stärken und Schwächen auseinander zu setzen, sich anpassen zu können und auch im Alter noch zu lernen.

Employability

Dies ist nicht nur notwendig, um aufzusteigen, sondern auch um überhaupt marktfähig zu bleiben. Die Mitarbeiter – und nicht nur solche, die eine wie auch immer gestaltete Karriere machen wollen – müssen immer wieder einen Vergleich zwischen eigenen Kompetenzen und den Anforderungen der Berufswelt anstellen und sich gegebenenfalls marktfähiges Know-how aneignen. Das Schlagwort lautet *Employability,* übersetzt mit Arbeitsmarkt- oder Beschäftigungsfähigkeit. Damit wird die Fähigkeit einer Person beschrieben, aufgrund ihrer Kompetenzen eine Erwerbstätigkeit zu finden, zu halten und – wenn notwendig – eine neue zu finden. Wichtige Voraussetzung dafür sind Eigenverantwortung sowie die Fähigkeit zum lebenslangen Lernen und zur Selbstorganisation. Der Berufstätige, der seine Kompetenzen kontinuierlich »marktgerecht« erweitert, hat höhere Chancen auf dem Arbeitsmarkt. Er gewinnt an Flexibilität und Unabhängigkeit.

In diesem Kontext kann Karriereberatung weiterhelfen. In der vertraulichen Beratung bekommt man Unterstützung,

- den roten Faden der bisherigen (beruflichen) Tätigkeiten, die Kompetenzen und Neigungen zu identifizieren,
- bisher nicht erkannte oder nur selten genutzte Potenziale freizusetzen und nutzbar zu machen,
- mögliche Weiterentwicklungen in die Tiefe (im Sinne von Expertise) oder in die Breite (im Sinne von zunehmender Verantwortung) zu erarbeiten und neue Herausforderungen zu finden,
- das Vertrauen in die eigenen Kräfte zu stärken, seine Berufsbiografie zu planen und

- selbstbewusst die Umsetzung der (Lebens-)Ziele anzugehen und den
- Arbeitsplatz bzw. die Arbeitsfähigkeit oder Employability zu sichern.

Karriereberatung gibt beispielsweise Unterstützung in Situationen, in denen der Kunde

- sich informieren möchte (welche Fort- oder Weiterbildung ist sinnvoll, um für Arbeitgeber weiterhin interessant zu sein?),
- ein aktuelles Problem lösen (soll der Betreffende trotz Firmenkrise bleiben oder gehen?),
- Entscheidungen treffen (z.B. Auslandsaufenthalt) oder
- neutrales Feedback zur eigenen Person bekommen möchte (warum wurde ein Kollege vorgezogen, obwohl er gleich qualifiziert ist?).

Voraussetzung sind ein hohes Maß an Eigenverantwortung und die Bereitschaft, sich mit der eigenen beruflichen Situation auseinander zu setzen.

Ist das alles alter Wein in neuen Schläuchen? Wird bei der Vielzahl von Beratungsangeboten auf dem Markt noch die der Karriereberatung gebraucht? Wo gibt es Überschneidungen, wo sind Unterschiede?

> Karriereberatung, wie wir sie in diesem Kapitel vorstellen, ist eine Beratungsleistung, die von selbstzahlenden Privatkunden in Auftrag gegeben wird. Damit unterscheidet sie sich von der Beratung zu Karrierefragen, wie sie als organisationsinterne Dienstleistung von der Personalentwicklung im Sinne von Karrieremanagement angeboten wird.

Karriereberatung versus Personalentwicklung

Potenzialgespräche, Personalentwicklungsgespräche, Zielvereinbarungsgespräche, Beratung nach Career-Counselling-Workshops oder -Development bzw. Orientierungscenter sind Instrumente der Personalentwicklung, die ebenfalls die berufliche Entwicklung zum Thema haben; sie finden in der Regel im Unternehmen statt. Genauso geschieht die individuelle Betrachtung und Förderung der beruflichen Entwicklung von Mitarbeitern und Vorgesetzten im Rahmen von Personalentwicklung aus dem Blickwinkel der Organisation und in dem vom Unternehmen vorgegebenen Rahmen. So wird beispielsweise eine Fort- oder Weiterbildung nicht nur zur Steigerung der Employability des Mitarbeiters angeregt, sondern geschieht im Rahmen der strategischen Personalentwicklung vor dem Hintergrund zukünftig benötigter Kompetenzen und der Verfügbarkeit bestimmter Positionen. Ein Wechsel in ein anderes Unternehmen zur weiteren Karriere wird selten empfohlen.

Ein weiterer Unterschied zwischen der klassischen Personalentwicklung und der Karriereberatung liegt in der Verantwortung für die Karriere. Von der Personalentwicklung werden Karrierestrukturen und Unterstützung erwartet. Im Unterschied dazu bildet die Eigenverantwortung des Mitarbeiters die Basis der Karriereberatung. Durch die Kontaktaufnahme zu einem externen Berater hat er schon den ersten Schritt dafür getan, seine persönliche Entwicklung selbst in die Hand zu nehmen.

Karriereberatung und Coaching

Damit hat Karriereberatung vieles mit Coaching gemeinsam. Coaching ist eine Beratungsform, die für eine Vielzahl von Themen im Arbeitskontext geeignet ist; Karriereberatung hingegen beschränkt sich im Kern auf die berufliche Entwicklung bzw. Planung der Berufsbiografie. Beide arbeiten prozessorientiert und setzen an der individuellen Situation der Kunden an.

Karriereberatung und Outplacement

Karriereberatung weist eine enge Verwandtschaft zum Outplacement auf. Im Unterschied zur Outplacementberatung richtet sie sich aber in erster Linie an Menschen im ungekündigten Arbeitsverhältnis oder an Selbstständige. Die Klienten stehen in der Regel nicht unter einem hohen Druck, der durch eine (bevorstehende) Arbeitslosigkeit und die damit einhergehenden finanziellen Sorgen und psychischen Belastungen ausgelöst wird. Da sie ohne institutionellen Auftraggeber an den Berater herantreten, müssen die Klienten der Karriereberatung das Honorar auch allein bestreiten. Dies kann für die Arbeit von Vorteil sein. Denn wer aus eigenem Antrieb kommt und die Rechnung trägt, hat möglicherweise ein stärkeres Interesse daran, den Prozess zum Erfolg zu führen, als jemand, in dessen Aufhebungsvertrag eine Outplacementberatung mit aufgenommen wurde.

Karriereberatung weist auch Überschneidungen zu einigen Angeboten der *Bundesagentur für Arbeit* auf: der Berufsberatung, der Arbeitsberatung und der Arbeitsvermittlung. Aufgrund der zurzeit durchgeführten Umstrukturierung bleibt abzuwarten, ob und in welcher Form die *Bundesagentur* weiterhin Schulabgänger, junge Erwachsene bis 25 Jahre, Umschüler und andere hinsichtlich ihrer Berufsorientierung beraten kann.

4.2.2 In welchen Situationen ist Karriereberatung sinnvoll?

Die Anlässe einer Beratung für berufliche Entwicklung und Weiterbildung sind vielfältig, da sich die berufliche und private Situation, die Qualifizierung und das berufliche Selbstkonzept, aber auch die gesamtwirtschaftliche Situation ständig verändern und Menschen in ganz unterschiedlichen Lebensphasen Unterstützung gebrauchen können.

Karriereberatung ist für einen großen Klientenkreis interessant und wendet sich an alle Berufstätige, gleich ob selbstständig oder angestellt, ob Führungskraft oder Referent, ob jung oder alt. Alle Personen, die sich mit ihrer beruflichen Entwicklung auseinander setzen (wollen), können von Karriereberatung profitieren. In der Regel sind die Kunden auch die Auftraggeber.

Motive für eine Beratung

Motive für das Interesse an einer Karriereberatung können beispielsweise Unzufriedenheit mit der momentanen beruflichen Situation (»Karrieresackgasse«) oder berufliche Unschlüssigkeit sein, also letztlich die Frage: Welche Tätigkeit passt am besten zu meinen Interessen und Neigungen? Vielleicht steht auch »Karriere-Maintenance«, die Entwicklung und Stärkung in der aktuellen Position, aufgrund der immer größer werdenden Konkurrenz oder das Erkennen und Annehmen von Herausforderungen im Fokus. Ein Klient kann zudem Beratungsbedarf beim Umgang mit *hidden rules,* den so genannten ungeschriebenen Gesetzen, benötigen. So mag es für eine Frau nach wie vor schwierig sein, in einem Industrieunternehmen eine Führungsposition zu übernehmen. Umgekehrt wagt es mancher Arbeitnehmer vielleicht nicht, die ihm gesetzlich zustehende Elternzeit in Anspruch zu nehmen, um seine berufliche Zukunft nicht zu gefährden. Auch die in der Zahl immer weiter zunehmenden *dual career couples,* die Partnerschaften, in denen beide berufstätig sind, können Unterstützung bei der parallelen Gestaltung ihrer beruflichen Entwicklung benötigen und wenden sich – diesmal zu zweit – an einen Karriereberater (*Corpino,* 1996).

In den meisten angesprochenen Fällen wird der Berater mit dem Klienten eine Standortanalyse erarbeiten. Bisweilen ist aber auch der Wunsch nach einer Bestandsaufnahme, nach einem ehrlichen Feedback und dem Abgleich von Selbst- und Fremdbild das Motiv für die Aufnahme der Karriereberatung. Andere, die schon genau wissen, was sie wollen, suchen gegebenenfalls nur noch Unterstützung im Bewerbungsverfahren. Dann stehen z.B. die Bewerbungsunterlagen (Lebenslauf und Anschreiben),

Suchstrategien (Stellenanzeigen, Initiativbewerbung, Personalberater) oder das Üben von Vorstellungsgesprächen im Mittelpunkt.

Das Berufsbild des Karriereberaters ist nicht klar definiert. In Abhängigkeit von verschiedenartigen Ausgangssituationen können unterschiedliche Inhalte bearbeitet werden. Wir haben sie zu vier Themenblöcken zusammengefasst. Sie bauen logisch aufeinander auf und beschreiben einen kompletten Beratungsansatz. In der Praxis werden sie sowohl als Gesamtpaket als auch – je nach Bedürfnis des Klienten – modular angeboten.

Standort-analyse	**Entwicklungs- oder Entscheidungs-problem**	**Karriere-strategie**	**Bewerbungs-verfahren**
z.B. Erfahrungen Potenzial Arbeitgeber/ Unternehmen Zielposition Konkurrenz-analyse Selbstbild/ Fremdbild	z.B. Angestellten-verhältnis vs. Selbstständig-keit Work-Life-Balance Übernahme einer Führungs-position Auslands-aufenthalt	z.B. Positionierung Selbst-marketing Notwendige Weiterbildung Arbeitsmarkt-spezifikation	z.B. Analyse von Stellenanzeigen u. Bewerbungs-unterlagen Formulierung einer eigenen Stellenanzeige Auswahl-instrumente

Die vier Säulen der Karriereberatung

Im Fokus der Standortanalyse stehen die Fragen: Wo steht der Klient und wohin möchte er? Dabei können grundsätzliche Entscheidungen anstehen, die sich auf die Frage eines Auslandsaufenthalts oder auf eine Selbstständigkeit beziehen. Gegenstand von Karrierestrategien ist die Frage, wie das angestrebte berufliche Ziel erreicht werden kann. Sucht man einen neuen Arbeitgeber, dann kann Beratung zu Bewerbungsverfahren hilfreich sein.

Manche Berater bieten alle vier Säulen an. Andere haben ihren Schwerpunkt auf ein Themengebiet, wie z.B. oft die Standortanalyse oder Bewerbungsverfahren, gelegt. Vor Aufnahme einer Beratung lohnt es sich daher, das Profil des Beraters genau mit den persönlichen Beratungszielen abzugleichen.

Karrieren in großen Unternehmen sind häufig von Auslandseinsätzen begleitet. Aus diesem Grund bietet sich im Rahmen von Karriereberatung oder außerhalb für Individuen und Unternehmen eine interkulturelle Beratung an. In einer Karriereberatung kann der Betroffene versuchen zu klären, welche Implikationen ein Auslandsaufenthalt für ihn hat und ob dies überhaupt zu seiner langfristigen Karrierestrategie passt. Ein interkultureller Berater kann gemeinsam mit dem Klienten einen Auslandsaufenthalt vorbereiten und den Betroffenen in den ersten Monaten virtuell begleiten.

Interkulturelle Beratung

Viele Unternehmen reagieren auf die veränderten Wettbewerbsbedingungen mit einem konsequenten Internationalisierungskurs. Das betrifft z. B. die Märkte für Produkte und Kapital inklusive deren Vermarktung, die Auslagerung von Fertigung oder die Off-Shores. Für die Mitarbeiter bedeutet das eine mögliche Tätigkeit in einem internationalen Projekt, eine Projektarbeit in einem internationalen Team oder eine Tätigkeit im Ausland.

Diese Situation konfrontiert die betroffenen Personen mit den Besonderheiten kultureller Unterschiede: So kann eine falsche Geste, ein unüberlegtes Wort oder auch nur eine »typisch deutsche« Antwort – falls sich der fremdkulturelle Kollege oder Geschäftspartner missverstanden fühlt – die Beziehungen und die weitere Zusammenarbeit erschweren.

Funktionen einer Kultur

Was macht das Thema Internationalität so schwierig und an welcher Stelle können Berater betroffene Unternehmen und deren Mitarbeiter unterstützen? Menschen leben nicht allein, sondern im sozialen Umfeld einer Gesellschaft, in einer Kultur. Nach *Thomas* (1993) fungiert eine Kultur psychologisch gesehen als ein Orientierungssystem, das für die Mitglieder eines sozialen Systems sehr typisch ist und ihrem Denken, Werten und Handeln eine gemeinsame Richtung gibt. Sie vermittelt ihnen das Gefühl der Zugehörigkeit und hilft ihnen, sich in der Welt zurechtzufinden und wichtige Lebensbereiche kontrollieren zu können. Gleichzeitig schlägt sich das Orientierungssystem in Rollen und Verhaltenserwartungen nieder, die z. B. an eine Führungskraft oder einen Projektleiter gestellt werden. Dazu gehört unter anderem die Frage, ob die Mitarbeiter einen eher partizipativen oder autoritären Führungsstil erwarten. Die daraus ableitbaren Normen und Werte einer Gesellschaft haben Einfluss auf das alltägliche

Handeln, aber auch auf das Verständnis von Berufen, die Struktur von Ideen, Formen des Wissens oder Deutungsmuster, in denen Mitglieder einer Kultur die sie umgebende Welt auslegen.

Für die interkulturelle Zusammenarbeit heißt dies, dass man sich mit der Frage auseinander setzen muss, welche Organisation von Arbeit, Führung, Motivation und Kommunikation im Kontext einer bestimmten Kultur die passende ist oder, genauer gesagt, wie z.B. im Gastland diskutiert, entschieden und geplant wird. Eine zentrale Aufgabe des interkulturellen Beraters ist es daher, die Fähigkeiten der Betroffenen zur sozialen Kommunikation und Interaktion mit Angehörigen anderer Kulturen zu verbessern.

Eine Gesellschaft oder Nation besitzt allerdings keineswegs ein homogenes kulturelles Orientierungssystem. Sie wird aus vielfältigen Subkulturen und sozialen Schichten mit partiell eigenständigen Systemen gebildet. Auch innerhalb einzelner Organisationen kann es unterschiedliche Subkulturen mit besonderen Orientierungssystemen geben (z.B. erhebliche Unterschiede zwischen Produktion und Marketing). Die Unterschiede innerhalb einer Kultur sind aber im Durchschnitt geringer als die zwischen Kulturen.

Dienstleistungen interkultureller Berater

Die Tätigkeiten des Beraters hängen vom Charakter und den Zielen der internationalen Kooperation sowie von den beteiligten Personen und deren Funktionen, Rollen und Aufgaben ab. So wird die Beratung eines Managers, der für einige Jahre ins Ausland geht, anders sein als die für einen Vertriebsmitarbeiter, der von Deutschland aus im Rahmen verschiedener Dienstreisen überwiegend verhandeln muss; wieder anders ist die Beratung einer Führungskraft, die im Inland mit internationalen (virtuellen) Teams zusammenarbeitet. Hier eine Liste möglicher Dienstleistungen mit Kurzcharakterisierung:

- *Internationale Personalauswahl:* Erstellung eines interkulturellen Kompetenzprofils, Anwendung verschiedener Verfahren entweder zur Erfassung einer eher globalen interkulturellen Kompetenz oder Tests, die Hinweise liefern, in welche Länder eine Entsendung besonders sinnvoll ist.
- *Kulturallgemeine Trainings:* Sensibilisierung für kulturelle Bedingtheit der Wahrnehmung und des Handelns, Merkmale und (Unterscheidungs-)Dimensionen von Kultur (bei Entsendung: für Arbeitnehmer und Familie).

- *Länderspezifische Trainings:* Vermittlung von Faktenwissen zu soziopolitischen Gegebenheiten, Geschichte, Wirtschaft, Geographie, Kenntnisse kulturspezifischer Werte, Praktiken, Zuschreibungen etc. (bei Entsendung: für Arbeitnehmer und Familie).
- *Internationales Trainee-Programm:* Für jüngere Mitarbeiter, die gegebenenfalls im Laufe ihrer Karriere ins Ausland gehen werden.
- *Interkulturelle Teamentwicklung:* Unterstützung von Mitarbeitern multikultureller Teams zur Definition ihrer Zusammenarbeit.
- *Konfliktmoderation:* Unterstützung bei der Suche nach einer einvernehmlichen Lösung von Konflikten und Verhinderung von Eskalation in interkulturellen Situationen.
- *Dual career couples/Unterstützung der Familie:* Unterstützung der (Ehe-)Partner bei der Jobsuche im Ausland oder bei der erfolgreichen sozialen Integration der Partner und Kinder in die fremde Kultur.
- *Vor-Ort-Service:* Unterstützung bei Behördengängen, Übersetzungen, bei der Suche nach einer geeigneten Schule etc.
- *Reintegration von Expatriates:* Unterstützung bei Wiedereingliederung in das Unternehmen und in den privaten Lebenszusammenhang.
- *Virtualisierung der Arbeit:* Besonderheiten der (interkulturellen) Online-Kommunikation: Wie funktionieren virtuelle Teams?

4.2.3 Auf welchen Theorien und Modellen beruht Karriereberatung?

Wissenschaftliche Beiträge aus mehreren Disziplinen

Es liegt keine umfassende Theorie zur Karriereentwicklung vor, wohl aber eine Vielzahl wissenschaftlicher Beiträge aus verschiedenen Disziplinen. Während die betriebswirtschaftliche Literatur das Thema Karriere dem Personalmanagement bzw. der Personalentwicklung zuordnet und sich in erster Linie mit Karriere als Bestandteil des betrieblichen Anreizsystems beschäftigt, stehen in der Psychologie Ansätze zur Berufswahl, Verlaufsmodelle zu Karrierephasen sowie Typologien und Klassifikationen im Vordergrund. Auch andere Theorien können Teilaspekte der Berufswahl oder Karriereentwicklung erklären. Dazu zählen zum Beispiel Persönlichkeitstheorien, Lern-, Entscheidungs- oder Motivationstheorien.

Man kann davon ausgehen, dass sich ein Berater nicht streng an eine Theorie oder an einen Ansatz hält, sondern in Abhängigkeit der Beratungssituation verschiedene Modelle kombiniert. Zur Orientierung wollen wir drei Theorien bzw. Ansätze vorstellen: die Berufswahltheorie, Motivationstheorien und den Karriereanker. Detaillierte Zusammenfassungen verschiedener Forschungsansätze finden sich im Standardwerk von *Brown und Brooks* (1994) oder bei *Bergmann* (2004).

Berufswahltheorie

Im Kern der vielfach empirisch bestätigten und von breiter Praxis anerkannten Berufswahltheorie von *Holland* (1959, 1997) steht das Matching, die Zuordnung von Person und Position. Die Theorie basiert auf vier Hauptannahmen. Nach *Holland*

1. entspricht jeder Mensch in unserem Kulturkreis – in gewissem Ausmaß – einem von sechs Grundtypen der Persönlichkeit (siehe folgende Abbildung).
2. Es gibt ebenfalls sechs Typen von Arbeitsumgebungen (Umwelttypen), die wie die Persönlichkeitstypen durch bestimmte Eigenschaften oder Merkmale charakterisiert werden.
3. Personen suchen nach Umweltkonstellationen, die es ihnen erlauben, ihre Fertigkeiten und Fähigkeiten einzusetzen, und somit am besten ihrem dominanten Persönlichkeitstyp entsprechen.
4. Das Verhalten der Menschen ist das Ergebnis der Interaktion zwischen Persönlichkeit und Umwelt.

Nach *Holland* hängen berufliche Zufriedenheit, Konstanz und beruflicher Erfolg vom Grad der Übereinstimmung zwischen der Persönlichkeit und der beruflichen Umwelt ab. Durch die Kenntnis der jeweiligen Persönlichkeitstypen und ihrer Berufsumwelt werden Prognosen über Berufswahl und -erfolg möglich. Die von *Holland* etablierte Typologisierung von Person und Arbeitsumwelt wird klassischerweise dargestellt in Form eines Sechsecks, des Hexagons. Jeder Eckpunkt entspricht einem Persönlichkeitstyp.

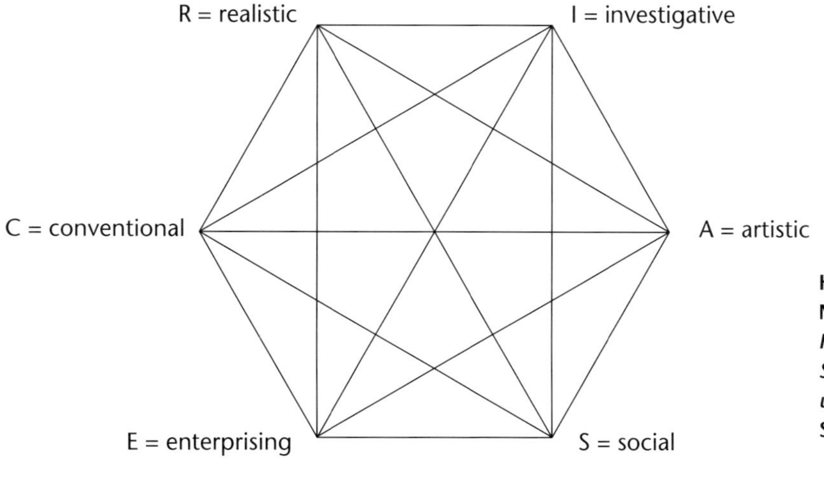

Hexagonales Modell von *Holland (Jörin, Stoll, Bergmann und Eder,* 2004, S. 14)

Persönlichkeitstypen

Die verschiedenen Persönlichkeitstypen lassen sich durch bestimmte berufliche Interessen, Fähigkeiten, Einstellungen und Werte sowie Vorlieben und Abneigungen charakterisieren (*Bergmann,* 2004, S. 357):

1. »Praktisch-technische« Orientierung (R–realistic):
Personen dieses Typs bevorzugen Tätigkeiten, die Kraft, Koordination und manuelle Geschicklichkeit erfordern und zu konkreten, sichtbaren Ergebnissen führen. Sie weisen Fähigkeiten und Fertigkeiten vor allem im mechanischen, technischen, elektrotechnischen und landwirtschaftlichen Bereich auf, während sie erzieherische oder soziale Aktivitäten eher ablehnen.

2. »Intellektuell-forschende« Orientierung (I–investigative):
Personen dieses Typs bevorzugen Aktivitäten, bei denen die Auseinandersetzung mit physischen, biologischen oder kulturellen Phänomenen mit Hilfe systematischer Beobachtung und Forschung im Mittelpunkt steht. Sie weisen Fähigkeiten und Fertigkeiten vor allem im mathematischen und naturwissenschaftlichen Bereich auf.

3. »Künstlerisch-sprachliche« Orientierung (A–artistic):
Personen dieses Typs bevorzugen offene, unstrukturierte Aktivitäten, die eine künstlerische Selbstdarstellung oder die Schaffung kreativer Produkte ermöglichen. Ihre Fähigkeiten liegen vor allem im Bereich von Sprache, Kunst, Musik, Schauspiel und Schriftstellerei.

4. »Soziale« Orientierung (S–social):
Personen dieses Typs bevorzugen Tätigkeiten, bei denen sie sich mit anderen in Form von Unterrichten, Lehren, Ausbilden, Versorgen oder Pflegen befassen können. Ihre Stärken liegen im Bereich der zwischenmenschlichen Beziehungen.

5. »Unternehmerische« Orientierung (E–enterprising):
Personen dieses Typs bevorzugen Tätigkeiten und Situationen, bei denen sie andere mit Hilfe der Sprache oder anderer Mittel beeinflussen, zu etwas bringen, führen, auch manipulieren können.
Ihre Stärken liegen im Bereich der Führungs- und Überzeugungsqualität.

6. »Konventionelle« Orientierung (C–conventional):
Personen diese Typs bevorzugen Tätigkeiten, bei denen der strukturierte und regelhafte Umgang mit Daten im Vordergrund steht, z. B. Aufzeichnungen führen, Daten speichern, Dokumentationen führen, mit Büromaschinen arbeiten und Ähnliches (ordnend-verwaltende Tätigkeiten). Ihre Stärken liegen im Bereich rechnerischer und geschäftlicher Fähigkeiten.

Der Schwierigkeit, dass sich Menschen in der Regel nicht nur durch einen Typ hinreichend beschreiben lassen, hat *Holland* mit der Einführung von Typpaarungen Rechnung getragen, die in einem Drei-Buchstaben-Code angegeben werden. Beispielsweise vereint eine Person des Typs »EAI« hauptsächlich unternehmerische, künstlerische und forschende Interessen, wobei der Schwerpunkt in unternehmerischen Tätigkeiten liegt.

Ein besonderer Verdienst *Hollands* besteht darin, dass er auch die Umwelten (Berufe) in psychologischen Eigenschaftsbegriffen beschrieben und den sechs Dimensionen zugeordnet hat. Damit können Personen und Berufe in denselben Kategorien charakterisiert und die Passung abgeglichen werden.

Nach *Holland* suchen sich Menschen solche Stellen und Berufe, in denen sie ihre Fähigkeiten zeigen können. Umgekehrt suchen sich Organisationen solche Mitarbeiter aus, die zu ihnen passen. Jeder Beruf wird also von einem bestimmten Persönlichkeitstyp dominiert, da er bestimmte Persönlichkeiten anzieht. Eine erfolgreiche Berufswahl hängt demnach unter anderem davon ab, wie gut die Person sich selbst (ihren Persönlichkeitstyp) und ihre berufliche Umwelt kennt bzw. wie gut sie über verschiedene Berufe informiert ist. An beiden Stellen kann der Karriereberater helfen.

Instrumente der Beratung

Holland hat eine Reihe von Instrumenten entwickelt, die in der Beratung ausgesprochen nützlich sind. Im deutschsprachigen Raum sind dies z. B. der *Explorix,* ein Berufsinteressentest (*Jörin, Stoll, Bergmann und Eder,* 2003), und das *Position Classification Inventory,* ein Fragebogen zur Charakterisierung von beruflichen Tätigkeiten (*Jörin und Stoll,* in Vorb.). Der *Explorix* besteht aus vier Teilen (Interessen für Tätigkeiten, Selbsteinschätzung von Fähigkeiten, Sympathien für oder Abneigungen gegen für verschiedene Berufe, Selbsteinschätzung von Eigenschaften) und kann online im Selbsttest durchgeführt werden. Die drei *Holland*-Dimensionen, die den höchsten Wert aufweisen, ergeben einen persönlichen Code. Diesem Code entsprechen Berufe, die – bei der Online-Version – aus einem Pool von zurzeit ca. 1000 Berufen, Aus- und Weiterbildungsmöglichkeiten vorgeschlagen werden. Obwohl dies im Selbsttest möglich ist, zeigen Erfahrungen, dass es günstig ist, die Ergebnisse mit dem Karriereberater zu besprechen. Diese Unterstützung sollte auf jeden Fall eingeholt werden, wenn der Test kein eindeutiges Persönlichkeitsprofil ergibt oder wenn andere Themen eine Entscheidungsfindung erschweren (*Jörin*, 2004). Auch bei der Umsetzung seiner Vorstellungen hinsichtlich Ausbildungs- oder Berufswahl unterstützt der Berater den Klienten und kann mit ihm Strategien entwickeln, eigene Widerstände oder Akzeptanzprobleme des sozialen Umfelds oder ganz praktische Probleme zu lösen.

Hollands Modell unterstellt einen in erster Linie rational handelnden Menschen. Bei der Berufswahl spielen jedoch emotionale Faktoren häufig eine größere Rolle als rationale Überlegungen. Daher bedeutet die Berücksichtigung von Motivationstheorien einen großen Mehrwert.

Motivationstheorien

Erfolg ist nicht nur abhängig von Qualifikationen und Kompetenzen, sondern auch das Ergebnis der inneren Einstellung und des Wollens. Mit der Frage, was den Menschen bewegt, was seine wahre Leidenschaft ist, seine Motive sind, beschäftigen sich Motivationsforscher: Was treibt die Menschen an? Welche Gründe bewegen den Menschen, eine bestimmte Stelle anzutreten? Wie kommt es, dass manche Menschen trotz ungünstiger Bedingungen erfolgreich ihre Ziele verfolgen, während andere sich von Faktoren wie dem Klima unter Kollegen oder von Sozialleistungen leiten lassen? In der Wissenschaft gibt es eine Reihe von Motivationstheorien, die diese Fragen zu beantworten versuchen. In der Psychologie unterscheidet man dabei zwischen Inhalts- und Prozesstheorien. Die Prozesstheorien erklären, wie Verhalten aktiviert, gerichtet und beendet wird. In unserem Kontext interessieren jedoch vor allem die Inhaltstheorien. Diese gehen von einer Reihe von Motiven aus und versuchen zu erklären, warum Menschen bestimmte Entscheidungen treffen oder bestimmte Handlungsalternativen wählen.

Ein wichtiger Vertreter dieser Forschungsrichtung ist *McClelland* (1987), der die Existenz von drei Grundmotiven postuliert. Seiner Auffassung nach basiert die (Arbeits-)Motivation auf dem Bedürfnis nach Bindung, Leistung und Macht. Menschen unterscheiden sich dahin gehend, wie stark diese Motive ausgeprägt sind und welches der drei Motive dominiert.

Motive, Bindung, Leistung und Macht

Grundlage des Bindungsmotivs ist der Wunsch, mit anderen Menschen einen persönlichen und verlässlichen Kontakt aufzubauen. Bindungsmotivierte Menschen suchen Nähe und Zusammenhalt. Leistungsmotivierte Menschen setzen sich hohe, aber erreichbare Ziele und bemühen sich sehr, diese auch zu erlangen. Sie sind ehrgeizig und wollen weiterkommen. Basis des Machtmotivs ist der Anreiz, Einfluss auszuüben und etwas zu bewirken. Machtmotivierte Menschen wollen entwickeln, beeinflussen und begeistern. Die Voraussetzung dafür, nämlich viel zu arbeiten, nehmen sie gern in Kauf. Sie haben »Power« (*Scheffer,* 2005, S. 101).

Jemand ist umso erfolgreicher, je besser seine Motivstruktur mit den Charakteristika seiner Arbeit übereinstimmt. Ein ausgeprägtes Bedürfnis danach, Verantwortung zu übernehmen und andere zu leiten (Machtmotiv), wird beispielsweise durch eine Tätigkeit im Homeoffice kaum erfüllt. Ebenso wenig wird wahrscheinlich das Bedürfnis nach Bindung (Bedürfnis nach Harmonie und »Miteinander«) in den obersten Führungspositionen großer Unternehmen befriedigt. Sollte aber jemand ein stark ausgeprägtes Leistungsmotiv aufweisen, so kann dies z.B. in Expertenteams erfüllt werden, da die Menschen dort oft die Mikropolitik ausblenden und sich vorrangig den Inhalten widmen können.

Langfristig ist gemäß *McClelland und Boyatzis* (1982) für eine hierarchische Karriere das Machtmotiv am wichtigsten. Sie konnten in einer Untersuchung zeigen, dass nur machtmotivierte amerikanische Manager 16 Jahre später eine Topposition in ihrem Unternehmen innehatten.

Eine besondere Schwierigkeit im Umgang mit Motiven ist, dass sie zum Teil implizit und häufig unbewusst sind. Aus diesem Grund stimmen sie manchmal nicht mit dem Selbstbild und den bewusst gewählten Zielen überein. Dies kann dazu führen, dass die Personen berufliche Wege wählen, die nicht zu ihnen passen (*Scheffer,* 2005).

Motivstruktur erkennen

Aufgabe des Beraters ist, gemeinsam mit dem Klienten dessen Motivstruktur zu erkennen. Doch aufgrund des häufig unbewussten Charakters kann man Motive nicht durch eine direkte Befragung erfassen. Geeignet dafür ist aber der *Operante Motiv-Test (OMT)* (*Kuhl und Scheffer,* 2003), der eine Erfassung der drei Grundmotive Bindung, Leistung, Macht erlaubt.

Wenn der Klient sich nun über seine Motivstruktur im Klaren ist, können im Laufe der weiteren Beratung potenzielle Positionen unter diesem Aspekt betrachtet werden. Für eine hoch leistungsmotivierte Person ist z.B.

eine Stelle mit der Möglichkeit zum ständigen Lernen (Weiterbildungsangebote) oder einer großen inhaltlichen Vielfalt (Mitarbeiter in verschiedenen Projekten) ideal. Ein beziehungsorientierter Klient sollte eher Wert darauf legen, einer Arbeit nachzugehen, in der Teamwork bedeutsam ist oder die flexible Arbeitszeiten ermöglicht, damit er auch außerhalb der Arbeit seinen Bedürfnissen nachkommen kann. Ein machtorientierter Mensch wird sich am wohlsten in einem Umfeld fühlen, in dem er etwas bewegen kann, Einfluss nehmen und einige Ideen durchsetzen kann. Das kann sowohl im Managementbereich als auch in lehrenden Berufen oder im Vertrieb der Fall sein. – Motive, die tiefen Beweggründe des Verhaltens, werden auch im Karriereanker berücksichtigt.

Karriereanker

Ein in der Beratungspraxis sehr anerkanntes und brauchbares Modell zur Klassifikation von Karriereorientierungen ist der *Karriereanker* von *Schein* (2001). Theoretische Grundlage bilden die Forschungen von *Super* (1957) und eigene Studien.

> Als Karriereanker bezeichnet *Schein* (2001, S. 25) »das Element im (beruflichen) Selbstkonzept, das jemand keinesfalls aufzugeben gewillt ist, auch nicht angesichts schwieriger Entscheidungen«.

Zu Beginn der Berufstätigkeit wissen Menschen relativ wenig über ihre spezifischen Fähigkeiten und Begabungen. Bisweilen beginnen sie ihre Karriere mit Illusionen und Träumen. Mit zunehmender Berufserfahrung – und den dazugehörigen Erfolgen, Misserfolgen sowie Feedback – entwickeln sie ein klareres Bild ihrer Begabungen und Fähigkeiten, Motive, Bedürfnisse und Werte und verfeinern somit ihr berufliches Selbstkonzept. Dies wiederum ist wichtige Voraussetzung, um »richtige« Entscheidungen in Bezug auf die eigene berufliche Situation zu treffen. Denn obwohl in der Regel Menschen in ihrem Beruf eine Reihe von verschiedenen Bedürfnissen erfüllen, sind diese jedoch nicht alle von gleicher Bedeutung. Wichtig für die persönliche Zufriedenheit und den Erfolg ist zu wissen, welche Motive, Bedürfnisse und Werte die höchste Priorität haben. Das Bild des Ankers soll diesen Prozess untermalen.

Der Anker entscheidet, wohin es eine Person zieht, wohin sie sich beruflich entwickelt und wo sie bleibt. Das Wissen über den Karriereanker hält »auf Kurs« (*Schein,* 2001, S. 25) und gibt Leitlinien, wonach berufliche Alternativen abgewogen werden können. Ziel sollte sein, berufliche Entscheidungen in Übereinstimmung mit den persönlichen Werthaltungen zu treffen, um das Selbstbild nicht zu verletzen.

Innere und äußere Karriere

Schein unterscheidet zwischen der inneren Karriere als den Vorstellungen, die jemand über sein Berufsleben und seine Rolle hat, und der äußeren Karriere. Damit bezeichnet er die Folge von Stufen, die Voraussetzung für die Ausübung bestimmter Funktionen sind.

In Anlehnung an *Super* (1957) hat *Schein* die wichtigsten Phasen eines beruflichen Werdegangs beschrieben. Die Dauer der Stufen oder das Durchschnittsalter in den Stufen variieren. Bei Arbeitsplatz oder Berufswechsel können sich auch einzelne Phasen wiederholen.

Hauptstufen der beruflichen Entwicklung (nach *Schein*, 2001)

1. Wachsen, Fantasieren und Erkennen
Im Kindes- und Jugendalter gibt es nur vage Vorstellungen darüber, was Beruf oder beruflicher Erfolg bedeuten könnte. In dieser Zeit bereiten sich die Menschen auf die Schulausbildung oder berufliche Ausbildung vor, die für den gewählten Beruf benötigt wird.

2. Lernen und Berufsausbildung
Abhängig vom jeweilig angestrebten Beruf variieren die Dauer und die Intensität dieser Phase stark. Es sind viele Entscheidungen zu treffen, da sich die beruflichen Ziele allmählich deutlicher abzeichnen und auch wieder verändern können.

3. Eintritt ins Berufsleben
Der Eintritt ins Berufsleben bedeutet in der Regel zunächst eine Umstellung. Berufseinsteiger werden mit der Realität des Arbeitslebens, z. B. der irrationalen und »politischen« Seite einer Tätigkeit im Unternehmen, konfrontiert. Ein neuer Lernprozess beginnt, denn nun sind soziale Kompetenzen für den Umgang mit anderen notwendig, logisches Denkvermögen und Vernunft reichen nicht aus. In dieser Phase werden verstärkt Fähigkeiten, Motive und Werte deutlich, die auf ihre Tragfähigkeit im Arbeitsalltag »geprüft« werden. Allmählich zeichnet sich eine Vorstellung des eigenen beruflichen Werdegangs ab.

4. Grundausbildung und berufliche Sozialisation
In dieser Phase stellt die Organisation verstärkt Anforderungen an den Einzelnen und bietet somit eine ganze Reihe von Lernchancen. Auch diese Phase unterscheidet sich sehr in ihrer Länge und Intensität in Abhängigkeit von Beruf, Organisation, Komplexität und Verantwortung der Tätigkeit. Sie ist umso länger, je verantwortungsvoller der Beruf ist. In dieser Phase entscheidet der Berufstätige, ob er im Beruf und/oder in der gewählten Organisation bleiben möchte.

5. Akzeptanz
In dieser Phase wird deutlich, dass jemand als vollwertiges Mitglied des Unternehmens anerkannt wird und die Ausbildung abgeschlossen ist. Es entwickelt sich ein Zugehörigkeitsgefühl zur Berufsgruppe oder Organisation. Da immer wieder Entscheidungssituationen auftreten, zeichnen sich Arbeitsmotivation und Werte sowie Fähigkeiten, Stärken und Schwächen deutlicher ab.

6. Dauerhafte Beschäftigung und Zugehörigkeit
Eine Entscheidung, ob jemand im Unternehmen eine längerfristige Zukunft hat, wird meist in den ersten fünf bis zehn Jahren des beruflichen Werdegangs getroffen. Dies ist meist wenig formalisiert, aber erkennbar an ungeschriebenen Normen, die z.B. an der Beförderungs- und Kündigungspraxis deutlich werden.

7. Krise der mittleren Jahre
Nach längerer Berufstätigkeit zeigt sich, dass viele Menschen ihre berufliche Tätigkeit und ihre Ziele in Frage stellen. Dieser Prozess kann zu einer Bestätigung der bislang verfolgten beruflichen Ziele oder zu einer beruflichen Neuorientierung führen.

8. Schwung erhalten, wiedergewinnen oder ausklingen lassen
Die Überlegungen der vorherigen Phase führen zu Entscheidungen über das weitere Berufsleben. Manche wollen die Karriereleiter weiter hinaufsteigen, andere wollen ihre Arbeitsfelder neu definieren und/oder ihr Familienleben, das Berufsleben und eigene Interessen integrieren. Wieder andere entscheiden sich schon in dieser Phase für ein »Ausklingenlassen«.

9. Loslösung
In dieser Phase macht sich der Betroffene Gedanken über seinen Ruhestand und lässt meist in seinem Engagement nach. Einige arbeiten jedoch wie gewohnt und leugnen den anstehenden Ruhestand.

10. Ruhestand
Manche haben sich auf diese Phase vorbereitet, andere nicht. Einige gehen vorzeitig in Ruhestand – teils aus eigener Initiative, teils wird es ihnen nahe gelegt. Manche bauen sich eine zweite Karriere auf, für andere ist die Pensionierung ein Trauma.

Die verschiedenen Entscheidungen, die während der beruflichen Entwicklung getroffen werden, bilden die Grundlage zur Analyse der zugrunde liegenden Begabungen, Fähigkeiten, Motive, Bedürfnisse und Werte. Sie können mit Fragebogen und Interview erfasst und zusammengefasst sowie in ein Schema von acht Karriereankern eingeordnet werden. Diese acht Karriereanker sind ein Ergebnis einer 1961 begonnenen Langzeitstudie in den USA. Ziel der Untersuchung war es, ein besseres Verständnis des Entstehens von Managerkarrieren zu erlangen. In einem Zeitraum von zehn bis zwölf Jahren wurde durch mehrmalige Interviews der Karriereverlauf der Untersuchungsteilnehmer festgehalten. Die Laufbahnen der ehemaligen MBA-Studenten unterschieden sich sehr, allerdings stimmten die Motive und Auslöseereignisse als Grundlage für Entscheidungen stark überein. Diese wurden von *Schein* in acht Kategorien, den so genannten Karriereankern, zusammengefasst.

Die acht Karriereanker von *Schein* (2001)

1. *Technische/funktionale Kompetenz:* Suche nach herausfordernden Aufgaben im eigenen Fachbereich
2. *Befähigung zum General Management:* Interesse an Führung und Gestaltung von Organisationen
3. *Selbstständigkeit/Unabhängigkeit:* Bedürfnis nach Flexibilität bei der Arbeitszeit und hinsichtlich der Bewältigung der Arbeitsaufgaben
4. *Sicherheit/Beständigkeit:* Streben nach sicherem Arbeitsplatz oder nach finanzieller Sicherheit
5. *Unternehmerische Kreativität:* Ziel: Gründung eines eigenen Unternehmens
6. *Dienst oder Hingabe für eine Idee oder Sache:* Arbeitsinhalt muss »wertvoll« sein, wie z. B. Kampf gegen gesellschaftliche oder wirtschaftliche Probleme oder gegen Krankheiten
7. *Totale Herausforderung:* Ziel des Berufs: Lösungen für die schwierigsten Herausforderungen zu finden
8. *Lebensstilintegration:* Alle wichtigen Aspekte des Lebens werden koordiniert und integriert

Wenn nun Veränderungen anstehen, ist eine Auseinandersetzung mit dem eigenen Karriereanker besonders hilfreich. Sie bildet eine Orientierungshilfe für berufliche Entscheidungen. Denn wer seine Bedürfnisse kennt und einschätzen kann, erkennt auch, welche die höchste Priorität haben, und kann leichter die richtige Entscheidung treffen.

Der Berater kann den Klienten dabei unterstützen, eine analytische Grundhaltung zum Thema Arbeit und Karriere zu entwickeln, und die Analyse der bisherigen Berufstätigkeit sowie der Erwartungen für die Zukunft durch die Anwendung des Karriereanker-Instruments systematisieren. Im Nachdenken und Sprechen über die bisherige berufliche Entwicklung entfalten die Klienten ein besseres Verständnis für ihr Selbstkonzept.

Die drei Theorien oder Konzepte versuchen, Berufswahl und -erfolg unter einem bestimmten Gesichtspunkt zu erklären. Die folgende Abbildung fasst die verschiedenen Ansätze in einem Schaubild zusammen.

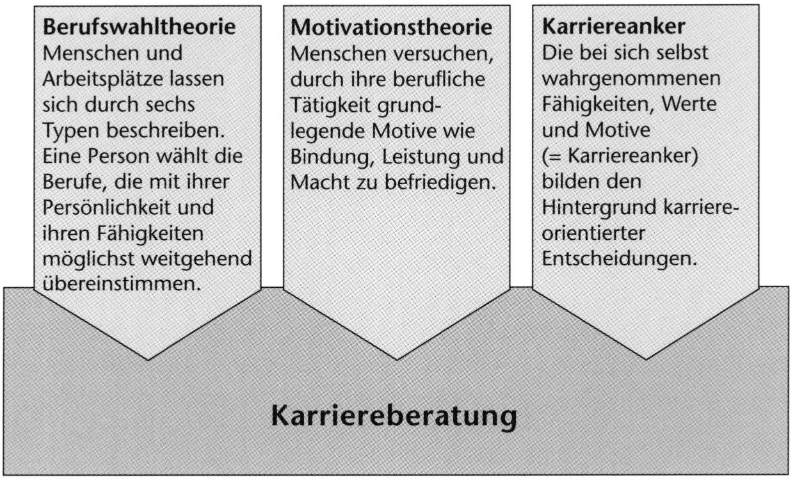

Theorien und Ansätze zur Erklärung der Berufswahl und Karriereentwicklung

4.2.4 Wie läuft eine Karriereberatung ab?

Analog zum Coachingprozess gliedert sich auch die Karriereberatung in vier große Phasen. Im Groben möchten wir auf diese verweisen (vgl. S. 107) und ergänzen sie nur um die Aspekte, die charakteristisch für die Karriereberatung sind. Dabei beziehen wir uns auf den Gesamtprozess der Beratung, der folgende zu vier Säulen zusammengefasste Inhalte umfassen kann:

- Standortanalyse,
- Karrierestrategie,
- Entwicklungs- oder Entscheidungsproblem und
- Bewerbungsverfahren.

Nicht alle Säulen oder Beratungsinhalte sind für einen Klienten interessant, der mit konkreten, kurzen Fragen an den Berater herantritt: Soll ich lieber einen MBA oder eine Beraterausbildung machen? Welche der angebotenen Stellen soll ich annehmen? Wie läuft ein Bewerbungsgespräch? Was sind meine Stärken und Schwächen? Der Beratungsprozess kann in diesen Fällen kürzer sein, auf jeden Fall hat aber auch der Auftrag verschiedene Phasen.

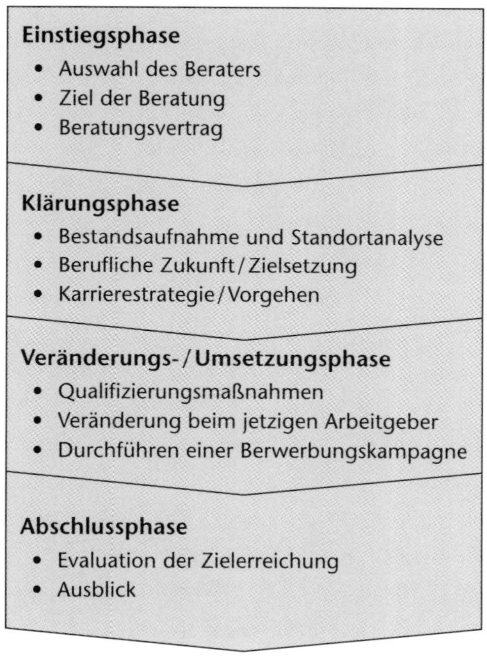

Idealtypischer Ablauf einer Karriereberatung

1. Einstiegsphase

Viele Coaches bieten auch Karriereberatung bzw. einzelne Leistungssäulen der Karriereberatung an. Die Suche nach einem geeigneten Berater kann daher über die in Kapitel 1 angegebenen Adressen oder die Homepage der *Deutschen Gesellschaft für Karriereberatung* unter *www.dgfk.org* erfolgen. Die Auswahl des Karriereberaters sollte nach den gleichen Kriterien wie die eines Coachs erfolgen: gegenseitige Wertschätzung und Akzeptanz, passende Kompetenzen, Erfahrung und Arbeitsstil sowie Sympathie, um nur einige zu nennen.

Hat man sich über das weitere Vorgehen und das Ziel der Beratung verständigt, wird der Beratungsvertrag geschlossen. Es ist darauf zu achten, dass das Beratungsziel sehr konkret formuliert wird, damit in der Abschlussphase die Beurteilung der Zielerreichung möglich ist. So ist ein Beratungsziel wie »ich möchte im Jahr 2007 10.000 Euro monatlich verdienen« konkret und messbar. Ist das Anliegen der Karriereberatung allgemeiner Art, dann sollte das Ziel zunächst präzisiert werden. Das gilt vor allem dann, wenn sich die Beratung um Sinnfragen (»Wozu dies alles?«) und Wertewandel (»Soll ich aussteigen?«) dreht oder wenn der Klient einfach »demotiviert« ist.

2. Klärungsphase

Am Anfang einer Karriereberatung geht es um eine Bestandsaufnahme und Standortanalyse. Unabhängig vom Beweggrund, die Beratung aufzusuchen, versucht der Berater zunächst, den Klienten kennen zu lernen. Er analysiert die bisherige berufliche Entwicklung und versucht, sich ein Bild zu machen über die Werte, Motive und Bedürfnisse sowie das Potenzial des Klienten. Des Weiteren wird seine Umgebung, der Arbeitsplatz, das Unternehmen oder die Konkurrenz betrachtet. Ein Großteil der Punkte kann im Gespräch geklärt werden. Typische Fragen sind: Was macht Ihnen in Ihrem Beruf am meisten Freude? Was würden Sie in Ihrer jetzigen Position gerne verändern, wo andere Schwerpunkte setzen? Was können Sie besser als andere in Ihrem Bereich? Zusätzliche Informationen kann der Berater durch den Einsatz eines Einzel-Assessmentcenters oder spezieller Testverfahren bekommen. Eine Übersicht über personaldiagnostische Instrumente bieten z. B. *Kanning und Holling* (2002), weitere (englischsprachige) Verfahren finden sich bei *Eby und Russell* (1998).

Am Ende dieser Phase sollten Berater und Kunde ein differenziertes Kompetenzprofil erstellen (*Klein,* 2000). Dies ist für die weitere Beratung von Bedeutung, da sich inhaltliche Schwerpunkte, Wettbewerbsvorteile, aber auch Entwicklungsziele ableiten lassen. Letztere können – abgeglichen mit den beruflichen Zielen und Vorstellungen – zu einem späteren Zeitpunkt für die Ermittlung des Qualifizierungs- und Weiterbildungsbedarfs genutzt werden.

Nach der Reflexion der beruflichen Vergangenheit geht es um die Zukunftsvorstellungen: Was möchte der Klient verbessern, was soll sich ändern? Unterstützt vom Berater versucht der Klient seine persönlichen Ziele zu klären, z. B. hinsichtlich Arbeitsinhalt, Verantwortungsbereich, Rahmenbedingungen wie z. B. zeitliche Flexibilität und Einkommenswunsch.

Dabei ist nicht davon auszugehen, dass diese Ziele auf explizit logischer Ebene »abrufbar« sind. Häufig werden an dieser Stelle andere Methoden und Techniken eingesetzt, wie z. B. Assoziations- und Imaginationstechniken. Sie tragen dazu bei, unbewusste und visionäre Ideen bewusster zu machen, und unterstützen somit den Erkundungsprozess. Anderen Klienten sind ihre Wünsche und Ziele vielleicht bewusster, sie müssen aber ermutigt werden, diese auszusprechen und sich über (selbst gesetzte) Beschränkungen hinwegzusetzen.

Wenn der Klient klarer sieht im Hinblick auf das, was er wirklich will, kann er diese Ziele in Beziehung setzen zu den Möglichkeiten beim jetzigen Arbeitgeber und zum Arbeitsmarkt. Dabei dient der Berater als Informationsquelle und als kritischer Reflexionspartner, um falsche Vorstellungen zu korrigieren und eine Passung zwischen Person und Berufsziel zu sichern. Zudem sollten die zukünftigen Entwicklungen des jeweiligen Tätigkeitsfelds und der persönlichen Situation des Kunden berücksichtigt werden.

Die Überlegungen zur beruflichen Zukunft können zu vier verschiedenen Ergebnissen führen:

1. Alles bleibt, wie es ist.
2. Der Klient muss sich verändern, das Umfeld ist o. k.
3. Der Klient ist o. k., das Umfeld muss verändert werden.
4. Der Klient muss sich selbst und sein Umfeld verändern.

3. Veränderungsphase

Was heißt das nun konkret? Welche Aktivitäten sollte der Klient jetzt aufnehmen? Wie kann der Berater ihn dabei unterstützen?

1. Im ersten Fall hat die Beratung dazu beigetragen, dem Klienten klar zu machen, dass sein bisheriger Weg richtig ist und eine Veränderung möglicherweise mehr Nachteile als Vorteile mit sich bringen würde. Ihm ist vielleicht auch nochmals bewusst geworden, wie hoch er sich mit seinem jetzigen Arbeitgeber identifiziert oder dass es ihm zurzeit gelingt, eine anspruchsvolle Tätigkeit mit seinem Familienleben in Einklang zu bringen.
2. Der zweite Fall kann z. B. auftreten, wenn der Klient zur Karriereberatung geht, weil er der Meinung ist, dass er zu wenig verdient. Wenn aber andere Personen mit dem gleichen Profil in der gleichen Branche – nach Aussagen des Beraters – in etwa genauso viel verdienen, wird klar, dass die Quelle der Unzufriedenheit die eigene Einstellung zum Arbeitsplatz und seinen Umständen ist. Der Berater kann den Klienten nun dabei beraten, etwas an sich zu ändern: entweder seine Einstellung zum Thema Gehalt oder –

durch Training und Weiterbildung – sein Kompetenzprofil, das dann ein höheres Gehalt rechtfertigen würde.

3. Im dritten Fall ist das Ergebnis der Beratung, dass der Klient über ein seinen beruflichen Zielen entsprechendes Kompetenzprofil verfügt. Diese Ziele sind aber – so das Beratungsergebnis – am aktuellen Arbeitsplatz nicht erreichbar. Nun muss eine Veränderung beim jetzigen Arbeitgeber, ein Arbeitgeberwechsel oder eine Selbstständigkeit geplant werden.
4. Im vierten Fall kann sich herausstellen, dass der Klient Unterstützung bei einem komplexeren Problem benötigt. Wenn dies nicht eine der vier Säulen betrifft, sollte der Karriereberater auf einen Coach oder – bei tiefer gehenden psychischen Problemen – auf einen Psychotherapeuten verweisen.

Sind im Fall 3 oder 4 Veränderungen beim jetzigen Arbeitgeber angestrebt, dann sind erste Ansprechpartner im Unternehmen der Vorgesetzte oder die Personalabteilung bzw. Personalentwicklung. Da der Klient aufgrund der Karriereberatung sich selbst, sein Umfeld und seine Ziele gut kennt und weiß, wie er dahin kommt, ist er bestens auf diese Gespräche vorbereitet. Bei Klienten, die einen Arbeitgeberwechsel planen, wird in der Umsetzungsphase oft der Wunsch nach Unterstützung im Bewerbungsverfahren deutlich. Der Berater kann Hinweise zu verschiedenen Recherchewegen geben und mit dem Klienten den für ihn und seine Ziele geeigneten Bewerbungsweg erarbeiten. Das kann die Reaktion auf Stellenanzeigen, das Aufgeben einer eigenen Stellenanzeige, die Ansprache von Personalberatern, Initiativbewerbungen oder das Nutzen von Kontakten etc. betreffen (siehe auch *Bolles*, 2002). Gemeinsam mit dem Berater kann der Klient Bewerbungsunterlagen erstellen, eine Selbstpräsentation erarbeiten, Bewerbungsgespräche trainieren und seinen Auftritt überprüfen. Es können Auswahlinstrumente wie Assessmentcenter oder psychologische Testverfahren kurz vorgestellt und Hintergrundinformationen über ein Auswahlverfahren aus Sicht des Unternehmens gegeben werden. Last but not least hat der Klient einen Sparringspartner beim Training der Bewerbungsgespräche und gegebenenfalls zur Vorbereitung der Vertragsverhandlungen.

Sollte der Klient sich selbstständig machen wollen, kann der Berater – sofern er dafür qualifiziert ist – eine Existenzgründungsberatung selbst durchführen oder auf einen der zahlreichen Experten, die branchen- und zielgruppenspezifisch arbeiten, verweisen.

4. Abschlussphase

Das Ende der Karriereberatung wird schon zu Beginn oder während der gemeinsamen Arbeit festgelegt: entweder wenn das Beratungsziel erreicht ist, oder nach Ablauf der vereinbarten Stunden. Idealerweise ist am Ende der ursprünglich geplanten Stunden das Ziel erreicht.

Ähnlich wie im Coaching wird in der Abschlussphase der Karriereberatung auf den Beratungsverlauf zurückgeblickt und dabei sowohl der Beratungsprozess als auch das Ergebnis betrachtet: Wurden die Beratungsziele erreicht? Welche Veränderungen fanden statt? Welche Entscheidungen hat der Klient getroffen? Welche ersten Schritte wurden eingeleitet? Mit welchem Gefühl sieht der Klient der Zukunft entgegen?

4.2.5 Welche Methoden und Techniken werden in der Karriereberatung eingesetzt?

Viele der in der Karriereberatung eingesetzten Methoden leiten sich direkt aus den vorgestellten Theorien ab *(Explorix, Karriereanker, OMT)*. Sie werden ergänzt durch die gängigen Beratungstechniken, die in Kapitel 3 dargestellt wurden. Besonders für die Karriereberatung geeignet sind diagnostische Methoden sowie die Techniken der Gesprächsführung, Fragetechniken, Kreativitätstechniken und kognitive Methoden.

4.2.6 Welche Varianten der Karriereberatung gibt es?

Während sich die bisherigen Ausführungen auf die am meisten verbreitete Einzelberatung von Berufstätigen bezogen haben, findet man daneben auch die Telefonberatung und die Beratung für spezielle Zielgruppen wie Abiturienten und Studierende. Bewerbungstrainings, die häufig in Gruppen durchgeführt werden, können eher als Training bezeichnet werden.

Telefonberatung

Einige Karriereberater bieten ihre Unterstützung am Telefon an. Die Vorteile liegen auf der Hand: Der Klient kann sich die Anreise sparen; gegebenenfalls ist auch die Hemmschwelle für manche Personen geringer, auf diesem Weg einen Rat zu bekommen. Andererseits erlaubt das Telefon nur eine eingeschränkte Kommunikation und erfordert besondere Kompetenzen des Beraters (*Metzler-Burren,* 2003). Ihm fehlen die Informationen aus dem Auftreten, der Kleidung, Mimik und Gestik. Damit es nicht zu Missverständnissen kommt, muss er in der Lage sein, die Begleiterscheinungen der Sprache (Tonfall, Artikulation, Wortwahl, Atemregulation) wahrzunehmen und zu interpretieren. Die in der Beratung wichtige Beziehung entwickelt sich am Telefon über eine wertschätzende Art des Beraters und eine freundliche, warme Stimme – ebenfalls eine wichtige Voraussetzung für Telefonberatung. Trotz dieser Einschränkungen kann telefonische Beratung eine sinnvolle Ergänzung zur klassischen Face-to-Face-Beratung sein.

Berufseinsteigerberatung

Auch Berufseinsteiger oder Studienanfänger haben großen Bedarf an (Karriere-)Beratung: Der Praxisschock, die zunehmende Arbeitslosigkeit von Berufsanfängern und eine Studienabbruchquote von über 30 Prozent in einigen Fächern *(www.his.de)* tragen dazu bei.

Private Anbieter sowie Universitäten geben frühzeitig Orientierung auf dem Arbeitsmarkt. Sie erarbeiten Stärken-Schwächen-Profile ihrer Kunden und können gemeinsam mit ihnen überlegen, ob diese zusätzliche Qualifikationen benötigen oder welche Praktika oder Zwischenbeschäftigungen ihre Arbeitsmarktchancen erhöhen. Sie reflektieren mit ihren Klienten die Erwartungshaltungen an den Beruf, an Vorgesetzte und Kollegen und helfen somit bei der Entwicklung eines klaren Selbstkonzepts und Ziels. Diese Reflexion erleichtert es den Berufseinsteigern, die Position und das Unternehmen zu finden, das am ehesten ihren Fähigkeiten und Neigungen entspricht.

Studienberatung

Noch früher in der Berufsbiografie setzt ein Projekt der Universität Linz an. Dort werden Abiturienten bei der Wahl des Studienfachs begleitet, um die Zahl der Drop-outs, der Studienabbrecher, zu verringern (*Bergmann, Brandstätter und Eder,* 1994).

4.2.7 Was kostet Karriereberatung?

Die Abrechnung der Karriereberater geschieht entweder in Form eines Festpreises für angebotene Leistungspakete (wie z.B. Potenzialanalyse, Selbstmarketing- oder Existenzgründungsberatung) oder auf Stundenbasis. Pro Stunde berechnen Karriereberater nach unseren Recherchen im Durchschnitt 120 bis 250 Euro zzgl. MwSt. Eine Vorbereitung auf Bewerbungsgespräche ist bei einigen Anbietern mit 75 Euro pro Stunde erheblich kostengünstiger. Eine Telefonberatung wird je nach Anbieter entweder über eine 0190er-Nummer pro Gesprächsminute oder nach einem Stundensatz abgerechnet, der auf die tatsächlich geführten Gesprächsminuten heruntergebrochen wird.

4.2.8 Über welche Kompetenzen sollte ein Karriereberater verfügen?

Karriereberater sollten idealerweise über einen Großteil der in Kapitel 1 dargestellten Kompetenzen verfügen. Von besonderer Bedeutung sind die diagnostischen Fähigkeiten sowie der Umgang mit psychologischen Tests. Unentbehrlich sind umfassende Felderfahrungen und Spezialistenwissen. Dazu gehören genaue Kenntnisse verschiedener Berufsbilder und Berufswege, der wichtigsten Studiengänge und Ausbildungswege und des Weiterbildungsmarkts. Außerdem sollten sie verschiedene Unternehmen kennen und aktuelle Tendenzen auf dem Arbeitsmarkt, dem Bewerbermarkt sowie Veränderungen der Bewerbungsstandards beobachten.

4.2.9 Schlussbemerkungen

Große Nachfrage

Berufsbiografien ändern sich, neue Berufsbilder entstehen. Die Arbeitslosigkeit war noch nie so hoch, gleichzeitig bleiben Tausende von Stellen unbesetzt. Die große Zahl an Büchern mit so klangvollen und viel versprechenden Titeln wie *Besser leben mit Work-Life-Balance, So macht man Karriere – 17 Gesetze, die Sie kennen müssen, Viel erreicht – was nun? Entscheidungshilfen für Ihre nächsten Jahre im Beruf, Die Venus-Strategie: Ein unwiderstehlicher Karriereratgeber* zeigt, dass es einen großen Informationsbedarf gibt. Auch Anbieter von Karriereberatung wie das *Zentrum für Laufbahnberatung* am *IAP* in Zürich bestätigen eine große Nachfrage.

> Karriereberatung kann helfen, ein Stück Kontrolle in einer sich schnell wandelnden Welt zu behalten. Dabei soll die Planung der Berufsbiografie nicht die notwendige Flexibilität nehmen, auf sich ändernde Anforderungen des Marktes zu reagieren. Sie hat vielmehr zum Ziel, den roten Faden der eigenen beruflichen Entwicklung zu erkennen, und dient damit als Grundlage für künftige berufliche Weichenstellungen.

So übernimmt der Kunde die Verantwortung für die eigene berufliche Entwicklung und Zufriedenheit. Angesichts des steten Wandels muss auch eine Reihe von Fragen offen bleiben: Ist die Definition alternativer Karrieremodelle wie Projekt- oder Spezialistenlaufbahn tatsächlich ein befriedigender Ansatz für Betroffene, die eigentlich lieber eine klassische Führungsaufgabe übernehmen würden? Wie kann man ein verändertes Denken fördern, das sich von der linearen Karriereentwicklung entfernt? Welche Anreizsysteme muss man schaffen?

Da inzwischen das Verständnis von Karriere über den hierarchischen Aufstieg hinaus ausgedehnt wurde, sollte auch die Beratungsform Karriereberatung erweitert werden. Bei der Beratung geht es nicht immer um Fragen des Aufstiegs oder der Erweiterung der Verantwortung. Manche Kunden beschäftigen andere Themen: Wie steige ich nach einer Babypause wieder in die Erwerbstätigkeit ein? Ich bin nicht glücklich in meinem Job. Soll ich eine zweite Ausbildung beginnen?

Karriereberatung ist eine umfassende Beratung, die sich für alle Phasen der beruflichen Entwicklung anbietet: z.B. Berufseinstieg, Reflexion erster Karriereerfahrung, Verknüpfung von Familie und Beruf, Stabilisierung und Sicherung der Karriere, berufliche Entwicklung im höheren Lebensalter. Sie richtet sich somit nicht nur an Personen, die aufsteigen wollen und deren Fokus die »äußere Karriere« ist. Es geht auch um Umorientierung und Berücksichtigung der eigenen Werte und Ziele.

Künftige Entwicklung der Karriereberatung

Das zukünftige Image des Beratungszweigs wird beeinflusst durch die Qualität der Leistung selbst, eine aktive Informationspolitik, die Öffnung für andere Themen und Berufsgruppen. Letzteres liegt auch im öffentlichen Interesse. Eine Standortbestimmung mit Blick in die Zukunft kann helfen, sowohl das berufliche Fortkommen zu unterstützen als auch die Zufriedenheit und vor allem die Existenz an sich zu sichern. Wer eine Karriereberatung in Anspruch nimmt, kann eine Entwicklung in eine »Sackgasse« vermeiden, insbesondere wenn sie rechtzeitig vor einer beruflichen Krise in Anspruch genommen wird.

Die Schwierigkeit ist es, den Einzelnen davon zu überzeugen, eine Beratung in Anspruch zu nehmen. Anders gesagt: Wie erkennt ein Erwerbstätiger seinen Beratungsbedarf? Möglicherweise ist er zufrieden – aber in einem aussterbenden Berufszweig. Ziel ist es, dieser Form der Beratung mehr öffentliche Aufmerksamkeit zu geben.

Ein Blick über die Grenzen zeigt, wie andere Länder damit umgehen. Frankreich zum Beispiel hat mit Einrichtung der *bilan de compétences* die Karriereplanung in den Verantwortungsbereich der Betroffenen gelegt und eine wichtige Grundlage für das lebenslange Lernen gelegt. Laut Gesetz hat die aktive Bevölkerung unseres Nachbarstaats Anspruch auf die für sie kostenlose und vertrauliche, unabhängige Diagnose und Beurteilung ihrer berufsrelevanten Kompetenzen. So wird Karriereberatung auch für breitere Bevölkerungsschichten – jenseits der High Potentials – bekannt und von ihnen genutzt. Das Positive am französischen System ist, dass durch die staatliche Regulierung das Bewusstsein für das Erfordernis der Beratung und damit auch die Verbreitung der Beratungsform gefördert wird. Ob die staatliche Regulierung in diesem Umfang auch Qualität und Erfolg der Beratung fördert, lässt sich nicht einfach beantworten. Unstrittig ist sicherlich, dass das Bewusstsein der Kunden und deren Eigenverantwortlichkeit auf der einen Seite wie auch die Qualität des Angebots auf der anderen Seite durch die Transparenz des Marktes gefördert werden.

4.3 Outplacementberatung: Orientierung und Unterstützung zum Neubeginn

Susanne Janssen

Personalabbau der Unternehmen

Nur wenige Unternehmen waren in den letzten Jahren nicht gezwungen, sich von Mitarbeitern zu trennen. Aufgrund des wirtschaftlichen Wandels und den damit verbundenen strukturellen und organisatorischen Anpassungen werden auch in Zukunft Arbeitsplätze nicht mehr sicher sein. Im Rahmen der personellen Anpassungen verlieren nicht nur Mitarbeiter der mittleren und unteren Unternehmenshierarchie ihre Stellen, sondern auch hoch qualifizierte Mitarbeiter und Führungskräfte ihren Arbeitsplatz. Die Entscheidung, Personal abzubauen, wird in der Regel nicht leichtfertig getroffen und ist für Unternehmen und Führungskräfte sowie natürlich die entlassenen Mitarbeiter schwierig. Hilfe und Unterstützung erfahren die Betroffenen vom Outplacementberater.

4.3.1 Was ist Outplacementberatung?

> Outplacementberatung ist die in der Regel vom Arbeitgeber finanzierte Unterstützung eines entlassenen oder von Entlassung bedrohten Mitarbeiters bei der Suche nach einer neuen beruflichen Tätigkeit.

Outplacement umfasst die Auseinandersetzung mit der aktuellen Situation, eine berufliche Standortbestimmung und Zielfindung sowie bei Bedarf die Unterstützung bei der Entwicklung einer Bewerbungsstrategie und bei der Umsetzung.

Umstrittene Bezeichnung

Die Bezeichnung der Dienstleistung mit dem Begriff Outplacement(beratung) ist äußerst umstritten. Outplacement ist im Ursprung keine Berufs- oder Beratungsbezeichnung und auch keine Forschungsrichtung. Der Begriff – englisch für »betriebsbedingte Kündigung« – bezeichnet zunächst nur einen unternehmerischen Vorgang: den Abbau von Arbeitsplätzen. Im weiteren Verständnis bedeutet es, dass sich Unternehmen von Mitarbeitern trennen und diese – indirekt – bei der Arbeitsplatzsuche unterstützen wollen. Diese Unterstützung kann ganz unterschiedlich aussehen. Deswegen findet man unter der Bezeichnung Outplacementberatung eine ganze Reihe von Angeboten, von der Organisationsberatung über Personalvermittlung, Bewerbungstrainings bis hin zu therapeutischen Maßnahmen.

Die Dienstleistung Outplacement wird von einigen Anbietern auch als In-, Re- oder Newplacement (z.B. *Andrzejewski,* 2004, S. 220) bezeichnet. In der Tat ist der Begriff *Out*-Placement irreführend und nicht besonders positiv. Da sich bislang aber keiner der Begriffe durchgesetzt hat, die Dienstleistung unter der Bezeichnung bekannt geworden ist und der *BDU* seinen Fachverband danach benennt, werden auch wir weiterhin den – zugegebenermaßen unglücklich gewählten – Begriff verwenden.

Trotz verschiedener Schwerpunkte ist Outplacement doch ein recht klar abgrenzbares Arbeitsgebiet. Dennoch ist es zu unterscheiden von anderen Beratungsansätzen wie der Karriere- und der Personalberatung sowie der Organisations- und Strategieberatung.

Outplacement versus Karriereberatung

Die Unterschiede zwischen Karriere- und Outplacementberatung betreffen Auftraggeber, Ausgangssituation und das Qualifikationsprofil der Berater. Die Outplacementberatung wird zumeist von den entlassenden Unternehmen für die von ihnen gekündigten Mitarbeiter in Auftrag gegeben. Die Arbeitsatmosphäre ist in der Regel geprägt durch einen hohen Handlungsdruck. Dieser wird bedingt durch existenzielle Ängste, hohe emotionale Betroffenheit bis hin zu Selbstzweifeln und Hilflosigkeit der Klienten. Ein Berater muss die emotionalen Folgen der Kündigung gemeinsam mit dem Klienten aufarbeiten können, ihm helfen, sein Selbstbewusstsein wiederzufinden, und ihn vor unreflektiertem Aktionismus oder vor Resignation bewahren. Obwohl auch die Outplacementberatung eine gewisse Freiwilligkeit des Klienten voraussetzt, wird der Betroffene durch den Arbeitsplatzverlust veranlasst, sich mit sich selbst und seinen Perspektiven auseinander zu setzen.

Outplacement versus Personalberatung

Auch im Vergleich zur Personalberatung gibt es Gemeinsamkeiten und Unterschiede. Beide Berater arbeiten im Auftrag eines Unternehmens, jedoch mit verschiedenen Blickwinkeln. Während der Outplacementberater die richtige Position für einen Kandidaten sucht, macht der Personalberater passende Kandidaten für eine zu besetzende Position ausfindig. Personalberater versuchten ihre Kandidaten früher überwiegend aus ungekündigten Arbeitsverhältnissen heraus zu rekrutieren (klassisches Headhunting), doch inzwischen werden auch gekündigte oder von Kündigung bedrohte Kandidaten vermittelt.

In den letzten Jahren haben viele Outplacementberater ihr Angebot erweitert und bieten auch eine Unterstützung der entlassenden Unternehmen an. Denn nicht nur gekündigte Personen, sondern auch solche, die die Entscheidung treffen, mit dem Betriebsrat verhandeln oder die Kündigung aussprechen müssen, benötigen bisweilen Unterstützung beim Trennungsmanagement. Die personen- und die unternehmensbezogene Outplacementberatung weisen inhaltlich allerdings kaum Überschneidungen auf, wie an späterer Stelle noch ausgeführt wird.

4.3.2 In welchen Situationen ist Outplacement sinnvoll?

Direkte und indirekte Kosten der Unternehmen

Outplacement ist ein »Gewinner-Gewinner-Konzept« (*Schulz, Fritz, Schuppert et al.*, 1989, S. 16). Es verspricht sowohl Arbeitgebern als auch Arbeitnehmern Vorteile und Unterstützung. Durch die Entlassung von Mitarbeitern entstehen dem Unternehmen direkte und indirekte Kosten. Direkte Kosten ergeben sich z.B. aus Rechtsstreitigkeiten und gegebenenfalls aus Lohnnachzahlungs- und Abfindungsansprüchen der Arbeitnehmer. Indirekte Kosten entstehen vor allem aus der Unruhe in den Betrieben, die aus der Unsicherheit der verbleibenden Mitarbeiter (»Werde ich der Nächste sein?«) und gegebenenfalls aus der schlechten Stimmung (»So wird man hier als langjähriger Mitarbeiter behandelt«) herrührt. Qualifizierte Mitarbeiter verlassen unter Umständen aufgrund ihrer guten Arbeitsmarktchancen die Firma aus eigener Initiative. Die Angst vor dem Arbeitsplatzverlust kann Nährboden für Unfairness, Intrigen und Mobbing werden oder sich einfach negativ auf die Motivation und Qualität der Arbeit auswirken. Wenn sich Mitarbeiter in erster Linie mit sich selbst und mit den Kollegen beschäftigen oder innerlich bereits gekündigt haben, sind Produktivitätseinbußen zu befürchten, die sich negativ auf die Gewinne auswirken.

Neben der Fürsorgepflicht der Unternehmen, sich um ausscheidende Mitarbeiter zu kümmern, sind daher weitere Motive für das Engagement eines Outplacementberaters wie die Reduktion der Folgekosten einer Kündigung entscheidend.

> Durch die Outplacementberatung steigen die Chancen, sich über die Entlassungsmodalitäten zu einigen und somit spätere juristische Auseinandersetzungen zu vermeiden sowie gegebenenfalls lange Restlaufzeiten von Verträgen einzusparen. Die Unterstützung gekündigter Mitarbeiter fördert das Image des Arbeitgebers, sich auch in schwierigen Zeiten fair zu verhalten, wenn über die Maßnahmen ausreichend kommuniziert wird.

Ein solches Image ist eine hilfreiche Grundlage dafür, dass Ängste und negative Stimmungen in akzeptablem Rahmen bleiben.

Die gekündigten Personen profitieren vielfach von der Outplacementberatung. Bei ihnen stehen sicherlich finanzielle und existenzielle Sorgen an erster Stelle. Selbst bei einer Abfindung droht die Gefahr, dass das Geld für eine längere Arbeitsplatzsuche nicht ausreicht, gegebenenfalls Kredite nicht mehr bedient werden können oder einfach der Lebensstandard nicht mehr gehalten werden kann. Des Weiteren zieht eine Kündigung eine Reihe von psychischen Belastungen nach sich, die durch die Störung des Selbstwertgefühls, durch Probleme in der Familie oder durch gesellschaftliche Vorurteile gegenüber Erwerbslosen ausgelöst werden können. Dazu kommen praktische Schwierigkeiten. Manchmal kann es schon schwer fallen, seine Bewerbungsunterlagen zusammenzustellen, besonders wenn die letzte Bewerbung 20 Jahre zurückliegt. Wie formuliert man ein ansprechendes Anschreiben? Wie stellt man die eigenen Stärken heraus? Wie führt man Bewerbungsgespräche? Diese und andere Fragen stellen sich den Betroffenen.

Leistungen des Outplacementberaters

Im Hinblick auf die finanzielle Situation und die psychische Belastung sollte die Outplacementberatung unmittelbar nach Aussprache der Kündigung oder nach der Entscheidung über die Kündigung beginnen. Insbesondere freigestellten Mitarbeitern fehlt die Struktur eines Arbeitstags und der Kontakt zu anderen Menschen. Auch nicht freigestellten Arbeitnehmern fällt es häufig unmittelbar nach der Kündigung schwer, die Suche mit dem laufenden Arbeitsalltag zu verbinden. Hier hilft Outplacement durch die gerade am Beginn sehr intensive Arbeit bzw. die Strukturierung der Arbeitssuche. Weiteren psychischen Belastungen sollte aus unserer Sicht ein besonderes Augenmerk geschenkt werden. Dazu zählen beispielsweise die Verarbeitung der Entlassung und die Wiederherstellung des Selbstwertgefühls.

Im Mittelpunkt der Outplacementberatung steht jedoch die Arbeitsplatzsuche. Die Gedanken werden auf die Zukunft gerichtet, die ganze Energie wird in die genaue Analyse der persönlichen Fähigkeiten und Qualifikationen und die Suche nach neuen beruflichen Perspektiven gerichtet. Mit welchen Maßnahmen können die Chancen des ausgeschiedenen Mitarbeiters auf dem Arbeitsmarkt optimiert werden? Das beinhaltet eine klare Zielfindung für eine neue, angemessene Position, den Beginn oder die Fortsetzung einer aktiven Karrierestrategie sowie eine ansprechende und stimmige Selbstvermarktung.

Vorteile und Nutzen der Outplacementberatung	
Perspektive des Unternehmens	**Perspektive des Mitarbeiters**
• Übernahme der Fürsorgepflicht gegenüber betroffenen Mitarbeitern • Positive Signale für verbleibende Mitarbeiter und somit Reduktion von Produktivitätsverlusten • Schnellere Einigung über Entlassungsmodalitäten • Weniger Arbeitsrechtsprozesse • Verkürzung von Restlaufzeiten bestehender Arbeitsverträge	• Verkürzung des Suchprozesses • Psychologische Unterstützung in der Trennungssituation • Strategische Karriereplanung • Praktische Hilfe in der Bewerbungsphase

Vorteile der Outplacementberatung

Motive der Kostenübernahme

Hermann (2001) fasst die vergleichende Betrachtung der Vorteile für Arbeitnehmer und Arbeitgeber so zusammen: Der Kostenvorteil, der sich aus der Verkürzung von Restlaufzeiten bestehender Verträge ergibt, wird durch die Übernahme der Outplacementkosten aufgebraucht und kann somit nicht das Hauptmotiv sein. Diese Einschätzung wird durch verschiedene Untersuchungen unterstützt. Eine Befragung der *Medienakademie Köln* bei 1.200 Personalleitern hat ergeben, dass die Motive der Unternehmen, eine Outplacementberatung zu beauftragen, vielschichtiger sind:

- 36 Prozent der Personalchefs handeln aus sozialer Verantwortung, jeder vierte will Imageverluste für das Unternehmen vermeiden.
- 18 Prozent wollen Mitarbeiter zur Vertragsaufhebung bewegen,
- 17 Prozent wollen die früheren Verdienste des betreffenden Mitarbeiters würdigen und
- nur 5 Prozent wollen eine Klage verhindern (*Schlesiger*, 2003).

Auch ältere Untersuchungen (z.B. *Städele*, 1992, *Kirsch und Hendricks*, 1995) kommen zu dem Ergebnis, dass das Interesse der Unternehmen eher durch die sozialen Ziele und die mittelfristigen Konsequenzen für das Unternehmen bestimmt wird. Die Resultate der Untersuchungen dürfen aber nicht überschätzt werden. Es bleibt offen, inwieweit die Befragten sozial erwünscht geantwortet haben und es sich lediglich um eine offizielle Begründung handelt.

Unternehmensbezogene Outplacementberatung

Es ist sinnvoll, dass Unternehmen den Kontakt zur Outplacementberatung herstellen, bevor die erste Kündigung ausgesprochen wird, um keine Zeit bei der Unterstützung der Betroffenen zu verlieren. Bei Bedarf können sie, wie oben schon kurz unter der unternehmensbezogenen Outplacementberatung angesprochen, Unterstützung bei der personellen, organisatorischen und wirtschaftlichen Planung des Personalabbaus erhalten. Entlassungen sind schließlich nur eine der Möglichkeiten, Personalkapazitäten zu reduzieren. Daneben gibt es die Möglichkeit, dieses Ziel z.B. auch durch unbezahlten Urlaub oder vorzeitige Pensionierung zu erreichen. Sind nur Teilbereiche eines Unternehmens betroffen, so kann auch ein Umschulungskonzept sinnvoll sein, sofern andere Teilbereiche Bedarf an Arbeitskräften haben. Hat sich das Unternehmen für Entlassungen entschieden, muss eine Reihe von Entscheidungen getroffen werden: Welche Mitarbeiter werden zu welchen Konditionen und wann entlassen? Welche Entlassungsgründe werden angegeben, welche Sprachregelung wird für Verbleibende und gegebenenfalls für die Medien gefunden?

Schwierige Kündigungsgespräche

Ein besonderes Augenmerk in dieser Phase wird auf die Vorbereitung und Begleitung der in Kündigungsgesprächen oft ungeübten Führungskräfte gelegt. Aus eigener Beratungserfahrung wissen wir, dass sich viele Führungskräfte schwer damit tun, schwierige Gespräche, vor allem Kündigungsgespräche, zu führen (*Andrzejewski*, 2004). Einige scheuen sich davor, die Wahrheit in aller Deutlichkeit auszusprechen. Sie sind unsicher, weil sie den Ablauf nicht genau steuern können und nicht wissen, wie der Mitarbeiter reagiert. In Workshops können Führungskräfte beispielsweise lernen, die Kündigung unmissverständlich auszusprechen, die Gründe zu benennen und klar zu machen, dass diese Entscheidung nicht widerrufen wird. Sie sollen Fehler und starke Kränkungen bei der Übermittlung der Kündigung vermeiden, um eine einvernehmliche Trennung möglich zu machen. Sie üben den Umgang mit Einwänden und Gefühlen und bereiten sich auf Fragen zu den Rahmenbedingungen der Kündigung vor. Darunter fallen Freistellung, Urlaubsanspruch, Abfindung, Zeugnis und gegebenenfalls das Angebot einer Outplacementberatung.

Nicht delegierbare Aufgaben

Bei der unternehmensbezogenen Beratung ist auf eine saubere Aufgabentrennung zu achten. Nicht jede Aufgabe ist delegierbar, so z.B. nicht die Personalführung. Da Kündigungen wie Einstellungen und Leistungsbeurteilung ureigenste Führungsaufgaben sind, können diese Gespräche nicht vom Outplacementberater übernommen werden.

Fasst man die bisherigen Ausführungen zusammen, ergibt sich ein systematischer Outplacementprozess, der sich in drei Phasen unterteilen lässt.

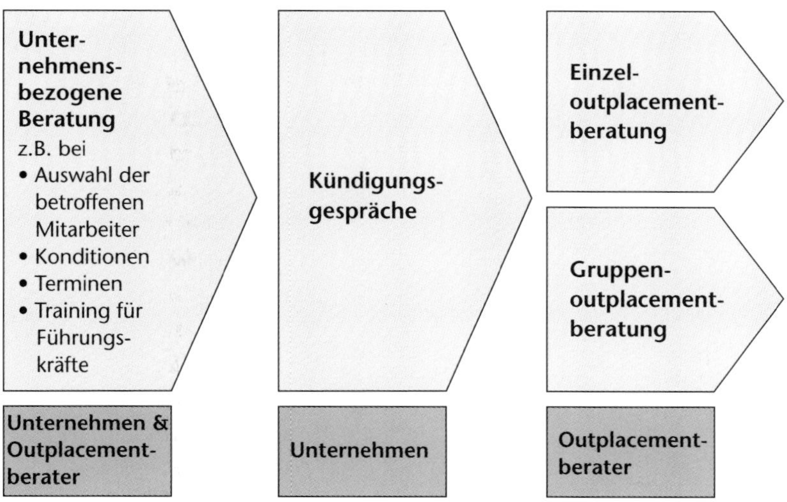

Der ganzheitliche, systematische Outplacementprozess

Auftraggeber für Outplacementberatungen sind die Unternehmen, die sich von ihren Mitarbeitern trennen müssen, oder die Betroffenen selbst. Häufig wird Outplacement im Aufhebungsvertrag vereinbart. Entweder beauftragt das Unternehmen direkt einen Outplacementberater oder die Mitarbeiter bekommen von ihrem Arbeitgeber ein bestimmtes Budget und suchen sich selber einen Berater. In ganz seltenen Fällen zahlen sie die Beratung komplett aus eigener Tasche (*Heizmann*, 2003).

Zielgruppen

Die Zielgruppe der unternehmensbezogenen Outplacementberatung umfasst Geschäftsführer, Mitarbeiter der Personalabteilung, betroffene Vorgesetzte oder auch Betriebsräte. Kunden der klassischen Outplacementberatung sind gekündigte Mitarbeiter.

Zunächst beschränkte sich das Angebot der Unternehmen auf die oberen Managementebenen. In der Kündigungswelle 2002/2003 wurde eine Outplacementberatung jedoch auch niedrigeren Hierarchiestufen als Teil der Auflösungsvereinbarung angeboten. So bieten 10 Prozent der insgesamt 1200 befragten Personalleiter durch die *Medienakademie Köln* im Kündigungsfall auch Führungsnachwuchskräften eine Outplacementberatung an. Doppelt so viele Personaler (22 Prozent) bieten diese Dienstleistung auch gekündigten Fachkräften an. In 40 Prozent der befragten Unternehmen kann das mittlere Management, bei einem Viertel der Stichprobe das Topmanagement nach der Kündigung mit Unterstützung durch einen Outplacementberater einen neuen Arbeitsplatz suchen.

4.3.3 Auf welchen Theorien und Modellen beruht Outplacement?

Entstehung in den USA

Die Wurzeln der Outplacementberatung liegen in Beratungsmaßnahmen zur Reintegration von US-Soldaten nach dem Zweiten Weltkrieg ins zivile Leben. Als Instrument der Trennungsgestaltung ist sie in den USA seit den 60er-Jahren bekannt (*Hermann*, 2001). Vorreiter waren *Standard Oil of New Jersey* und die Luftfahrtindustrie. Die erste Beratungsfirma gründete *Tom Hubbard* in New York (nicht zu verwechseln mit *Ron Hubbard*). Während die Zielgruppe zunächst Mitarbeiter aus mittleren und hohen Führungsebenen waren, hat sich die Outplacementberatung mittlerweile auf die unteren Hierarchieebenen ausgedehnt. Seit ca. 30 Jahren ist sie als eigenständige Beratungsleistung in die amerikanische Personalpolitik integriert. Im internationalen Vergleich ist der Markt für Outplacementberatung in Deutschland noch in der Entwicklung. Aber seitdem das Vermittlungsmonopol der heutigen *Bundesagentur für Arbeit* 1994 aufgehoben wurde, bestehen keine gesetzlichen Beschränkungen mehr (*Hermann*, 2001) und die Anzahl der Outplacementberater und deren Umsätze nimmt stetig zu.

Der Markt in Deutschland

Genauere Zahlen veröffentlicht der *BDU*, unter dessen Dach sich 1993 führende Outplacementberater in einer Fachgruppe zusammengeschlossen haben: Danach haben die Outplacementberater im Jahr 2003 einen Gesamtmarktumsatz von 39 Mio. Euro erwirtschaftet. Dem liegt ein durchschnittliches Wachstum von 4 Prozent zugrunde. Für das Jahr 2005 jedoch geht die Vorsitzende des Fachverbands Outplacement von einem Ende des Booms aus. Rund 93 Prozent des Gesamtmarktumsatzes werden über BDU-Mitglieder in diesem Bereich abgedeckt. Im Jahr 2003 waren dies in Deutschland rund 25 Beratungsunternehmen, die auf Trennungsmanagement spezialisiert sind (darunter 13 der Top-15-Unternehmen).

Mit Inkrafttreten von Hartz III (§ 216 a SGB) wird die private Vermittlung noch weiter gefördert, um eine Arbeitslosigkeit möglichst ganz zu vermeiden. Bei bestimmten Voraussetzungen (Betriebsänderungen i.S. des § 111 BetrVG) übernimmt die *Bundesagentur für Arbeit* maximal 50 Prozent der Kosten der Outplacementberatungen bis zu einer Höchstgrenze von 2.500 Euro je gefördertem Arbeitnehmer (*www.hrexperts.de,* 6.6.2004).

Obwohl Outplacement seit mehreren Jahren eingesetzt wird und in den letzten Jahren einen wahren Boom erlebt hat, gibt es wenig Forschung. Eine theoretische Fundierung des Themengebiets wird nicht systematisch und vollständig betrieben. Einige Theorien und Konzepte der Psychologie erlauben aber den Schluss auf Gesetzmäßigkeiten und somit auf Einflussmöglichkeiten von Outplacementberatern. Da ein Arbeitsplatzverlust nicht nur finanzielle Bedeutung hat, sondern auch die Identität und soziale Einbindung des Entlassenen betrifft – also ein kritisches Lebensereignis darstellt –, verweisen wir hier auf Ansätze, die sich zur Analyse von Stresssituationen und kritischen Lebensereignissen eignen. Dies sind z.B. die Selbstwirksamkeitstheorie (*Bandura,* 1977), Ansätze aus der Verlustforschung (*Mayrhofer,* 1989), Untersuchungen zur Erwerbslosigkeit (z.B. *Lang-von Wins, Mohr, von Rosenstiel,* 2004) oder die Stresstheorien, auf die kurz eingegangen wird.

Stresstheorien

Die meisten Stresstheorien gehen davon aus, dass »gestresste« Personen erkennen, dass sie die Anforderungen der Situation nicht bewältigen können und sich daher unwohl fühlen. Bekanntermaßen sind für verschiedene Menschen verschiedene Situationen stressauslösend. Den einen stresst bereits ein Gespräch beim Chef, den anderen »erst« ein Gespräch beim Vorstand. Dahinter stehen komplexe psychische Zustände.

Auf einen Aspekt, nämlich die eigene Einschätzung oder subjektive Bewertung der aktuellen Situation, weist *Lazarus* (1966) in seiner Stresstheorie hin. Er geht davon aus, dass die Anforderungen der Situation mit den eigenen Handlungsmöglichkeiten verglichen werden. Wenn die Umweltfaktoren subjektiv als zu anspruchsvoll eingeschätzt werden, entsteht Stress.

Daraus ergeben sich zwei Ansatzpunkte für Outplacement: die Problemlösung und damit einhergehend eine Regulation der Emotionen. Zunächst gilt es, die Situation des Klienten einzuschätzen. Ist seine Lage wirklich derart aussichtslos, wie er sie selbst wahrnimmt? Welche realistischen Arbeitsmarktalternativen kann man entwickeln? Zu welchen Konsequenzen ist der Klient bereit (Umzug, geringeres Gehalt, niedrigerer Status)? Im Zuge dieser Überlegungen wird in der Regel die allgemeine Situationseinschätzung positiver (Regulation der Emotionen). Die Handlungsfähigkeit wird wieder hergestellt und der Blick nach vorn wird möglich.

4.3.4 Wie läuft ein Outplacementberatungsprozess ab?

Der Outplacementberatungsprozess kann die Zeitspanne von der Kündigung bis zur Unterschrift eines neuen Arbeitsvertrags bzw. bis nach Ablauf der Probezeit im neuen Unternehmen umfassen. Die in diesem Kapitel beschriebenen Phasen folgen idealtypisch aufeinander. Es kann aber durchaus sein, dass der Klient bei bestimmten Themen keinen Beratungsbedarf hat oder die Abfolge verändert wird und z. B. aufgrund eines aktuell anstehenden Bewerbungsgesprächs zunächst Gespräche simuliert werden.

Vier Hauptphasen

Analog zum Coaching gliedert sich auch die Outplacementberatung in vier Hauptphasen. Im Groben möchten wir auf diese verweisen und sie nur um die Aspekte ergänzen, die charakteristisch für diese Dienstleistung sind. Einige der großen Outplacementanbieter offerieren Gesamtberatungen oder differenzierte Angebote für Topmanager und für Fach- und Führungskräfte, die modular in Anspruch genommen werden können. Bei der folgenden Darstellung beziehen wir uns auf den Gesamtprozess der individuellen Beratung.

1. Einstiegsphase

Der Kontakt zum Outplacementberater wird oft über den ehemaligen Arbeitgeber hergestellt. Es ist aber auch möglich, dass sich die gekündigten Personen selber einen Berater suchen. Suchwege und Auswahlkriterien werden in Kapitel 1 vorgestellt.

Da die meisten Personen nicht wissen, was sich hinter Outplacement verbirgt, werden im Erstgespräch Inhalt und Ablauf der Beratung vorgestellt und die Rollen geklärt. Dabei ist besonders wichtig, darauf hinzuweisen, dass der Outplacementberater keine neue Position für den Klienten sucht, sondern diesen dabei unterstützt, selbst eine zu finden. Des Weiteren ver-

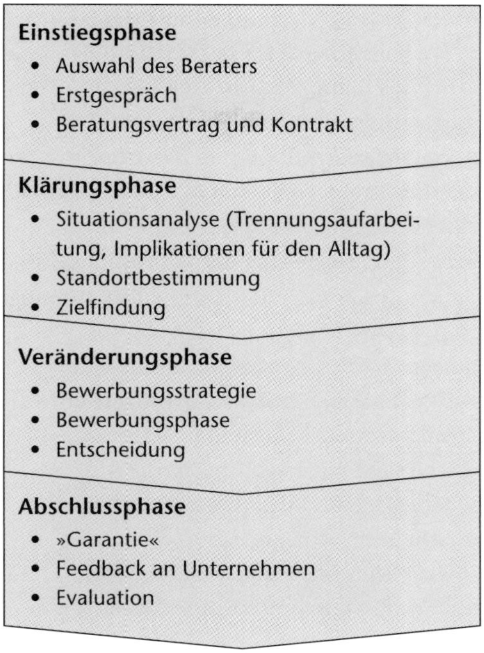

Idealtypischer Ablauf einer Outplacementberatung

ständigt man sich darüber, ob und wann welche Berichte an das auftraggebende Unternehmen zu senden sind. Wenn sich Klient und Berater einig sind, dass sie ein offenes und vertrauensvolles Arbeitsverhältnis entwickeln können, sollte der Vertrag unterschrieben werden.

2. Klärungsphase

Trennungsanalyse

Häufig bestimmen Nicht-wahrhaben-Wollen, Ärger, tiefe Verletzung, Unsicherheit, eine gewisse Lähmung und (Versagens-)Angst den Beginn einer Outplacementberatung (*Bolduan und Debus,* 2001). Aufgabe des Beraters ist es, einen vertrauensvollen Rahmen zu schaffen, damit diese Gefühle ihren Ausdruck finden. Das ist Voraussetzung dafür, die emotionalen Folgen der Kündigung aufzuarbeiten, damit die Betroffenen wieder ein positives Selbstwertgefühl aufbauen können und ein Blick nach vorne möglich ist. Die Kündigung ist besonders schwierig für die Menschen, die viel Zeit und Herzblut in ihre Arbeit gesteckt und sich mit dem Unternehmen und ihrer Tätigkeit stark identifiziert haben. Sollte ein Klient durch eine Kündigung völlig aus dem Gleichgewicht geworfen werden und über körperliche Beschwerden klagen oder psychische Beeinträchtigungen aufzeigen, ist es unter Umständen erforderlich, einen Psychotherapeuten zu konsultieren. Aufgrund der schwierigen wirtschaftlichen Situation verliert die Verarbeitung der Kündigung im Rahmen des Outplacement allerdings an Bedeutung, »da Positionsverluste aufgrund der sich rasch verändernden Situationen in Unternehmen keine Seltenheit mehr sind und daher auch nicht als ein persönliches Scheitern empfunden werden« (*BDU,* 2000, S. 10).

In der Regel werden Outplacementberatungen in Anspruch genommen, wenn die Kündigung aus betriebsbedingten Gründen erfolgt. Trotz eines eventuellen Sozialplans gibt es Kollegen, die bei gleicher »Punktlage« weiter beschäftigt werden. Es ist also wichtig, in dieser Phase die Kündigungsursachen aufzuarbeiten: Welche Gründe gab es für die Trennung? Wo liegen sie in der eigenen Person? Gab es Konflikte mit dem Vorgesetzten und warum? Was habe ich falsch gemacht? Werde ich es wieder falsch machen? Kann ich überhaupt etwas richtig machen? Neben der psychologischen Aufarbeitung der Situation ist es zusätzlich von Bedeutung herauszufinden, ob die wahrgenommenen und ausgesprochenen Trennungsgründe auch die tatsächlichen waren. Nur so ist es möglich, Trennungsgründe, die in der Person des Klienten selber liegen, bei der Auswahl einer nächsten Beschäftigung möglichst zu berücksichtigen. Erst nach aktiver Auseinandersetzung mit dem Verlust kann der Klient sich auf Neues und somit auf die Stellensuche konzentrieren.

Diese erste Phase kann unterschiedlich lang sein und je nach Trennungsgrund und Persönlichkeit des Klienten von einer Beratungseinheit (1,5 Stunden) bis hin zu Monaten betragen (*Heizmann,* 2003). Ideal ist, wenn der Klient am Ende dieser Phase eine positive Grundeinstellung zur erzwungenen beruflichen Veränderung entwickelt.

Kurzfristige Implikationen für den Alltag

In dieser ersten Phase sollten auch ganz praktische Themen angesprochen werden: Was braucht der Klient noch vom Unternehmen? Ist ein finanzieller Engpass zu erwarten? Und wenn ja, wann? Kann man möglicherweise jetzt schon gegensteuern? Welche Sprachregelung wird gegenüber Familie, Freunden und Bekannten sowie Geschäftspartnern verwendet? Wie wird die Zeit der Suche strukturiert? Wie wird die Familie eingebunden?

Berufliche Standortbestimmung

Bei Aufnahme der Beratung ist vielen Klienten nicht klar, was sie wirklich können und welche Erfahrungen sie mitbringen. Diese Phase widmet sich daher zunächst der persönlichen Bestandsaufnahme, den Fähigkeiten sowie den Erfolgen und Misserfolgen. Daraus können Rückschlüsse auf vorhandene Schlüsselqualifikationen gezogen werden und ein Stärken-

Schwächen-Profil abgeleitet werden. Viele Outplacementberater setzen in dieser Phase psychologische Testverfahren ein.

So sinnvoll diese Arbeit ist, so zeitintensiv ist sie auch. Für den Berater gilt es, die Klienten immer wieder zu motivieren und ihnen die Bedeutung dieses Arbeitsschritts klar zu machen. Denn letztlich führt die Reflexion der beruflichen Erfahrungen und Kompetenzen auch zu einem Zuwachs an Selbstbewusstsein. Dies ist in der Zeit nach der Kündigung, in der Selbstzweifel und Zukunftsängste im Vordergrund stehen, nicht zu unterschätzen.

Gleichzeitig ist die Beschäftigung mit Tätigkeiten in der Vergangenheit Grundlage für die eigene Selbstdarstellung im Lebenslauf. Auch das Verfassen des Anschreibens wird müheloser. Diese intensive Auseinandersetzung mit den Erfolgen, Stärken und Schwächen ist ebenso eine exzellente Vorbereitung für die Bewerbungsgespräche.

Zielfindung

Aus der Beschäftigung mit sich selbst gewinnt der Klient eine vertiefte Selbsterkenntnis und Hinweise auf seine beruflichen Ziele sowie seine Positionierung. Trotzdem fällt es bisweilen schwer, diese konkret zu formulieren. Hier ist es wieder Aufgabe des Beraters, Hilfe zur Selbsthilfe zu geben. Mittels »Wunschlisten« kann der Klient die Bedeutung einiger Beschreibungsparameter eines Arbeitsplatzes in eine Rangreihe bringen. Dazu gehören z. B. Funktion, Gehalt, Aufstiegsmöglichkeiten, Image, Branche und Größe eines Unternehmens, Ort, Angestelltenverhältnis oder Selbstständigkeit. Sollte der Klient zur Entscheidungshilfe zusätzliche Informationen benötigen, stellen die Berater in der Regel Medien und Datenbanken (Unternehmensverzeichnisse, Fachzeitschriften etc.) und oft auch Kontakte zur Verfügung. Neben der beruflichen Planung wird die persönliche Lebensplanung betrachtet und berücksichtigt. Je nach Lebensphase ist es für einen Geschäftsführer vielleicht besser, die Leitung einer Abteilung zu übernehmen, um sich weniger zwischen Familie und Beruf aufzureiben.

In dieser Zeit der Zielfindung fungiert der Berater als »Vertreter des Realitätsprinzips, als Mahner und Korrektiv« (*Heizmann*, 2003, S. 63). Er sollte den Klienten auf der einen Seite unterstützen, über den Tellerrand hinauszuschauen und auch unkonventionelle Ideen zu verfolgen. Auf der anderen Seite ist es seine Aufgabe, die Realisierbarkeit der Wunschposition zu überprüfen. Schließlich sollen diese unkonventionellen Ideen nicht zur Sackgasse werden, die eine Neuorientierung erschweren und verlängern würden.

3. Veränderungsphase

Entwicklung einer Bewerbungsstrategie

»Stellenanzeigen beantworten« ist die häufigste Antwort von Erwerbslosen auf die Frage, wie sie einen neuen Arbeitsplatz suchen. Erwerbslose recherchieren nach freien Stellen klassischerweise über die Zeitung oder über Fachzeitschriften, über das Internet und über die staatliche oder private Arbeitsvermittlung. Jedoch nur etwa 30 Prozent aller freien Stellen werden so vergeben (*Berg-Peer,* 2003, S. 72). Auf eine Anzeige bewerben sich manchmal mehrere Hundert Menschen, was die Wahrscheinlichkeit, eingeladen zu werden, sehr gering macht. Viele Karriere- und Outplacementberater empfehlen die Herangehensweise über den so genannten »verdeckten Arbeitsmarkt« (*Bolles,* 2002). Unter diesem Schlagwort werden Maßnahmen wie die Initiativbewerbung, Stellengesuche oder das Nutzen des Kontaktnetzes zusammengefasst. Aufgabe des Beraters ist es, die verschiedenen Herangehensweisen darzustellen und eine konkrete Vorgehensweise zu erarbeiten. Darunter verstehen wir Antworten auf die Fragen, welche Unterlagen idealerweise verschickt werden, welche Personalberater man wie anspricht oder wie man Kontakte nutzen kann.

Bewerbungsphase und Entscheidung

In die Bewerbungsphase fallen klassischerweise die Bewerbung auf Anzeigen und eigene Stellengesuche, bei denen der Berater unterstützend zur Seite steht. Sobald die Kontaktaufnahme gelungen bzw. spätestens wenn ein Bewerbungstermin vereinbart ist, sollten Bewerbungsgespräche simuliert und die Selbstpräsentation trainiert werden. Wenn die Gespräche erfolgreich verlaufen sind, erhält der Klient Unterstützung bei der Auswertung bestehender Optionen und bei der Entscheidung. Er kann Verhandlungen simulieren und auf Hilfe bei der Vertragsprüfung setzen. Bei einem negativen Bescheid kann er mit dem Berater nach den Gründen für die Absage suchen und die Strategie gegebenenfalls anpassen. Während die Intensität der Beratung in den ersten Monaten sehr groß ist, sehen sich Berater und Klient in der Bewerbungsphase seltener.

4. Abschlussphase

Man unterscheidet zwischen unbefristetem und befristetem Outplacement. Befristete Beratungen umfassen üblicherweise einen Zeitraum von drei bis neun Monaten. Unabhängig davon, ob der Klient einen neuen Arbeitsplatz gefunden hat, läuft die Beratung dann aus.

»Garantie«

Bei einer unbefristeten Vertragsgestaltung wird die Beratung bis zum Ende der Probezeit fortgeführt. Sollte der Klient diese nicht bestehen, wird er ohne zusätzliche Kosten von der Outplacementberatung begleitet, bis er eine neue Tätigkeit gefunden und dort die Probezeit bestanden hat.

Feedback an Unternehmen

Obwohl die Unternehmen viel Geld für die Outplacementberatung bezahlen, wollen die meisten »mit dem tatsächlichen Ausscheiden des Klienten aus ihrer Organisation nichts mehr von ihm wissen, d.h. zum Beispiel auch keine Berichte über den Beratungsverlauf mehr bekommen« (*Heizmann,* 2003, S. 81). Andere führen nur oberflächliche, meist telefonische, Wirksamkeitskontrollen durch. Dieses wird damit begründet, dass man das Vertrauensverhältnis zwischen Berater und entlassenem Mitarbeiter nicht gefährden möchte (*Ingold, Koch, Perrin et al.,* 2004).

Gleichwohl ist das »Ausstrahlen« dieser Maßnahmen auf die verbleibenden Mitarbeiter einer der großen Vorteile des Outplacements. Dafür müssten aber Informationen zum Stand der Stellensuche der ehemaligen Kollegen vorliegen und kommuniziert werden.

Evaluation

Im Gegensatz zu anderen Beratungsansätzen kann der Erfolg von unbefristetem Outplacement anhand weniger Fragen gemessen werden: Hat der Klient eine neue Stelle oder nicht? Übersteht er die Probezeit? Bei befristetem Outplacement sollte zu Beginn der Beratung das Ziel möglichst genau definiert werden, um den Erfolg der Maßnahme beurteilen zu können. Nun hängt die Antwort gerade in wirtschaftlich schwachen Zeiten sicherlich nicht ausschließlich von den Kompetenzen des Beraters ab. Insgesamt ist es dennoch überraschend, dass es keine wissenschaftliche Evaluationsstudie über den Nutzen und die Wirksamkeit von Outplacement gibt. So bleibt die Frage offen, ob es vielleicht andere – bessere – Instrumente für die Unterstützung im Kündigungsprozess gibt.

4.3.5 Welche Methoden und Techniken werden in der Outplacementberatung eingesetzt?

Wie im Coaching eignen sich nahezu alle Methoden und Techniken, die in Kapitel 3 dargestellt wurden, für die Outplacementberatung. Besonders hervorzuheben sind z.B. diagnostische Instrumente, die eine Analyse der bisherigen Berufstätigkeit erlauben, Techniken der Gesprächsführung und Fragetechniken zur Zieldefinition oder z.B. Rollenspiele zum Training von Bewerbungsgesprächen.

4.3.6 Welche Varianten von Outplacement gibt es?

Das Einzeloutplacement dominiert nach wie vor das Geschäftsaufkommen (*Personalmagazin,* 2005). Doch bei Entlassungen einer größeren Anzahl von Mitarbeitern bieten einige Unternehmen den Betroffenen der unteren Hierarchieebenen das so genannte Gruppenoutplacement an.

Gruppenberatung

Die Gruppenberatung ähnelt in ihren Arbeitsschritten der Einzelberatung, kann aber nicht die gleiche Intensität für die betreuten Klienten aufweisen. In kleineren Gruppen werden in mehrtägigen Seminaren die aktuellen Herausforderungen besprochen. Themen können sein: Entlassungsgründe, neue Ziele, Denk- und Verhaltensbarrieren, Qualifizierungsberatung, Bewerbungsstrategien, Training in Eigenpräsentation und Vorstellungsgespräche. Andere Anbieter erarbeiten in Kleingruppen die berufliche Standortbestimmung, legen Ziele für die Stellensuche fest und trainieren mit den Teilnehmern Bewerbungstechniken. Ein Vorteil der Gruppenberatung für die Unternehmen sind die geringeren Kosten, ein Vorteil für die Teilnehmer liegt in der Möglichkeit des Erfahrungsaustausches mit anderen betroffenen Kollegen. Ein Nachteil ist die fehlende individuelle Betreuung. Um Vorteile beider Varianten zu verbinden und die Kosten überschaubar zu halten, wird bisweilen zusätzlich zur Gruppenberatung eine bestimmte Anzahl von Einzelstunden für die Betroffenen vereinbart. In diesen können die Ergebnisse der Gruppenarbeit auf die persönliche Situation angewandt und individuelle Fragen und Probleme bearbeitet werden.

Gemeinsamkeiten und Unterschiede zwischen den beiden Beratungsformen stellt die folgende Tabelle dar (in Anlehnung an *Wandersleben*, 2004, S. 90f.):

	Einzelberatung	**Gruppenberatung**
Zielgruppe	Führungskräfte der oberen/ mittleren Hierarchieebene, Fachkräfte	Führungskräfte des unteren Managements, Sachbearbeiter, Facharbeiter, gewerbliche Mitarbeiter
Ort	Beratung wird in den Räumen der Outplacementgesellschaft durchgeführt	Beratung wird im Unternehmen durchgeführt

Dauer	Verschiedene Modelle: • zeitlich »unbegrenzt« (bis zur Unterschrift eines neuen Arbeitsvertrags oder bis zum Bestehen der Probezeit) • zeitlich befristet (z.B. eine bestimmte Anzahl von Beratungsstunden)	Je nach Gruppe und Organisation 1–7 Tage
Kosten	Ca. 20–22 Prozent der Jahresbruttobezüge, zuzüglich Servicepauschale	Kosten abhängig von Anzahl der Teilnehmer, Dauer und Umfang der Maßnahme; Pauschalhonorar pro Teilnehmer
Ziel der Maßnahme	Klient findet adäquate Position	Workshopteilnehmer werden auf Fortführung bzw. Wiederaufnahme der Berufstätigkeit vorbereitet und trainiert

Telefonberatung

Bei unseren Recherchen zum Outplacement haben wir auch Berater gefunden, die diese Dienstleistung via Telefon oder E-Mail anbieten. Sie wollen damit die Nachteile des Einzeloutplacements (sehr hohe Kosten) und des Gruppenoutplacements (mangelnde Individualität) vermeiden. Trotz der bekannten Vor- und Nachteile einer Telefonberatung kann es sein, dass durch diese Variante ein größerer Personenkreis überhaupt erst in den Genuss einer Beratung zur Neuorientierung kommt, da eventuell über diese Variante die individuelle Beratung zu einem vergleichsweise günstigen Preis möglich ist.

4.3.7 Was kostet die Outplacementberatung?

Abhängig von den vereinbarten Leistungen unterscheidet man folgende Honorarmodelle (vgl. *Personalmagazin,* 2005; *Boenig,* 2003; *BDU,* 2000): Eine Einzel-Outplacementberatung wird in der Regel pauschal mit ca. 15–22 Prozent der Jahresbruttobezüge (inklusive Boni und Tantieme, zuzüglich Servicepauschale) veranlagt. Die Anzahl der dafür zugesagten Gespräche ist von Beratung zu Beratung unterschiedlich. Meistens wird bei der Vertragssumme bis zum Bestehen der Probezeit beraten. Unabhängig vom tatsächlichen Beratungsbedarf wird das Honorar oft schon bei Beratungsantritt fällig. Mehr und mehr Auftraggeber wünschen allerdings mittlerweile Vertragsvarianten mit nachprüfbaren Abrechnungen an Stelle von Pauschalhonoraren (*Nicolai,* 2003) oder befristete – und damit kostengünstigere – Verträge (*Personalmagazin,* 1/2005).

Honorargestaltung

Die Honorargestaltung bei der Gruppenoutplacementberatung ist abhängig von der Anzahl der Teilnehmer, der Dauer und dem Umfang der Maßnahme. Es wird entweder nach Beratungswochen, Tagessätzen oder pauschal pro Person abgerechnet. Bei der wochenweisen Abrechnung legen Auftraggeber und Berater die Anzahl der Wochen fest, in denen eine beliebige Anzahl von Seminaren und Gesprächen stattfinden kann. Die Wochensätze liegen im Durchschnitt bei 4.000 Euro pro 38-Stundenwoche und Berater plus 12 bis 15 Prozent Servicepauschale. Bei der tageweisen Berechnung liegen die Tagessätze zwischen 850 und 1.800 Euro. Die Beratungsleistung besteht in Bewerbungstrainings mit ca. 10 bis 15 Personen und einer genau festgelegten Zahl von Einzelgesprächen pro Mitarbeiter. Der Pauschalpreis pro zu beratender Person schwankt je nach Anbieter zwischen 350 und 500 Euro pro Tag (vgl. *Personalmagazin,* 2005; *Boenig,* 2003; *BDU,* 2000). Die Kosten für Outplacementberatung über Internet und Telefon liegen durchschnittlich bei unter 5.000 Euro pro Klient (*Ter Horst und Reidl,* 2004).

4.3.8 Über welche Kompetenzen sollte ein Outplacementberater verfügen?

Ein Anforderungsprofil für Outplacementberater lässt sich annähernd aus den vielfältigen Aufgaben ableiten.

> Ein Berater soll einerseits psychologische Unterstützung bei der Verarbeitung der Trennung geben und andererseits auf der Grundlage eines Stärken-Schwächen-Profils die Erarbeitung neuer beruflicher Perspektiven und die Bewerbungsphase unterstützen. Gegebenenfalls soll er überdies Unternehmen in Trennungsprozessen und Personalabbauprojekten beraten.

Neben Anforderungen an die Persönlichkeit eines Outplacementberaters sind von den in Kapitel 1 erwähnten Fach- und Feldkompetenzen folgende aus unserer Sicht für diese Tätigkeiten besonders wichtig:

- Fachkompetenzen in Psychologie,
- Betriebswirtschaftslehre und
- Arbeitsrecht sowie
- branchenübergreifende Arbeitsmarktkenntnisse,

- das Wissen über den regionalen und überregionalen Arbeitsmarkt,
- über Berufsbilder und Berufswege sowie
- über Bewerbungsstandards.

Der Berater sollte empathisch sein, aber auch den Beratungsprozess mit dem nötigen Abstand betrachten. Authentizität fördert die Akzeptanz durch den Klienten und somit auch das Vertrauensverhältnis. Wichtig ist zudem, dass der Berater den Klienten motivieren kann und ihm bisweilen Mut macht. Mit dem schnellen Wandel vieler Branchen verändern sich auch die Anforderungen an die Bewerber. Die Berater müssen sich daher ständig à jour halten.

Beraterteams

Da all dies kaum in einer Person vereinbar ist, macht es Sinn, in Beraterteams zu arbeiten. Die unternehmensbezogene Outplacementberatung sollte – nicht allein wegen des drohenden Rollenkonflikts – von anderen Beratern durchgeführt werden als die eigentlichen Beratungsgespräche. Auch die Anwendung psychologischer Testverfahren wird in großen Beratungen durch Spezialisten (Diplom-Psychologen) abgedeckt. Das ermöglicht den beratenden Kollegen, sich auf die Gespräche mit den Klienten und auf den Markt konzentrieren zu können.

Die Berater sollten ebenfalls in der Lage sein, den Zeit- und Kostendruck auszuhalten, der vom Auftraggeber, dem Klienten und dem Arbeitgeber (implizit) aufgebaut wird. Das auftraggebende Unternehmen wünscht, dass der Klient das Unternehmen ohne Groll verlässt, schnell eine neue Stelle findet und die positive Entwicklung durch die Outplacementberatung als Erfolg auf das Unternehmen zurückstrahlt. Der Klient möchte so schnell wie möglich wieder in einem Arbeitsverhältnis stehen. Die Outplacementberatung ist sicherlich auch an einer schnellen Lösung interessiert, da bei den meisten Vergütungsmodellen dadurch die Deckungsbeiträge ansteigen.

Ideal wäre, wenn der Berater vom Tempo absehen könnte, um nicht nur die schnellste, sondern die für den Kandidaten beste Lösung zu finden. Trauerarbeit, Zielfindung und andere Prozesse lassen sich nicht einfach beliebig beschleunigen. Versucht man, sie abzukürzen, kann dies zu Folgeproblemen – und im Garantiefall zu Mehrarbeit an späterer Stelle – führen. Letztlich sollten nicht nur Geschwindigkeit, sondern auch die Qualität im Beratungsprozess und somit andere Erfolgskriterien eine Rolle spielen. Dazu können der Verbleib in der neuen Position, der Erfolg in der neuen Firma und die persönliche Zufriedenheit zählen.

4.3.9 Schlussbemerkungen

Unübersichtlicher Markt

Wie bei den anderen in diesem Buch vorgestellten Beratungsansätzen wird auch der Outplacementmarkt immer unübersichtlicher. Unter dem Label Outplacementberatung verbergen sich teilweise schlichte Bewerbungstrainings oder Personalvermittler.

Aufgrund der kritischen Marktsituation vieler Personalberater haben diese in den letzten Jahren ihre guten Kontakte zu den Unternehmen genutzt, um neben der Personalsuche auch den Abbau mitzugestalten. Diese Kombination ist aus verschiedenen Gründen kritisch (*Mühlenhoff*, 2003). So fehlt einigen Personalberatern die Zeit, die Klienten entsprechend ihren Erfahrungen und Potenzialen sowie ihren Zielen zu beraten. Gegebenenfalls wird zudem im Zielkonflikt zwischen dem Auftrag eines Kunden und den Interessen des Klienten keine längerfristige Karrierestrategie erarbeitet, sondern der Kandidat wird kurzfristig in verschiedenen Unternehmen präsentiert. Vor allem aber wird ein Klient sich nicht offen zu seinen Schwächen bekennen, wenn er davon ausgehen kann, dass der Outplacementberater auch als Personalberater tätig ist, da sich dies nachteilig auf die Vermittlung in eine neue Position auswirken könnte.

So verliert das Outplacement seinen Charakter als Beratung, d. h. als Raum, in dem eine offene Reflexion von Standort, Kompetenzprofil und Perspektiven möglich ist. Ein Outplacementberater, der seine Kunden vermittelt, nimmt dem Betroffenen Lernchancen und auch das Erfolgserlebnis, selbst die Lösung seines Anliegens herbeigeführt zu haben. Ein prozessorientiert arbeitender Outplacementberater sollte seinem Klienten nicht die Arbeitsplatzsuche abnehmen, sondern diesen im Sinne einer Hilfe zur Selbsthilfe dabei unterstützen, seinen eigenen Weg zu finden.

Akzeptanz trotz Kritik

Während die Akzeptanz von Outplacement in den meisten Unternehmen und bei den Betroffenen steigt, gibt es auch einige kritische Stimmen: Machen Unternehmen es sich damit nicht nur »leicht«, Mitarbeiter zu entlassen? Ist dies nicht einfach ein »sanfter Rausschmiss«? Untersuchungen zum Nutzen und zur Effektivität von Outplacement könnten zum Imagegewinn beitragen. Eine wissenschaftliche Wirksamkeitskontrolle von Outplacement, für die Unternehmen immerhin sehr viel Geld zahlen, gibt es erstaunlicherweise jedoch nicht.

Große Beratungen veröffentlichen sehr positive Zahlen. Nach Angaben des *BDU* liegt die Erfolgsquote von Outplacement über 90 Prozent. Knapp

Erfolgsquote

zwei Drittel der im Einzel-Outplacement betreuten Klienten finden laut BDU innerhalb eines halben Jahres eine neue Stelle. Es bleibt allerdings offen, ob diese Personen nicht auch ohne Outplacementberatung schnell eine neue Position gefunden hätten. Gerade die Einzelberatung wird oft nur sehr hoch qualifizierten Personen zuteil, die eventuell ohnehin aufgrund ihrer Kompetenzen schnell einen neuen Arbeitsplatz finden würden. Wissenschaftlich formuliert: Es liegt kein experimentelles Untersuchungsdesign mit Kontrollgruppe vor, das tatsächlich einen Unterschied zwischen Personen mit Beratung und solchen ohne hätte aufdecken können. Gleichzeitig sind der Outplacementmarkt und die praktizierten Maßnahmen wenig transparent, so dass gegenwärtig keine eindeutige Stellungnahme von wissenschaftlicher Seite möglich ist (*Lang-von Wins et al.*, 2004, S. 1144). Wünschenswert wäre eine stärkere Vernetzung der praktischen Dienstleistung mit Forschung und Lehre sowie Fort- und Weiterbildung.

4.4 Mediation: Konflikte konstruktiv bewältigen

Claudia Eilles-Matthiessen

Es gibt keine dauerhaft konfliktfreien Bereiche – nicht im Privat- und nicht im Arbeitsleben, wo Menschen mit unterschiedlichsten Werten, Einstellungen, Interessen und Zielen zusammentreffen. In Organisationen bedeuten Konflikte zunächst Unsicherheit und Unterbrechung des täglichen ziel- und aufgabenbezogenen Handelns. Sie sind oft mit starken Emotionen – Wut, Kränkung und Empörung – verbunden und beeinträchtigen die Leistungsfähigkeit der beteiligten Personen. Mit der Mediation möchten wir eine Interventions- und Beratungsform vorstellen, die es ermöglicht, festgefahrene Konflikte und scheinbar unvereinbare Gegensätze zu einer konstruktiven Lösung zu führen.

4.4.1 Was ist Mediation?

> Mediation ist ein außergerichtliches Verfahren zur Lösung eines aktuellen Konflikts, in dem die Konfliktparteien, unterstützt durch einen Mediator, eigenverantwortlich eine tragfähige Konfliktlösung erarbeiten.

Kommunikationsfähigkeit und Konfliktmanagement stärken

Die Zielsetzungen der Mediation beziehen sich neben der Konfliktlösung auch darauf, die Kommunikationsfähigkeit und das Konfliktmanagement der Beteiligten über das aktuelle Konfliktgeschehen hinaus zu stärken. Im Idealfall wird ein aktueller Konflikt als Entwicklungschance genutzt, um Konfliktlösungskompetenzen zu erwerben, eine erweiterte Sichtweise von Problemen zu gewinnen und das Gelernte auf andere Konfliktsituationen zu übertragen. Eine Verbesserung der Beziehung zwischen den Parteien wird ausdrücklich angestrebt. Der Mediator führt die Konfliktparteien durch einen Klärungsprozess, der sie befähigt, ihre eigenen Interessen und diejenigen der anderen Partei zu verstehen, um gemeinsam eine einvernehmliche Lösung zu finden.

Damit hat eine gelungene Mediation positive Wirkungen auf die Konfliktkultur der beteiligten Personen, die weit über die Klärung eines aktuellen Konfliktes hinausgeht. Sie hat somit auch eine präventive Funktion. In Organisationen implementiert, leistet die Mediation über die Klärung eines aktuellen Konfliktes hinaus einen wichtigen Beitrag zur Organisationsentwicklung (siehe dazu *Kerntke,* 2004).

Prinzipien

Eine Mediation ist durch folgende Prinzipien gekennzeichnet (*Altmann, Fiebinger und Müller,* 2005; *Hösl,* 2002):

- Eine Mediation wird von einem externen Dritten, einem professionellen Mediator, durchgeführt. Dieser dient als Vermittler, wenn die Kommunikation zwischen den Konfliktparteien stockt, sich im Kreise dreht, von gegenseitigen Vorwürfen getragen oder völlig eingefroren ist.
- Der Mediator ist allparteilich und neutral. Allparteilichkeit bedeutet, dass der Mediator sich den Interessen einer jeden Partei gleichermaßen verpflichtet fühlt. Neutralität bedeutet, dass der Mediator als externer Berater keinerlei persönliche Interessen verfolgt, keinen Weisungen untersteht und nicht an spezifische Interessengruppen eines Konfliktes gebunden ist.
- Mediation fördert die Eigenverantwortlichkeit der beteiligten Konfliktparteien und setzt die Bereitschaft zur eigenverantwortlichen Lösung eines Konfliktes voraus. Anstatt Entscheidungen an eine dritte Instanz zu delegieren, sind die Beteiligten angehalten, eigene, individuelle Lösungen zu entwickeln. Auf Seiten des Mediators erfordert dieses Prinzip Vertrauen in die eigenverantwortliche Lösungskompetenz der Teilnehmer. Der Mediator kann den Prozess steuern, Klärungshilfe leisten, als Katalysator und Vermittler fungieren und Anregungen für Lösungen geben. Die eigentliche Arbeit

an der Entwicklung einer Lösung leisten jedoch die Teilnehmer. Mediation setzt absolute Freiwilligkeit der Teilnehmer voraus. Der Anstoß zu einer Mediation kann dabei durchaus von einer der beteiligten Parteien erfolgen. Letztlich aber müssen – soll dieses Verfahren eine echte Chance haben – alle Beteiligten die Mediation als Methode der Konfliktlösung anerkennen und mittragen.
- Mediation geht zukunftsgerichtet vor. Vergangene Geschehnisse sind wichtig, um Ursachen und Dynamik eines Konfliktes zu verstehen. Die Blickrichtung des Verfahrens ist jedoch zukunftsgerichtet und lösungsorientiert.
- Im Unterschied zur Rechtsprechung rekurriert die Mediation nicht auf allgemein verbindliche Normen und Regeln, sondern versucht fall- und problemspezifische Lösungen zu entwickeln. Anstelle der Suche nach Schuld und der Entscheidung über Recht und Unrecht tritt die Suche nach Klärung und Lösung, die den Interessen aller beteiligten Parteien gerecht wird.
- Mediation ist ergebnisoffen. Grundsätzlich sind alle Ergebnisse möglich und die Durchführung der Mediation darf nicht an die Bedingung einer bestimmten Lösung geknüpft sein.
- Ziel der Mediation ist es, für alle Parteien eine Win-Win-Lösung herbeizuführen. Im Unterschied zu einem Nullsummenspiel, bei dem eine Partei nur gewinnen kann, wenn die andere verliert, handelt es sich bei der Win-Win-Situation um eine Lösung, bei der beide Parteien gewinnen. Ein wesentlicher Schritt bei der Entwicklung einer Win-Win-Lösung ist die Unterscheidung von Positionen und Interessen.

Abgrenzung von anderen Beratungsverfahren

Die Mediation muss gegen andere Beratungsverfahren sowie gegen andere Verfahren der Konfliktlösung abgegrenzt werden. Überschneidungen und damit Abgrenzungsbedarf besteht gegenüber Supervision (insbesondere Teamsupervision), Moderation (insbesondere Konfliktmoderation) und Coaching. Bezogen auf spezifische Verfahren der Konfliktregelung ist die Mediation von der Verhandlung, dem Schiedsgerichtsverfahren und dem Gerichtsverfahren abzugrenzen.

Supervision

Wie im Kapitel 4.1 ausgeführt, ist es Gegenstand der Supervision, professionelle Beziehungen zu analysieren und zu verbessern. Konflikte zwischen den Teilnehmern können gerade in der Teamsupervision zu einem zentralen Thema werden. Während allerdings bei der Mediation die Lösung eines konkreten und aktuellen Konflikts angestrebt wird, stehen bei der Teamsupervision die Reflexion und Verbesserung der Arbeitsbeziehung sowie die Kompetenzentwicklung der Teilnehmer im Vordergrund. Ziel der Supervision ist es, die Selbstregulationsfähigkeit eines Teams zu entwickeln bzw. wieder herzustellen (*Rappe-Giesecke,* 2003) sowie emotional belastende und teilweise tabuisierte Themen wie Rivalitäten, Rollenambivalenzen und gruppendynamische Prozesse aufzuklären. Die Bearbeitung eines aktuellen Konfliktes, die im Zentrum der Mediation steht, ist damit immer nur eine Teilaufgabe der Supervision (*Haeske,* 2003).

Supervision im Vergleich zur Mediation

Weitere Unterschiede beziehen sich auf das Setting und den Anwendungsbereich beider Verfahren. Team- bzw. Fallsupervision erfolgt meist in Kleingruppen mit ca. vier bis sechs Teilnehmern, wobei jeder Gelegenheit hat, ein Problem bzw. einen Fall aus der eigenen Praxis darzustellen, welcher dann gemeinsam mit der Gruppe bearbeitet wird. An einer Supervision nehmen üblicherweise Angehörige einer Profession teil. Im Unterschied zu einem Mediationsverfahren, in welchem immer alle am Konflikt beteiligten Personen anwesend sind, ist es in einer Supervision nicht ungewöhnlich, dass nur eine im Konflikt involvierte Person ihr Problem darstellt. Supervision findet als Forum der Reflexion oft regelmäßig statt. Mediation ist bezogen auf Dauer und Häufigkeit dagegen punktuell auf den aktuellen Konflikt und dessen Lösung ausgerichtet. In Bezug auf die Anwendungsbereiche lässt sich anmerken, dass bei Konflikten, die bereits verhärtet sind, bei denen die generelle Bereitschaft zur Kommunikation eingeschränkt ist und die sehr unterschiedliche Personen- und Interessengruppen betreffen, eher die Mediation das Verfahren der Wahl ist.

Moderation

Unter Moderation versteht man die steuernde Einflussnahme einer inhaltlich neutralen, außenstehenden Person auf den Kommunikationsprozess einer Gruppe (*Redlich,* 1996). Ziel der Moderation ist es, Kommunikationsprozesse in Gruppen zu strukturieren, die Leistung von Arbeitsgruppen zu verbessern und Diskussionen zu einem Ergebnis zu führen, dem möglichst alle Beteiligten zustimmen. Die Moderation unterscheidet sich von der Mediation also zunächst dadurch, dass sie eine Gruppenarbeitsmethode ist und keine Konflikte voraussetzt (*Haeske,* 2003).

Konfliktmoderation

Bei der Konfliktmoderation steht nicht mehr nur die Klärung und Strukturierung von arbeitsbezogenen Sachfragen, sondern die Lösung eines Konflikts zwischen den Mitgliedern einer Gruppe oder zwischen Gruppen im Vordergrund. Konflikte in Arbeitsgruppen können bedingt sein durch unterschiedliche Zielvorstellungen, unterschiedliche Arbeitsstile, Machtspiele, dysfunktionale gruppendynamische Prozesse, Konformitätsdruck oder Verantwortungsdiffusion (*Irle,* 2001). In allen Fällen sollte der »Vorrat an gemeinsamen Zielen, Normen und Entscheidungsregeln« noch so groß sein, »dass die Beteiligten mehrheits- oder konsensfähig sind« (*Irle,* 2001, S. 9). Ist der Konflikt bereits verhärtet oder gar eskaliert und sind keine gemeinsamen Ziele mehr erkennbar, dann ist anstelle einer Konfliktmoderation eine Mediation angezeigt (*Sturm,* 2004).

Konfliktmoderation vs. Mediation

Der wesentliche Unterschied zwischen Konfliktmoderation und Mediation besteht darin, dass bei Letzterer scheinbar unvereinbare Positionen vorliegen und der Mediator die Rolle des Vermittlers einnimmt. Er achtet darauf, dass die Beteiligten »ihr Gesicht wahren können«, und berücksichtigt deren individuelle Einsichts- und Handlungsfähigkeit. Der Mediator interveniert in einer Krise und in Fällen, in denen verhärtet Positionen einander gegenüberstehen. Auch am Ende eines Mediationsprozesses werden die unterschiedlichen Interessen der Parteien noch erkennbar sein. Bei einer Moderation steht dagegen die gemeinsame Gruppenleistung im Vordergrund. Auch der Moderator wird vermittelnd tätig, allerdings nur, um ein vorübergehendes Ungleichgewicht in der Diskussion auszugleichen und um anschließend den Fokus wieder auf die gemeinsame Gruppenleistung zu lenken. Bei der Mediation ist die Vermittlung das Endziel, bei der Moderation ist sie ein Zwischenschritt zur Verbesserung der Leistungsfähigkeit der Gruppe (*Sturm,* 2004).

Coaching

Beim Coaching handelt es sich um einen Beratungsansatz, der auf die Klärung berufsbezogener Fragen und auf die Entwicklung berufsrelevanter Kompetenzen abzielt. Im Unterschied zur Mediation strebt Coaching nicht nur eine Lösung von aktuellen Konflikten, sondern eine nachhaltige Entwicklung persönlicher und berufsbezogener Kompetenzen an. Auch Konflikte können Gegenstand des Coachings sein. Diese werden jedoch zwischen Coach und Klient bearbeitet. Ein Einbezug der am Konflikt beteiligten Person(en) ist beim Teamcoaching möglich. Dies ist jedoch nur dann sinnvoll, wenn ein Konflikt noch nicht verhärtet, die Beziehung der Beteiligten noch tragfähig und Kommunikation noch möglich ist. Beide Verfahren setzen ein hohes Maß an Eigeninitiative und Selbstverantwortung voraus.

Während eines Mediationsprozesses kann sich insbesondere in begleitenden Einzelgesprächen herausstellen, dass Coaching für eine Person eine sinnvoll ergänzende und weiterführende Entwicklungsmöglichkeit darstellt. Dies ist z. B. dann der Fall, wenn eine Person ihre sozialen Kompetenzen, Kritik- oder Argumentationsfähigkeit über den aktuellen Mediationsprozess hinaus erweitern und entwickeln will (*Haeske,* 2003). Es versteht sich von selbst, dass der Mediator selbst nicht als Coach für einen an der Mediation beteiligten Teilnehmer tätig werden kann.

Abgrenzung von anderen Konfliktlösungsverfahren

Mediation muss nicht nur gegen andere Verfahren der Beratung, sondern auch gegen andere Verfahren der Konfliktlösung wie Verhandlung, Schlichtung, Schiedsgerichtsverfahren und Gerichtsverfahren abgegrenzt werden.

Verhandlungen

Bei Verhandlungen geht es in der Regel weniger um festgefahrene Konflikte als um die Klärung von Sachfragen. Meist wird bei einer Verhandlung auch keine neutrale dritte Partei zur Vermittlung hinzugezogen; eher ist es die Regel, dass jede Partei einen oder mehrere Sprecher als Verhandlungsführer bestellt, deren Aufgabe es dann ist, die Interessen der eigenen Partei bestmöglich zu vertreten. Verhandlungen sind – im Unterschied zu gerichtlichen Verfahren – wenig strukturiert, sie finden freiwillig, jedoch ohne einen neutralen Vermittler statt.

Schlichtung

Schieds- und Schlichtungsverfahren sind wie die Mediation außergerichtliche Verfahren der Konfliktbeilegung. Die Schlichtung steht der Mediation näher als das Schiedsverfahren. Schlichter werden von den Konfliktparteien frei gewählt. Die Konfliktparteien tragen dem Schlichter ihren Konfliktfall vor und bitten diesen um einen Entscheidungsvorschlag. Der Schlichter beendet das Verfahren mit einer Entscheidung, dem Schlichterspruch. Dieser Schlichterspruch ist im Unterschied zu einem Gerichts- oder Schiedsverfahren zunächst nicht rechtsverbindlich, sondern von der Annahme der Parteien abhängig (*Montada und Kals,* 2001). Eine Konfliktlösung durch Schlichtung wird häufig im Zusammenhang mit arbeitsrechtlichen Konflikten, z.B. bei Tarifkonflikten, eingesetzt.

Schiedsgerichtsverfahren

Das Schiedsgerichtsverfahren ist ein Verfahren für bürgerliche Rechtsstreitigkeiten, das dem gerichtlichen Verfahren ähnelt. Es lässt den Parteien mehr Einfluss- und Gestaltungsraum als ein hochformalisiertes und strukturiertes Gerichtsverfahren, ist jedoch in höherem Maße formalisiert als die Mediation. Im Vergleich zu einer gerichtlichen Auseinandersetzung ist das nichtöffentliche und freiwillige Schiedsgerichtsverfahren oft schneller. Allerdings strebt es weniger eine Win-Win-Lösung als eine Entscheidung nach vorab festgelegten Prinzipien an. Das Schiedsgerichtsverfahren wird in der Regel von einem Juristen mit spezifischem Fachwissen geleitet. Die Konfliktparteien wählen einen oder mehrere Schiedsrichter, die die für den Konfliktfall notwendigen Kenntnisse und Erfahrungen mitbringen, was gerade in wirtschaftlichen Belangen ein großer Vorteil sein kann.

Gerichtsverfahren

Bei Gerichtsverfahren schließlich handelt es sich um einen hochformalisierten und strukturierten Prozess, der nach gesetzlich verankerten Regeln abläuft. Das Verfahren lässt den Beteiligten keine Wahl- und Einflussmöglichkeiten mehr. Entschieden wird nach Rechtsprechung und Gesetzen.

Mediator im Vergleich zum Richter und Schiedsrichter

Vergleicht man die Tätigkeit des Mediators mit derjenigen eines Richters oder Schiedsrichters, dann lassen sich sowohl Gemeinsamkeiten als auch Unterschiede feststellen. Bei allen drei Formen der Konfliktlösung ist der Dritte neutral und steuert den Verhandlungsprozess. Obwohl Richter bzw. Schiedsrichter berechtigt sind, notfalls den Streit autoritativ zu entscheiden, werden sie angehalten, auf eine gütliche Regelung des Rechtsstreits bedacht zu sein und »vergleichsfördernd« zu agieren (*Eidenmüller,* 2000). Am Ende steht dennoch eine rechtsverbindliche Entscheidung des Richters oder Schiedsrichters, die allenfalls über den Instanzenweg angefochten werden kann. Anders ist es in einer Mediation, in der die Konfliktparteien ihre Verantwortung und Entscheidungsfreiheit nicht an Dritte abgeben. Der Mediator hat keine Entscheidungsgewalt.

Ein weiterer Unterschied besteht in der verschiedenartigen Bewertung von Ansprüchen und Interessen (*Eidenmüller,* 2000). Ein Rechtsverfahren kann sich immer nur auf Rechtsansprüche stützen. Häufig geht dabei verloren, was die Parteien eigentlich wollen. Insofern wird das Urteil eines Richters oder Schiedsrichters oft als ungerecht erlebt (*Montada und Kals,* 2001), da eigene Interessen nicht genügend berücksichtigt wurden. In Mediationsverfahren spielt das Recht zwar auch eine Rolle, aber die Rechtsansprüche stehen eher im Hintergrund. Es geht vorrangig um die Interessen der Konfliktparteien und darum, wie auf deren Grundlage eine für alle Beteiligten vorteilhafte Lösung gefunden werden kann. Nicht zu vergessen ist, dass ein Rechtsverfahren im Unterschied zu einem Mediationsverfahren oft als streitverschärfend erlebt wird.

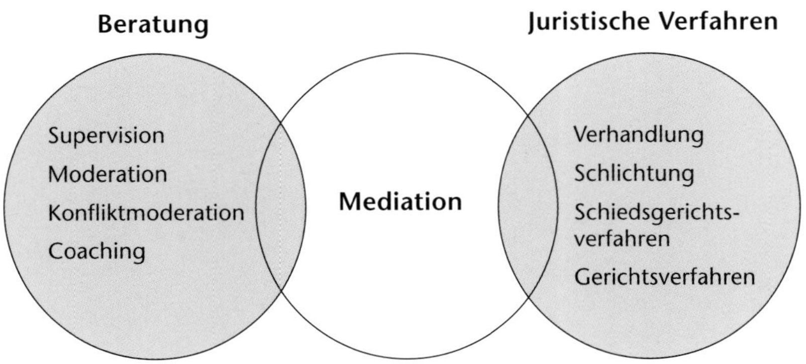

Mediation im Kontext verwandter Verfahren

4.4.2 In welchen Situationen ist Mediation sinnvoll?

Mediation lässt sich in vielen Bereichen des privaten und öffentlichen Lebens nutzen. Beispiele sind Familien-, Trennungs- und Scheidungskonflikte, Erbkonflikte, Miet- und Verbraucherkonflikte. Von den vielfältigen Einsatzgebieten der Mediation ist für den *Beratungskompass* die Wirtschaftsmediation, von einigen Autoren auch als Organisationsmediation bezeichnet (*Kerntke,* 2004; *Pühl,* 2003b), von besonderem Interesse.

Wirtschafts- bzw. Organisationsmediation

Konflikte zwischen Unternehmen oder Streitigkeiten innerhalb von Organisationen gehören zum betrieblichen Alltag. Konflikte unter den Mitarbeitern, zwischen Vorgesetzten und Mitarbeitern, innerhalb des Managements sowie zwischen Unternehmensleitung und betrieblicher Interessenvertretung treten sehr häufig auf und können – konstruktiv bewältigt – ein Motor für Veränderungen sein. Zum Problem werden Konflikte dann, wenn sie gar nicht oder nur unzureichend bearbeitet werden. Verhärtete Konflikte und Eskalationen sowie destruktive Kommunikationsformen bis hin zu Mobbing können die Folge sein.

> Eine gerichtliche Klärung von Arbeits- und Wirtschaftskonflikten ist in der Regel mit hohen Kosten, aber auch mit Vertrauensverlust und Imageschaden verbunden. Eine außergerichtliche Lösung wie die Mediation kann alternative Lösungswege aufzeigen und damit über die Lösung des aktuellen Konflikts hinaus zu einer Verbesserung der Kommunikations- und Konfliktkultur einer Organisation beitragen.

Mediation in der Wirtschaft kann eingesetzt werden bei Konflikten zwischen Organisationen, bei Konflikten zwischen Organisationen und ihrem Umfeld sowie bei Konflikten innerhalb einer Organisation. Die folgende Aufzählung zeigt Beispiele für Konflikte aus diesen drei Bereichen (vgl. *www.bmev.de, Haeske,* 2003, S. 15):

- Konflikte eines Unternehmens mit Kunden, Lieferanten und Verbrauchern,
- Konflikte zwischen Mitarbeitern, zwischen Teams, zwischen Abteilungen, zwischen Unternehmensbereichen,
- Konflikte zwischen Führungskräften sowie zwischen Führungskräften und Mitarbeitern,
- Konflikte zwischen Geschäftsführern und Vorständen,
- Fragen der Haftung und Gewährleistung (z.B. Herstellerhaftung, Arzthaftung, Baumängelhaftung, Umweltfragen),

- Auseinandersetzungen im Bereich des gewerblichen Rechtsschutzes (Urheberrecht, Patente),
- Konflikte in Familienunternehmen,
- Fragen der Unternehmensnachfolge,
- Gesellschafterkonflikte,
- Tarifkonflikte,
- Aushandeln von Regelungen zwischen Interessenvertretungen und Unternehmensleitung in Umstrukturierungsprozessen sowie
- Konflikte zwischen Unternehmen und Öffentlichkeit (z.B. Bauvorhaben, Umweltkonflikte).

Vorab zu klärende Fragen

Gerade wegen der Vielfalt der Einsatzgebiete gilt es, einige Fragen zu klären, bevor ein Mediationsverfahren in einer Organisation initiiert wird. Schließlich ist die Mediation nicht für jeden Konfliktfall das optimale Verfahren. Geklärt werden sollten insbesondere die folgenden Punkte: Ist im vorliegenden Konfliktfall Mediation oder ein alternatives Konfliktlöseverfahren die geeignete Methode? Sind der Konflikt oder eher das grundsätzlich schlechte Betriebsklima und die unproduktive Arbeitsweise der betreffenden Gruppe das eigentliche Problem? Je mehr organisatorische Faktoren an der Entstehung eines Konflikts beteiligt sind, desto eher ist zu überlegen, ob nicht strukturelle Veränderungen anstelle der Mediation die Methode der Wahl darstellen. Ein extrem weit eskalierter Konflikt wird zudem eher durch einen Eingriff des Vorgesetzten entschieden. Auch wenn eine Entscheidung durch personelle Einzelmaßnahmen wie eine Abmahnung und den Entzug von Kompetenzen bereits unwiderruflich getroffen wurde, eignet sich eine Mediation nicht, um anschließend die Folgen für die Betroffenen abzufedern (*Haeske,* 2003).

In Vorgesprächen ist zu klären, dass eine Mediation nicht durch parallel initiierte juristische Verfahren behindert wird. Wegen der unabdingbaren Vertraulichkeit des Mediators muss ebenfalls vereinbart werden, dass er in einem eventuellen Rechtsstreit nicht als Zeuge benannt wird (*Pühl,* 2003b). Es empfiehlt sich, den Mediator zur Vertraulichkeit zu verpflichten, sofern er nicht etwa als Rechtsanwalt einem Berufsstand angehört, der generell zur Verschwiegenheit verpflichtet ist.

Wie für alle Beratungs- und Interventionsverfahren in Organisationen gilt auch für die Mediation, dass die Unternehmensverantwortlichen in die Mediation einbezogen werden. In vielen Fällen sind Führungskräfte selbst Teil der Konfliktdynamik und sollten als Konfliktpartner aktiv an der Mediation teilnehmen (*Pühl,* 2003b).

Der Mediator sollte vor Annahme eines Auftrages prüfen, ob er die geeignete Person für dieses Verfahren ist. Er sollte den Auftrag ablehnen, wenn er über zu wenig organisationsbezogene Erfahrungen und Kenntnisse des Sachverhalts verfügt oder wenn eine persönliche Voreingenommenheit vorliegt (*Haeske,* 2003).

Unterschiedliche Systemebenen

Konflikte in und zwischen Organisationen sind häufig sehr komplex und haben viele, teils unsichtbare Beteiligte. Hier ist es besonders wichtig, die unterschiedlichen Systemebenen nach ihrer Bedeutung für den Konflikt zu beleuchten und den Blick sowohl auf das Gesamtsystem als auch auf die einzelnen Teilsysteme und Hierarchieebenen zu richten. Ein organisationaler Konflikt sollte in Bezug auf folgende Aspekte hin analysiert werden (*Haeske*, 2003, S. 58):

- Welche Rolle spielen kulturelle Unterschiede und Spannungen für das Verständnis des Konflikts?
- Welche expliziten und impliziten Werte und Normen herrschen in einer Organisation vor?
- Welche Konfliktkultur wird durch die Leitungsebene einer Organisation vermittelt?
- Welche Position, Rolle, Handlungsmöglichkeiten und Verantwortung hat der Vorgesetzte?
- Welche Arbeitsorganisation, Arbeitsstrukturen und sozialen Strukturen bestehen innerhalb einer Abteilung? Wie ist das Ansehen einer Abteilung innerhalb der Organisation?
- Wie sind Klima und Dynamik innerhalb von Arbeitsgruppen und Teams zu beschreiben?

Bei der Mediation im Arbeitsleben ist zu beachten, dass die Konfliktparteien in der Regel nach der Bewältigung des aktuellen Konfliktes weiter zusammenarbeiten müssen. Hier müssen auch deshalb langfristig tragfähige Lösungen gefunden werden. *Haeske* (2003) misst deshalb der nachhaltigen Veränderung des Kommunikations- und Konfliktverhaltens eine besondere Bedeutung bei.

Teilnahme oft unfreiwillig

Zu den besonderen Rahmenbedingungen der Mediation im Arbeitsleben gehört es, dass die Konfliktparteien oft von Vorgesetzten und Personalverantwortlichen zur Mediation geschickt werden. Von freiwilliger Teilnahme kann da nicht immer gesprochen werden. Während sich z.B. bei der Scheidungsmediation zwei formal gleichberechtigte Partner gegenübersitzen, kann es bei einer Mediation im Arbeitsumfeld schwer auszubalancierende Machtungleichgewichte geben. Wenn Machtstrukturen und

Hierarchien aber während der Mediation im Verborgenen weiterwirken, ist es kaum möglich, eine tragbare einvernehmliche Lösung zu finden. Hier ist der Mediator in besonderer Weise gefordert, eventuell bestehende Machtgefälle anzusprechen und auszugleichen – ohne dass damit eine »Gleichmacherei« im Sinne einer Nivellierung von bestehenden Rollen- und Positionsdifferenzen verbunden sein sollte.

Der Vielfalt der Konflikte stehen Mediatoren unterschiedlicher professioneller Herkunft gegenüber. Einige Mediatoren haben ihren Ursprungsberuf im sozialwissenschaftlichen, psychologischen oder psychosozialen Bereich. Vor allem aber ist die Mediation ein wichtiges Tätigkeitsfeld für Juristen. In komplexen Fällen kann eine Co-Mediation sinnvoll sein. Dabei führen zwei Mediatoren – einer mit juristischer und einer mit sozialwissenschaftlicher Kernkompetenz – ein Mediationsverfahren gemeinsam durch.

4.4.3 Auf welchen Theorien und Modellen beruht Mediation?

Psychologie als Grundlage

Mediation greift auf eine Vielzahl von theoretischen Grundlagen aus unterschiedlichen Disziplinen zurück. Neben Rechtswissenschaften und Soziologie gilt vor allem die Psychologie als wesentliche Grundlagendisziplin (*Montada und Kals,* 2001). Diese leistet wichtige Beiträge etwa aus den Gebieten Konfliktforschung, Emotions- und Motivationsforschung, Kommunikationsforschung und Gerechtigkeitsforschung.

Die Theorien, Modelle und Techniken die in Kapitel 2 und 3 dargestellt wurden, liefern ebenfalls wichtige Beiträge und können dem Mediator eine Orientierung geben. Eine psychoanalytische Perspektive kann helfen, die unbewusste Ebene eines Konfliktes und unbewusste Interaktionen in einer Gruppe zu identifizieren (*König,* 2001). Die systemische Sichtweise fördert das vernetzte und lösungsorientierte Denken und trägt auch auf der Ebene der Techniken dazu bei, etwa durch zirkuläres Fragen, einen Konflikt zu verstehen. Der Klientenzentrierte Ansatz nach *Rogers* (1978) dient als Grundlage für eine wertschätzende und die Selbstexploration fördernde Haltung – um nur einige Beispiele zu nennen.

Mediation ist wie alle in diesem Buch vorgestellten Verfahren eine Methode, die in erster Linie mit der Sprache arbeitet. Das Mitteilen von Fakten und Gefühlen und das gegenseitige Zuhören spielen eine wichtige Rolle im Beratungsprozess. Mediatoren helfen durch gezielte Fragen, Paraphrasieren und andere Techniken der Gesprächsführung den Konfliktparteien, eine eigene Lösung zu finden. Beiträge für die Mediation leisten demnach auch Kommunikationsmodelle (z.B. *Schulz von Thun,* 1982).

Gruppenprozesse

In der Mediation spielen Gruppenprozesse sowohl für die Eskalation eines Konflikts als auch für das Erarbeiten einer Vereinbarung eine wichtige Rolle. Der gekonnte Umgang mit Gruppendynamik und Gruppenprozessen trägt dazu bei, einen konstruktiven Lösungsprozess zu fördern. Beim Aushandeln des »besten Ergebnisses« nutzt der Mediator auch Methoden der Verhandlungs- und Gesprächsführung und das Wissen aus Verhandlungsmodellen wie das Harvard-Konzept, das als ein »interessenorientiertes Verhandeln, das auf Problemlösung zielt« (*Hösl,* 2002, S. 69), in der derzeitigen Mediationspraxis dominiert.

> Ziel einer Mediation ist es, einen Konflikt mit friedlichen Mitteln beizulegen. Mediatoren sind dafür verantwortlich, dass tatsächlich die richtigen Konfliktpunkte herausgestellt und anschließend weiter bearbeitet werden. Dabei nutzen sie Wissen aus unterschiedlichen Konflikttheorien. Schafft es der Mediator nicht, den Konflikt zu verstehen, nutzen ihm weder Verhandlungsgeschick noch andere kommunikative Fähigkeiten.

Das Harvard-Konzept

Zu den wichtigsten theoretischen Grundlagen der Mediation gehört das Harvard-Konzept (*Fisher, Ury und Patton,* 2004), das an der Universität Harvard entwickelt und 1981 unter dem Titel *Getting to YES* publiziert wurde. Das Konzept beruht auf der Annahme, dass eine positive Verhandlungsweise zu einer vernünftigen Übereinkunft führt, die effizient ist und die die Beziehung der Konfliktparteien verbessert. Dem Harvard-Konzept liegen vier Prinzipien zugrunde, die im Folgenden kurz beschrieben werden.

1. *Trennung von Sache und Person:*
   Konflikte entstehen bzw. verschärfen sich häufig dadurch, dass die Sachebene sich unreflektiert mit der Beziehung vermischt. Ein ursprünglicher Sachkonflikt (etwa der Verteilungskonflikt »Ich möchte das größere Büro«) kann leicht die Beziehungsebene der beteiligten Personen beeinträchtigen (»Der Vorgesetzte schätzt mich nicht, sonst würde er mir das größere Büro geben«). Ist die Beziehung durch gegenseitige Schuldzuweisungen und Zuschreibungen erst einmal gestört, dann wird die Lösung des Sachkonflikts immer schwieriger. Daraus ergibt sich, dass bei der

Verknüpfung von Sach- und Beziehungskonflikten zunächst beide Ebenen entflochten und getrennt voneinander bearbeitet werden sollten.

2. *Trennung von Position und Interessen:*
   Ein wichtiger Grundgedanke des Harvard-Konzepts, der auch der Mediation zugrunde liegt, ist die Trennung von Positionen und dahinterliegenden Interessen. Positionen sind meist festgefahrene Formulierungen, die die Erwartungen oder Ziele einer Person beinhalten. Typische Positionen lauten etwa wie folgt: »Ich möchte das größere Büro, (weil ich schon länger für das Unternehmen arbeite als du)«, »Ich brauche dringend einen neuen Laptop (weil der Kollege X auch einen bekommen hat)«, »Ich bestehe darauf, dass Sie sich entschuldigen (weil Sie mir unrecht getan haben)«.

   Interessen herausarbeiten

   Im Zuge der Mediationsarbeit ist es von zentraler Bedeutung, die hinter den Positionen oder Forderungen stehenden Interessen herauszuarbeiten. Interessen, nicht Positionen, werden dann zum Gegenstand der Verhandlung. So könnte sich herausstellen, dass die Person im ersten Beispiel gar nicht unbedingt das größere Büro haben möchte, sondern dass dahinter der Wunsch nach Anerkennung ihrer langjährigen Arbeit für das Unternehmen steht. Gelingt es dem Mediator, dieses Interesse herauszuarbeiten (was sehr viel Geschick und Vertrauen erfordert), dann kann überlegt werden, ob und wie dieses Interesse auf andere Weise erfüllt werden kann. Je mehr Flexibilität die Beteiligten hier an den Tag legen, desto erfolgversprechender ist die Mediation.

3. *Suche nach einer Win-Win-Lösung:*
   Anstatt ein Nullsummenspiel zu spielen, bei dem einer nur gewinnt, wenn der andere verliert, wird eine Win-Win-Lösung angestrebt. Sie ist dadurch gekennzeichnet, dass den Interessen aller Parteien gleichermaßen Rechnung getragen wird. Voraussetzung dafür ist die Klärung der Interessen und eine kreative, möglichst offene Suche nach neuen Ideen und Handlungsmöglichkeiten.

4. *Bewertung und Auswahl der Ideen:*
   Die so generierten Handlungsideen werden von den Konfliktparteien nach gemeinsam beschlossenen fairen Bewertungskriterien bewertet und ausgewählt. Zu den möglichen Bewertungskriterien gehören etwa frühere Vergleichsfälle, Kriterien von Sachverständi-

gen, Auswirkungen, Kosten, moralische Kriterien, Gegenseitigkeit oder Tradition.

4.4.4 Wie läuft ein Mediationsprozess ab?

Gerade in konfliktträchtigen Beratungssituationen wie der Mediation sollte besonderer Wert auf die Gestaltung der Rahmenbedingungen gelegt werden. Die Mediation sollte möglichst an einem neutralen Ort stattfinden. »So wird eine neue ungewohnte Situation geschaffen, die die Parteien eher dazu animiert, sich aufeinander zuzubewegen, als dies beispielsweise im Konferenzraum der Fall ist, in dem man sich schon häufiger getroffen hat, ohne Ergebnisse zu erzielen« (*Altmann, Fiebinger und Müller,* 2005, S. 70).

Ort, Zeit, Frequenz und Dauer der Sitzungen werden in Absprache mit den Beteiligten festgelegt. Üblich sind zwei- bis dreistündige Sitzungen im Abstand von ein bis zwei Wochen. Je nach Art des Konflikts und Kooperationsbereitschaft der beteiligten Personen ist mit sieben bis zehn Sitzungen zu rechnen. Je nach Verlauf der Mediation können Abweichungen vom ursprünglich vereinbarten Setting erforderlich sein. Dies ist etwa dann der Fall, wenn in einer festgefahrenen Situation längere Pausen nötig sind, in der die Parteien intern bestimmte Aspekte des Konflikts bearbeiten sollen. Aber auch eine Intensivierung der Arbeit in Form ganztägiger Sitzungen kann unter Umständen sinnvoll sein. Schließlich ist Mediation trotz fester Prinzipien und eines bestimmten, in sich logischen Ablaufs ein individueller Prozess, der auf die Situation der Beteiligten zugeschnitten werden muss.

Für den Ablauf einer Mediation gibt es keine rechtlichen Regeln oder formalen Einschränkungen. Eine Mediation verläuft jedoch immer in aufeinander aufbauenden Phasen. Im Folgenden wird verkürzt das Phasenmodell von *Montada und Kals* (2001) wiedergegeben.

1. Vorbereitung

In der Vorbereitungsphase ist es die Aufgabe des Mediators, sich über das Konfliktfeld zu orientieren, die Parteien für die Mediationsarbeit zusammenzustellen, die Ziele der Mediation zu klären, über rechtliche Grundlagen und Regeln der Mediation zu informieren, Rahmenbedingungen zu klären und schließlich einen Mediationsvertrag mit allen Beteiligten abzuschließen.

Idealtypischer Ablauf einer Mediation

Vorbereitung
- Sich über das Konfliktfeld orientieren
- Parteien für die Mediationsarbeit zusammenstellen
- Ziele klären
- Rechtsbelehrung
- Über Regeln des Mediationsverfahrens informieren
- Rahmenbedingungen klären und festlegen

Probleme erfassen und analysieren
- Probleme artikulieren
- Probleme analysieren
- Erhoffte Gewinne durch den Konflikt klären

Konfliktanalyse
- Tiefenstrukturen aufdecken
- Weiter gehende Bedingungsanalyse des Konflikts

Konflikte und Probleme bearbeiten
- Kreative Lösungsideen generieren
- Wichtige persönliche Anliegen bewusst machen
- Reflexion der Anliegen Dritter
- Bewertung der Lösungsoptionen

Mediationsvereinbarung
- Eine Lösung wählen
- Begleitung und Kontrolle festlegen
- Einigung vertraglich festlegen

Evaluation und Follow-up
- Lösungsumsetzung kontrollieren
- Summative Evaluation

- Über das Konfliktfeld orientieren: Der Mediator wird sich zunächst über den Konflikt informieren, das Mediationsfeld näher kennen lernen und die notwendigen konfliktspezifischen Fachkenntnisse erwerben.
- Die Parteien für die Mediationsarbeit zusammenstellen: Anhand der ersten Informationen werden nun die Mediationsparteien zusammengestellt. Wichtig ist, dass alle direkt beteiligten oder betroffenen Personen eingebunden werden.
- Ziele klären: Die Konfliktgegenstände werden aufgelistet, und das Mediationsziel kann festgelegt werden. Es sollte abstrakt formuliert sein, da zu konkrete Ziele den Gestaltungsspielraum einengen könnten.
- Rechtsbelehrung: Bei justiziablen Fällen müssen alle Konfliktparteien über die rechtlichen Grundlagen des Konfliktes aufgeklärt werden. Dazu gehört auch die Aufklärung über die Möglichkeit, den Rechtsweg zu nutzen. Durch die bewusste Entscheidung gegen ein gerichtliches Verfahren und für die Mediation werden Eigenverantwortung und Motivation der Teilnehmer erhöht.
- Über die Regeln des Mediationsverfahrens informieren: Schon in einem frühen Stadium des Mediationsprozesses sollten die Konfliktparteien über die Regeln des Mediationsverfahrens unterrichtet werden. So werden Unklarheiten vermieden, und man kann sich auf diese Grundlage bei Unstimmigkeiten und Streitigkeiten berufen. Eine Auflistung von Grundprinzipien der Mediation geben *Montada und Kals* (2001, S. 184). Bei *Haeske* (2003, S. 188) findet sich ein Informationsblatt für die Konfliktparteien, in dem Regeln und Grundprinzipien der Mediation kurz erläutert werden.
- Rahmenbedingungen klären und festlegen: Es müssen die Rahmenbedingungen, wie z.B. Zeitraum, Ort, Dauer und Häufigkeit der Mediationssitzungen, festgelegt werden.
- Mediationsvertrag abschließen: Die Ziele der Mediation werden schriftlich fixiert. Zusätzlich kann der Vertrag Sanktionen beinhalten, falls das Verfahren einseitig und ohne wichtigen Grund abgebrochen wird. Eine typische Sanktion wäre z.B. die Übernahme der entstandenen Kosten. Die Teilnehmer erklären mit ihrer Unterschrift, die Regeln der Mediation zu achten.

2. Probleme erfassen und analysieren

In der zweiten Phase der Mediation geht es darum, das Problem zu erfassen, zu analysieren und die erhofften Gewinne durch den Konflikt zu klären. Probleme sollen klar artikuliert werden. Es sollen die genauen Bedeutungen, Beeinträchtigungen und Folgen eines jeden Problems dargestellt werden.

- Probleme analysieren: In diesem Schritt soll untersucht werden, welche Bedingungen den Konflikt entstehen, eskalieren und anhalten lassen. Dazu gehören auch Gründe, warum dieser noch nicht beigelegt werden konnte. Wichtige Informationsquelle ist die jeweilige Attribution (subjektive Ursachenzuschreibung) der Parteien. Da der Konflikt in der Regel seine eigene Geschichte hat und die Fronten meist verhärtet sind, fehlt den Seiten oftmals das Wissen um die Sicht der anderen Seite. Die Vermittlung dieses Wissens ist Ziel dieser Phase.
- Erhoffte Gewinne durch den Konflikt klären: Häufig werden Konflikte einseitig bewusst oder unbewusst begonnen, verschärft oder aufrechterhalten, da sich die Partei einen Gewinn daraus verspricht. Das kann beispielsweise ein subjektiver Gewinn in Form von Selbstachtung und Anerkennung sein, wenn eine Partei sich zuvor als benachteiligt oder beeinträchtigt wahrnahm. Die Klärung des (unbewussten) Gewinns, die der Konflikt mit sich bringt, ist ein weiterer wichtiger Schritt dieser Klärungsphase.

3. Konfliktanalyse

In der Phase der Konfliktanalyse geht es darum, die zugrunde liegende Struktur und Dynamik des Konflikts zu verstehen. Dazu wird zunächst die Tiefenstruktur des Konflikts aufgedeckt. Es folgt eine weiter gehende Bedingungsanalyse des Konflikts.

- Tiefenstrukturen aufdecken: Hypothesen bzw. Sichtweisen bezüglich der Konfliktinhalte sollen nicht bewertet, sondern nebeneinander stehen gelassen werden. Es sollte herausgearbeitet werden, welche Anliegen der Parteien in Konflikt stehen, wie die Verantwortlichkeit eingeschätzt wird und warum der Konflikt noch nicht beigelegt werden konnte. In dieser Phase können Einzelgespräche mit den beteiligten Konfliktparteien sinnvoll sein. In diesen Einzelgesprächen kann sich der Mediator der emotionalen Seite des Konfliktes annähern. Da hier oft tabuisierte oder sozial unerwünschte Gefühle wie etwa Kränkung oder Neid eine Rolle spielen, sind ein behutsames Vorgehen sowie absolute Vertraulichkeit in dieser Phase besonders wichtig. Ziel ist es, ein Klima der Akzeptanz zu erreichen, in der die Positionen der Gegenseite unkritisiert stehen gelassen werden.
- Weiter gehende Bedingungsanalyse des Konflikts: Wenn die Mediationsparteien auf den Konflikt fokussiert bleiben und nicht kooperativ vorgehen, kann eine weiter gehende Analyse erforder-

lich sein. Die unter Konfliktbedingungen aufgezählten Faktoren müssen, zwecks tieferen Verständnisses und besserer Interpretation des Konflikts, sorgfältig analysiert und beachtet werden.

4. Konflikte und Probleme bearbeiten

In der vierten Phase geht es darum, kreative Lösungen zu generieren. Ein wichtiger Teilschritt ist es, Interessen und Positionen voneinander zu trennen. Die mentale Einengung durch Fixierung auf den Konflikt und nicht auf die ursprünglichen Interessen sollte durch eine lösungsorientierte Sichtweise ersetzt werden.

- Kreative Lösungsideen generieren: Es soll eine möglichst große Zahl von Lösungsalternativen entwickelt werden. Um einen kreativen Prozess der Ideenfindung anzuregen, kann der Mediator Kreativitätstechniken wie Brainstorming oder die Osbornsche Checkliste einsetzen.
- Wichtige persönliche Anliegen bewusst machen: Neben einer Bewusstmachung der eigenen Anliegen soll auch das Interesse für die Anliegen der Gegenseite geweckt werden. Der Mediator hat in dieser Phase die wichtige Funktion, die Interessen der Seiten zu vermitteln und auf Gemeinsamkeiten aufmerksam zu machen. Die Kenntnis der eigenen sowie der Interessen der Gegenseite ist eine wichtige Voraussetzung für die spätere Bewertung der Lösungsoptionen.
- Reflexion der Anliegen Dritter: Die Anliegen nicht am Mediationsprozess direkt Beteiligter müssen beachtet werden, um eine ungefährdete Umsetzung des Mediationsergebnisses zu gewährleisten.
- Bewertung der Lösungsoptionen: Lösungen und Zwischenschritte werden vor allem im Hinblick auf die wichtigsten Anliegen der Konfliktbeteiligten und Dritter bewertet. Wesentliche Faktoren sind die Umsetzbarkeit, die ethischen und rechtlichen Belange sowie mögliche Nebeneffekte. Es geht in diesem Schritt weniger um den genauen Inhalt der Lösungsoption als um die Bewertung anhand der wichtigen Kriterien. Dafür ist es sinnvoll, eine Rangordnung aufzustellen, in der die Kriterien nach Priorität geordnet werden. Die Diskussion über die Bewertungskriterien sollte sachlich und lösungsorientiert geführt werden und sich nicht auf die Lösung, sondern auf die Kriterien zur Lösungsauswahl beschränken.

In der Phase der Mediationsvereinbarung wird aus den vorher erarbeiteten Lösungsalternativen die bestmögliche Lösung ausgewählt und deren Umsetzung festgelegt.

5. Mediationsvereinbarung

- Eine Lösung wählen: Zunächst werden die möglichen Lösungsoptionen anhand der Bewertungskriterien eingegrenzt und so lange reduziert, bis nur noch wenige Optionen zur Disposition stehen. Aus diesen wird schließlich eine Lösungsoption gewählt, die den Ansprüchen am besten genügt. Dazu wird noch einmal überprüft, ob die gewählte Lösung den Anforderungen der Realität standhalten kann.
- Begleitung und Kontrolle der Implementierung festlegen: Der Mediator kann in den Mediationsvertrag aufnehmen, dass er auch bei der Lösungsumsetzung präsent bleibt und die Parteien überprüfend begleitet. Vor allem bei unterschiedlichen Interpretationen des Vertrages kann er zur Klärung eingreifen.
- Einigung vertraglich festlegen: Alle Details der gewählten Lösung sollten schriftlich niedergelegt werden. Wird der Weg zur Auswahl ebenfalls aufgeschrieben, wirkt sich das positiv auf die mittel- und langfristige Akzeptanz der Lösung aus, da jedem transparent nachvollziehbar ist, warum diese Lösung von den (ehemaligen) Kontrahenten gewählt wurde.

6. Evaluation und Follow-up

Neben den prozessbegleitenden Evaluationen, die in den einzelnen Phasen des Mediationsprozesses (z. B. in Protokollform) vollzogen werden, gibt es eine gesonderte Evaluationsphase am Ende des Verfahrens. Dabei wird kontrolliert, ob die Vereinbarungen so eingehalten werden, wie es im Vertrag festgehalten wurde.

- Lösungsumsetzung kontrollieren: Es wird die kurz-, mittel- und langfristige Umsetzung der vertraglich festgelegten Lösung kontrolliert. Gerade was die langfristige Kontrolle angeht, muss frühzeitig geregelt werden, inwiefern die finanziellen und zeitlichen Mittel zur Verfügung gestellt werden können. Die Ergebnisse der Kontrolle sollten allen Beteiligten und Betroffenen mitgeteilt werden, da somit das Mediationsverfahren und -ergebnis transparent bleibt.
- Summative Evaluation: Diese Form der Evaluation findet nach Ende des Mediationsverfahrens statt. Idealerweise wird in diesem Schritt der gesamte Mediationsprozess im Hinblick auf Kriterien wie z. B. die Zufriedenheit der Betroffenen und eine Kosten-Ertrags-Bilanz evaluiert. Die nötigen Daten für die formative und summative Evaluation sollten bereits von Anfang an systematisch gesammelt werden, da post hoc mit Verzerrungen gerechnet werden muss.

Eine Mediation kann von dem hier beschriebenen Verlauf durchaus abweichen. Generell jedoch ist eine Unterteilung des Verlaufs in Phasen von der anfänglichen Klärung der Ausgangssituation und der Rahmenbedingungen über eine tiefer gehende Konfliktanalyse, die Trennung von Interessen und Positionen, die Entwicklung von Lösungsalternativen, die Wahl einer optimalen Lösung und deren Umsetzung sinnvoll und in der Logik des Prozesses begründet.

Einzelgespräche mit Konfliktparteien

Die Frage, ob und an welchen Stellen des Mediationsprozesses Einzelgespräche mit den Konfliktparteien sinnvoll sind, lässt sich nicht verallgemeinerbar beantworten. Generell können Einzelgespräche das Vertrauen in die Neutralität und Allparteilichkeit des Mediators beeinträchtigen. Um dies zu verhindern, ist die besondere Umsicht des Mediators gefordert. Einzelgespräche können, richtig eingesetzt, eine Mediation aber auch entscheidend voranbringen. In Fällen, in denen Unternehmensstrategien oder Geschäftsgeheimnisse betroffen sind, können sie für den Fortgang der Mediation sogar unumgänglich sein. Dies gilt auch in Fällen, in denen besonders private, emotionale oder tabuisierte Inhalte vorliegen, die ein Mediationsteilnehmer nicht öffentlich erörtern möchte.

Die Rolle des Mediators bleibt während des gesamten Prozesses die eines allparteilichen, neutralen Vermittlers. Er wird jedoch desto direktiver vorgehen und mehr in den Prozess eingreifen, je verhärteter die Positionen sind und je schwieriger die Kommunikation zwischen den Konfliktparteien ist. Je konstruktiver die Kommunikation im Verlaufe des Prozesses wird, desto mehr kann der Mediator in den Hintergrund treten. So soll eine Eskalation des Konflikts verhindert und die Bearbeitung des Prozesses allmählich in einen kooperativen Prozess überführt werden. Am Ende sollen die Konfliktparteien ihre eigenen Konfliktlösungskompetenzen entwickeln und den Konflikt eigenverantwortlich bewältigen können.

4.4.5 Welche Methoden und Techniken werden in der Mediation eingesetzt?

Um die Klärung und Bearbeitung eines Konfliktes zu fördern, greift ein Mediator auf unterschiedliche Techniken zurück. Dazu gehören alle Basistechniken der Beratung, wie Zuhören, Nachfragen, Paraphrasieren oder Zusammenfassen. Auch der gekonnte Umgang mit Visualisierungs- und Kreativitätstechniken ist wichtig. Die oft konfliktreiche Dynamik einer

Mediationssitzung erfordert zudem eine besondere Aufmerksamkeit für Schlüsselwörter, implizite Botschaften und körpersprachliche Signale. Eine Sensibilisierung für körpersprachliche Signale trägt dazu bei, Einstellungen, Haltung und Befindlichkeit der Mediationsteilnehmer besser einschätzen zu können. Ein bewusster Einsatz der eigenen Körpersprache hilft zudem, die Beziehungsebene der Kontrahenten positiv zu gestalten. Präsenz, Authentizität und Bewusstheit des Mediators tragen zum Erfolg einer Mediation bei (*Bartussek,* 2004).

4.4.6 Welche Varianten der Mediation gibt es?

Kurz-Mediation

Mediation ist ein Interventionsverfahren, das in den vielfältigsten Bereichen des öffentlichen und privaten Lebens zum Einsatz kommt. Neben der Unterteilung nach Einsatzfeldern wie Kunden-Lieferanten-Konflikte oder Konflikte zwischen Abteilungen kann man entsprechend der Dauer auch die normale, in mehreren Sitzungen verlaufende Mediation von der Kurz-Mediation unterscheiden. Diese versteht sich als komprimierte Form der Mediation und ist einsetzbar bei begrenzten und kurzfristig lösbaren Konflikten sowie in Fällen, in denen nur wenige zeitliche und finanzielle Ressourcen zur Verfügung stehen. Bei einer Kurz-Mediation wird der gesamte Prozess einer Mediation in einer bzw. zwei mehrstündigen Sitzungen durchlaufen. An den Mediator stellt diese Vorgehensweise besonders hohe Anforderungen, was die Vorbereitung vor der Mediation und das Zeitmanagement während der Sitzung betrifft (*Krabbe,* 2004).

> Empirische Untersuchungen zeigen, dass der Nutzen der Mediation in der Wirtschaft dann am größten ist, wenn sie nicht punktuell eingesetzt wird, sondern systematisch in ein betriebliches Konfliktmanagementsystem eingebunden ist (*McEwen,* 1998).
> Ein Konfliktmanagementsystem *(Dispute Resolution System)* ist ein Regelgefüge zum bewussten, planvollen und differenzierten Umgang mit Konflikten sowohl innerhalb eines Unternehmens als auch zwischen einer Organisation und ihrem Umfeld.

Eidenmüller und Hacke (2003) plädieren für den Aufbau eines systematischen Konfliktmanagements in Unternehmen. Sie beschreiben den Einsatz von Konfliktmanagementsystemen in den USA, erläutern den arbeitsrechtlichen Rahmen in Deutschland und geben praktische Hinweise für die Entwicklung und Implementierung solcher Systeme.

Betriebliche Konfliktmanagementsysteme

Ein betriebliches Konfliktmanagementsystem regelt die Vorgehensweise im Falle von betrieblichen Konflikten. Es bezieht sich sowohl auf innerbetriebliche Konflikte als auch auf solche zwischen Teilen eines Unternehmens und externen Personen oder Organisationen.

Ziel eines solchen Systems ist es, einen konstruktiven Umgang mit Konflikten zu fördern, die Konfliktkultur zu verbessern, gerichtliche Auseinandersetzungen zu vermeiden, Konfliktkosten zu reduzieren und zu langfristig tragfähigen Konfliktlösungen zu gelangen. Die Mediation als ein mögliches Verfahren der Konfliktlösung ist in das System implementiert.

Ein Konfliktmanagementsystem regelt beispielsweise die Meldung und Einschätzung von Konflikten sowie die Vorgehensweise zur Konfliktbeilegung, wobei zunächst und bevorzugt alternative außergerichtliche Verfahren wie die Mediation einzusetzen sind.

Die Implementierung eines Konfliktmanagementsystems sollte sich an den folgenden Prinzipien orientieren:

1. Analyse des bisherigen Konfliktumgangs

Der erste Schritt besteht in einer Analyse des bisherigen Umgangs mit Konflikten. In dieser Phase werden Art, Häufigkeit, Bearbeitung und Kosten von Konflikten sowie die Qualität von Konfliktlösungen analysiert. Dies liefert wichtige Hinweise für die Gestaltung eines betrieblichen Konfliktmanagementsystems und dient zudem als Vergleichsgröße für eine spätere Evaluation desselben.

2. Grundsatzentscheidung der Unternehmensleitung

Führt die Analyse der Konflikte zu dem Ergebnis, ein Konfliktmanagementsystem einzurichten, dann sollte diese Entscheidung von der Unternehmensleitung aktiv kommuniziert und mitgetragen werden. Sinnvoll kann es sein, den neuen Umgang mit Konflikten in die Unternehmenspolitik und die Unternehmensphilosophie einzubinden.

3. Beteiligung der Mitarbeiter

Um die Akzeptanz eines Konfliktmanagementsystems zu gewährleisten, ist es wichtig, die Mitarbeiter von Anfang an auf breiter Ebene zu informieren und einzubinden. Schulungen und Seminare können die Konfliktlösungskompetenz steigern. Auch sollten einige Mitarbeiter zu professionellen Konfliktmanagern oder Mediatoren ausgebildet werden. Die Mitarbeiter sollten zudem an der Ausgestaltung des Systems mitwirken, da sie über breite Erfahrungen und kreative Ideen verfügen.

4. Bestimmung einer verantwortlichen Stelle

Es ist festzulegen, welche Stelle im Unternehmen für die Umsetzung des Systems verantwortlich ist. Dies können z. B. die Personal- oder die Rechtsabteilung sein. Unbedingt sollten arbeitsrechtlich vorgegebene und bereits bestehende Institutionen wie der Betriebsrat eingebunden werden.

5. Bestimmung der anzuwendenden Verfahren

Schließlich muss entschieden werden, welche Verfahren der Konfliktlösung zum Einsatz kommen. Dafür muss eine Instanz geschaffen werden, die Konflikte beurteilt und das geeignete Verfahren der Konfliktlösung vorschlägt. Als Verfahren der Konfliktregelung kommen in Betracht: direkte, strukturierte und moderierte Gespräche zwischen den Konfliktparteien, interne Mediationsverfahren, die von intern zu Mediatoren bzw. Konfliktmanagern ausgebildeten Mitarbeitern durchgeführt werden, externe Mediationsverfahren, bei denen eine externe Stelle bzw. ein externer Mediator hinzugezogen wird, das Hinzuziehen externer Sachverständiger sowie – im Falle des Scheiterns anderer Methoden – das Schiedsgerichts- bzw. das Gerichtsverfahren.

6. Staffelung der Verfahren

Die genannten Verfahren der Konfliktbewältigung werden entsprechend ihrer Kostenintensität gestaffelt (das entspricht der obigen Reihenfolge). Mit steigenden Kosten steigt im Allgemeinen auch der Grad der Verbindlichkeit der Verfahren.

7. Rückkopplungsschleifen einbauen

Die Reihenfolge der anzuwendenden Verfahren ist nicht als »Einbahnstraße« zu verstehen, sondern sollte die Möglichkeit beinhalten, von einer formalisierten Stufe auf eine weniger formalisierte zurückzukehren. Dies kann z.B. dann der Fall sein, wenn nach der Klärung von Sachfragen durch Gutachter wieder Gespräche aufgenommen oder ein Mediationsverfahren fortgesetzt werden kann.

8. Anpassung der Anreizstrukturen

In regelmäßigen Abständen sollte das Konfliktmanagementsystem angepasst werden.

9. Evaluation und Weiterentwicklung

In regelmäßigen Abständen sollte das Konfliktmanagementsystem evaluiert und eventuell verändert werden.

10. Transparenz und Förderung

Die Regeln des Konfliktmanagements sollten in einer veröffentlichten Unternehmenspolitik bzw. in einem Handbuch festgeschrieben werden. Gegenüber externen Geschäftspartnern kann das System ebenfalls bekannt gegeben und gefördert werden, indem z. B. beim Abschluss von Verträgen Mediationsklauseln eingeführt werden, die im Konfliktfall die Durchführung einer Mediation vor gerichtlichen Verfahren festschreiben.

Die Einbindung der Mediation in ein betriebliches Konfliktmanagementsystem ist sicherlich wünschenswert. Die Ausbildung eigener Mitarbeiter zu internen Mediatoren und die Durchführung unternehmensinterner Mediationsverfahren durch einen internen Mediator wirft allerdings ähnliche Fragen auf, wie sie im Zusammenhang mit der Frage eines organisationsinternen Coachs diskutiert werden. Vertraulichkeit, Allparteilichkeit und Neutralität können in dieser Situation nicht mehr als selbstverständlich vorausgesetzt und müssen bei der Implementierung in besonderer Weise sichergestellt werden.

4.4.7 Was kostet Mediation?

Richtig gestellt, müsste die Frage lauten: »Wie hoch sind die Kosten einer Mediation im Verhältnis zu den Kosten eines Konflikts und im Verhältnis zu den Kosten einer gerichtlichen Auseinandersetzung?«

Kosten erster Ordnung

Die Berechnung von Konfliktkosten ist interessant, aber auch schwierig. Man kann Konfliktkosten erster, zweiter und dritter Ordnung unterscheiden (*Kerntke,* 2004). Kosten erster Ordnung sind noch am leichtesten zu berechnen. Sie ergeben sich aus der Arbeitszeit, die die am Konflikt beteiligten Personen für den Konflikt aufbringen anstatt ihrer Arbeitsaufgabe nachzugehen. In Deutschland sind etwa 14 Prozent der Arbeitszeit von Führungskräften mit Versuchen der Konfliktbeilegung gebunden (siehe *Proksch und Königswieser,* 2004). Zu den Kosten erster Ordnung gehören auch solche durch trennende Formen der Konfliktbewältigung wie Kündigung, Abfindung oder Vertragsauflösung.

Kosten zweiter und dritter Ordnung

Kosten zweiter Ordnung entstehen durch konfliktbedingte Störungen der Geschäftsbeziehungen und Geschäftsprozesse sowie durch alle Formen destruktiven Verhaltens in Organisationen, das konfliktbegleitend auftreten kann. Kosten dritter Ordnung sind am schwierigsten zu beziffern. Sie beziehen sich auf Entwicklungen und Potenziale von Organisationen, die durch einen ungelösten Konflikt unterbleiben oder verzögert werden (*Kerntke,* 2004).

Den Konfliktkosten gegenüber stehen die Kosten, die für eine Mediation zu veranschlagen sind. Im Rechtsanwaltsvergütungsgesetz (RVG) wird Mediation nicht ausdrücklich erwähnt. Daher sollten auch zwischen dem anwaltlichen Mediator und dem Auftraggeber ebenso wie bei Mediatoren anderer professioneller Herkunft schriftliche Honorarvereinbarungen abgeschlossen werden. Mediationsaufwendungen werden in Form von Stunden- oder Tagessätzen berechnet.

In vielen Fällen ist die Mediation mit einem deutlichen Kostenvorteil gegenüber einer gerichtlichen Auseinandersetzung verbunden. In einem Vergleich zwischen Gerichtskosten und Kosten einer Mediation kommt *Eidenmüller* (2000) zu dem Ergebnis, dass »die direkten Verfahrenskosten einer Mediation diejenigen von Gerichts- und Schiedsgerichtsverfahren deutlich unterschreiten«. Dieser Kostenvorteil sei so hoch, »dass er auch dann noch besteht, wenn die Mediation in nur zwei Drittel aller Fälle zu einer Einigung führt, was für Wirtschaftskonflikte als Erfahrungswert gelten kann« (*Eidenmüller*, 2000, S. 5).

4.4.8 Über welche Kompetenzen sollte ein Mediator verfügen?

Der Umgang mit Konflikten und Emotionen erfordert ein hohes Maß an emotionaler Stabilität, persönlicher Integrität, oft auch Durchsetzungsfähigkeit, Kreativität und Humor. Kommunikationsfähigkeit, Konfliktfähigkeit und Verhandlungskompetenzen sind ebenso unabdingbar wie der gekonnte Umgang mit Visualisierungstechniken, Kreativitäts- und Moderationstechniken.

Schnittfeldqualifikation

Bezogen auf die Wirtschaftsmediation ist zu ergänzen, dass Konflikte in und zwischen Organisationen oft komplexe technische, betriebswirtschaftliche oder juristische Fragen betreffen. Mediatoren in der Wirtschaft benötigen daher ebenso wie Coaches eine Schnittfeldqualifikation zwischen psychologisch-prozessorientierten und wirtschaftlichen bzw. organisationsbezogenen Kompetenzen.

Bei der Wirtschaftsmediation handelt es sich häufig um Mehrparteienmediationen, d.h., es sind mehr als zwei Konfliktparteien beteiligt. In diesem Fall empfiehlt sich auch eine Co-Mediation zwischen einem sozialwissenschaftlich und einem juristisch ausgebildeten Mediator. In jedem Fall sollte ein nichtjuristischer Mediator den Konfliktparteien vor Abschluss der Mediationsvereinbarung empfehlen, einen Juristen hinzuzuziehen. Dies ist sinnvoll im Sinne einer juristischen Absicherung der erarbeiteten Konfliktlösung und erforderlich, da Rechtsberatungen nur von Juristen durchgeführt werden dürfen; der nichtjuristische Mediator muss sich demnach juristischer Stellungnahmen enthalten.

4.4.9 Schlussbemerkungen

Mediation ist ein Verfahren, das den subjektiven Erfahrungen, Wahrnehmungen und Bewertungen eines Konflikts durch die Konfliktparteien einen großen Stellenwert einräumt.

> Ausgangspunkt für den Einsatz von Mediationsverfahren ist ein Wandel im Verständnis von Konflikten. Konflikte sind keine negativen Ereignisse, die um jeden Preis vermieden werden müssen, sondern normale Phasen, die im Zusammenleben und -arbeiten von Menschen mit unterschiedlichen Interessen und Motiven auftreten. Sie bieten eine Möglichkeit für positive Veränderungen und Kreativität und sind – konstruktiv bewältigt – eine Chance zur Verbesserung persönlicher und geschäftlicher Beziehungen.

Emotionen, Interessen und Motive transparent machen

Die Aufgabe des Mediators besteht zunächst darin, das ungünstige Bedingungsgefüge aus wechselseitigem Misstrauen und Aggressionen zu verstehen und aufzulösen. Zu dieser Aufgabe gehört es, mit unterschiedlichsten Emotionen wie Wut, Empörung oder Kränkung umzugehen und diese abzubauen. Ein wichtiger Schritt bei dieser Arbeit ist es auch, die hinter den Positionen der Parteien liegenden Interessen zu erkennen und transparent zu machen. Dabei sollten immer auch grundlegende psychologische Motive in Betracht gezogen werden. Wichtige Motive sind das Bedürfnis nach Sicherheit, Kontrolle, Leistung sowie das Streben nach einem positiven Selbstbild und nach Anerkennung. Es kann wesentlich zum Verständnis einer Konfliktstruktur beitragen zu verstehen, welche psychologischen Motive und Bedürfnisse eine Konfliktpartei bedroht oder verletzt sieht.

Das Verfahren der Mediation selbst wird dem psychologischen Bedürfnis nach Autonomie und Kontrolle gerecht. Anstatt die Kontrolle über das Verfahren und die Entscheidung der Konfliktlösung an einen Dritten zu delegieren, sind die Parteien aufgefordert, selbstverantwortlich eine Konfliktlösung zu erarbeiten. Eine wichtige Voraussetzung für den Erfolg einer Mediation ist daher die Bereitschaft der Parteien, einen Konflikt eigenverantwortlich zu lösen.

Vorteile gegenüber gerichtlichen Auseinandersetzungen

Ein Mediationsverfahren ist im Vergleich zu einer gerichtlichen Auseinandersetzung meist schneller und kostengünstiger. Da die Parteien bei einer Mediation im Unterschied zu allen Formen einer gerichtlichen Auseinandersetzung die Verantwortung für den Prozess und das Ergebnis der Mediation behalten, sind die auf der Basis eines Mediationsverfahrens erarbeiteten Lösungen oft zufriedenstellender und langfristig wirksam. Geschäfts-, Arbeits- und persönliche Beziehungen, die durch eine gerichtliche Auseinandersetzung oft nachhaltig geschädigt werden, bleiben erhalten.

Gerichtliche Auseinandersetzungen dagegen sind gerade für Wirtschaftsunternehmen oft mit einem Imageschaden verbunden. Bevor ein Unternehmensverantwortlicher sich dafür entscheidet, einen Kunden oder Lieferanten zu verklagen, sollte er andere Formen der Konfliktklärung wie die Mediation in Erwägung ziehen. Auch in Fällen, »in denen sich die Konfliktparteien im Falle einer größeren Öffentlichkeit einem hohen Imageverlust aussetzen würden«, wird die Mediation als besonders geeignetes Verfahren empfohlen (*Ewig,* 2002, S. XV).

Wann eine Mediation ungeeignet ist

Wann ist nun eine Mediation nicht das geeignete Verfahren der Konfliktlösung? Neben unzureichender Motivation und Eigenmotivation wirkt sich auch ein zu starkes Machtgefälle zwischen den Teilnehmern ungünstig auf den Verlauf einer Mediation aus. Diese kann auch dann an ihre Grenzen geraten, wenn ein Konflikt bereits eskaliert ist und die Beteiligten nicht mehr bereit und fähig dazu sind, sich auf gemeinsame Spielregeln einzulassen und eine gemeinsame Lösung zu erarbeiten. Weitere »Kontraindikationen« einer Mediation sind die Missachtung geltender Werte und Rechte, fehlende Verbalisierungsfähigkeit (Sprachbarrieren) oder psychische Störungen der Klienten (*Sturm,* 2004). Eine Mediation ist keine Therapie und kann eine solche nicht ersetzen. Liegen bei einem Teilnehmer Probleme oder Störungen vor, die einer therapeutischen Behandlung bedürfen, dann kann dies den Mediationsverlauf beeinträchtigen. Ebenso kann es – wie etwa im Fall von Mobbing – vorkommen, dass ein destruktiver Konfliktverlauf selbst als traumatisierend erlebt wurde und einer therapeutischen Aufarbeitung bedarf.

Auf eine weitere Grenze der Mediation wurde bereits hingewiesen: Sie ist nicht mehr die geeignete Intervention, wenn Konflikte in Organisationen eher struktureller Art sind. Konflikte in Organisationen zeigen sich nicht unbedingt da, wo sie auch entstanden sind. Hier ist eine genaue Problemanalyse in der Vorphase der Mediation wichtig. Unter Umständen muss ein aktueller Konflikt erst durch eine Mediation bearbeitet werden, bevor strukturelle Veränderungen etwa zur Erarbeitung effizienter Führungsstrukturen, zur Optimierung von Arbeitsabläufen oder zur langfristigen Veränderung der Kommunikations- und Konfliktkultur initiiert werden.

Schließlich sollte eine Mediation nicht die Funktion haben, die Unternehmensführung von ihrer Verantwortung für das Konfliktmanagement zu entbinden. Mitarbeiterführung und Konfliktmanagement gehören zu den nicht delegierbaren Managementfunktionen. Eine Mediation ist nur eine Interventionsform zur Bearbeitung eines aktuellen Konfliktes. Bestenfalls ist sie in ein betriebliches Konfliktmanagementsystem eingebunden. Die Verantwortung für den Aufbau eines solchen verbleibt bei der Unternehmensleitung bzw. ihrer Vertretung.

Erfolgsquote Über den Erfolg von Mediationsverfahren gibt es noch wenig verlässliche Aussagen. *Eidenmüller* (2000) schätzt, dass etwa zwei Drittel der Mediationsverfahren im Bereich der Wirtschaft erfolgreich abgeschlossen werden können. In den USA, wo die Mediation weitaus verbreiteter ist, liegt die Erfolgsquote von Mediation bei 70–90 Prozent (*Bähner und Schwertfeger,* 2003).

Es ist schwierig, verlässliche Aussagen über die Verbreitung der Mediation in Deutschland zu treffen. Gerade im Bereich der Wirtschaftsmediation ist aufgrund ihres Vorteils – einer »stillen« Konfliktlösung ohne Beteiligung der Öffentlichkeit – eine fehlende Markttransparenz zu beobachten. *Renate Dendorfer,* stellvertretende Vorsitzende der *Gesellschaft für Wirtschaftsmediation und Konfliktlösung (gwmk),* kommt aufgrund einer Studie der technischen Universität Dresden zu dem Ergebnis, dass »die Nachfrage nach Wirtschaftsmediation nicht so wahnsinnig hoch ist«. Die Akzeptanz der Mediation sei längst noch nicht ausreichend entwickelt, auch wenn immer mehr Unternehmen bereit seien, bei Konflikten zumindest mediationsähnliche Verfahren einzusetzen (*Hess,* 2003, S. 31).

> Vor dem Hintergrund steigender Anforderungen, bezogen auf die Kommunikations- und Konfliktfähigkeit von Menschen in Organisationen, ist eine stärkere Verbreitung der Mediation und anderer Formen der eigenverantwortlichen Konfliktbewältigung für die Zukunft sehr wünschenswert.

4.5 Das Zusammenspiel personenbezogener Beratung

Claudia Eilles-Matthiessen

Coaching, Karriereberatung, Outplacement und Mediation weisen eine Reihe von Übereinstimmungen auf. Bei allen Beratungsformen ist es für den Berater wichtig, das Umfeld des Klienten und dessen Gesetzmäßigkeiten zu verstehen, um in geeigneter Weise intervenieren zu können. Für alle Verfahren sind Sprache und Kommunikation das zentrale Arbeitsinstrument, alle arbeiten mit ähnlichen Techniken und Instrumenten. Schließlich verstehen sich alle Beratungsverfahren als Hilfe zur Selbsthilfe; sie setzen Eigeninitiative, Motivation und Selbstverantwortung des Klienten voraus und fördern diese.

Gerade wegen dieser offenkundigen Gemeinsamkeiten ist es sinnvoll und notwendig, die verschiedenen Formen der Beratung konzeptionell klar voneinander abzugrenzen. Diese Klarheit ist für alle an einem Beratungsprozess beteiligten Parteien – Auftraggeber, Klienten und Berater – eine wichtige Voraussetzung für einen erfolgreichen Beratungsverlauf. Besonders auf der Ebene der Methoden und Techniken gibt es vielfältige Überschneidungen der einzelnen Beratungsansätze. Dies sollte jedoch nicht zu der Fehleinschätzung führen, die Beratungsansätze seien beliebig austauschbar; die Wahl des Verfahrens sei lediglich eine Frage der Begrifflichkeit und der Anpassung an die vorherrschende Unternehmenskultur.

Konzeptionelle Trennung und durchdachte Kopplung der Beratungsverfahren

In der Diskussion um die Frage, ob als Folge der partiellen Überlappung einzelner Beratungsansätze, wie etwa Einzelcoaching und Karriereberatung, nun eine klare »Abgrenzungspolitik« angesagt ist oder ob eine konturenlose Vermischung ohnehin nicht zu verhindern ist, plädieren wir mit *Irle* (2001) für eine konzeptionelle Trennung und im Einzelfall für eine durchdachte Kopplung der Beratungsverfahren in der Praxis. Vorteil einer Kombination kann es sein, die spezifische Power der Verfahren miteinander zu verbinden. Damit eine Kombination im Einzelfall gelingt, müssen im Vorfeld jedoch einige Voraussetzungen geklärt werden.

Jeder Intervention sollte eine Diagnose vorausgehen. Je nach Problem, Ziel und Rahmenbedingungen können eine Organisationsentwicklung, eine Mediation, eine Fachberatung oder ein Coaching sinnvoll sein. Hilfreich ist es zu klären, auf welcher Ebene – strukturell, sozial oder individuell – ein Problem vorrangig angesiedelt ist.

Problemebenen

Die strukturelle Ebene bezieht sich auf Fragen, die die gesamte Organisation betreffen: Arbeitsabläufe, Geschäftsprozesse, Informationsfluss, Verantwortlichkeiten oder Organisationskultur sind typische Themen. Auf der sozialen Ebene geht es um die Kommunikation und Interaktionsprozesse in Organisationen sowie um Gruppendynamik und Gruppenprozesse. Störungen auf dieser Ebene betreffen Fragen der Verantwortlichkeiten, Kompetenzen, Werte, Rivalitäten und Rollen(ambivalenzen). Die individuelle Ebene fokussiert die einzelne Person mit ihren Kompetenzen, Entwicklungsmöglichkeiten, Werten, Zielen und Konflikten sowie deren subjektive Wirklichkeitskonstruktion.

Die Themen und Fragen aller Ebenen können Gegenstand des Einzelcoachings sein. Selbst wenn man Coaching auf Einzelcoaching begrenzt, lässt sich daraus nicht schließen, dass lediglich Themen der individuellen Ebene bearbeitet werden. Entscheidend ist vielmehr die Frage, auf welcher Systemebene – Individuum, Gruppe oder Organisation – eine Beratung die wichtigsten subjektiven und objektivierbaren Folgen hat (*Greif,* 2005). Die soziale Reichweite des Einzelcoachings betrifft strukturelle Probleme etwa dann, wenn der Klient auf der Ebene des Topmanagements angesiedelt ist und über entsprechende Entscheidungskompetenzen verfügt.

Die Klärung der Frage, welche Systemebene von einem Problem vorrangig betroffen ist, ist hilfreich für die Wahl der passenden Intervention. Dies gilt bei jedem Beratungsfall und insbesondere dann, wenn eine Kopplung von zwei Beratungsformen vorgesehen ist. Ist der Berater aufgrund seines Profils geeignet, zwei Beratungsformen – etwa Moderation und Mediation – zu verbinden, dann sollten die mit dem Wechsel der Methode verbundenen Veränderungen in der Beraterrolle geklärt werden. Für Berater, die unterschiedliche Beratungsleistungen anbieten, ist eine stabile professionelle Identität wichtig, um einen etwaigen Wechsel des Beratungsauftrags mit zu tragen.

In konfliktanfälligen Teams kann es sinnvoll sein, Mediation und Teamentwicklung miteinander zu kombinieren. Im Einzelfall kann es für zerstrittene Konfliktparteien innerhalb einer Abteilung oder eines Teams hilfreich sein, zunächst in einem verhandelbaren Sachkonflikt eine einvernehmliche Lösung zu erzielen. Ist dies mit Hilfe einer Mediation gelungen, dann können tiefer gehende sozioemotionale Konflikte zwischen den Parteien im Rahmen einer Teamentwicklung bearbeitet werden. Denkbar ist jedoch auch die umgekehrte Reihenfolge, wenn Misstrauen und Feindseligkeiten eine Bearbeitung des Sachkonflikts verhindern (*Irle,* 2001).

Mediation und Einzelcoaching können dann miteinander kombiniert werden, wenn ein Teilnehmer einer Mediation über den Mediationsprozess hinaus seine Kommunikations- oder Konfliktfähigkeit weiterentwickeln will. In diesem Fall sollten Mediator und Coach selbstverständlich personell getrennt sein. Weitere Kombinationsmöglichkeiten ergeben sich in der Integration von Fachberatung und Coaching oder in der Verknüpfung von Coaching und Karriereberatung. Ebenfalls sinnvoll ist es, Strategie- und Organisationsentwicklung durch Coaching vorzubereiten und zu begleiten.

Eine Kombination von Coaching und Moderation wird von *Schreyögg* unter dem Stichwort »Coaching von Doppelspitzen« vorgestellt. Die Autorin beschreibt Typen von Führungsduos, typische Konflikte im Falle einer doppelten Führungsverantwortung und Faktoren, die für das Gelingen wichtig sind. Dabei werden die Beratungsformen Coaching und Moderation im Beratungsprozess eines Führungsduos kombiniert (*Schreyögg* 2005b).

5. Qualität, Qualitätssicherung und Evaluation von Beratung

Claudia Eilles-Matthiessen

Die Diskussion über die Qualität von personenbezogener Beratung im Kontext von Arbeit, Beruf und Organisation steht noch am Anfang. Ebenso hat die systematische Forschung zur Evaluation dieser Dienstleistungen gerade erst begonnen. Vor allem für die Beratungsform Coaching ist in den kommenden Jahren eine lebendige Diskussion zwischen professionellen Beratern, Wissenschaft und Praxis zu erwarten. Grundlage einer solchen Diskussion bilden die Basiskonzepte und methodischen Überlegungen zu Qualitätssicherung und Evaluation, die wir im Folgenden skizzieren.

Qualität schwer einschätzbar

Personenbezogene, immaterielle Dienstleistungen wie Coaching, Karriereberatung, Outplacement und Mediation sind Leistungen, deren Qualität vom »Konsumenten« zunächst schwer eingeschätzt werden kann. Es sind Beratungsformen, die individuell an der Ausgangssituation und an den Zielen von Klient und Auftraggeber ansetzen. Den Vorteilen dieser hoch individualisierten Dienstleistung steht das Problem gegenüber, dass jeder Beratungsprozess einmalig und von daher nicht reproduzierbar ist, was allgemein gültige Aussagen über erfolgsrelevante Faktoren der Beratung zunächst erschwert. Was dennoch reproduzierbar ist und daher auch Klienten und Auftraggebern vermittelt werden kann, sind die Vorstellungen und Konzepte des Anbieters von der Qualität seiner Leistung.

Zunächst gilt es, drei Konzepte zu unterscheiden, wenn über Erfolg und Qualität einer personenbezogenen Beratungsleistung diskutiert wird: Qualität, Qualitätssicherung und Evaluation.

5.1 Qualität

Qualität ist als Güte und Beschaffenheit, als besondere oder besonders gute Eigenschaft und Leistung zu verstehen (*Kluge*, 1989).

Die Qualität einer komplexen Beratungsdienstleistung weist gegenüber der Qualität eines Produktes einige Besonderheiten auf.

Beratungsqualität ist mehrdimensional

Weder das Ergebnis noch der Prozess alleine werden herangezogen, um die Qualität von Beratung zu beurteilen. Ein mehrdimensionales Qualitätskonzept, wie es von *Heß und Roth* (2001) vorgeschlagen wurde, gilt im Coaching inzwischen als Basiskonzept der Qualitätssicherung. Es lässt sich auch auf andere Beratungsdienstleistungen wie Mediation, Karriere- oder Outplacementberatung anwenden.

Beratungsqualität ist vom Klienten abhängig

Klienten von Coaching, Karriereberatung, Outplacementberatung oder Mediation sind Mitproduzenten der Leistung, sie sind wesentlich am Prozess und Ergebnis der Beratung beteiligt.

Beratungsqualität ist kaum objektivierbar

Die Qualität der Beratung wird in der Regel über die subjektive Einschätzung des Klienten, des Beraters oder Auftraggebers beurteilt. In allen Fällen werden subjektive Beurteilungen über bestimmte Qualitätsaspekte der Beratung abgegeben. Bei der Wirksamkeitsbeurteilung (Evaluation) können auch objektive Daten wie betriebswirtschaftliche Kennzahlen erhoben werden, die allerdings auch mit methodischen Problemen behaftet sind.

Beratungsqualität ist nicht standardisierbar

Beratungsqualität lässt sich nicht standardisieren, da jeder Beratungsprozess einmalig und die Rahmenbedingungen der Beratung höchst unterschiedlich sind. Erfolgsgarantien, die die Erreichung bestimmter Beratungsziele betreffen, können daher nicht formuliert werden, wohl aber Qualitätsstandards, die sich auf die Rahmenbedingungen und den Prozess der Beratung beziehen.

Beratungsqualität ist das Ergebnis einer gemeinsamen Festlegung

Wie wir festgestellt haben, ist Qualität das Ergebnis eines Vergleichs zwischen der tatsächlich erbrachten Leistung und den Anforderungen, die an die Leistung gestellt werden. Wer aber legt die Qualitätsanforderungen fest? Wer definiert, was eine qualitativ hochwertige Leistung kennzeichnet? Im Falle individuumsbezogener Beratungsleistungen wie Coaching oder Karriereberatung legen sowohl die Leistungserbringer (Berater) als auch die Auftraggeber und Kunden der Beratungsleistung fest, welche Anforderungen eine Leistung zu erfüllen hat. Qualität ist demnach auch das

Ergebnis einer gemeinsamen Festlegung aller am Entstehen einer Leistung beteiligten Personen. Das bekannte, dreidimensionale Qualitätskonzept (*Heß und Roth*, 2001) unterscheidet die drei Aspekte Struktur-, Prozess- und Ergebnisqualität.

Das dreidimensionale Qualitätskonzept

- Die Dimension *Strukturqualität* befasst sich mit der Frage, welche Voraussetzungen für ein erfolgreiches Coaching gegeben sein müssen. Strukturqualität bezieht sich auf die Rahmenbedingungen einer Beratung. Dazu gehören neben der materiellen Ausstattung vor allem Wissen, Erfahrungen und Methoden des Coachs.

  Heß und Roth (2001) empfehlen, zwischen den Strukturaspekten Coach (Berater), Klient, Beziehung und Unternehmen zu unterscheiden. Auf Seiten des Beraters sind Qualifikationen, Kompetenzen, Erfahrungen und Persönlichkeit entscheidend. Aspekte der Strukturqualität bezogen auf den Klienten sind etwa dessen Motivation und Veränderungsbereitschaft; die Beziehung zwischen beiden sollte durch Vertrauen, Akzeptanz und Zuverlässigkeit gekennzeichnet sein. Auf Seiten des Unternehmens sind etwa die Möglichkeit des Transfers der im Coaching erarbeiteten Inhalte sowie die Passung zwischen Unternehmen und Berater Aspekte der Strukturqualität.

- Die *Prozessqualität* einer Beratung beinhaltet alle Aspekte und Handlungen, die im Verlaufe einer Beratung zur Sicherung und Verbesserung der Abläufe beitragen. Im Unterschied zur Strukturqualität, die sich auf die materiellen und personellen Rahmenbedingungen bezieht, fragt die Prozessqualität nach der Umsetzung, nach dem Wie eines Beratungsablaufs.

  Dazu gehören beispielsweise
  - die Klärung von Anliegen, Ziel und Erwartungen,
  - die Klärung, ob der gewählte Beratungsansatz der für die Situation passende ist,
  - die Transparenz, bezogen auf theoretischen Hintergrund, Menschenbild, Arbeitsweise (Beratungskonzept),
  - der Vertrag (Ziel, Leistung, Rahmenbedingungen, Honorar),
  - der Kontrakt (Spielregeln der Zusammenarbeit),
  - der flexible Einsatz von Methoden und Techniken,
  - das Erstellen eines Zwischenresümees (prozessbegleitende Evaluation) sowie

- das Erstellen eines Abschlussresümees (summative Evaluation).

- *Ergebnisqualität* bezieht sich auf die Frage, was das Resultat einer Beratung sein soll und wie dieses Ergebnis gemessen werden kann. Ergebnisqualität ist eine zentrale Dimension, wenn Beratungsleistungen legitimiert werden sollen. Sie bezieht sich auf Aspekte wie Zielerreichung, Zufriedenheit und Einstellungs- oder Verhaltensänderung des Klienten.

Kriterien für die Ergebnisqualität sind Zielerreichung, Zufriedenheit, emotionale Entlastung, Zunahme an Bewusstheit/Verantwortung, Stärkung der Selbstwirksamkeitserwartung, Veränderung der Einstellung oder eine Erweiterung und Flexibilisierung des Handlungsrepertoires.

Nach dem Konzept der Ergebnisqualität ist eine Beratung dann erfolgreich, wenn die eingangs formulierten Ziele erreicht wurden, wenn Klient und Auftraggeber zufrieden sind, wenn der Klient im Falle belastender Situationen eine unmittelbare emotionale Entlastung erlebt hat, wenn eine Flexibilisierung oder Erweiterung des Handlungsrepertoires erreicht wurde und wenn (falls sinnvoll) irrationale oder dysfunktionale Einstellungen verändert wurden.

Andere Beratungsziele

Nicht immer müssen alle diese Ziele erreicht werden. Eine Beratung kann auch dann erfolgreich sein, wenn keines der anfangs aufgestellten Ziele erreicht wurde. In diesem Fall kann es sein, dass sich die eingangs formulierten Ziele im Verlauf der Beratung als nicht passend erwiesen haben. Ein Arzt, der nach Unterstützung bei der Bewerbung in die nächsthöhere Stufe der Klinikhierarchie fragt, kann im Laufe einer Karriereberatung feststellen, dass er eigentlich lieber eine eigene Praxis gründen möchte. Eine Führungskraft, die in ihrer Abteilung eine Anhäufung persönlicher Konflikte unter den Kollegen feststellt und sich im Hinblick auf eine Konfliktmoderation beraten lassen will, stellt im Zuge des Coachings fest, dass die Konflikte vor allem mit Problemen der Arbeitsorganisation zusammenhängen. In solchen und ähnlichen Fällen erweist sich das ursprünglich von einem Klienten formulierte Beratungsziel als nicht passend. Das Problem neu zu definieren und entsprechend andere Beratungsziele zu finden kann ebenfalls ein Ergebnis der Beratung sein.

5.2 Qualitätssicherung

Während Qualitätssicherung im Bereich der Produktion selbstverständlich ist, werden Maßnahmen zur Qualitätssicherung von komplexen Dienstleistungen bislang noch selten systematisch durchgeführt (*Remdisch und Utsch,* 2004). Das dreidimensionale Qualitätskonzept gibt einen Rahmen vor, der es Beratern und Auftraggebern erleichtert, eindeutige Qualitätskriterien, bezogen auf eine Beratungsleistung, zu definieren. Sind eindeutige und konsensfähige Qualitätskriterien definiert, dann gilt es, diese im beraterischen Handeln umzusetzen und Mängel bei der Formulierung oder Umsetzung der Qualitätskriterien zu korrigieren. Damit befinden wir uns im Prozess der Qualitätssicherung.

> Qualitätssicherung ist ein kontinuierlicher Prozess, der darin besteht, eindeutige und konsensfähige Qualitätsskriterien zu definieren, diese umzusetzen, eventuell auftretende Mängel und Probleme zu beheben sowie deren Umsetzung zu überprüfen.

Integraler Bestandteil der Qualitätssicherung ist die Bewertung und Wirksamkeitsprüfung einer Dienstleistung. Diesen Prozess bezeichnet man als Evaluation.

5.3 Evaluation

Wirksamkeit und Nachhaltigkeit

Beratungsleistungen wie Coaching, Karriereberatung, Outplacementberatung oder Mediation sollen nicht nur bestimmte Qualitätsanforderungen erfüllen, sondern auch wirksam sein, also nachhaltig Veränderungen in erwünschter Richtung erzielen. Dies zu überprüfen ist Gegenstand der Evaluation. Evaluationen sind zielorientiert, sie dienen als Entscheidungsgrundlage für die Weiterentwicklung oder Implementierung einer Maßnahme. Sie sind ein integraler Bestandteil der Qualitätssicherung (*Remdisch und Utsch,* 2004).

> Evaluation beinhaltet alle Schritte, die dazu dienen, die Wirkung und Wirksamkeit von Maßnahmen zu überprüfen. Dazu gehört die systematische Sammlung und Auswertung von Daten, die als Indikatoren von Qualität und Erfolg einer Maßnahme interpretiert werden können.

Im Kontext personenbezogener Beratung ist es das Ziel einer Evaluation, die Wirkung und Nützlichkeit einer Beratung im Hinblick auf deren Ziele zu beurteilen. Dabei beschränkt sich die Evaluation als Teilbereich der anwendungsorientierten Sozialwissenschaften nicht auf ökonomische Kosten-Nutzen-Analysen, sondern bezieht Aspekte der Struktur- und Prozessqualität mit ein.

Die Fragen, die wir im Zusammenhang mit der Evaluation von Beratung zu klären haben, zeigt die folgende Abbildung.

Fragen zur Evaluation

Im Folgenden werden wir kurz auf diese Fragen eingehen.

1. Wer evaluiert?

Prinzipiell können Beratungsdienstleistungen evaluiert werden durch

- Berater selbst (Selbstevaluation),
- Klienten (Zufriedenheit, Erkenntnis, Erreichung persönlicher Ziele),
- Auftraggeber oder
- einen externen Evaluator bzw. im Falle größerer Projekte durch eine wissenschaftliche Begleitung.

Beurteilt der Berater selbst die Qualität seiner Leistung, dann handelt es sich um Selbstevaluation. Diese ist eine Möglichkeit, die eigene Arbeit zu reflektieren und weiterzuentwickeln. Sie ermöglicht es zudem, die eigenen Leistungen gegenüber (zukünftigen) Auftraggebern transparent zu machen und den Blick für das eigene Kompetenzprofil zu schärfen. Eine Selbstevaluation setzt die Fähigkeit zur kritischen Selbstreflexion sowie die Bereitschaft voraus, zeitliche und finanzielle Ressourcen zu investieren. Eine sinnvolle Ergänzung zur Selbstevaluation ist die Fallarbeit im Rahmen einer Supervision.

Neben dem Berater selbst hat auch der Klient einer Beratungsdienstleistung ein Interesse daran, die Wirksamkeit der Beratung zu beurteilen. Schließlich hat er Zeit, Energie und im Falle einer privaten Beauftragung auch Geld investiert. Den Klienten selbst am Ende eines Beratungsprozesses zu Veränderungen oder Erfolgen zu befragen, ist daher nahe liegend.

Befragung des Klienten

Tatsächlich ist es die geläufigste Form der Erfolgsmessung, den Klienten am Ende der Beratung zu befragen; dies geschieht oft mit Hilfe eines Evaluationsfragebogens. So nahe liegend diese Form der Prüfung sein mag, so weist sie doch einige Probleme auf: Es ist nicht ausreichend, die Beurteilung einer Beratung durch den Klienten auf den Aspekt der Zufriedenheit zu beschränken (»Wie zufrieden sind Sie alles in allem mit dem Coaching?«). Denn Zufriedenheit ist nicht unbedingt ein Indikator für die Nützlichkeit einer Maßnahme. Zunächst kann man davon ausgehen, dass ein unzufriedener Klient die Beratung an früherer Stelle abgebrochen bzw. den Berater gewechselt haben wird, also alle Klienten, die bis zum Abschluss mit dem Berater zusammenarbeiten, zumindest einigermaßen zufrieden sind. Ein Klient kann zudem durchaus zufrieden sein, ohne dass die Beratungsziele erreicht oder andere erkennbare Effekte erzielt wurden. Eine Befragung des Klienten am Ende der Beratung sollte daher neben der Zufriedenheit auch weitere Aspekte wie Zielerreichung oder Qualität der Beziehung zum Berater beinhalten.

Runde (2004) entwickelte zur Bewertung von Coachingprozessen aus Klientensicht einen Kurzfragebogen, den *S-C-Eval,* der auf dem dreidimensionalen Qualitätskonzept von *Heß und Roth* (2001) basiert. Der Fragebogen steht als PDF-Datei unter *www.coaching-tools.de* zum Download zur Verfügung.

Neben Berater und Klient ist auch der Auftraggeber als diejenige Stelle, die eine Beratungsleistung bezahlt, daran interessiert, deren Wirksamkeit zu beurteilen. Der Auftraggeber – sei es die Personalabteilung, die Personalentwicklung oder das Management eines Unternehmens – wird sich in erster Linie für die Kosten-Nutzen-Relation einer Beratungsleistung, aber auch für »weiche Faktoren« wie die Zufriedenheit des Klienten interessieren.

Grundsätzlich ist zu beachten, dass die Überprüfung von Beratungseffekten auch eine Definitions- und damit eine Machtfrage darstellt (*Titscher,* 2001). Alle direkt an der Beratung beteiligten Personen haben ein unterschiedliches Eigeninteresse, was die Erfolgsbeurteilung der Beratungsleistung betrifft. Entsprechend wird der Erfolg einer Beratung unterschiedlich beurteilt, je nachdem wer wann wie fragt, welche Erfolgskriterien definiert und wie diese erhoben werden. Das Problem von Subjektivität, Eigeninteresse und Definitionsmacht kann umgangen oder zumindest gemildert werden, wenn die Evaluation durch externe, nicht direkt an der Beratung beteiligte Personen oder Institute durchgeführt wird. Größere Projekte, wie z. B. das Mediationsverfahren zum Ausbau des Frankfurter Flughafens, werden durch wissenschaftliche Institute begleitet. Einzelberatungen wie Coaching oder Karriereberatung profitieren von einer Supervision.

2. Was wird evaluiert?

Generell kann eine Evaluation dazu dienen, die Wirksamkeit einer Maßnahme bezüglich deren Zielsetzung zu beurteilen und diese zu quantifizieren, was als ergebnisorientierte Evaluation bezeichnet wird. Im Unterschied dazu ist es das Ziel einer *prozessorientierten* Evaluation, die Planung und Durchführung eines Beratungsprojektes zu begleiten und durch eine kontinuierliche Rückmeldung zur Weiterentwicklung des Projektes beizutragen.

Ergebnis- und prozessorientierte Evaluation schließen sich nicht gegenseitig aus, sie können auch kombiniert werden. Nachdem die grundsätzliche Entscheidung für eine ergebnis-, eine prozessorientierte Evaluation oder für eine Kombination getroffen wurde, gilt es, geeignete Indikatoren oder Kriterien für Beratungserfolg zu finden.

3. Wann wird evaluiert?

Der Frage nach dem Zeitpunkt kommt bei der Planung einer Evaluation besondere Bedeutung zu. Viele im Zusammenhang mit einer Beratung eingeleitete Veränderungen werden erst Wochen oder Monate später sichtbar. Während jedoch eine Befragung, ein Interview oder eine andere Form der Datenerhebung direkt bei Abschluss eines Beratungsprozesses relativ einfach durchzuführen ist, erfordert es einen höheren Aufwand, mehrere Wochen oder Monate nach Abschluss der Beratung Daten zu erheben. Der Lohn für diesen Aufwand besteht dann darin, dass auch die längerfristigen Wirkungen und Effekte einer Beratung beurteilt werden können. Je nach

Zeitpunkt einer Evaluation unterscheidet man Input-Evaluation, Output-Evaluation und Outcome-Evaluation.

Die Input-Evaluation wird unmittelbar nach Abschluss einer Beratung durchgeführt. Es wird erhoben, welche finanziellen und zeitlichen Kosten für die Beratung angefallen sind. Ebenfalls direkt nach Abschluss der Beratung wird auch die Output-Evaluation durchgeführt. Im Mittelpunkt steht die Frage, welche unmittelbaren Ergebnisse eine Beratung erbracht hat. Dabei können in erster Linie subjektive Daten wie die Beurteilung der Beratung durch den Klienten, durch den Berater oder durch den Auftraggeber herangezogen werden.

Nach Möglichkeit sollte die Output-Evaluation durch eine weitere Erhebung einige Wochen oder Monate nach Abschluss der Beratung, durch eine so genannte Outcome-Evaluation, ergänzt werden. Erst durch diese Form der Evaluation können Aussagen über längerfristige Effekte einer Beratung getroffen werden. Als Daten dienen neben den oben erwähnten subjektiven Einschätzungen durch die an der Beratung beteiligten Personen auch objektive Daten wie Kennzahlen der Kostenreduktion, Umsatzsteigerung, Anzahl der Reklamationen und Ähnliches. Da auch Outcome-Evaluationen in der Praxis selten nach allen Regeln einer wissenschaftlichen Untersuchung durchgeführt werden können, gilt es, bei der Interpretation der Ergebnisse besonders sorgfältig vorzugehen.

4. Mit welcher Zielsetzung wird evaluiert?

Das übergeordnete Ziel der Evaluationsbemühungen ist es, Beratungsleistungen möglichst wirkungsvoll und gleichzeitig möglichst mit einem bestmöglichen Verhältnis von Aufwand und Ertrag realisieren zu können. Auf diesem Wege ist es erforderlich, diejenigen Faktoren zu identifizieren, die zum Erfolg einer Beratung beitragen, und gleichzeitig Misserfolgsfaktoren, also störende und schädliche Einflüsse auf den Beratungserfolg, zu minimieren. Neben dem Ziel einer kontinuierlichen Verbesserung der Beratungsleistungen gibt es noch weitere Zielsetzungen der Evaluation. Diese dient dem Berater dazu, die Möglichkeiten und Grenzen seiner Leistungen besser einschätzen zu können. Gegenüber Kunden und Auftraggebern kann er seine Leistungen klarer und differenzierter kommunizieren, wenn er die eigene Arbeit einer ständigen Evaluation – sei es in Form von Selbstevaluation, Befragung oder Fallsupervision – unterzieht. Schließlich dient die Evaluation auch dazu, die im Rahmen von Beratungsprozessen entstehenden Kosten zu begründen und folgende Beratungsaufträge zu rechtfertigen.

5. Welche Methoden können zur Evaluation eingesetzt werden?

Für eine Evaluation eignen sich grundsätzlich alle Methoden der sozialwissenschaftlichen Forschung. Dazu zählen Interviews, Fragebogen und Beobachtungsmethoden. In der Praxis kaum umzusetzen sind die Methoden der direkten Beobachtung durch Tonband- oder Videoaufnahmen. Häufiger eingesetzt werden können dagegen:

- systematische Verlaufsprotokolle (vom Berater anzufertigen),
- standardisierte oder teilstandardisierte Fragebögen (vom Berater, Klienten, Auftraggeber oder anderen Personen zu bearbeiten),
- Interviews,
- Potenzialanalysen,
- Mitarbeiterbefragungen,
- 360-Grad-Feedback,
- standardisierte oder teilstandardisierte Tagebücher (eine aufwendige, aber gehaltvolle Forschungsmethode) sowie die
- Erhebung objektiver Daten wie Umsatzzahlen, Kosten und Beschwerdehäufigkeit.

Da kaum eine Methode alleine geeignet ist, die relevanten Informationen zu generieren, bietet es sich an, Methoden zu kombinieren. Kriterien für die Auswahl der Methoden sind das Verhältnis von Aufwand und Ertrag sowie die Akzeptanz durch die an einer Evaluation beteiligten Personen (*Remdisch und Utsch,* 2004). Hier ist besonders das begrenzte Zeitbudget von Führungskräften zu berücksichtigen.

6. Anhand welcher Kriterien wird evaluiert?

Um Aussagen über Art und Ausmaß der Wirksamkeit einer Beratungsleistung treffen zu können, ist es erforderlich, zuvor die Kriterien für Wirkung oder Beratungserfolg zu definieren. Dazu können zunächst die allgemeinen Ziele eines Beratungsansatzes hinzugezogen werden. Im Coaching etwa kann ein allgemeines Ziel lauten, die Selbstregulationsfähigkeit eines Klienten zu verbessern und den Handlungsspielraum zu erweitern. In der Outplacementberatung wird in der Regel eine erfolgreiche berufliche Wiedereingliederung nach einer Entlassung angestrebt. Allgemeines Ziel der Mediation ist die außergerichtliche Konfliktlösung zwischen zwei oder mehreren Konfliktparteien. Neben diesen allgemeinen Zielen werden vor bzw. zu Beginn eines Beratungsprozesses spezifische, auf die jeweilige Situation zugeschnittene Ziele definiert. Diese sollten schriftlich festgehalten und möglichst auch beobachtbar und verhaltensnah beschrieben werden, damit sie als Grundlage einer späteren Evaluation dienen können. Die Übersetzung von Zielen in prüfbare Kriterien wird als Operationalisierung bezeichnet. Ziele sollen messbar gemacht werden. Dieser Prozess geht oft nicht ohne Informationsverlust vonstatten bzw. birgt Fehlerquellen.

5.4 Qualitätssicherung und Evaluation von Coaching

Die Evaluation von Coaching ist eine wichtige, notwendige, aber nicht einfache Angelegenheit. Eine zentrale Aufgabe im Zuge der Evaluation ist die Festlegung und Messung (Operationalisierung) von Erfolgskriterien. Diese sollten sich an den eingangs definierten Zielen des Coachingprozesses orientieren.

Probleme der Evaluation

Eine nähere Betrachtung zeigt, dass dies mit einer Reihe von Problemen behaftet ist: Die gewünschte Eindeutigkeit von Ziel und Messung der Zielerreichung geht in der Realität zunächst dadurch verloren, dass das Ziel auf einer höheren Abstraktionsebene formuliert ist, während die Erfolgsmessung nur an konkreten Indikatoren orientiert werden kann. So werden als Ziele z. B. eine bessere Kommunikationsfähigkeit, die Abwesenheit von Spannungen oder Konflikten oder ein effizienterer Arbeitsstil genannt, während sich die Erfolgskriterien dagegen auf konkrete Tatbestände beziehen, also messbar gemacht bzw. operationalisiert werden müssen.

Hier wird ein weiteres Problem deutlich: Woran erkennt man »bessere Kommunikationsfähigkeit« oder einen »effizienteren Arbeitsstil«? Wer eigentlich beurteilt dies? Der Coach, der Klient oder das Umgebungssystem, also Vorgesetzte, Kollegen, Mitarbeiter oder Kunden? Nun, realistisch ist im Falle des Coachings eine Selbstevaluation durch den Berater und den Klienten. Damit wird jedoch klar, dass die übliche Evaluation eines Coachings durch abschließende Einschätzung der Zielerreichung durch Coach und Klient eine höchst subjektive Angelegenheit ist. Diese Subjektivität sollte allerdings nicht dazu verführen, die Frage nach Evaluation und Qualitätssicherung im eigenen professionellen Handeln nachrangig zu behandeln.

Neben dem Problem der Operationalisierung von Erfolgskriterien und der Subjektivität von deren Einschätzung ist die Orientierung an den anfangs formulierten Zielen auch deshalb problematisch, weil Ziele sich im Verlauf der Beratung aufgrund neuer Erkenntnisse, flexiblerer Wahrnehmung und eines erweiterten Verhaltensrepertoires verändern können. Schließlich ist Coaching trotz des vergleichsweise strukturierten Vorgehens ein Prozess mit offenem Ausgang, der allerhand Überraschungen und unvorhergesehene Veränderungen mit sich bringen kann. Diese Offenheit macht Coaching spannend; damit einhergehen kann allerdings die Erfahrung, dass keines der anfangs formulierten Ziele erreicht wurde und der Prozess trotzdem erfolgreich war.

Die Beurteilung des Beratungserfolgs ist letztlich auch deshalb schwierig, weil Veränderungen nicht der vereinfachenden Logik des kausalen Denkens – hier die Ursache, dort die Wirkung – folgen. Indirekte Effekte, Langzeitwirkungen und vor allem die Berücksichtigung von Wechselwirkungen werden der komplexen Realität eher gerecht, erschweren jedoch eine Aussage, erst recht eine Quantifizierung des Beratungserfolgs. Dies gilt vor allem dann, wenn der Erfolg einzelner Beratungsmaßnahmen evaluiert werden soll. Liegen dagegen – wie in Forschungsprojekten, Dissertationen und Ähnlichem – umfangreiche und qualitativ hochwertige Daten aus mehreren Erhebungszeitpunkten vor, so können mit entsprechenden statistischen Analyseverfahren auch Langzeiteffekte und Wechselwirkungen untersucht werden.

Kontamination der Erfolgskriterien

In der wissenschaftlichen Diskussion um die Messung von Führungserfolg ist oft von »Kontamination der Erfolgskriterien« die Rede. Dieser Ausdruck besagt, dass ein messbares Erfolgskriterium, etwa Produktionszahlen oder Umsatz, nicht allein vom Verhalten der verantwortlichen Führungskraft, sondern von einer Vielzahl anderer Faktoren und deren Wechselwirkung wie etwa der allgemeinen Wirtschaftslage, der Situation der Branche, dem Verhalten der Mitarbeiter und Ähnlichem abhängt. In ähnlicher Weise können auch Erfolgskriterien der Beratungsarbeit »kontaminiert« sein. Dies ist besonders dann anzunehmen, wenn die Beratungsziele sich eher auf die interaktive Ebene – Kommunikation, Konflikte – oder aber auf Leistungsziele richten, die stark mit der generellen Unternehmensentwicklung verbunden sind. Je unabhängiger die Ziele vom Verhalten anderer sind, so etwa das Ziel, einen realistischen Arbeitsplan aufzustellen, mehr entspannende Aktivitäten in eine Arbeitswoche einzubauen oder bei Konflikten zunächst bewusst die Perspektive des Gegenübers einzunehmen, desto geringer ist das Problem der Kriterienkontamination einzuschätzen. Letztlich sollte ja bereits bei der Formulierung der Beratungsziele darauf geachtet werden, dass diese konkret messbar sind und dem Einflussbereich des Klienten unterliegen – ein auch für die Evaluation der Beratung sinnvolles Prinzip.

5.5 Die Qualitätssicherung der Beratung – Hinweise für Auftraggeber

Methodische Aspekte

Bei der Auswahl der Kriterien für Beratungserfolg sollten folgende methodische Aspekte beachtet werden:

- Es muss zwischen qualitativen und quantitativen, subjektiven und objektiven Daten unterschieden werden. Fälschlich werden quantitative Daten (Zahlen) oft automatisch für »objektiv« gehalten, während qualitative Daten ebenso fälschlich oft als subjektiv gelten.
- Nicht alle Erfolgskriterien sind sinnvoll quantifizierbar. Viele Erfolgskriterien wie »Zufriedenheit« oder »Einschätzung der Beziehungsqualität« können zwar quantifiziert werden, bleiben aber subjektiv.
- In sozialen Systemen sind die Kausalbeziehungen meist nicht einfach, sondern es bestehen Wechselwirkungen und Langzeiteffekte.
- Die Ausprägung eines Erfolgskriteriums (z. B. die Umsatzzahlen einer Abteilung) hängt auch von anderen, nicht durch die Beratung beeinflussbaren Faktoren ab (z. B. von der wirtschaftlichen Entwicklung der Branche oder maßgeblichen Unternehmensentscheidungen, die an anderer Stelle getroffen wurden).

Auftraggeber und Kunden stellen heute erhöhte Anforderungen an die Qualität von Beratungsleistungen. Auch die Berater selbst sind aufgrund einer zunehmenden Professionalisierung bemüht, die Qualität ihrer Leistungen zu sichern und weiterzuentwickeln. Vor diesem Hintergrund sind Qualitätssicherung und Evaluation wichtige zukünftige Aufgabenfelder an der Schnittstelle von Berater, Auftraggeber und Kunde.

Teil II

Steckbriefe zur Beraterweiterbildung

»In bunten Bildern wenig Klarheit,
Viel Irrtum und ein Fünkchen Wahrheit,
So wird der beste Trank gebraut,
Der alle Welt erquickt und auferbaut.«

Johann Wolfgang von Goethe

1. Weiterbildung im Bereich Coaching, Karriereberatung, Outplacement und Mediation

Claudia Eilles-Matthiessen und Susanne Janssen

1.1 Merkmale des Weiterbildungsmarktes

Für personenbezogene Beratung im Kontext von Arbeit, Beruf und Organisation entsteht ein wachsender Weiterbildungsmarkt. Viele Anbieter haben ihrem Leistungsangebot der Beratung das Angebot einer Weiterbildung hinzugefügt. Für Interessenten ist es nicht leicht, aus der Vielzahl der Angebote das richtige herauszufiltern. Zudem ist die Bedeutung einer Weiterbildung oder eines Zertifikats auch für Kunden und Auftraggeber von Coaching und anderen Beratungsdienstleistungen nur schwer einzuschätzen. Der Markt ist ausgesprochen heterogen, was Umfang, Inhalte, Qualität und Kosten betrifft. In vielen Bereichen fehlen allgemein verbindliche Mindestanforderungen bezogen auf die Inhalte, Methoden und Lernziele.

Interessenten sei daher empfohlen, im Vorfeld der Entscheidung für eine oft kosten- und zeitintensive Weiterbildung sowohl den eigenen Weiterbildungsbedarf als auch die Qualität der Angebote kritisch zu prüfen.

Weiterbildung versus Ausbildung

Alle beratungsbezogenen Qualifizierungen sind »Weiterbildungen« und keine »Ausbildungen«.

Der Begriff »Weiterbildung« kennzeichnet »die Fortsetzung oder Wiederaufnahme organisierten Lernens nach Abschluss einer ersten

Bildungsphase und nach Aufnahme einer Erwerbstätigkeit oder nach einer Familienphase« *(www.step-on.de)*. Eine Ausbildung dagegen erfolgt nach einem festen Ausbildungsplan für einen anerkannten Ausbildungsberuf und endet mit einer Abschlussprüfung.

Alle beratungsbezogenen Qualifizierungsangebote setzen bereits eine Ausbildung (meist im Sinne eines abgeschlossenen Hochschulstudiums), oftmals auch Berufserfahrung voraus. Sie sind damit keine Erstqualifizierungen, sondern Maßnahmen, die der Aktualisierung, Vertiefung oder Ergänzung der beruflichen Kenntnisse dienen, also *Weiter*bildungen. Dessen ungeachtet werden die meisten beratungsbezogenen Qualifizierungsangebote von den Anbietern als »Ausbildung« bezeichnet. In unseren Steckbriefen haben wir den Sprachgebrauch der Anbieter übernommen.

Coachingweiterbildungen

Der Weiterbildungsmarkt ist, bezogen auf Coaching, Karriereberatung, Outplacement und Mediation, ähnlich dem Markt der Anbieter, in erster Linie unübersichtlich. Im Beratungsfeld Coaching ist die Situation wenig transparent. Im deutschsprachigen Raum finden wir zurzeit über 200 verschiedene Angebote, die von zweitägigen Kompaktseminaren bis hin zu mehrjährigen, berufsbegleitenden Angeboten reichen. Kennzeichnend für den Markt der Coachingweiterbildungen ist es, dass viele Berater ihr Angebot über die Dienstleistung Coaching hinaus zu einer Weiterbildung erweitert haben. Dies mag in Zusammenhang damit stehen, dass die wenigsten Coaches ihre Einnahmen alleine durch Coaching bestreiten und sie sich durch Weiterbildungen zusätzliche Einnahmequellen erschließen. Vor diesem Hintergrund ist die Frage, ob und inwieweit die ausbildenden Coaches ihrerseits erfolgreich am Markt agieren, durchaus berechtigt.

Der *Deutsche Bundesverband Coaching e.V. (DBVC)* entwickelte Anfang des Jahres 2005 Qualitätsstandards für Coachingweiterbildungen. Anbieter, die die durch den *DBVC* festgelegten allgemeinen und inhaltlichen Voraussetzungen erfüllen, können sich vom *DBVC* zertifizieren lassen.

Eine Sicherheit, mit der Entscheidung für eine vom *DBVC* zertifizierte Weiterbildung die individuell beste Wahl getroffen zu haben, gibt es für Weiterbildungsinteressenten freilich nicht. Der Coachingmarkt wird schließlich nicht nur durch den *DBVC* repräsentiert; es gibt qualitativ gute und interessante Anbieter, die sich aus verschiedenen Gründen nicht dem Zertifizierungsverfahren durch den *DBVC* unterziehen wollen. In jedem Fall aber bieten die Qualitätsstandards des *DBVC* eine nützliche Orientierung. Gerade die inhaltlichen Voraussetzungen einer *DBVC*-Zertifizierung beinhalten wichtige Aspekte, die ein Interessent in Vorgesprächen mit Verantwortlichen einer Weiterbildung ansprechen sollte.

Qualitätsstandards für Coachingweiterbildungen

1. Allgemeine Voraussetzungen

- Die Weiterbildung im Bereich Coaching ist schon mindestens dreimal durchgeführt worden und wird auch weiterhin mindestens einmal jährlich durchgeführt.
- Curricula werden von einem Senior-Coach des *DBVC* verantwortlich vertreten.
- Das Weiterbildungsinstitut evaluiert die Qualität seiner Leistungen und hat hierzu ein schlüssiges Konzept, das auch die kontinuierliche Weiterentwicklung des Curriculums sicherstellt.
- Mindestumfang einer *DBVC*-Weiterbildung beträgt 150 Zeitstunden (60 Minuten); hierzu zählen alle interaktiven Aktivitäten, nicht aber Selbststudium, Erstellen von Referaten o. Ä.
- Die Mindestdauer eines Curriculums beträgt zwölf Monate.
- Auf Anfrage: Gewährung von Einblick in die Praxis der Weiterbildung durch einen *DBVC*-Beauftragten.

2. Inhaltliche Voraussetzungen

- Die Weiterbildung bildet Organisationswirklichkeit in Strukturen und Prozessen ab.
- Die Weiterbildung ist pluralistisch bezüglich Theorien, Inhalten, Methoden und Modellen, eingebettet in eine schlüssige Konzeption.
- Die Weiterbildung enthält die Auseinandersetzung mit Fragen der Berufswelt, der beruflichen Identität und der beruflichen Lebenswege.
- Die Weiterbildung enthält die Auseinandersetzung mit der eigenen Persönlichkeit im Hinblick auf Organisationswelten, Berufswelten und dem Zusammenspiel mit der Privatwelt.
- Integration von Theorie und Praxis durch die Weiterbildung, d. h. die professionelle Praxis der Teilnehmer, ist regelmäßig Gegenstand von Lernprozessen.
- Die fachliche Interdisziplinarität der Weiterbildung ist erkennbar.
- Das Weiterbildungskonzept ist didaktisch sinnvoll aufgebaut und die einzelnen Elemente bilden gemeinsam ein stimmiges Gesamtprogramm.
- Die Weiterbildung ist orientiert auf nachhaltiges, kollegiales Lernen und Vernetzung im professionellen Feld (*DBVC*, 2005, S. 5 f.).

Weiterbildung im Bereich Karriereberatung und Outplacement

Ebenso wie die Bezeichnung »Coach« sind auch die Bezeichnungen »Karriereberater« sowie »Outplacementberater« nicht geschützt. Nach unseren Recherchen gibt es derzeit drei Anbieter, die spezielle Weiterbildungen im Bereich Karriereberatung anbieten, sowie drei Anbieter, die zum Outplacementberater weiterbilden. Aus der Homepage der *Deutschen Gesellschaft für Karriereberatung (www.dgfk.de)* geht hervor, dass einige Karriereberater über eine Coachingweiterbildung verfügen. Eine fundierte Coachingweiterbildung kann ein Weg in das Beratungsfeld Karriereberatung sein, vor allem wenn Module zur Karriereberatung integriert sind.

Weiterbildung in Mediation

Anders als in Frankreich und Österreich ist die Bezeichnung »Mediator« in Deutschland ebenfalls keine geschützte Berufsbezeichnung. Die Zugehörigkeit eines Weiterbildungsanbieters zu einem Dachverband dagegen erfordert die Einhaltung bestimmter Standards und sorgt für eine gewisse Transparenz, was die Qualifikation eines Mediators betrifft. Die Verbände der Wirtschaftsmediation fordern in der Regel eine mindestens 120- bis 200-stündige Weiterbildung.

Zertifikate

In Bezug auf Abschlüsse oder Zertifikate ist die Situation ebenfalls uneinheitlich. Niveau und Aussagekraft eines Zertifikats können sehr unterschiedlich sein. Es gibt das »trägerinterne Zertifikat«, das zunächst wenig aussagekräftig ist. Es kann auch sein, dass ein Weiterbildungsanbieter durch einen entsprechenden Dachverband anerkannt ist. Dies lässt in der Regel darauf schließen, dass Mindeststandards etwa hinsichtlich des Umfangs einer Weiterbildung eingehalten werden.

> Weiterbildungsinteressenten sei generell empfohlen, sich die Bedeutung und Aussagekraft eines Zertifikats genau erläutern zu lassen. Die Akzeptanz eines Zertifikats und dessen Verwertbarkeit in der Praxis ist allerdings eine andere Frage, die auch ein Anbieter nicht immer wird beantworten können.

Anhang A

Für Weiterbildungsinteressenten, aber auch für Auftraggeber und Neueinsteiger in den Beratungsmarkt, kann es sinnvoll sein, sich einen Überblick über die wichtigsten Dachverbände und Zusammenschlüsse der Beraterszene zu verschaffen. Aus diesem Grund stellen wir in Anhang A (ab S. 345) Dachorganisationen aus den Bereichen Psychologie (allgemein), Coaching, Karriereberatung, Outplacement, interkulturelle Beratung, Supervision und Mediation vor. Ziel der Verbände ist es, zur Weiterentwicklung und Qualitätssicherung des jeweiligen Faches beizutragen bzw. die Interessen ihrer Mitglieder zu vertreten und ein Forum für Austausch und

Vernetzung bereitzustellen. Im Hinblick auf Gebühren und Leistungen gibt es hier allerdings große Unterschiede. Gleiches gilt, was die Qualifikation und den professionellen Hintergrund der Mitglieder betrifft. Zur Einschätzung der Qualität von Verbänden und anderen Dachorganisationen können die folgenden Fragen dienlich sein:

- Wie dient der Verband seinen Mitgliedern?
- Welche ethischen und fachlichen Standards vertritt eine Organisation?
- Wie dient die Organisation dem Berufsstand?
- Ist die Zertifizierung transparent?
- Ist die Finanzierung transparent? (*von Uhde*, 2005)

1.2 Die passende Weiterbildung finden

Als Weiterbildungsinteressent steht man in einem intransparenten Markt einer verwirrenden Anzahl von Homepages, Prospekten oder Anzeigen gegenüber. Es ist kaum möglich, eine präzise Vorstellung von einem Angebot zu entwickeln, zumal viele Anbieter mit ähnlichen Inhalten und Methoden werben.

Probeveranstaltung besuchen

> Der beste Weg zur passenden Weiterbildung besteht darin, einen Informationsabend oder eine Probeveranstaltung zu besuchen und Ausbildungsleiter oder Dozenten persönlich kennen zu lernen. Dabei müssen aus mehreren Hundert Angeboten zwei oder drei für den Besuch einer Probeveranstaltung in Frage kommende Angebote ausgewählt werden.

Da ist es nahe liegend, Absolventen einer Weiterbildung nach ihren Erfahrungen zu befragen. Dieser Weg kann in der Tat wichtige Informationen ergeben. Man sollte jedoch nicht vergessen: Die Qualität einer Weiterbildung ist vor allem relativ. Wer Aussagen über sie macht, vergleicht oft seine subjektiven Ziele und Erwartungen mit den Erfahrungen, die er in einer Weiterbildung gemacht hat. Eine wichtige Rolle spielen auch die anderen Teilnehmer einer Weiterbildungsgruppe. Professioneller Hintergrund, Kompetenzen, Sympathie und nicht zuletzt die Dynamik in einer Arbeitsgruppe sind hier entscheidend – und genau diese Faktoren können in einer anderen Gruppe wieder ganz anders sein.

Ziele der Weiterbildung klären

Angesichts dieser Situation ist es für Interessenten besonders wichtig zu klären, welche Ziele sie mit einer Weiterbildung verfolgen. Die Passung auf der Ebene von Persönlichkeit, Wertvorstellungen und Beraterverständnis ist wichtig, damit der Berater in der späteren Ausübung seiner Profession authentisch agieren kann. Dies wird ihm nur möglich sein, wenn Inhalte, Methoden, Menschenbild, Werte und Beraterverständnis einer Weiterbildung die eigene Persönlichkeit in geeigneter Weise weiterentwickeln. Eine gute Weiterbildung wird immer so angelegt sein, dass sie den persönlichen Entwicklungsprozess der Teilnehmer systematisch begleitet.

1.3 Ein Leitfaden

Anhang B

Der folgende Leitfaden soll dazu beitragen, das Weiterbildungsangebot zu finden, das den persönlichen Bedürfnissen und Zielen eines Interessenten am besten entspricht. Er beinhaltet Vorschläge zum schrittweisen Vorgehen bei der Wahl der passenden Weiterbildung, ist also chronologisch aufgebaut. Die »Checkliste zur Qualität von Weiterbildung im Kompetenzfeld Beratung« im Anhang B (ab S. 352) dient der stichpunktartigen Überprüfung der Qualität eines Angebots und kann zum Vergleich verschiedener Angebote herangezogen werden.

Leitfaden und Checkliste basieren auf der Durchsicht bereits vorhandener Aufstellungen und Checklisten zur Qualität von Weiterbildung sowie auf eigenen Überlegungen und Diskussionen mit Weiterbildungsinteressenten und -absolventen. Zu den bereits publizierten Checklisten gehören die vom *Bundesinstitut für Berufsbildung (BIBB)* herausgegebene *Checkliste: Qualität beruflicher Weiterbildung* (2001), die sehr detaillierte Ausführungen zur Beurteilung der Qualität von Weiterbildungsmaßnahmen beinhaltet, sowie die kurze und übersichtliche Checkliste für Weiterbildungsinteressierte, die vom Deutschen Institut für Erwachsenenbildung (DIE) herausgegeben wird.

Leitfaden zur Wahl der passenden Beraterweiterbildung

Der Leitfaden enthält neun Schritte:

1. Weiterbildungsbedarf ermitteln
2. Ressourcen klären
3. Auswahlkriterien zusammenstellen
4. Vorauswahl treffen
5. Vertiefende Informationen (eventuell Besuch einer Informationsveranstaltung)

6. Ausbildungsrichtlinien und Vertrag prüfen
7. Entscheidung und Anmeldung
8. Prozessevaluation
9. Evaluation nach der Weiterbildung

1. Weiterbildungsbedarf ermitteln

Grundlage für die Wahl der passenden Weiterbildung, ist es, die eigenen Bedürfnisse, Interessen, Motive und Ziele zu klären. Ein Weiterbildungsinteressent, der diese Fragen systematisch klärt, wird zum Karriereberater in eigener Sache. Die folgenden Fragen können in dieser Phase nützlich sein:

- Brauche ich überhaupt eine Weiterbildung?
- Welche Ziele verfolge ich mit der Weiterbildung?
- Welcher Beratungsansatz passt zu mir?
- In welcher Richtung (inhaltlich-methodisch) möchte ich mich weiterbilden?

Zu Beginn des Entscheidungsprozesses für oder gegen eine bestimmte Weiterbildung sollte eine Bestandsaufnahme der gegenwärtigen beruflichen Situation stehen:

- Über welche fachlichen und überfachlichen Qualifikationen verfüge ich bereits?
- Auf welche Erfahrungen und Kontakte kann ich zurückgreifen?
- Möchte ich mich auf neue Aufgaben vorbereiten?
- Oder ist es mein Ziel, mir einen neuen Tätigkeitsbereich zu erschließen, etwa weil ich in meiner gegenwärtigen Position unzufrieden oder von Arbeitslosigkeit bedroht bin?
- Wo möchte ich in zwei, fünf oder sieben Jahren stehen?
- Möchte ich meinen persönlichen Marktwert steigern oder mir Zugang zu neuen Kunden erschließen?

Die Frage, ob überhaupt eine Weiterbildung benötigt wird, kann ebenfalls sinnvoll sein. Eventuell können die benötigten Kompetenzen auch anders erworben werden. Je nach Ausgangssituation eines Interessenten kommen auch andere Formen des Lernens wie Selbststudium, kollegiale Supervision oder Training-on-the-Job in Frage.

Qualifikation, strategische Investition und Legitimation

Im Hinblick auf die Ziele schlagen wir vor, zwischen Weiterbildung als Qualifikation, als strategische Investition und als Legitimation zu unterscheiden. Eine Weiterbildung dient primär der Qualifikation, wenn der Erwerb bzw. die Erweiterung der eigenen Beraterkompetenzen im Vordergrund stehen. Strategische Ziele dagegen beziehen sich auf die Bedeutung der Weiterbildung und des damit verbundenen Zertifikats sowie auf dessen Nutzen bei der Akquisition von Aufträgen. Wichtig ist hier die Frage, ob ein Weiterbildungsanbieter die Möglichkeit des Kontakts mit potenziellen Kunden und Auftraggebern bzw. die Einbindung in ein kollegiales Netzwerk bietet. Eine Weiterbildung hat darüber hinaus auch die Funktion einer Legitimation. Gerade bei immateriellen personenbezogenen Beratungsdienstleistungen, deren Qualität eng mit der Persönlichkeit des Beraters verbunden ist, entsteht das Bedürfnis, die eigene Kompetenz und Qualifikation gegenüber Dritten (und gegenüber sich selbst) zu legitimieren.

Verbunden mit der Frage der Ziele ist die Frage, in welchem Beratungsansatz oder in welcher Methode man sich weiterbilden möchte:

- Erfülle ich überhaupt die Voraussetzungen für die mich interessierende Beratungsform?
- In welchen Feldern und Branchen möchte ich zukünftig tätig sein und welcher Beratungsansatz wird dort nachgefragt?
- Wie sind meine Persönlichkeit und mein Kommunikationsstil im Hinblick auf die Beraterrolle einzuschätzen?
- Kann ich mit Konflikten und interpersonalen Spannungen umgehen?
- Kann ich mich – etwa in der Rolle als Mediator – auch angemessen durchsetzen?
- Kann ich in komplexen Gruppensituationen den Überblick bewahren?

Viele Fragen! Die Feststellung von *Böning und Fritschle* (2005, S. 176), »man muss viel über Coaching wissen, bevor man Coaching lernen kann«, gilt auch für andere Formen der Beratung. Grundkenntnisse zu Theorien und Methoden der Beratung erleichtern die kritische Prüfung und Beurteilung der Angebote.

2. Ressourcen klären

Zu den Ressourcen, die in eine Weiterbildung investiert werden müssen, gehören in erster Linie Zeit und Geld. Bei der Kalkulation der Kosten sollten neben den eigentlichen Weiterbildungskosten auch Kosten für eventuell notwendige Supervisionssitzungen sowie Materialkosten und eventuell anfallende Prüfungsgebühren berücksichtigt werden. Supervision ist in vielen Weiterbildungen ein integraler Bestandteil, die Honorare hierfür werden jedoch oft nicht an den Anbieter entrichtet, sondern direkt mit einem Supervisor abgerechnet. Auch die Nebenkosten einer Weiterbildung sollten kalkuliert werden: Reise- und Übernachtungskosten können hier anfallen, ebenso der Verdienstausfall für die Dauer der Weiterbildungsmodule.

Entsprechend realistisch sollte auch der benötigte Zeitaufwand errechnet werden. Neben der »Netto«-Weiterbildungszeit, die von den Anbietern in Form eines Gesamtumfangs (z.B. 200 Stunden, verteilt auf zwei Jahre) angegeben wird, sind Vor- und Nachbereitungszeit, Zeit für Supervision, Abschlussarbeiten, Fallberichte oder Prüfungen sowie Reisezeiten zu kalkulieren.

3. Auswahlkriterien zusammenstellen

Nach der Analyse von Bedarf, Zielen und zeitlichen sowie finanziellen Ressourcen können Auswahlkriterien für die passende Weiterbildung zusammengestellt werden. Diese können sich beziehen auf:

- die Art des Beratungsansatzes (Coaching, Supervision, Mediation oder einer bestimmte Methode wie TA, TZI oder NLP),
- Voraussetzungen und Anforderungen an die Teilnehmer (Mindestalter, erforderliche Berufserfahrung),
- spezielle Methoden und Inhalte,
- die maximale Dauer der Weiterbildung,
- die maximalen Kosten der Weiterbildung,
- die Nähe zum Wohnort,
- die Organisationsform (berufsbegleitend, Wochenende),
- die Lernform und Didaktik (Gruppengröße, Projektarbeit, Supervision),
- Abschluss / Zertifizierung / Zugehörigkeit zu einem Dachverband oder
- die Ausbilder und deren Qualifikation.

4. Vorauswahl treffen

An dieser Stelle des Entscheidungsprozesses kann nun eine Vorauswahl der in Frage kommenden Angebote erstellt werden. Eine Orientierung leistet hier unser Markteinblick in Form einheitlicher Steckbriefe. Die einschlägigen Fachzeitschriften bzw. deren Homepages bieten zudem regelmäßig Marktübersichten an. Interessenten einer Coachingweiterbildung können sich unter *www.coaching-report.de* unter dem Stichwort Coachingindex über Coachingweiterbildungen informieren. Sie haben zudem die Möglichkeit einer anonymen Ausschreibung, in der Anforderungen und Wünsche bezüglich einer Coachingweiterbildung präzisiert werden können. Anbieter, die sich von einer Ausschreibung angesprochen fühlen, können dann per E-Mail mit dem Interessenten in Kontakt treten. Es bleibt abzuwarten, inwieweit sich dieses Instrument in der Praxis bewährt.

5. Vertiefende Information

Da die Steckbriefe nur Basisinformationen über eine Weiterbildung vermitteln können, sollten nun vertiefende Informationen zu den einzelnen Angeboten eingeholt werden. Einige Anbieter ermöglichen zudem den Besuch einer oft kostenpflichtigen Probeveranstaltung oder sie veranstalten spezielle Informationsabende, bei denen die Interessenten dann auch die Ausbilder kennen lernen und ihre persönlichen Fragen klären können.

Diese Möglichkeit sollte in jedem Fall genutzt werden, denn die subjektive Qualität einer Weiterbildung hängt ganz entscheidend von der Person der Ausbilder sowie von der Zusammensetzung der Teilnehmergruppe ab. Aus Berichten von Absolventen der Weiterbildungen im Bereich Coaching wissen wir, dass die formalen Kriterien bezogen auf Alter, Erfahrung oder Qualifikation der Teilnehmer oft nicht eingehalten werden. Wer beim Besuch einer Informationsveranstaltung Näheres über die Zusammensetzung der Teilnehmergruppe erfahren kann, sollte diese Gelegenheit nutzen.

In der Weiterbildung zur personenbezogenen Beratung hat man es oft mit multiprofessionell zusammengesetzten Arbeitsgruppen aus Psychologie, Pädagogik, Wirtschaftswissenschaften und anderen Bereichen zu tun. Dies bietet eine Chance, die Denkweise und die Sprache unterschiedlicher Professionen kennen zu lernen – eine Kompetenz, die später auch in einem multiprofessionellen Feld von Auftraggebern und Kunden wichtig ist. Damit diese Chance genutzt wird, ist ein kompetenter Umgang der Dozenten mit multiprofessionellen Gruppen nötig.

> In jedem Fall sollte ein Interessent prüfen, was eine multiprofessionelle Gruppe für seine persönlichen Lernziele bedeutet.

Neben der Zusammensetzung der Teilnehmer ist es wichtig, ein Bild von den vermittelten Inhalten und Methoden zu entwickeln. Hier sind Grundkenntnisse der wichtigsten Beratungskonzepte nützlich. Wichtiger noch als Inhalte und Techniken ist allerdings die Frage, ob und wie ein Anbieter eine professionelle beraterische Haltung vermittelt und die Entwicklung einer individuellen Beraterpersönlichkeit fördert. Die Supervision eigener Fälle sowie ein Lehrcoaching sind hier geeignete Möglichkeiten.

Vor der endgültigen Entscheidung sollte noch sorgfältig der Vertrag geprüft werden. Er sollte zumindest Angaben zu den folgenden Punkten beinhalten (vgl. *BIBB,* 2001, S. 8):

6. Weiterbildungsrichtlinien und Vertrag prüfen

- Ziel, Dauer (in Unterrichtsstunden), Inhalte und Durchführungsbedingungen der Weiterbildung,
- Zulassungsvoraussetzungen und maximale Teilnehmerzahl,
- Prüfungsordnung und -regelung,
- Kosten,
- Zahlungsweise,
- Kündigungsbedingungen und Rücktrittsmodalitäten sowie
- allgemeine Geschäftsbedingungen.

Zu achten ist auf Kündigungs- und Rücktrittsrechte sowie auf die Zahlungsmodalitäten. Eine Kündigung des Vertrags oder ein Abbruch der Weiterbildung kann z.B. dann nötig werden, wenn sich die privaten oder beruflichen Lebensumstände oder die wirtschaftliche Situation drastisch verändert haben. Ein Rücktritt längere Zeit vor Beginn der Weiterbildung sollte unentgeltlich oder gegen Zahlung einer Bearbeitungsgebühr möglich sein. Wichtig sind auch die Modalitäten, wenn man ein Weiterbildungsmodul nachweislich krankheitsbedingt nicht besuchen kann. Hier reichen die Regelungen von »keine« – das bedeutet, man hat keinerlei Anspruch auf Ersatzleistungen – bis hin zu kundenfreundlichen und flexiblen Ersatzleistungen. Diese können z.B. darin bestehen, dass man das entsprechende Modul im nächsten Weiterbildungsdurchgang nachholen oder ein individuelles Lehrcoaching mit einem Ausbilder vereinbaren kann.

Sehr seriös und teilnehmerfreundlich ist auch die beidseitige, also für Anbieter und Teilnehmer bestehende Möglichkeit, nach dem ersten Modul ohne weitere Zahlungen vom Vertrag zurücktreten zu können. Für den Weiterbildungsanbieter besteht damit die Möglichkeit, Teilnehmer, die aufgrund ihrer Persönlichkeit als gegenwärtig nicht für eine Beratertätigkeit geeignet eingeschätzt werden, von der Weiterbildung auszuschließen. Damit kann die Qualität der Arbeitsgruppe gesichert werden. Auch für die Teilnehmer selbst ist das Rücktrittsrecht sehr günstig, da erst nach einem ersten Modul die Qualität der Weiterbildung und die der Teilnehmergruppe eingeschätzt werden können.

7. Entscheidung und Anmeldung

Ist der Vertrag eingehend geprüft und konnten offene Fragen im Vorfeld mit dem Anbieter geklärt werden, dann steht einer Entscheidung und Anmeldung nichts mehr im Weg.

8. Prozessevaluation

Auch während der Weiterbildung sollten im Sinne einer Prozesssteuerung Ziele und Inhalte der Veranstaltung überprüft werden. Werden die angegebenen Leistungen eingehalten? Entsprechen Qualität der Veranstaltungen, Inhalte und Methoden dem Angebot? Werden die angegebenen Rahmenbedingungen in Bezug auf Teilnehmer, Gruppengröße, Organisation oder Ort erfüllt? Ist genug Raum für individuelle Anliegen der Teilnehmer? Wie wird mit Konflikten in der Gruppe oder zwischen Teilnehmern und Referenten umgegangen? Herrscht eine anregende Lernatmosphäre?

9. Evaluation nach der Weiterbildung

Auch nach der Weiterbildung kann eine kleine evaluierende Reflexion sinnvoll sein:

- Was habe ich gelernt?
- Habe ich meine Ziele erreicht?
- Habe ich mich durch die Weiterbildung über die Auseinandersetzung mit Inhalten und Methoden hinaus auch persönlich und im Hinblick auf meine Beraterrolle weiterentwickelt?

2. 78 Weiterbildungsangebote im Steckbrief

Sandra Merz-Hörmann

Im Folgenden geben wir einen Markteinblick zu Weiterbildungen im Bereich Coaching, Karriereberatung, Outplacement und Mediation. Dazu werden die Weiterbildungsangebote anhand einheitlicher Steckbriefe im Hinblick auf Zielgruppe, Aufnahmevoraussetzungen, Rahmenbedingungen, Ziele, Inhalte, Methoden, Prüfung und Zertifikat beschrieben.

Selbstverständlich konnten die zahlreichen Weiterbildungsangebote nicht vollständig aufgenommen werden. Allein im Bereich Coaching gibt es derzeit über 200 Angebote. Daher möchten wir an dieser Stelle ausdrücklich darauf hinweisen, dass die »Nichtaufnahme« eines Angebots in den *Beratungskompass* nichts über dessen Qualität aussagt.

Auswahlkriterien

Die Auswahl erfolgte anhand folgender Überlegungen:

- Entsprechend der Zielgruppe des *Beratungskompass* wurde ein Schwerpunkt auf die Bereiche Coaching und innerhalb der Mediation auf Wirtschaftsmediation gelegt.
- Die Recherche nach Weiterbildungsangeboten erfolgte über die entsprechenden Dachverbände sowie einschlägige Internetportale.
- Die Angebote machten bezogen auf den Internetauftritt und Informationsbroschüren einen qualifizierten und seriösen Eindruck.
- Die Weiterbildungsanbieter haben unsere Anfragen nach Informationsmaterial in einem vertretbaren Zeitrahmen beantwortet.
- Die Angebote weisen einen eindeutigen Praxisbezug auf.
- Der Umfang der Angebote entspricht etwa den entsprechenden Vorgaben der jeweiligen Verbände.

- Es sollte ein Einblick in die Struktur des Weiterbildungsmarktes gegeben werden, d.h., es sollen die wichtigsten Arten von Trägern wie staatliche und private Angebote vertreten sein.

Nachdem eine Vorauswahl der in Frage kommenden Anbieter getroffen worden war, wurden ca. 150 Anbieter angeschrieben und um weitere Informationen gebeten. Anhand dieser Informationen wurden dann 78 Angebote ausgewählt und die Steckbriefe formuliert. Allen Anbietern, die in den *Beratungskompass* aufgenommen werden sollten, wurden die Steckbriefe anschließend zugeschickt mit der Bitte, diese zu prüfen und wichtige Änderungen und Ergänzungen anzumerken. Danach wurden die Steckbriefe abermals überarbeitet. Die Änderungs- und Ergänzungswünsche der Anbieter wurden weitgehend berücksichtigt. Da die Übersichtlichkeit der Darstellung und die leserfreundliche Aufbereitung der Informationen für uns erste Priorität hatte, konnten allerdings nicht alle Detailanmerkungen der Anbieter berücksichtigt werden.

Um dem Leser eine Orientierung im Hinblick auf die Kosten der Weiterbildungsangebote zu geben, haben wir diese in vier Gruppen kategorisiert. Das jeweilige Symbol steht hinter der Überschrift der nachfolgenden Steckbriefe.

Kategorie	Kosten	Symbol
1	bis 3.000 €	€
2	über 3.000 bis 6.000 €	€€
3	über 6.000 bis 9.000 €	€€€
4	über 9.000 €	€€€€

Die Mehrwertsteuer wird bei diesen Angaben nicht berücksichtigt. Zu beachten ist, dass Preise sich ändern können, so dass unsere Einteilung lediglich zur Orientierung dient.

2.1 Coaching

Ausbildung zum Coach (€€)

2coach Personal- und Unternehmensberatung
Henrichs und Schiemann GbR
Roger Henrichs
Bramfelder Str. 76
22305 Hamburg
Tel.: 0 40 / 81 97 10 80
Fax: 0 40 / 81 97 10 82
E-Mail: info@2coach.de
Internet: *www.2coach.de*

Zielgruppe
- Menschen aus kommunikationspsychologischen Berufsfeldern
- Personalverantwortliche
- Trainer, Coaches, Change Manager oder Menschen, die sich hierfür qualifizieren wollen
- Menschen, die überwiegend die Prozesse von Einzelpersonen begleiten wollen

Aufnahmevoraussetzungen
Mindestalter 30 Jahre, Berufserfahrung, Vorgespräch oder Vorseminar

Rahmenbedingungen
- Gesamtumfang Ausbildung: 29 Tage
- Gruppengröße: vier bis acht Personen
- Eintägiges Vorseminar
- Drei zweieinhalbtägige Grundseminare
- Mehrere zweieinhalbtägige Hauptseminare – je nach Ablauf fünf, sechs oder sieben
- Zweitägiger Arbeitsprobebaustein
- Eintägiger Abschlussbaustein
- Modulare Ausbildung – verpasste Bausteine können nachgeholt werden

Ziele
Teilnehmer sind nach Abschluss in der Lage, selbstständig als Coach zu arbeiten.

Inhalte (Ausschnitt)
- *Vorseminar:* Klärung über die weiteren Inhalte der Ausbildung und erster Einblick in die Kommunikationspsychologie.
- *Grundseminare:* Grundlagen der Kommunikationspsychologie, der Gesprächsführung und der Konfliktklärungshilfe
- *Hauptseminare:* Moderation und Erlebnisaktivierung, Change Management-Grundlagen, Beratungskompetenz, Gruppenstruktur und Dynamik sowie weitere Themen
- *Arbeitsprobe Coach:* Das eigene Coaching, Abschlussbaustein und Zertifizierung

Methoden
Gruppenarbeit; Praxisanteil ca. 70 Prozent; Einzelarbeit; Plenum

Prüfung
Zweitägiger Arbeitsprobebaustein

Zertifikat
Abschluss mit einem vierseitigen Zertifikat als Coach

Weitere Informationen
Es werden zur individuellen Abrundung des Beraterprofils weitere Zusatzbausteine, z.B. zu Kreativitätstechniken, Präsentation und Visualisierung sowie neurotischen Formen der Persönlichkeit, angeboten.

Ausbildung zum Certified Personal Coach bzw. DIN-geprüften Business-Coach (PAS 1029) (€€)

3k Consulting
Jörg Krauter
Postfach 720151
70577 Stuttgart
Tel.: 0 72 37 / 16 04
Fax: 0 72 37 / 44 27 94
E-Mail: joerg.krauter@3k-consulting.de
Internet: *www.3k-consulting. de*

Zielgruppe

- Trainer und Coaches mit Berufserfahrung. Das Programm ist für Personen konzipiert, die ihre Erfahrungen mit anderen austauschen und vergleichen wollen und sich davon einen wertvollen Input für ihre tägliche Arbeit erwarten.
- »Newcomer« im Coaching, d.h. Menschen, die sich im Kompetenzfeld Coaching qualifizieren wollen und noch keine Berufserfahrung haben.
- Existenzgründer.

Aufnahmevoraussetzungen

Keine formalen oder akademischen Voraussetzungen; Anerkennung vorhandener Aus- und Weiterbildungen ist möglich

Rahmenbedingungen

- Mindestteilnehmerzahl pro Seminar: sechs Personen, maximal 15 Personen.
- Gesamtausbildung ist berufsbegleitend über 18 Monate in neun zweitägigen Modulen (126 Kursstunden) am Wochenende mit sieben Kursstunden täglich.
- Zweitägiges Kolloquium mit 14 Kursstunden zur Qualitätssicherung am Ende der Ausbildungszeit.
- 252 Stunden begleitende Projektarbeit außerhalb der Präsenzphasen.
- Einzel- und Gruppensupervision.
- Module können einzeln gebucht werden, um die persönlichen Zeitressourcen zu schonen und optimal zu nutzen.
- Ein Tag optional Personenzertifizierung bei *DIN CERTICO* (nicht im Ausbildungspreis enthalten).

Inhalte (Ausschnitt)

- *Modul 1* – Grundlagen im Coaching: Aufgaben und Funktionen im Coaching, PAS 1029 Qualitätsmanagement und Erfolgsfaktoren im Coaching, rechtliche Aspekte. Steuern und Versicherung, Darstellung und Diskussion verschiedener Coachingansätze
- *Modul 2* – Grundlagen Psychologie, therapeutische Ansätze und Coaching im Managementkontext: Einsatzgebiete, Nutzen, Grenzen, Risiken, Transtheoretisches Modell von *Prochaska, Redding, Evers*
- *Modul 3* – Selbstmanagement »Ich als Coach«: Selbstreflexion, Zeitmanagement, Knigge, Farb- und Stilberatung, Stressmanagement, Gesundheitsmanagement
- *Modul 4* – der Coachingprozess nach PAS 1029, das Coachinggespräch: Zielfindung und -bildung, Methoden zur Evaluierung von Zielen, Prozessen und Ergebnissen, Methodik des Coachinggespräches (*GROW*-Modell, *RAFAEL*-Methode), Kommunikationspraxis (Kommunikationsmodelle *Schulz von Thun* und *Paul Watzlawick*)
- *Modul 5* – Fragetechniken im Coachinggespräch: Problemanalytische und systemisch-lösungsorientierte Fragetechniken
- *Modul 6* – Analyseinstrumente im Coaching: Lebensmotivanalyse nach *Steven Reiss,* Persönlichkeitsdiagnostik, Darstellung weiterer psychologischer Testverfahren, Transaktionsanalyse, FITness-Analyse
- *Modul 7* – Interventionstechniken: NLP, therapeutische Techniken nach *Milton Erickson*
- *Modul 8* – Interventionstechniken und Beratungsformen: Gestalttherapeutische Techniken, Mediation und Konfliktmanagement
- *Modul 9* – Menschenführung, Organisationsentwicklung und Supervision: Grundlagen der Führung, eigenes Führungsverhalten, Schlüsselqualifikationen,

Grundlagen der Organisationsentwicklung, Einzelsupervision für Personenzertifizierung, Führen und Coachen von Gruppenprozessen
- *Modul 10* – Abschluss-Kolloquium: Erfahrungsaustausch und Feedback, Gruppensupervision

Methoden
- Mehrstufiges Lernkonzept: Vorbereitungsphase (Literaturstudium, Problemstellung aus der Praxis, Fallvorbereitung) – Präsenzphase (Aktivität im Lernprozess, Diskussionen etc.) – Nachbereitungsphase (Studium, Überprüfung Lernerfolg, Hausarbeit oder Projektarbeit erstellen, Umsetzung in die Praxis).
- In den Zeiträumen zwischen den einzelnen Präsenzphasen werden verschiedene Projektarbeiten durchgeführt, die das Erlernte vertiefen, den Erfahrungsschatz und den Anwendungsbereich erweitern. Hierfür werden Leistungsnachweise vergeben.
- Grundlagenvorträge
- Fallstudienbearbeitung
- Praktikareferate, Verhaltenstrainings
- Gruppenübungen
- Peergroups
- Supervision

Prüfung

Die Zulassung zur Prüfung ist zu beantragen. Die eintägige Prüfung zur Personenzertifizierung, die vor einem unabhängigen Prüfungskomitee abgelegt wird, beinhaltet einen schriftlichen und einen mündlichen Anteil. Ein Kontrollverfahren stellt sicher, dass die einmal erworbenen Kenntnisse stets aktualisiert und in der Praxis angewandt werden. Deshalb ist das Zertifikat für einen Zeitraum von drei Jahren gültig. Während dieser Zeit muss ein Nachweis über die kontinuierliche Berufspraxis vorgelegt werden. Danach wird eine Wiederholungsprüfung abgelegt.

Zertifikat
- Bei erfolgreichem Abschluss des Leistungsnachweises und der einzelnen Module wird ein Zertifikat ausgestellt. Darin sind die Themeninhalte der Ausbildung, die Ausbildungszeiten und der Leistungsnachweis ausgewiesen.
- Leistungsnachweis zum *Certified Personal Coach:* Teilnahme an einer Supervision bei einem dafür anerkannten Supervisor (darf nicht länger als sechs Monate zurückliegen), Coachingerfahrung: Vorlage einer schriftlichen und anonymisierten Dokumentation (Verlauf und Ergebnis) über drei durchgeführte Coachingprojekte; Abgabe einer so genannten »Ehrenerklärung«; fachbezogene Projektarbeit – die erfolgreiche Bearbeitung von sechs aus neun Projekten zu unterschiedlichen Fachthemen. Davon können bis zu zwei Projekte durch schon durchgeführte Aus- und Weiterbildungsmaßnahmen im Kompetenzfeld Coaching anerkannt werden; Vorlage einer Hausarbeit aus Themenkatalog.

Weitere Informationen

Neben den Standardmodulen der Ausbildung können auch weitere Spezialisierungsmodule zu einzelnen Themenbereichen wie z.B. Systemische Beratung, Hypnose und Imagination oder NLP belegt werden. Es besteht die Möglichkeit, sich zusätzlich zum DIN-geprüften Business-Coach zertifizieren zu lassen. Die Ausbildung bereitet auf die Zertifizierung vor, ist jedoch nicht Voraussetzung. Weitere Information unter *www.dincerto.de.*

Herausforderung Coaching – Mitarbeiter und Teams in Entwicklungsprozessen coachen (€€)

Akademie für wissenschaftliche Weiterbildung an der Pädagogischen Hochschule Heidelberg e.V.
Bettina Grünewald-Töpfer
Keplerstraße 87
69120 Heidelberg
Tel.: 0 62 21 / 47 74 89
Fax: 0 62 21 / 47 76 48
E-Mail: akademie1@ph-heidelberg.de
Internet:
www.ph-heidelberg.de/org/Akad1/akad.htm

Zielgruppe

Personen (Keypersons), die in Teams und Organisationen Prozesse und Entwicklung und/ oder Veränderung aktiv mitgestalten wollen; Projektleiter und Teamleiter; Abteilungsleiter

Aufnahmevoraussetzungen

Keine formalen oder akademischen Voraussetzungen

Rahmenbedingungen

- Die Teilnehmerzahl ist auf 16 begrenzt.
- Die Weiterbildungsreihe umfasst sechs Workshops, Selbststudienphasen und die Durchführung von Coachingsitzungen bzw. eines eigenen Coachingprojektes.
- Workshops finden jeweils Donnerstag bis Samstag statt und laufen insgesamt über ca. zehn Monate.
- Insgesamt 18 Workshoptage mit einer Gesamtstundenzahl von 132.
- Jeder Workshop wird in Abhängigkeit der Teilnehmerzahl von eins bis zwei Trainern moderiert.
- Weiterbildung ist nur komplett buchbar, da Workshops aufeinander aufbauen.

Ziele

Das primäre Anliegen der Ausbildung ist es, die persönlichen Ressourcen und die Selbststeuerung zu erweitern und zu professionalisieren.

Inhalte (Ausschnitt)

- *Workshop 1:* Grundlagen des Systemischen Coachings, Möglichkeiten des Coachings, Stellenwert des Coachings unter den Beratungsansätzen
- *Workshop 2:* Gestaltung der Beratungsbeziehung, vom Anliegen zum konkreten Auftrag
- *Workshop 3:* Ablauf, Methoden und Techniken, Ablauf des Coachingprozesses, Instrumente, Methoden und Strategien
- *Workshop 4:* Rolle und Selbststeuerung im Coachingprozess, Funktionen und Aufgaben eines Coachs, Weiterentwicklung der personalen Kompetenzen
- *Workshop 5:* Alternative Formen des Einzel- und Teamcoachings, Unterschiede und Gemeinsamkeiten von Team- und Einzelcoaching
- *Workshop 6:* Eigener Coachingstil und persönliche Entwicklung, weitere Formen des Coachings

Methoden

Fallstudien; kollegiale Beratung; Reflexion; Supervision. Teil der Weiterbildung ist die Durchführung von Coachingsitzungen oder die Umsetzung eines Coachingprojektes am Arbeitsplatz des Teilnehmers.

Prüfung

- Realisierung von Coaching-Sitzungen oder eines Coachingprojektes (in der Organisation des Teilnehmers)
- Schriftliche Dokumentation des Coachings/Coachingprojektes, die auch eine persönliche Reflexion des Lern- und Entwicklungsprozesses enthält

Zertifikat

Qualifiziertes Zertifikat der *Akademie für wissenschaftliche Weiterbildung an der Pädagogischen Hochschule Heidelberg e.V.* wird nach der Teilnahme an der gesamten Weiterbildung und dem Ablegen der Prüfung erteilt.

Ausbildung zum Coach mit Diplom (DVNLP) (€€)

alwart + team
Susanne Alwart
Ditmar-Koel-Str. 23a
20459 Hamburg
Tel.: 0 40 / 31 79 39 00
Fax: 0 40 / 31 79 39 01
E-Mail: info@alwart.de
Internet: *www.alwart.de*

Zielgruppe
Trainer, Berater, Personalentwickler, Führungskräfte, Coaches

Aufnahmevoraussetzungen
- Mindestalter 25 Jahre bei Übergabe des Diploms
- Abschluss als NLP-Master *(DVNLP)* bzw. NLPplus-Dialog- und -Prozessberater
- 2 Jahre NLP-Erfahrung seit Beginn der NLP-Practioner/NLPplus-Dialog- und -Prozessberater-Weiterbildung

Rahmenbedingungen
Die drei Module sind auch einzeln und in unabhängiger Reihenfolge buchbar; Modul A – zwei Tage, Modul B – 14 Tage, Modul Coaching – vier Tage. Insgesamt 20 Tage Seminarausbildung (inkl. Supervision) plus 40 Zeitstunden Coaching und Supervision in selbst organisierten und dokumentierten Peergroups. Zusätzlich muss noch Zeit für die Diplomarbeit eingeplant werden.

Ziele
Die Coach-Kompetenz weiter ausbauen; das Handwerkszeug um weitere Coachingtools ergänzen.

Inhalte (Ausschnitt)
- *Modul A* – Ich, der Coach: meine Kernkompetenzen, mein Profil, meine Rolle, mein Selbstverständnis, meine Philosophie, meine Zielgruppe, mein Angebot, Akquisition und Marketing, Aufträge, Kontrakte, Fallen
- *Modul B* – Methoden, Tools, Supervision und Co (DCB): wohlformulierte Ziele, Lösungskategorien, Umgang mit Kennzahlen und Installieren von Feedbackschleifen; Systemische Analyse-Tools, Vertiefung aller NLP-Interventionen für den Coaching-Kontext, Vertiefung des Sprachgebrauchs, Einsatz des *Milton*-Modells und Trancetechniken, Nutzbarmachung und Integration NLP-fremder Methoden in Coaching-Interventionen, Einsatz von NLPplus-Techniken im Konfliktmanagement und Teamcoaching; Abwehrmechanismen, Übertragung, Projektionen und Selbsterfahrungstraining, Einzel- und Gruppen-Supervision
- *Modul Coaching* – Neurosen und Psychosenlehre in der Praxis: Wichtig in der nicht-psychologischen Coachingpraxis ist, dass der Coach nicht mit Coachees arbeitet, die in psychologische oder psychiatrische Hände gehören. Dieses Modul leistet einen Beitrag dazu, dass Trainer, Berater und Coaches ein Gefühl für psychische Erkrankungen und Auffälligkeiten bekommen. Anhand zahlreicher Fälle aus der psychologischen Praxis werden neurotische und psychotische Erkrankungen und Persönlichkeitsneigungen dargestellt.

Methoden
Theorie-Input; Fallbeispiele; Live-Coachings; Videos; Gruppenübungen

Prüfung
Anfertigung einer Diplomarbeit mit Coachingkonzept und drei Falldokumentationen

Zertifikat
»Coach DVNLP«

Weitere Informationen
Kostenloser »Tag der Kunden« sowie kostenlose Coaching-Hotline wird angeboten.
Assistenz und Hospitation in den Trainings von *alwart + team* ist möglich. Um zukünftigen Coaches den Einstieg in ihren neuen Beruf zu erleichtern, wird ein Coach-Trainee-Programm angeboten.

Ausbildung zum Systemisch-Interaktiven Coach (€€€)

artop-Institut an der Humboldt-Universität zu Berlin
Dr. Thomas Bachmann
Christburger Straße 4
10405 Berlin
Tel.: 0 30 / 440 12 99-0
Fax: 0 30 / 440 12 99-21
E-Mail: kontakt@artop.de
Internet: www.artop.de

Zielgruppe
Personalentwickler, Trainer und Berater, Fach- und Führungskräfte

Aufnahmevoraussetzungen
- Hochschulstudium, vorzugsweise Psychologie, Sozialwissenschaften, Pädagogik oder BWL
- Mindestalter 35 Jahre, Berufserfahrung, Teilnahme am Aufnahmegespräch

Rahmenbedingungen
- Ausbildung besteht aus: Potenzialgespräch, 13 Seminareinheiten und Abschlusskolloquium
- Individuelles Lehrcoaching im Rahmen eigener Coachingfälle
- Teilnehmerzahl: mindestens 8, maximal 14
- Zeitrahmen: 12 Monate

Ziele
Neben methodischem Know-how und Basiskompetenzen sollen vor allem die individuellen Coachingkompetenzen der einzelnen Teilnehmer anwendungsorientiert entwickelt werden.

Inhalte (Ausschnitt):
- *Coaching und Coachingprozess:*
  1. Grundlagen des Coachings
  2. Systemtheorie und Systemisches Coaching
  3. Auftragsklärung und Zieldefinition
- *Coachingkonzepte und -methoden:*
  4. Einzelentwicklung I
  5. Diagnostik- und Interventionsmethoden I
  6. Einzelentwicklung II mit Live-Klienten
  7. Teamcoaching
  8. Grundhaltung und Rollen des Coachs
  9. Diagnostik- und Interventionsmethoden II
- *Ausbildungsschwerpunkt »Coaching in der Praxis«:*
  10. Profiling und Abgleich der Lernzielerreichung
  11. Der Coach im Unternehmen
  12. Coaching und Organisationsentwicklung
  13. Coaching in der Personalentwicklung

Im Praxisteil der Ausbildung haben die Teilnehmer die Aufgabe, zwei reale Coachingfälle zu bearbeiten und zu protokollieren. Dabei werden sie von *artop* und seinen Partnern bei der Akquisition unterstützt. Die Fälle können im Lehrcoaching supervidiert werden.

Abschlusskolloquium: Teilnehmer stellen eigene Coachingfälle vor und bearbeiten diese supervisorisch. Weitere Schritte für die Zusammenarbeit und Netzwerkbildung werden vereinbart.

Methoden
Bearbeitung von Fallstudien; im Praxisteil werden reale Coachingfälle bearbeitet und protokolliert; Rollenspiele

Prüfung
Durchlaufen des Abschlusskolloquiums; Nachweis zweier eigenständig absolvierter Coachingfälle sowie des Lehrcoachings

Zertifikat
Nach bestandener Prüfung wird das Zertifikat »Systemisch-Interaktiver Coach« erteilt.

Weitere Informationen
Intensive Förderung der Netzwerkbildung zwischen den Teilnehmern, Ausbildern und Auftraggebern zum Austausch von Wissen, Erfahrungen und Ressourcen.

Ausbildung zum Coach (€)

ascoach, Akademie für systemisches Coaching
Nicole Spitzenberg, M.A.
Gut Keuchhof, Braugasse 12
50859 Köln
Tel.: 0 22 34 / 94 58 70
Fax: 0 22 34 / 94 58 90
E-Mail: info@ascoach.de
Internet: www.ascoach.de

Zielgruppe

Führungskräfte aller Bereiche, Trainer, Personalentwickler

Aufnahmevoraussetzungen

- Mindestalter 25 Jahre
- Mindestens Hauptschulabschluss und eine abgeschlossene Berufsausbildung oder Studium
- Gute Voraussetzung ist Berufserfahrung und hier im Besonderen der Umgang mit Menschen.

Rahmenbedingungen

Während des Fernstudienteils werden die Studenten online durch das Studium begleitet. Der Studiengang ist geteilt in einen Fernstudienteil *(on the job)* und einen Präsenzstudienteil *(off the job)*.
Den Teilnehmern wird zu Beginn des Studiums ein Lerntagebuch ausgehändigt, das sie durch die Ausbildung und darüber hinaus begleitet. Sie können sich übers Internet Studienbriefe, Literaturverzeichnisse, Übungen und ein Studenten-Forum herunterladen und so *on the job* nach freier Zeiteinteilung arbeiten.
Im Internet eingestellte Übungen dienen der Prüfungsvorbereitung; das Forum gibt allen Studenten die Möglichkeit, sich auszutauschen und während dieser Phase miteinander in Kontakt zu bleiben.

Ziele

In den Ausbildungen lernen die Teilnehmer die wichtigsten Instrumente und Methoden eines erfolgreichen Coachings kennen und haben zahlreiche Möglichkeiten, ihre Fähigkeiten als Coach selbst zu erfahren und zu entwickeln.

Inhalte (Ausschnitt)

Kompetenzfelder eines Coachs, persönliche Standortbestimmung; professionelle Gesprächsführung; Modelle der Psyche; Transaktionsanalyse (TA); psychologische Testverfahren; Aufbau von Rapport und einer tragfähigen Beziehung; effiziente Anwendung von Sprache; richtig Feedback geben – Verhaltenscoaching; effiziente Anwendung nonverbaler Kommunikation; Familien-, Struktur- und Organisationsaufstellungen; Arbeit mit dem Struktogramm; Gruppenaufstellungen, Symbolaufstellungen; Konfliktberatung – Mediation; Präsentation und Moderation; Vertrauen verdienen, anstatt es einzuklagen; Methoden der positiven Einflussnahme; provokatives Coaching; Storytelling – Metaphern bilden; Humor im Coachingprozess; Einführung in das NLP; Einführung in das Autogene Training nach *Schulz;* Führungskräfte-Typologie anhand des DISG-Modells; schnelles Erfassen der Ressourcen der Klienten; mentale Erfolgsstrategien; Marketing und Präsentation des eigenen Angebots; Nutzen der modernen Medien; Supervision

Methoden

Kleingruppenarbeit, Übungen, Fallbesprechungen, *On-the-job*-Phasen mit Arbeitsmaterial auf der Homepage von *ascoach*

Zertifikat

Diplomierter Systemischer Coach *(DGCO/ ADG)*

Weitere Informationen

Teilnehmer können kostenlos als Stellvertreter oder Beobachter an den Seminaren »Familien- und Organisationsaufstellung« teilnehmen. Während des Studiums haben sie bereits die Möglichkeit, Mitglied des Berufsverbandes für Ganzheitliches Coaching *(DGCO)* zu werden.

Fortbildung »Systemisches Coaching« (€€)

BTS Gesellschaft für Organisationsberatung, Training und Supervision
Heidi Neumann-Wirsig; Gerhard Neumann
Q2, 5
68161 Mannheim
Tel.: 06 21 / 401 65 53
Fax: 06 21 / 401 65 57
E-Mail: bts@bts-mannheim.de
Internet: *www.bts-mannheim.de*

Zielgruppe

Führungskräfte aller Ebenen; Leiter von kleinen und mittelständischen Unternehmen; Projektleiter; Manager für Personal- und Organisationsentwicklung; Personal- und Organisationsentwickler

Aufnahmevoraussetzungen

- Empfohlen ist ein Mindestalter von 30 Jahren sowie mehrjährige Berufserfahrung.
- Ausführliches Telefoninterview oder persönliches Gespräch vor Anmeldung.

Rahmenbedingungen

- Fortbildung umfasst 22 Tage (190 Stunden) in sieben Seminarveranstaltungen mit einer Gesamtdauer von 13 Monaten.
- Gruppengröße: 15 Personen

Ziele

Ziel der Coachingausbildung ist es, Berater zu befähigen, Führungskräfte in ihrer professionellen Rolle zu begleiten und sie dabei anzuleiten, eigene Lösungen für ihre Anliegen zu erarbeiten.

Inhalte (Ausschnitt)

- *Seminar 1 – Systemische Grundlagen:* Einführung in die Systemtheorie und Konstruktivismus sowie das damit verbundene Welt- und Menschenbild; Bedeutung von Systemtheorie und Konstruktivismus für die Beratung von Einzelnen, Teams und das Verständnis von Organisationen; systemisches Verständnis von Lernprozessen
- *Seminar 2 – Contracting:* Ablauf eines Coaching-Prozesses, relevante Coachingkontexte, Klärung offener und verdeckter Aufträge, Dreieckskontakte, Inhalte von Kontrakten, systemische Fragen als Instrument der Kontextklärung und Kontraktgestaltung, Zielbeschreibung und Gestaltung von Reviews, Training von Coachinggesprächen
- *Seminar 3 – Coaching im Unternehmenskontext:* Systemische Sicht und Bilder von Organisationen, Kulturlandkarte der Organisation, Instrumente der Kulturanalyse, Erwartungen von Organisationen an Coaches, Bedeutung des Unternehmenskontexts für das Coaching
- *Seminar 4 – Coaching als Führungsaufgabe:* Bilder von Führung, Kontext von Mitarbeitercoaching, Coaching und Personalentwicklung, Konzept und Dimensionen von Führung, Struktur von Kontraktgesprächen mit Mitarbeitern, Ablauf von Mitarbeiter-Coachings, Wirkung von Vorannahmen, Rolle und Selbstverständnis als Coach, Zusammenwirken von internen und externen Coachingprozessen, Entwicklung einer professionellen Haltung, Kurzcoaching in der Lerngruppe
- *Seminar 5 – Systemische Tools:* Systemische Instrumente im Coaching, Systemische Fragen, positive Kombination verschiedener Varianten, Hypothesenbildung, Split, Message, Reflecting Teams, Arbeit mit Metaphern, Skulpturarbeit, Systemische Berufs- und Lebensplanung
- *Seminar 6 – Lösungsorientiertes Arbeiten:* Grundannahmen, Leitideen und Methoden im lösungsorientierten Coaching, Formulierung von Zielen, Einstiegsfragen, Einstiegsinterviews, lösungsfokussierte Fragen, Wunderfrage, Fokussierung der Ausnahmen
- *Seminar 7 – Teamcoaching und Abschluss:* Unterschiede Teamentwicklung/-coaching, Gruppencoaching, Coaching-Situationen in Teams und Gruppen (Führungskräfte), Systemische Interventionen und lösungsorientierte Vorgehensweisen, iteratives Reflecting, Präsentation des eigenen Coa-

chingprofils, Abschlussfeedback zur persönlichen Entwicklung und Professionaliät durch Leitung und Teilnehmer, Vereinbarung zur Qualitätssicherung durch Netzwerk und kollegiale Beratung
- *Lehrberatungen:* Jeder Teilnehmer führt während der Fortbildung mindestens einen Coachingprozess durch. Dazu erhalten die Teilnehmer in Kleingruppen oder einzeln Lehrberatungen von 10 Zeitstunden. Inhalt der Lehrberatungen sind die Coaching-Prozesse der Teilnehmer. Die Lehrberatungen als spezielles Lernsystem unterstützen die Entwicklung der eigenen Professionaliät der Teilnehmer.

Methoden
Praktische Übungen in Gruppen, Paar- und Einzelarbeiten, Plenumsdiskussionen, Fallbeispiele, Live-Coaching, Lernwerkstätten, Feedback-Übungen

Prüfung
Durchführung eines ganzen Coachingprozesses

Zertifikat
Institutseigenes Zertifikat wird nach Teilnahme an allen Seminaren, Lehrberatungen sowie der Durchführung eines Coachingprozesses erteilt. Es beinhaltet eine detaillierte Inhaltsbeschreibung der gesamten Fortbildung.

Weitere Informationen
Innerhalb des gesamten Zeitraumes der Fortbildung steht die Kursleitung für kostenloses (telefonisches) Kurz-Coaching zur Verfügung.

Fortbildung zum Coach der Wirtschaft – IHK-zertifiziert (€€€)

CA Coaching Akademie
Dr. Walter Spreckelmeyer
Königstraße 20
30175 Hannover
Tel.: 05 11 / 161 46 80
Fax: 05 11 / 161 46 84
E-Mail: CA@coaching-akademie.de
Internet: *www.coaching-akademie.de*

Zielgruppe
Führungskräfte aus Wirtschaft und Verwaltung; Berater, Trainer, Selbstständige; Personal- und Organisationsentwickler

Aufnahmevoraussetzungen
- Schriftliche Bewerbung: Lebenslauf, Anschreiben mit Angabe der persönlichen Zielsetzung an der Fortbildung
- Persönliches Vorgespräch
- Studium und Berufserfahrung oder abgeschlossene Berufsausbildung plus mehrjährige Führungserfahrung
- Mindestalter von ca. 30 Jahren

Rahmenbedingungen
- Fortbildungsdauer: 240 Stunden zuzüglich Prüfung
- Aufteilung in sechs Phasen mit unterschiedlicher Stundenanzahl (zwischen 20 und 70 Stunden)
- Durchführung am Wochenende

Ziele
- Interdisziplinäre Vermittlung eines handlungsorientierten ganzheitlichen Coachingansatzes; ausgehend von den individuellen Erfahrungen der Teilnehmer

- Sicherheit in der situativen Auswahl und dem Einsatz adäquater und angemessener Coachingmethoden
- Harmonisierung von beruflichen und persönlichen Lebenszielen
- Förderung individueller Wachstumsprozesse und persönlicher Bestleistung
- Stärkung der persönlichen Entscheidungs- und Handlungskraft
- Erarbeitung eines individuellen Coachingkonzepts auf der Grundlage eigener beruflicher Primärkompetenz

Inhalte (Ausschnitt)

- *Phase 1:* Grundlagen des integrativen Coachings: Bausteine der persönlichen Identität und Wertehaltung (40 Stunden)
- *Phase 2:* Ethische und philosophische Grundlagen (20 Stunden)
- *Phase 3:* Kommunikative Kompetenz des Coachs; Techniken der Dialogik (70 Stunden)
- *Phase 4:* Psychologisch-beratende Kompetenzen; Methoden und Techniken der Verhaltenstherapie sowie der Logotherapie und Existenzanalyse; DSM IV (70 Stunden)
- *Phase 5:* Die funktionale Kompetenz im Spannungsfeld strategischer und operativer Unternehmensführung (20 Stunden)
- *Phase 6:* Die fachlich-didaktische Kompetenz zur Steuerung von Entwicklungsprozessen (20 Stunden)

Methoden

Gruppen- und Einzelarbeit, Video-Technik, Rollenspiele, Einzel-Coaching auf Wunsch, individuelle Begleitung, Diskussion und Vortrag, Einsatz der Moderationstechniken, Selbsterfahrung

Prüfung

- Schriftliche Ausarbeitung eines eigenen Coaching-Konzepts und dessen Präsentation mit anschließender Diskussion.
- Gemäß der persönlichen Zielsetzung des einzelnen Teilnehmers wird eine adäquate Coachingsequenz in Simulation durchgeführt. Die gewählte individuelle Ausrichtung wird zusätzlich durch einen anerkannten und unabhängigen Test abgesichert.

Zertifikat

Nach bestandener Abschlussprüfung erhalten die Teilnehmer das Zertifikat der *CA Coaching Akademie* und der *IHK Hannover*.

Weitere Informationen

Die Ausbildung erfolgt auf Grundlage wissenschaftlicher Erkenntnisse sehr praxisnah. Die Dozenten sind alle auch selbst erfolgreich als Coach tätig. Nach Abschluss der Ausbildung werden für die Absolventen folgende Weiterbildungsmöglichkeiten angeboten: Einzelsupervision, Erfa-Treffen, telefonische Beratung (situativ), Seminare zur Weiterqualifizierung, Workshops zur Vertiefung und Intensivierung mit jeweils aktuellen Fragestellungen, Ausbildung zum Ausbilder von Coaches.

Ausbildung zum »Certified Performance Coach and Consultant« (€€)

cct
cooperate competence team
"Unternehmen bewegen - Bewegendes unternehmen"

cct cooperate competence team
Claus-Dieter Hildenbrand
Franz-Schiele-Str. 22
78132 Hornberg
Tel.: 0 78 33 / 955 88 31
Fax: 0 78 33 / 95 57 83
E-Mail: cdh@cct-info.de
Internet: *www.cct-info.de*

Zielgruppe
Trainer, Berater, Supervisoren, Führungskräfte, Fachkräfte aus dem Bereich der Personal- und Organisationsentwicklung

Aufnahmevoraussetzungen
Mindestalter 27 Jahre, Berufserfahrung, einschlägige Aus- und Weiterbildung

Rahmenbedingungen
Die Ausbildung besteht aus sechs Modulen à drei Tagen plus einem eintägigen Individualcoaching (ca. 150 Stunden). Die Module finden jeweils Mittwoch, Donnerstag und Freitag bis mittags statt. Die maximale Teilnehmerzahl beträgt 10 Personen. Ort: Hornberg im Schwarzwald.

Ziele
Die Ausbildung ermöglicht ein professionelles Verständnis der eigenen Verhaltens- und Erlebensweisen, gleichzeitig aber auch der Reaktionen Dritter in unterschiedlichen Kontexten. Neue Erkenntnisse über Ursachen und Auswirkungen des eigenen Handelns, über das Zusammenspiel emotionaler, kognitiver und ethischer Faktoren in der Gestaltung von Kommunikation und Interaktion bilden die Voraussetzung für geplante und »sinn-volle« Veränderungen.

Inhalte (Ausschnitt)
- *Modul 1* – Assessment und Basics: Potenziale und Ressourcen der Teilnehmer ermitteln, Ansatz des Integrativen Coachings, Analyse von Kommunikation, Interaktion und Motivation in beruflichen und privaten Zusammenhängen
- *Modul 2* – Integrative Arbeitsformen: Methoden zur Optimierung der Performance, Vermittlung von kreativen Arbeitsformen (Bewegung, Malen, Imaginationen, Intuition, Rollenspiele etc.)
- *Modul 3* – Health-Coaching und Holistic-(Re)Balancing: Vorstellung von Mitteln und Wegen, Arbeits- und Lebensrhythmus miteinander zu verbinden
- *Modul 4/5* – Team-Coaching und Supervision
- *Modul 6* – Vision und (Self-)Marketingstrategie: Akquisitionsmöglichkeiten, Kontaktpflege und Kommunikation mit Interessenten
- *Abschlusskolloquium:* Die Teilnehmer können ihre Performance überprüfen und zugleich ihre weitere persönliche und berufliche Entwicklung planen.

Methoden
Didaktischer Ansatz des »komplexen und integrativen Lernens«, d.h. Verbindung aus Theorie, Methodik und Praxis sowie Selbsterfahrung.

Prüfung
Vorstellung einer Falldokumentation und Abschlusskolloquium

Zertifikat
Das Zertifikat wird erteilt nach erfolgreicher Absolvierung aller sechs Module, des Individualcoachings, der Prüfung sowie des Abschlusskolloquiums. Zertifizierte Teilnehmer haben die Möglichkeit, in das Verzeichnis »Coach-Profile« *(www.coach-profile.de)* und das virtuelle Coaching-Netzwerk der *cct* als »Associate« *(www.coach-contract.de)* aufgenommen zu werden.

Die Ausbildung ist anerkannt als Zulassungsvoraussetzung für die dreijährige Weiterbildung zum »Akademischen Supervisor und Coach«, *Schloss Hofen – Zentrum für Wissenschaft und Weiterbildung,* Lochau a.B., in Kooperation mit der *FHS St. Gallen* und der *FH Vorarlberg* im Rahmen der *Internationalen Bodenseehochschule.* Anschließend besteht die Möglichkeit zu einem postgradualen Studium mit Abschluss »Master of Science«.

Weitere Informationen
Die Entwicklung des Coaching-Ausbildungs-Konzeptes basiert auf einer sozialwissenschaftlichen Untersuchung im Rahmen eines postgradualen Studienganges an der *Freien Universität Amsterdam.* Diese empirische Studie wurde von *cct* konzipiert und mit insgesamt 174 Führungskräften der deutschen Wirtschaft durchgeführt.

Ausbildung zum professionellen Coach (€€€)

Coaching Academy CIP (Centrum für Integrative Psychotherapie) GmbH
Dr. Gernot Hauke
Nymphenburgerstr. 185
80634 München
Tel.: 0 89 / 13 07 93 15
Fax: 0 89 / 13 21 33
E-Mail: cip@cip-medien.com
Internet: *www.cip-medien.com*

Zielgruppe
Unternehmer, Führungskräfte aller Ebenen, leitende Angestellte, Personen mit besonderer Exposition im öffentlichen Leben, z.B. Politiker, Künstler; Teams und Gruppen

Aufnahmevoraussetzungen
Hochschul- bzw. Fachhochschulabschluss in den Bereichen Psychologie, Sozial- und Wirtschaftswissenschaften, Natur- und Ingenieurwissenschaften. Kenntnis betrieblicher Abläufe im Personalwesen, Führungserfahrung

Rahmenbedingungen
Berufsbegleitende Ausbildung geht über ca. 14 Monate
Gesamtausbildung besteht aus Grund- und Aufbaukurs. Teilnehmer mit psychotherapeutischer Ausbildung steigen unmittelbar in den Aufbaukurs ein.

- Basisblock: drei Blöcke mit jeweils sechs Tagen. Für Fallkonzeptionen sind zwei Einzelsupervisionseinheiten à 45 Minuten zu veranschlagen.
- Aufbaukurs – 20 Tage – 160 Stunden: Viertägiges Startseminar, vier mal drei Tage und zwei mal zwei Tage, Arbeitstreffen nach Vereinbarung

Ziele
Basiskurs: Vermittlung psychologischer Grundlagen durch Selbsterfahrung.
Aufbaukurs: Arbeitsmodell für den Coach erarbeiten, mit dessen Hilfe auch sehr komplexe Problemsituationen tiefer gehend verstanden und an der richtigen Stelle zielführende Interventionen angebracht werden können.

Inhalte (Ausschnitt)

- *Basiskurs:* Entwicklung eines grundlegenden Verständnisses für emotionale Prozesse, Analyse von Selbst- und Fremdbildern, Anatomie der Kommunikation, Kommunikations- und Explorationstechniken, Bedeutung der eigenen Biografie, Entwicklung der beruflichen Identität, soziale Kompetenz, Umgang mit Emotionen in Interaktionsprozessen
- *Aufbaukurs:* Themen und Problemzonen unterschiedlicher Branchen, Diagnostik und Coachingprozess, Erkennen der Rahmenbedingungen, auslösender und aufrechterhaltender Bedingungen für das Handeln der Personen in Systemen, Orga-

nisationskultur, Entwicklungspsychologie des Erwachsenenalters, Unternehmensziele und Identitätsziele, Stress und Stressbewältigung, Analyse problematischer Strategien in belastenden Situationen, Konzipieren ergebnisorientierter Arbeit im Coaching, grundlegende Interventionsstrategien im Coaching, Coaching von Teams und Gruppen, spezielle Themen im Coaching wie z. B. Führung, Wandlungsprozesse in Organisationen etc.

Methoden
Workshopstil, Gruppen- und Videofeedback

Prüfung
Während der Ausbildungszeit Durchführung von fünf Coachingfällen, die unter Supervision abgeschlossen werden.

Zertifikat
Zertifikate variieren je nach Vorbildung des Teilnehmers:

- »Professional Coaching-Certificate P« für Diplom-Psychologen und Psychotherapeuten
- »Professional Coaching-Certificate B« für Berufsgruppen aus der Wirtschaft

Weitere Informationen
Im Rahmen der praktischen Arbeit des Instituts und der wissenschaftlichen Lehrtätigkeit kommt es zur ständigen Weiterentwicklung und Überprüfung der Konzepte und Methoden zugunsten einer Anpassung an die sich schnell verändernden Bedingungen der Arbeitswelt.

Ausbildung zum Integralen Coach / Integralen Business Coach (€€)

Coaching Center Berlin GbR
Martin Jessen
Berliner Straße 26b
13507 Berlin
Tel.: 0 30 / 43 40 02 94
Fax: 0 30 / 43 40 02 96
E-Mail: kontakt@CoachingCenterBerlin.de
Internet: *www.IntegralCoachAcademy.de; www.CoachingCenterBerlin.de*

Zielgruppe

- Bereits tätige Coaches (als berufliche Qualifizierung)
- Angehende Coaches in selbstständiger Tätigkeit oder Anstellung
- Personal- und Organisationsentwickler
- Projektmanager
- Trainer und Berater mit (Neu-)Ausrichtung auf Coaching
- Führungspersonen

Aufnahmevoraussetzungen

- Mindestalter 30 Jahre
- Ausbildung an einer Universität oder Fachhochschule
- Fünf Jahre Berufserfahrung
- Von Vorteil ist, wenn die Teilnehmer bereits über relevante Kenntnisse im Bereich Coaching verfügen.

Rahmenbedingungen

- Teilnehmerzahl zwischen 10 und 15
- Gesamtumfang der Ausbildung: 240 Stunden
- Die Ausbildungswochenenden (Freitag bis Sonntag) erstrecken sich über einen Zeitraum von etwa neun Monaten. Hinzu kommen einzelne Stunden / Tage für Coachingpraxis und Gruppenarbeit.

Ziele

Vermittlung aller Grundlagen und Fähigkeiten für die erfolgreiche Tätigkeit als Business-Coach oder Personal Coach, basierend auf dem integralen Ansatz.

Inhalte (Ausschnitt)

- *Basis-Module:* Grundlagen und Definition des Coachings
  - Aufgabengebiete im professionellen Coaching
  - Der Integrale Coaching Prozess (ICP)
  - Methodik 1: Das Vier-Quadranten-Modell
  - Methodik 2: Das Entwicklungsmodell *Spiral Dynamics Integral*
  - Methodik 3: Typologien der individuellen Persönlichkeit
  - Methodik 4: Individuelle Entwicklungslinien
    - emotionale Intelligenz
    - NLP-Techniken für Coaches
    - Tools und Methoden im Coaching
    - Formen und Gestaltung des Coachings
    - Erfolgreiche Coachingpraxis
- *Wahl-Module:* der Coach als Unternehmer, internes Coaching als Führungskraft oder Personalentwickler, Body-Mind-Connection: Körperarbeit im Coaching
- *Advanced-Module:* Integrales Teamcoaching
  - Biofeedback und audio-visuelle Technik im Coaching
  - Integrales Leadership für Business der neuen Generation
  - Integrale Konfliktlösung
  - *NLP Advanced* für Coaches

Methoden

Vorträge, Präsentationen und Coachingdemonstrationen, intensiver Praxisteil

Prüfung

- Erbringung des Nachweises über die erfolgreiche Absolvierung der gesamten Ausbildung zum Integralen Coach / Integralen Business-Coach (mindestens 70 Prozent Anwesenheit an den Ausbildungstagen)
- Dokumentation und Analyse eines Coachingfalles
- Testcoaching inklusive Auswertung (mindestens 30 Minuten)

Zertifikat

Wahlweise Teilnahmebestätigung oder auch zusätzliche Zertifizierung zum Integralen Coach / Integralen Business-Coach möglich.

Weitere Informationen

Erfahrene Coaches führen mit jedem Teilnehmer Sessions zu einem persönlich ausgewählten Thema durch. Ausbildung und Abschluss entsprechen den Richtlinien der *Internationalen Coach Federation ICF.*

Ausbildung zum Business-Coach / Management-Coach (€€)

COATRAIN coaching und personal training GmbH
Johanna M. Steinke
Graustraße 1
21029 Hamburg
Tel.: 0 40 / 24 83 50 50
Fax: 0 40 / 24 83 50 40
e-Mail: info@coatrain.de
Internet: *www.coatrain.de*

Zielgruppe

Führungskräfte, Personalentwickler, Coaches, Berater, Trainer

Aufnahmevoraussetzungen

Abgeschlossene akademische Berufsausbildung oder mind. fünfjährige Berufstätigkeit in der Personalführung bzw. Personalentwicklung oder mind. fünfjährige Branchenerfahrung als leitender Angestellter, selbstständiger Unternehmer, Berater, Trainer bzw. Coach

Rahmenbedingungen

Ausbildung in intensiven Kleingruppen mit vier bis acht Teilnehmern
Umfang Lehrgang Business-Coach (Grundlehrgang): insgesamt 32 Trainingsbausteine à 0,5–1,5 Tage (Abschluss Business-Coach)
Umfang Lehrgang Management-Coach (Gesamtlehrgang): insgesamt 49 Trainingsbausteine à 0,5–1,5 Tage (Abschluss Management-Coach). Der Lehrgang Management-Coach integriert den Lehrgang Business-Coach.

Ausbildungs-Varianten:

- *Intervalltraining:* Grundlehrgang Business-Coach: sieben Blöcke à zwei bis drei Trainingstage über einen Zeitraum von ca. sieben Monaten; Gesamtlehrgang Management-Coach: 11 Blöcke à zwei bis drei Trainingstage über einen Zeitraum von ca. 11 Monaten
- Ein Ausbildungsblock pro Monat, vorzugsweise freitags, samstags, sonntags; andere Wochentage auf Anfrage; Terminierung der einzelnen Ausbildungsblöcke in Absprache mit den Teilnehmern.
- *Kompakttraining:* Grundlehrgang Business-Coach: 20 Ausbildungstage mit ein bis zwei Bausteinen pro Tag über einen Zeitraum von vier Wochen (unterbrochen durch ausbildungsfreie Wochenenden). Gesamtlehrgang Management-Coach: 30 Ausbildungstage mit ein bis zwei Bausteinen pro Tag über einen Zeitraum von sechs Wochen (unterbrochen durch ausbildungsfreie Wochenenden).
- *Individualtraining:* Ausbildung für Einzelpersonen; zeitlicher Aufbau und Zusammenstellung der Inhalte werden auf den spezifischen Bedarf der Person abgestimmt.
- *Inhouse-Training:* Der Lehrgang kann auch für eine Mitarbeitergruppe innerhalb eines Unternehmens durchgeführt werden.

Ziele

- *Grundlegende Zielsetzungen in formaler Hinsicht:* die Ausbildung eines Menschenbildes und Rollenverständnisses, das zum Coaching als externer oder interner Coach befähigt, die Schulung der Sozial- und Methodenkompetenz, die Entwicklung des Selbst-Bewusstseins und der Persönlichkeit, die Vermittlung wesentlicher Standards und aktueller Erkenntnisse in den definierten Themenbereichen, Bereitstellung und Training von anwendungsorientierten Tools, die sofort in eigene Coaching-Tätigkeit umgesetzt werden können, die Sicherung des Praxistransfers.
- *Grundlegende Zielsetzungen in inhaltlicher Hinsicht:* die Potenzialanalyse und Definition der individuellen Lern- und Entwicklungsziele, die Veränderung von Denk- und Handlungsmodellen, die Entwicklung eines Führungsverständnisses und der Managementkompetenzen, die Kenntnis einschlägiger Verfahren zur Analyse der Beziehungs- und Kommunikationsfähigkeit, die Optimierung der Moderations-, Präsentations- und Coaching-Kompetenzen in Team- und Gruppensituationen, die Berücksichtigung geschlechtspezifischer Aspekte in Führung und Coaching, die

Bewusstheit der Chancen und Grenzen des Coachings in Organisationen, die Veränderung des Umgangs mit schwierigen Persönlichkeiten, die Kenntnis von Tools zur Optimierung des Zeitmanagements oder Stressmanagements, die Optimierung der Verfahren und Techniken im Konflikt-Coaching, die Aneignung von Konfrontations- und Problemlösungstechniken, die Entwicklung der Kompetenzen im Telefoncoaching, die Ausstattung mit Techniken der Gesprächs- und Verhandlungsführung, die Ausbildung strategischer Kompetenzen im Management des permanenten Wandels, die Schulung im Umgang mit Verfahren der Management- und Persönlichkeitsdiagnostik, die Befähigung zum Karrierecoaching, die Befähigung zur Anwendung zahlreicher Coachingtechniken und -methoden, die Entwicklung der didaktischen Fähigkeiten im Coaching, der Erwerb des Know-hows, einen Coaching-Auftrag zu akquirieren und zu kontraktieren.
- *Grundlegende Zielsetzungen in didaktischer Hinsicht:* die Erweiterung der Sachkenntnis, die Freisetzung von Selbsterkenntnis, die der Analyse oder Lösung von Praxisfällen dient, sowie die Einübung und Erprobung von neuen Verhaltensweisen.

Inhalte (Ausschnitt)

Gegenstand der Ausbildung ist die Vermittlung von: Coaching-Know-how in Verbindung mit Management-Kompetenz und Moderationstechniken.

Das *COATRAIN*-Trainingskonzept ist interdisziplinär, integriert die Quintessenz mehrerer Managementlehren (z.B. *G. Schreyögg, O. Neuberger, R. Wunderer)* und vereinigt die wesentlichen Modelle und coachingtauglichen Schlüsselmethoden aus der Systemischen Beratung, dem NLP, der lösungsorientierten Beratung *(K. de Jong, I.K. Berg),* dem prozessorientierten Vorgehen (inkl. TZI) sowie der Tiefenpsychologie (inkl. Hypnose). Ziel ist, das zu vermitteln, was ein Coach braucht und Wirkung zeigt, anstatt das überholte »Schulendenken« fortzuführen, d.h. alle zwischenmenschlichen und Unternehmensprozesse durch das Nadelöhr eines Modells zu zwingen.

- *Grundlehrgang Business-Coach:*
  - Persönlichkeitsentwicklung und Verhaltensänderung
  - Coaching-Modelle und Rollenklärung als Coach
  - Coaching-Prozess: Seven-Step-Proceeding
  - Coaching-Techniken I: Kontrakt- und Zielklärung
  - Coaching-Techniken II: Anliegen- und Problemexploration
  - Coaching-Techniken III: Systemische Techniken
  - Coaching-Techniken IV: Vertiefende Techniken
  - Coaching-Techniken V: Lösungsorientierte Techniken
  - Coaching-Techniken VI: Didaktik des Coachings
  - Coaching-Techniken VII: Abschlusstechniken
  - Kommunikation und Feedback
  - Führung und Coaching von Führungskräften
  - Geschlechtsspezifische Aspekte in Führung, Kommunikation und Coaching
  - Persönlichkeitstypologien (Typenlehre)
  - Phänomene und Klassifikation psychischer Störungen
  - Teamcoaching und Gruppencoaching
  - Coaching in Organisationen
  - Umgang mit Emotionen im Business
  - Selbstsicherheitscoaching
  - Suchtsystem Arbeitsplatz
  - Selbstmanagement und Coachingtechniken für Zeit- und Stressmanagement
  - Problemlösungs- und Entscheidungstechniken
  - Argumentations- und Konfrontationstechniken
  - Konfliktmanagement und Konfliktcoaching
  - Verhandlungsführung
  - Didaktik des Coachings
  - Telefoncoaching

- *Ergänzende Inhalte im Gesamtlehrgang Management-Coach:*
  - Strategische Unternehmensentwicklung / Strategie-Coachingtechniken
  - Kernelemente des Changemanagement / Changemanagement-Coaching
  - Leitbildentwicklung und Unternehmenskultur
  - Karriere-Coachingtechniken
  - Trennungskultur und Trennungscoaching / Das Kündigungsgespräch
  - Outplacement- / Newplacementcoaching
  - Imagebuilding
  - Sprachmuster aus Mentaltraining und Hypnocoaching / Coachingtechniken
  - Mikropolitik und Umgang mit Macht / Strategische Coachingtechniken
  - Interkulturelles Management
  - Coaching in Fusionen
  - Persönlichkeitsdiagnostik und Management-Audit
  - Coachingevaluation
  - Marketing und Akquisition als Coach

Methoden

Eingangstest (Managementdiagnostik / Persönlichkeitstest), Lehrvortrag im Trainer-Teilnehmer-Dialog, Einzel- und Kleingruppenübungen, Analyse von Fallbeispielen, erlebnisaktivierende Methoden wie Rollenspiel, Aufstellungen u. Ä., begleitetes Script- und Literaturstudium, »Hausaufgaben« (Zielvereinbarungen) und anschließend Ergebnispräsentation, Videofeedback, Lern- / Übungspartnerschaften, ausbildungsbegleitendes Übungscoaching mit Falldokumentation, Auswertung von Bandaufzeichnungen, Fallsupervision in der Gruppe zur Reflexion der eigenen Coachingtätigkeit, begleitendes Lehr-Coaching, umfangreiche trainingsbegleitende Handouts (Arbeitsblätter, Fachartikel und Literaturlisten) zur Erleichterung des Eigenstudiums, Fotodokumentationen der Ausbildungsblöcke

Prüfung

Die vollständige Dokumentation eines eigenen Coachingfalls (Praxisprobe) inkl. eines 90-minütigen Live-Mitschnitts (Video / Tonband) dient zur Beurteilung der Eignung und damit Zertifizierung der Teilnehmer. Die Zertifizierungskriterien integrieren die ausbildungsspezifischen Zertifizierungsbedingungen der seriösen bundesdeutschen Coaching-Verbände.

Zertifikat

Zertifikat »Business-Coach« bzw. »Management-Coach«, das die absolvierten Trainingsstunden, Theoriebausteine, Praxis- und Lehreinheiten ausweist. Das Zertifikat ist mit dem Gütesiegel »Weiterbildung Hamburg e.V.« versehen.

Ausbildung zum Individual- und Team-Coach (€€)

CONTRAIN, Consulting und Training GmbH
Matthias Mantz
Lanzelhohl 34
55128 Mainz
Tel.: 0 61 31 / 36 10 15
Fax: 0 61 31 / 36 86 33
E-Mail: info@contrain.com
Internet: *www.contrain.com*

Zielgruppe

- Interne und externe Personal- und Organisationsentwickler
- Führungskräfte und Fachspezialisten in Stabspositionen
- Ausgebildete Prozessbegleiter
- Coaches im Rahmen von Projekt- und Qualitätsmanagementsystemen
- Berater und Trainer

Aufnahmevoraussetzungen

Es gibt keine formalen oder akademischen Voraussetzungen. Die Teilnehmer sollten erkennbares Potenzial in den Bereichen Kommunikationsfähigkeit, Einfühlungsvermögen und Verantwortungsbewusstsein sowie Interesse an der ziel- und ergebnisorientierten Beratung von Menschen zeigen.

Rahmenbedingungen

- *Grundausbildung:* neun Seminartage, drei Einzelsupervisionstermine, Transferworkshop
- *Spezialausbildung A* (Individual-Coach): sieben Seminartage, drei Einzelsupervisionstermine
- *Spezialausbildung B* (Team-Coach): sieben Seminartage, drei Einzelsupervisionstermine
  Die Spezialausbildungen können einzeln oder aufeinander folgend belegt werden.

Ziele

Die Weiterbildung zum Coach ist eine anspruchsvolle Qualifizierungsmaßnahme, welche die Absolventen zur kompetenten Beratung und Begleitung von Einzelpersonen – insbesondere Führungskräften – und Teams zur Optimierung von deren beruflicher Praxis befähigt.

Inhalte (Ausschnitt)

- *Grundausbildung:* Grundlagen des Coachings, Methoden und Techniken im Dialog I und im Dialog II, Transferworkshop, begleitende Einzelsupervision: 3 Sitzungen à 2 Stunden
- *Spezialausbildung A* (Individual-Coach): Person, Position, Rolle; Individuum und System; begleitende Einzelsupervision: 3 Sitzungen à 2 Stunden
- *Spezialausbildung B* (Team-Coach): Team- und Teamentwicklung, Kooperation und Konfliktmanagement, begleitende Einzelsupervision: 3 Sitzungen à 2 Stunden
- *Abschlusskolloquium:* individuellen Veränderungsprozess aufarbeiten, Reflexion des theoretischen Lernprozesses, Zertifizierung

Methoden

Lerngespräche, Rollenspiele, Übungen, Einzelsupervisionen

Prüfung

Abschlusskolloquium

Zertifikat

Teilnehmer des gesamten COLLEG erhalten ein Zertifikat, das die erfolgreiche Qualifizierung zum Coach bescheinigt.

DGFP-Ausbildung »Coaching Compact« (€€€)

Deutsche Gesellschaft für Personalführung (DGFP) e.V.
Katja Weidinger
Niederkasseler Lohweg 16
40547 Düsseldorf
Tel.: 02 11 / 597 81 42
Fax: 02 11 / 597 81 49
E-Mail: duesseldorf@dgfp.de
Internet: *www.dgfp.de*

Zielgruppe
Personalverantwortliche, Personal- und Organisationsentwickler, Projektleiter, Berater

Aufnahmevoraussetzungen
Basiskenntnisse in Führung, Kommunikation und Gesprächsführung, Besuch einer Einführungsveranstaltung zum Thema Coaching, individuelles telefonisches Beratungsgespräch

Rahmenbedingungen
Sechs Module mit insgesamt 17 Tagen (jeweils Donnerstag bis Samstag); Aufgaben zur weiteren Bearbeitung zwischen den Modulen

Ziele
- Vermittlung umfassender, praxisorientierter Coachingkonzepte zum Einsatz bei Einzel- und Gruppencoachings sowie zur Auswahl externer Coaches
- Entwicklung von Steuerungskompetenz und Steigerung eines persönlichen Qualitätsbewusstseins durch Reflexion von Handlungen (eigenen und beobachteten)

Inhalte (Ausschnitt)
- *Modul I:* Coaching als Profession – Definition, Gesprächsaufbau
- *Modul II:* Initiieren von Coachingprozessen – Phasenverlauf, Gesprächsführung
- *Modul III:* Unterschiedliche Situationen im Coaching meistern – Individual-, Projekt- und Gruppencoaching
- *Modul IV:* Coachingpraxis I: Stukturierung von Coachingfällen aus der eigenen Berufspraxis
- *Modul V:* Coachingpraxis II: Systemische Prozessanalyse
- *Modul VI:* Zertifizierung und Abschluss – Dokumentation eines Coachingprozesses, Fallstudienanalyse

Methoden
Rollenspiele und Übungen in Einzel- und Gruppenarbeit

Prüfung
Voraussetzung ist die Teilnahme an allen Modulen. Die Prüfung erfolgt im letzten Ausbildungsabschnitt durch schriftliche und interaktive Abschnitte.

Zertifikat
DGFP-eigenes Teilnehmerzertifikat

Coach the Coach – Ein Weiterbildungsprogramm für die Managementberatung (€€)

Deutsche Psychologen Akademie GmbH (BDP)
Dr. Astrid Schreyögg
Oberer Lindweg 2
53129 Bonn
Tel.: 02 28 / 987 31 28
Fax: 02 28 / 987 31 72
E-Mail: info@dpa-bdp.de
Internet: *www.dpa-bdp.de*

Zielgruppe

Diplom-Psychologen; Sozial- und Wirtschaftswissenschaftler mit psychologischer Vorbildung; Studenten höheren Semesters kurz vor dem Diplom

Aufnahmevoraussetzungen

Abgeschlossenes Psychologiestudium oder Psychologie-Diplomanden oder anderweitige psychologische Vorbildung

Rahmenbedingungen

Teilnehmerzahl zwischen acht und 18; Zeitumfang: 20 Unterrichtsstunden pro Kurs = 15 Zeitstunden von Freitag bis Sonntag innerhalb eines Kalenderjahres. Insgesamt sind sieben Seminare bis zur Erlangung des Zertifikats zu absolvieren.

Ziele

Die Teilnehmer sollen solide Kenntnisse, Kompetenzen und Handlungsmuster für die Managementberatung erhalten.

Inhalte (Ausschnitt)

- *Seminar 1 – Coaching als Managementberatung:* Das einführende Seminar zielt auf ein vertieftes Verständnis von Themen rund ums Management. Dabei sollen Managementfunktionen, -rollen und -kompetenzen verhandelt werden. Ein Schwerpunkt liegt auf der Führungsfunktion, die besonders für Newcomer schwierig ist. Außerdem werden das Managing von Freiberuflern und das Sozial- und Selbstmanagement thematisiert.
- *Seminar 2 – Coaching in Organisationen:* Die Veranstaltung konzentriert sich auf Phänomene des jeweiligen organisatorischen Kontextes, in dem sich Managementhandeln und seine potenzielle Beratung vollziehen. Neben formalen und informellen Strukturmustern werden Organisationskulturen und Leitbilder in ihrer Bedeutung fürs Managementhandeln thematisiert.
- *Seminar 3 – Gesprächsführung und Varianten des Rollenspiels im Coaching:* In diesem Methodenseminar sollen zuerst professionelle Formen der Gesprächsführung analysiert und eingeübt werden, sodann unterschiedliche Varianten des Rollenspiels. Als dramatherapeutische Arbeitsformen aus unterschiedlichen Methodenansätzen wie dem Psychodrama, der Gestalttherapie oder dem Konzept des »inneren Teams« sind sie im Coaching für die Rekonstruktion von Praxisereignissen und für das vorbereitende Üben relevant.
- *Seminar 4 – Anlässe von Coaching:* Hier werden krisenhafte, aber auch konstruktive Beratungsanlässe verhandelt. Inhaltlich geht es um individuelle Krisen wie Jobstress, Burnout, Mobbing und um kollektive Krisen, die durch Fusionen, durch Umstrukturierungen usw. verursacht sind. Andererseits werden auch präventive sowie innovative Beratungsanlässe bis hin zur Rollen- und Karriereberatung verhandelt.
- *Seminar 5 – Konfliktcoaching:* Den Fokus bilden Konflikte. Dabei sollen die relevanten Konflikttypen interaktiver und systemischer Art mit ihren jeweiligen Verläufen bzw. Eskalationsformen diagnostiziert werden. Sie sind im Hinblick auf ihre Bewältigungs- und ihre Präventionsmöglichkeiten durch Führungskräfte zu untersuchen.

Außerdem sollen die besonderen Anforderungen an Berater beim Konfliktcoaching verhandelt werden.
- *Seminar 6 – Medien im Coaching:* Dieses Seminar zielt auf den Erwerb von Handlungskompetenzen mithilfe von Medien im Coaching. Neben der Verwendung von technischen Medien wie Video-, Audiogeräten oder Filmen geht es hier um den kompetenten Einsatz von Materialmedien wie Ton, Handpuppen usw.
- *Seminar 7 – Coachingprozesse:* Zentrales Thema ist die fachkundige Handhabung von Coachingprozessen und die kompetente Gestaltung von formalen wie sozialen Kontrakten beim externen wie beim internen Coaching. Hier geht es um die Erstdiagnostik im Coaching, um Entscheidungen, bei welchen Anlässen kurz-, mittel- oder langfristige Beratung vorzuschlagen ist, welche besonderen Anforderungen mit Dreieckskontrakten einhergehen und wie Beratungen angemessen abzuschließen sind.

Methoden
Fallbeispiele, Fallstudien, Rollenspiele, Organigramme, Filme, vielfältige Strukturpapiere und Medien

Prüfung
Zehnseitige Falldarstellung der Teilnehmer über eine eigene Coachingarbeit. Dabei sollen die Teilnehmer zeigen, dass sie die diagnostischen und methodischen Anregungen des Programms umsetzen können. Die Fallarbeiten werden durchgesehen und mit »bestanden« oder »nicht bestanden« bewertet.

Zertifikat
- Bei Teilnahme an allen sieben Kursen und bestandener Prüfung: Zertifikat
- Bei Teilnahme an allen sieben Kursen und nicht bestandener Prüfung: Teilnahmebescheinigung

Weitere Informationen
Weitere Kurse im Bereich Coaching, wie z.B. Konfliktcoaching, werden angeboten.

Coaching-Ausbildung »Psychologie der Veränderung – emotional intelligent coachen« (€€€)

Dietz Training und Beratung
Ingeborg und Thomas Dietz
Koempelstraße 10
82340 Feldafing
Tel.: 0 81 57 / 61 40
Fax: 0 81 57 / 61 50
E-Mail: contact@dietz-training.de
Internet: *www.dietz-training.de*

Zielgruppe
Trainer, Berater, Personalentwickler, Führungskräfte, die ihre Kompetenz im persönlichkeitsorientierten Coaching weiter entfalten wollen.

Aufnahmevoraussetzungen
- Keine formalen oder akademischen Voraussetzungen
- Tätigkeit als Trainer, Berater und/oder Kenntnisse in einem psychotherapeutischen Verfahren ist wünschenswert, aber kein Ausschlusskriterium
- Anmeldung nur nach ausführlichem Vorgespräch

Rahmenbedingungen
Maximal 15 Teilnehmer in der Gruppe, die von zwei Trainern betreut wird. Die Gesamtausbildung besteht aus fünf Modulen à vier Tage über einen Zeitraum von 16 Monaten – insgesamt 150 Stunden, zusätzlich selbst organisierte Lerngruppen.

Ziele
Hauptziel ist der psychologisch-professionelle Umgang mit unbewussten Zusammenhängen und Emotionen. Das Vorgehen orientiert sich an den Prinzipien der *Hakomi Integrative Psychology:* Körper-Geist-Einheit, innere Achtsamkeit, Selbstorganisation, Einheit, Gewaltlosigkeit.

Inhalte (Ausschnitt)
- *Modul 1 – Zugang zur Innenwelt:* In der Zielklärung emotionale Aspekte erkennen und benennen, eine sichere und vertrauensvolle Beziehung herstellen, Selbstwahrnehmung und Selbstreflexion des Klienten erhöhen, Kontakt und Zugang zum emotionalen Erleben des Klienten herstellen, Grundverständnis über die Multiplizität der Psyche und Persönlichkeitsteile entwickeln, Persönlichkeitsteile identifizieren und für den Klienten erfahrbar werden lassen, Voraussetzungen für Veränderungen und Weiterentwicklung kennen
- *Modul 2 – Arbeit mit der Innenwelt:* Den Prozess verlangsamen und unbewusste Aspekte der Innenwelt erforschen, Polarisierungen und innere Ökologie von Teilen verstehen und berücksichtigen, in Abstimmung mit dem Klienten systematisch mit unterschiedlichen Persönlichkeitsteilen arbeiten, Entscheidungskriterien für intra- und interpersonales Vorgehen erwerben, Hintergründe von interpersonalen Problemen aufdecken, eigene Reaktionen und Vorlieben im Coaching besser einschätzen, dem Klienten bessere Selbstführung ermöglichen
- *Modul 3 – Systeme und Aufstellungen:* Formen von Externalisierung nutzen, um neue Blickwinkel entstehen zu lassen, die intrapersonale Situation des Klienten aufstellen, systemisch auswerten und bearbeiten, den Einfluss äußerer Systeme auf den Klienten einschätzen und berücksichtigen, sich in Systemanteile einfühlen, ihre Limitierungen und Möglichkeiten erkennen, die Bedeutung von Macht und Privilegien kennen und damit bewusster umgehen, über die Anwendung verschiedener Arten von Coaching entscheiden
- *Modul 4 – Wechselwirkungen und Konfliktfallen:* Barrieren im Coachingprozess erkennen und mit ihnen arbeiten, Auswirkungen von vorherrschenden Charakterstilen besser verstehen, sich auf unterschiedliche Menschen bewusst einstellen und den Coachingprozess differenziert steuern, die eigene Wirkung als Coach besser einschätzen, Klienten helfen, problematische Wechselwirkungen mit anderen besser zu steuern, angemessene professionelle Rückmeldungen geben
- *Modul 5 – Umgang mit Krisen und Abschluss:* Krisensituationen verstehen und damit gelassener umgehen, angesichts starker Gefühle in Krisen Vertrauen, Zuversicht und Mitgefühl vermitteln, die Tiefe des Coachingprozesses bewusst steuern, entscheiden können, welche Prozesse man als Coach begleiten kann und wann man Klienten weiterempfiehlt, Transfer von Erkenntnissen sichern, Coachingprozesse abschließen

Methoden
Übungen, individuelle Reflexionen, Supervision durch Trainer, Präsentationen, szenische Darstellungen, Demonstrationen, Kleingruppenarbeit

Prüfung
Keine separate Prüfung – Einschätzung und Feedback regelmäßig während der Ausbildung.

Zertifikat
Institutseigenes Zertifikat wird vergeben nach Absolvierung der gesamten Ausbildung – Bestätigung der Teilnahme und Auflistung der erlernten Methoden und einzelnen Fähigkeiten, akzeptiert im Coaching-Index.

Weiterbildung »Integratives Coaching« (€€€)

EAG-FPI, Europäische Akademie für psychosoziale Gesundheit und Kreativitätsförderung, Fritz Perls Institut
Petra Möller
Wefelsen 5
42499 Hückeswagen
Tel.: 0 21 92 / 85 80
Fax: 0 21 92 / 858 22
E-Mail: EAG.FPI@t-online.de
Internet: *www.integrative-therapie.de*

Zielgruppe
Fachleute aus dem Bereich Human-Resources, Berater, Supervisoren

Aufnahmevoraussetzungen
Zulassungsinterview, abgeschlossenes Hochschulstudium, mindestens fünf Jahre Berufserfahrung in den Bereichen Beratung, Therapie, Training oder abgeschlossene Berufsausbildung und mindestens zehn Jahre Berufserfahrung (davon fünf Jahre in leitender Tätigkeit).

Rahmenbedingungen
Fünf Blockseminare à vier Tage sowie ein Blockseminar à drei Tage

Ziele
Fachleute aus dem Bereich des Human-Resources-Management, der Beratung und der Supervision in einem modernen, differentiellen und integrativen Ansatz des Coachings ausbilden.

Inhalte (Ausschnitt)
- Basiskonzepte im integrativen und differentiellen Coaching (vier Tage)
- Karriereanalyse und Persönlichkeits-Assessment (vier Tage)
- Strategische Beratung – Coaching-Psychologie I (vier Tage)
- Strategische Beratung – Coaching-Psychologie II (vier Tage)
- Auftragsgestaltung, Prozesssteuerung, Evaluation (vier Tage)
- Strategische Profilierung im Beratermarkt (drei Tage)
- Zehn Stunden Lehrcoaching/-supervision

Methoden
Lehrcoaching, Supervision, Rollenspiele, Übungen

Prüfung
Abschluss der Ausbildung mit einem Kolloquium sowie einem Referat/Paper zu Fragen des Coachings.

Zertifikat
EAG-Zertifikat »Coach – Spezialist für integratives und differentielles Coaching«

Weitere Informationen
Weiterbildung »Integratives Coaching« für Supervisoren und andere Coaching-Fortbildungen

Weiterbildung zum Business- und Management-Coach (€€)

ECA European Coaching Association e.V.
ECA Academy
Steinstraße 23
40210 Düsseldorf
Tel.: 02 11 / 32 31 06
Fax: 02 11 / 32 87 32
E-Mail: info@eca-online.de
Internet: *www.eca-online.de; www.eca-academy.de; www.eca-sozietaet.de*

Zielgruppe

Kollegen, Führungskräfte, Teamleader, Personal- und Organisationsentwickler, Unternehmer und Freiberufler

Aufnahmevoraussetzungen

Einzureichen mit der Anmeldung sind: Kurzlebenslauf, Übersicht über bisherige Aus- und Weiterbildungen, Übersicht über Coachingerfahrung, Beschreibung der Berufspraxis, Nachweis psychosozialer Kompetenz sowie die Motivation für die Business- und Management-Coaching-Weiterbildung.

- Abgeschlossene Berufsausbildung oder abgeschlossenes Studium
- Mindestens vier Jahre Berufstätigkeit
- Möglichkeit, als Coach zu arbeiten
- Zusatzausbildung und/oder Nachweis psycho-sozialer Kompetenz

Rahmenbedingungen

Die berufsbegleitende Weiterbildung umfasst insgesamt 144 Unterrichtseinheiten. Zusätzlich absolviert jeder Teilnehmer nachweislich in Eigenverantwortung weiterbildungsbegleitend:

- Train the Coach: 50 Unterrichtseinheiten
- Fallbesprechungen: 50 Unterrichtseinheiten

Arbeitsgemeinschaften, Einzel- und Teamcoaching, persönliche Coachingkompetenz, Coachingspezialisierung, persönliches Coachingkonzept, Professionalisierung der Coachingpraxistätigkeit, Train the Coach und Literaturstudium

Die Weiterbildung besteht aus sechs Modulen à zwei Tage mit je sechs Stunden zuzüglich der Abschlussprüfung und dem Eröffnungsabend vor dem ersten Modul. Die Dauer der Weiterbildung erstreckt sich über ein halbes Jahr; die Module finden monatlich am Wochenende (Samstag/Sonntag) statt.

Ziele

Der Business- und Management-Coach fördert die individuelle berufliche und persönliche Entwicklung von Führungskräften und Mitarbeitern in Unternehmen und Organisationen. Die Tätigkeiten eines Business- und Management-Coachs umfassen Einzel- und Teamcoachings, Projektcoaching und multikulturelles Coaching. Der Coach begleitet Unternehmen, deren Führungskräfte bzw. Mitarbeiter bei der Realisierung ihrer Unternehmensziele unter Einbeziehung der Ressourcen aller beteiligten Personen.

Inhalte (Ausschnitt)

- *Modul 1 – der persönliche Weg zum professionellen BMC:* Menschenbild, Leitbild, Haltung, Integrität im Coaching; Definition des Coachs; Definition des Coachings; Erscheinungsformen des Coachings; Dauer des Coachings; Selbst- und Fremdeinschätzung; Akquisition bis Zielerreichung – exemplarische Coachingarbeit von A–Z
- *Modul 2 – Einzelcoaching:* Vereinbarung; die sieben Phasen des professionellen ECA-Coachings; Einzelcoaching anhand von Fallbeispielen; Teilnehmer erarbeiten und präsentieren ihren persönlichen Ansatz für Einzelcoaching; Coach the Coach – Training; Methodenkompetenz; Coaching des nonverbalen/verbalen Ausdrucks, Verhalten
- *Modul 3 – Team-Coaching:* Einführung in die Moderation; Team-Coaching; Vereinbarungen und Coachingauftrag, Coachingziel; Anforderungsprofil; Wahrnehmung; Kommunikationsformen; Selbst- und Fremdeinschätzung; Umgang mit Konflikten; lösungsorientiertes Teamcoaching
- *Modul 4 – Coaching-Spezialisierungen:* Burnout- und Workaholic-Prophylaxe; Mob-

bing, Bossing, Lobbing, Sobbing (MBLS); Krisenintervention; Generationswechsel; provokatives Coaching usw.
- *Modul 5 – das persönliche Coaching-Konzept:* Vision/Mission; Corporate Identity: Leitbild; Konzept, schriftlich, mündlich; Zielgruppen, Akquisition; Rollenspiel, anwendungsorientierte Fallarbeit
- *Modul 6 – Coachingpraxis, Professionalisierung, Abschluss mit Zertifikat:* Enneagramm, Transaktionsanalyse, Zen und Management; Organisationsaufstellung; Coach-the-Coach-Training (Praxisübung); Präsentation der eigenen Business- und Management-Coaching-Kompetenz, Zertifizierung

Methoden

Vorträge und Dialog, Demonstration, Übungen in Kleingruppen, Reflexion im Plenum, Fallarbeit, schriftliche Ausarbeitungen, Video-Training, Supervision/Train the Coach

Prüfung

- Mündliches Kolloquium
- Schriftliches Testing
- Ausarbeitung einer eigenen Business-Coaching-Konzeption
- Nachweis der Coaching-Praxistätigkeit

Zertifikat

Zertifikat als »professioneller Business- und Management-Coach«

Coaching-Intensivlehrgang – Systemisches Beraten nach dem Kieler Beratungsmodell (€€)

Europäische Ausbildungsakademie der M.O.C. GmbH
Bahnstraße 4/301
A-2340 Mödling
Hanna Biberschick
Tel.: 00 43 / 22 36 / 45 86 05
Fax: 00 43 / 22 36 / 219 06
E-Mail: info@moc.at; info@ausbildungsakademie.com
Internet: *www.moc.at; www.ausbildungsakademie.com*

Zielgruppe

Unternehmer, Führungskräfte, Pädagogen, Projekt- und Teamleiter, Berater und Trainer, Psychotherapeuten

Aufnahmevoraussetzungen

Keine formalen oder akademischen Voraussetzungen zur Absolvierung des Grundlehrganges nötig.

Rahmenbedingungen

Die Ausbildung umfasst insgesamt 135 Stunden, gegliedert in drei Module à drei Tage und zwei Supervisionstage sowie fünf Einzelcoachings, Peergruppenarbeit und eine Abschlussarbeit von mindestens fünf Seiten. Maximale Gruppengröße sind 18 Teilnehmer, begleitet von zwei Trainern.

Ziele

Teilnehmer des Intensivlehrgangs erlernen:
- wie Berufsrolle und persönliche Arbeitsweise zusammenwirken und wie diese durch Coaching verändert werden können
- den Arbeitsauftrag mit Führungskräften, Mitarbeitern und Teams auszuarbeiten
- ihre künftigen Kunden bei technischen und persönlichen Veränderungsprozessen als Coach zu unterstützen
- die Methoden zur prozessbegleitenden Evaluation der Wirksamkeit von Coaching einzusetzen
- die Methoden als Coach für Einzelpersonen und Teams nach dem Kieler Beratungsmodell anzuwenden.

Inhalte (Ausschnitt)

- *Modul 1:* Systemisch-konstruktivistisches Denken üben – ganzheitliche Sichtweise, Techniken und Haltung – Coach / Kunde; vom Anliegen zum Auftrag – Zielbestimmung; Beraten mit Reflecting-Team
- *Modul 2:* Rekonstruktion von Systemen über das Beziehungsbrett, Fragetechniken: zirkuläres Fragen, zukunfts- und lösungsorientierte Fragen, Externalisieren von Problemen
- *Modul 3:* der Metadialog in der Beratung; Vertiefung und Erweiterung der Fragetechniken, Interventionstechniken, Reframing
- *Modul 4:* Arbeit mit Metaphern und Ritualen, Teamcoaching mit Reflecting-Team, Erarbeiten eigener, überprüfbarer Qualitätskriterien der Tätigkeit als Coach

Methoden

Praktische Übung, Live-Beratungen, Supervision

Prüfung

Keine Prüfung, aber Erstellung einer Abschlussarbeit – Reflexion eines Coachingprozesses mit theoretischem Fokus

Zertifikat

Zertifizierung erfolgt nach dem vierten Modul

Weitere Informationen

Lehrgänge werden sowohl in Österreich als auch in Deutschland angeboten. Es werden Aufbauausbildungen, wie z. B. der »Coaching-Lehrgang für Professionals« und die »Coaching-Ausbildung für Führungskräfte«, mit je anderthalbjähriger Ausbildungszeit angeboten.

Weiterbildendes Studium Supervision und Coaching (€€€)

Fachhochschule Frankfurt am Main – University of Applied Sciences, Abteilung Weiterbildung
Helmut C. Büscher
Nibelungenplatz 1
60318 Frankfurt
Tel.: 069 / 15 33-26 81/ -26 86
Fax: 069 / 15 33-26 83
E-Mail: buescher@wb.fh-frankfurt.de
Internet: *www.fh-frankfurt.de*

Zielgruppe

Fachkräfte aus unterschiedlichen Arbeitsbereichen der Wirtschaft, Verwaltung und Non-Profit-Organisationen

Aufnahmevoraussetzungen

- Hochschulabschluss
- Einschlägige Berufserfahrung (mindestens 5 Jahre)
- 30 Sitzungen Supervision in den letzten fünf Jahren
- Grundlagenkenntnisse im Methodenbereich mit Nachweisen über mindestens 400 Stunden Ausbildung in systemischen, verhaltensorientierten und personzentrierten Ansätzen
- Teilnahme an einem Kontaktgespräch

Rahmenbedingungen

- Berufsbegleitendes Studium
- Studium über sechs Semester mit insgesamt 640 Veranstaltungsstunden (à 45 Minuten). Hiervon 520 Stunden mit Ausbilder und 120 Stunden mit Gruppenarbeit ohne Ausbilder.
- Gegliedert in 10 Blockseminare à 3 Tage (Donnerstag bis Samstag) und sechs Blockseminare à fünf Tage (Montag bis Freitag)
- Studienbegleitend 15 Sitzungen Einzel- und 20 Sitzungen Gruppenlehrsupervision sowie 100 Stunden dokumentierte Praxis
- Lehrsupervisionen und Treffen für Gruppenarbeit finden außerhalb der Blockveranstaltungen nach Absprache statt.
- Studiengruppe hat maximal 20 Teilnehmer

Ziele
Optimierung von Arbeitsprozessen und Produktstandards unter der Berücksichtigung von persönlichen, teambezogenen und beruflichen Kompetenzen.

Inhalte (Ausschnitt)
- Interdisziplinäre Grundlagen von Beratung
- Professionstheoretische Grundlagen und Rahmenbedingungen von Supervision und Coaching
- Diagnostik und Hilfeplanung im kooperativen und interdisziplinären Bezug
- Verfahren und Praxis der Qualitätsentwicklung und Methodik
- Theorie, Methodik und Qualitätssicherung
- Supervision der Lernprozesse, Selbstreflexion und Selbsterfahrung in der Lerngruppe
- Lehrsupervision

Methoden
Gruppenarbeit, Lehrsupervision, Vorlesung

Prüfung
Dem Studium liegt eine staatliche Prüfungsordnung zu Grunde, die u.a. eine schriftliche Abschlussarbeit und eine mündliche Prüfung vorschreibt.

Zertifikat
Abschlusszertifikat als »Supervisor/Supervisorin und Coach (wStFH)«. Der Studiengang entspricht den aktuellen Standards der *Deutschen Gesellschaft für Supervision (DGSv)*, so dass die Mitgliedschaft in der *DGSv* individuell und vor Studienbeginn beantragt werden kann.

Weitere Informationen
Es finden regelmäßig Informationsveranstaltungen zu Inhalten und Organisation des Studiums statt.

Ausbildung zum Business Coach (€€)

Grundig-Akademie
Akademie für Wirtschaft und Technik
Gemeinnützige Stiftung e.V.
Martina Faust
Beuthener Straße 45
90471 Nürnberg
Tel.: 09 11 / 409 05 42
Fax: 09 11 / 409 05 44
E-Mail: info@grundig-akademie.de
Internet: *www.grundig-akademie.de*

Zielgruppe
- Personen, die Coaching als eigenständiges Berufsfeld aufbauen wollen.
- Personen, die innerhalb einer Tätigkeit Coaching als Zusatzqualifikation benötigen, wie z.B. Führungskräfte, Trainer, Berater, Betriebsräte oder Personalentwickler.

Aufnahmevoraussetzungen
Keine formalen und akademischen Voraussetzungen, sondern persönliche Eignung im Umgang mit Menschen; diese wird in einem Eingangsgespräch ermittelt

Rahmenbedingungen
Maximale Teilnehmerzahl: 14. Gesamtdauer der Ausbildung: 17 Tage: Vier Blöcke à drei bis vier Tage, ein Block à acht Tage

Ziele
Die Ausbildung soll dazu befähigen, in verschiedenen Umfeldern beratend tätig zu sein und die eigene Arbeit auch an harten Faktoren messen lassen zu können.

Inhalte (Ausschnitt)

- *Teil 1 – Einführung in das Coaching:*
  Die verschiedenen Arten von Coaching
  Einführung in die psychologische Dynamik des Coachingprozesses
  Einführung in die klientenzentrierte Gesprächsführung
  Psychologisches Grundlagenwissen für das Coaching
  Erste Übungen in Gesprächsführung und Problemanalyse
- *Teil 2 – Grundlagen der Persönlichkeitsentwicklung:*
  Bedürfnisse und Motive: Warum tut jemand das, was er tut?
  Rache und Sühne in Beziehungen
  Einführung in die Methode der systemischen Strukturaufstellung
  Einführung in gestalttherapeutische Methoden
  Übungen zur Motivanalyse und zum Erkennen von Selbstsabotage des Klienten
- *Teil 3 – Prozesssicherheit:*
  Übungen zum Herausarbeiten des Lebensskriptes und der steuernden Glaubenssätze
  Analyse der Wirkung des Skriptes auf die Wahrnehmung der Wirklichkeit
  Verändern von hinderlichen Glaubensansätzen
  Praktisches Arbeiten mit Methoden der Gestalttherapie, des NLP, des Psychodramas und der Systemaufstellungen
- *Teil 4 – Umgang mit Macht und Ohnmacht:*
  Reflexion des eigenen Verhältnisses zur Macht
  Erfolgreiche und destruktive Formen der Macht
  Gestalttherapeutische und Aufstellungsmethoden zur Analyse und Veränderung von Macht- bzw. Ohnmachtsstrukturen
  Methodisches Üben im kollegialen Coaching
- *Teil 5 – Konfliktmanagement und vitalisierende Kommunikation:*
  Analyse von Konfliktstrukturen
  Die Psychologie der Lähmung und Blockade
  Die Psychologie der Vitalisierung und Kreativität
  Methoden der Mediation
  Üben der verschiedenen Methoden im kollegialen Coaching

Methoden

Gestalttherapie, NLP, Psychodrama, Kleingruppenarbeit

Prüfung

Keine

Zertifikat

Institutseigenes Teilnahmezertifikat

Ausbildung zum »Coach ECA« (€€€)

Johannes Grünwald KEG
Lehrinstitut für European Coaching Association
Johannes Franz Grünwald
Hochschartenstraße 4
A-4612 Scharten
Tel.: 00 43 / 72 72-52 66
Fax: 00 43 / 72 72-526 67
E-Mail: office@gruenwald.co.at
Internet: *www.gruenwald.co.at*

Zielgruppe

Selbstständige Unternehmer, Führungskräfte, Freiberufler, leitende Beamte, Künstler, Projektmanager, Ärzte, Menschen aus Sozialberufen, Manager mit langer Berufserfahrung

Aufnahmevoraussetzungen

- Persönliches Beratungsgespräch vor Ausbildungsbeginn
- Mindestens 24. Lebensjahr vollendet
- Positive Absolvierung des Förder-Assessments
- Abgeschlossene Berufsausbildung und mindestens eine dreijährige Berufstätigkeit
- Schriftliche Anerkennung der Berufsgrundsätze der *European Coaching Association*

Rahmenbedingungen

- Viersemestrige Ausbildung in 11 Modulen à vier Tage
- Gesamtumfang 482 Unterrichtseinheiten zzgl. viertes Semester
- Veranstaltungen jeweils donnerstags bis sonntags

Ziele

- Erwerb von Fähigkeiten und Fertigkeiten für den Beruf als Coach
- Stärkung des persönlichen Menschenbildes und der Seriosität
- Verstärkung der eigenen sozialen Kompetenz
- Entwicklung der fachlichen und methodischen Kompetenz als Coach
- Optimierung der Eigenverantwortlichkeit und Integrität

Inhalte (Ausschnitt)

- *Erstes Semester – Module 1 bis 4 – Allgemeine Grundlagen und Instrumentarien des Coachings:*
  Berufsprofil – Förder-Assessment
  Kommunikation und Beratung
  Stage-Performance und Rhetorik
  Lernen und Motivation
- *Zweites Semester: Module 5 bis 8 – Coachingdesign und Didaktik des Coachens:*
  Didaktisches Design von Coachings
  Coachingformen und Methoden
  Moderation und Präsentation
  Teamentwicklung/Gruppendynamik
- *Drittes Semester: Module 9 bis 11 – Coachingmanagement und spezielle Aufgabenfelder:*
  Coachingmanagement
  Konfliktmanagement
  Changemanagement
  Im dritten und vierten Semester ist das Co-Coaching im Ausmaß von 75 Unterrichtseinheiten zu durchlaufen.
- *Viertes Semester:*
  Es ist die Praxisausbildung zu absolvieren inklusive der anzufertigenden fachlich begleitenden Diplomarbeit.

Methoden

Klausuren jeweils nach den Modulen; Theorie-Inputs, Gruppenarbeiten, Selbsterfahrungsprozesse in der Teilnehmergruppe, Analyse- und Reflexionsarbeit, Auswertung von Praxiserfahrungen, Einzelsupervision, Rollenspiele und Einzelfeedback

Prüfung

Diplomarbeit mit einem Mindestumfang von 160 Seiten. Themenstellung, Betreuung und Bearbeitung haben so zu erfolgen, dass die Kenntnisse in den tragenden Fächern der Bereiche Verhaltenstraining, Coaching und Culture-Change vertieft werden.

Zertifikat

Zertifikat zum »Coach ECA«

Ausbildung zum Coach (EAS) (€€)

Habichtswald Seminare
Karl-Heinz Risto
Zierenberger Straße 5
34270 Schauenburg-Martinhagen
Tel. und Fax: 0 56 01 / 92 51 90
E-Mail: risto@habichtswald-seminare.de
Internet: *www.habichtswald-seminare.de*

Zielgruppe
Personalentwickler, Unternehmensberater, Führungskräfte

Aufnahmevoraussetzungen
- Abgeschlossene Berufausbildung oder Studium
- Mehrjährige Berufs- bzw. Führungserfahrung
- Erfahrung mit Coaching bzw. Supervision

Rahmenbedingungen
Die Coaching-Ausbildung erstreckt sich über acht dreitägige Ausbildungseinheiten in zwei Jahren und umfasst 312 Theoriestunden inklusive Ausbildungssupervision, Intervisionsgruppen (in der Regel eine monatlich) und zehn Stunden Lehrsupervision. Gruppengröße: sechs bis zwölf Teilnehmer. Ausbildungsbeginn in der Regel einmal jährlich.

Ziele
Die Ausbildung verbindet die Aneignung von Methoden mit der Entwicklung einer eigenen Rollenidentität als Coach und dem Erschließen eines Anwendungsfeldes.

Inhalte (Ausschnitt)
- *Modul 1 – Beratung von Menschen im Berufsleben:*
  Coaching, Beratung und Supervision – Bedeutungserklärungen
  Transaktionsanalytische Beratung
  Persönlichkeit und berufliche Lebenswege
  Definitionen und Ziele von Kontrakten
  Der Dreiecksvertrag als Spezialform des Kontrakts
  Verantwortung und »Verantwortungsstörungen«
- *Modul 2 – die professionelle Begegnung mit Einzelnen und Teams:*
  Professionelle Kommunikation
  Lösungs- und ressourcenorientiertes Arbeiten
  Fokus-, rollen- und kontextspezifische Selbststeuerung
  Frage- und Interventionstechniken, kreative Medien
- *Modul 3 – Persönlichkeit und berufliche Lebenswege:*
  Persönlichen Stil entwickeln – was heißt das?
  Das Drei-Welten-Modell der Persönlichkeit, Rollenkompetenz, Rollenmanagement, Rollenwechsel
  Die Typenlehre nach *Fanita English*
- *Modul 4 – Krisen diagnostizieren und begleiten:*
  Veränderungen, Innovation und Widerstand
  Entwicklungsmodelle für Einzelne, Teams und Organisationen
  Antreiberdynamik – wie man Gleichgewichte wiederfindet
  Emotionale Kompetenz in Veränderungsprozessen
- *Modul 5 – professionelle Entwicklung:*
  Standortbestimmung und weitere Perspektiven
  Coaching als Berufsbild und Bewährung am Markt
  Planung der Abschlussarbeit
  Spiegelung und Feedback – Grundbedürfnis und Kompetenz in Teams
- *Modul 6 – Strukturen, Beziehungen, Situationen und Prozesse begreifen:*
  Organisationsaufstellungen und andere szenische Methoden
  Rollenspiel als Lernform für Organisationen
  Gruppentheorien nach *Eric Berne*
  Rituale
- *Modul 7 – Bilder sprechen lassen, Intuition und Methodik:*
  Geleitete Fantasien und Trance – das Ankoppeln an erzählte Wirklichkeiten

Storytelling – Beraten mit Hilfe von Sprachbildern und Geschichten
Visionen, Träume, Fantasien als Wegbegleiter für weitere Entwicklung
- *Modul 8 – stimmige Lebensentwürfe:*
Integration von Lebenswelten und Lebensphasen
Der Begriff der Individuation
Muster von professionellen und persönlichen Lebensdrehbüchern
Sinn- und Wertfragen
Würdigen und Loslassen – Abstiege und Abschiede auf beruflichen Lebenswegen

Methoden
Systemisch orientierte Transaktionsanalyse, TZI. Ab dem 2. Ausbildungsjahr eigenständige Coachingpraxis. Während der gesamten Ausbildung Lernsupervision in der Gruppe.

Prüfung
Schriftliche Arbeit (Darstellung eines Coaching-Projektes), Kolloquium

Zertifikat
Zertifikat als »Coach EAS« *European Association for Supervision and Coaching*
Grundlagenzertifikat Transaktionsanalyse *(DGTA) Deutsche Gesellschaft für Transaktionsanalyse*

Ausbildung »Coaching basic« (€€)

ias Institut für Angewandte Sozialwissenschaften
Willem Lammers
Bahnhofstraße 2
CH-7304 Maienfeld
Tel.: 00 41 / 813 02 77 03
Fax: 00 41 / 813 02 77 04
E-Mail: info@iasag.ch
Internet: *www.isag.ch*

Zielgruppe
- Fachkräfte aus der Wirtschaft, dem Non-Profit-Bereich und der Verwaltung
- Personen, die in Führung, Schulung, Entwicklung und/oder Beratung von Personal tätig sind
- Interessenten, die sich nach mehrjähriger Berufserfahrung neu orientieren bzw. ihre Kompetenz im Coachingbereich erweitern wollen

Aufnahmevoraussetzungen
- Abgeschlossene, höhere Berufsausbildung, Fachhochschule, Hochschule oder gleichwertige Fachausbildung mit wenigstens fünf Jahren Berufserfahrung
- Schriftliche Begründung der Teilnahme
- Möglichkeit zur Umsetzung der in der Ausbildung gelernten Methoden und Fähigkeiten in die Praxis
- Bereitschaft, sich als Person zu engagieren und Mitverantwortung für den Weiterbildungsprozess in seiner Ganzheit zu tragen

Rahmenbedingungen
Programm wird bei mindestens 12 angemeldeten Teilnehmern durchgeführt. Einjähriges Programm bestehend aus:
- sechs theoretisch-methodischen Seminaren à zwei Tage
- sechs Ateliertagen mit Gruppensupervision
- einer sechstägigen Arbeitskonferenz
- einer Standortbestimmung
- sechs Stunden Einzelsupervision bei einer vom Institut anerkannten Fachperson
- acht bis zehn frei planbaren Zusammenkünften der Intervisionsgruppen

Insgesamt müssen die Teilnehmer mit einem Zeitaufwand von etwas weniger als einem Tag in der Woche für die Dauer des Programms rechnen.

Ziele

- Entwicklung einer persönlichen Vision in Bezug auf die eigene Aufgabe
- Vermittlung der persönlichen Vision an Führungskräfte und Mitarbeitende
- Verbesserung der Qualität von Gesprächsführung und Feedback zur Weiterentwicklung der eigenen Person
- Bewusstsein für Interaktionen von Individuen und Teams in komplexen Systemen
- Ethischer und professioneller Rahmen für die Beurteilung des eigenen Arbeitsfeldes aus übergeordneter Sicht

Inhalte (Ausschnitt)

- *Seminar 1 – Grundlagen Coaching:* Definitionen, Rollen im Coaching, Beziehungsaspekte
- *Seminar 2 – Visionen, Ziele und Leitbilder:* die eigene Vision als Fachperson
- *Seminar 3 – Gesprächsführung und Feedback:* aktives Zuhören, Phasen der Gesprächsführung, Zusammenfassen
- *Seminar 4 – Problemanalyse im Coachinggespräch:* Analyseniveaus, Interventionstechniken
- *Seminar 5 – die Führungskraft als Coach:* Führungsmodelle, Führungsstile, Rollen
- *Seminar 6 – Moderation und Visualisierung:* Planung und Gestaltung von Sitzungen

Methoden

- Ateliertage: Vor oder nach jedem theoretisch-methodischen Seminar findet ein Ateliertag mit der Kursleitung statt. Hier steht der eigene Prozess der Teilnehmer und der Lerngruppe im Vordergrund, die ihre Coachingfähigkeiten mittels gegenseitiger Beratung, Kleingruppenarbeit und Prozessübungen erweitern können.
- Supervision
- Arbeitskonferenz: Mit Hilfe eines internationalen Teams wird eine vielschichtige Lernsituation aufgebaut, die viele Aspekte komplexer Systeme für die Teilnehmenden durchschaubar macht. Das Thema und die Gestaltung wechseln pro Ausbildungsjahr, damit die Teilnehmer aus verschiedenen Perspektiven lernen können.
- Intervisionsgruppen: Nichtmoderierte Kleingruppen treffen sich ca. einmal im Monat.

Prüfung

Im Laufe des Programms verfassen die Teilnehmer eine schriftliche Standortbestimmung. In dieser Arbeit wird das eigene Lernen und die Bedeutung des gelernten Stoffes für die Arbeitssituation untersucht und beschrieben.

Zertifikat

Das Ausbildungszertifikat wird den Teilnehmern verliehen, die mindestens 90 Prozent der Weiterbildungslektionen und die sechs zusätzlichen Einzelstunden besucht haben und deren schriftliche Standortbestimmung den Kriterien entspricht.

Weitere Informationen

Nach dem »Coaching basic« können die Teilnehmer ihre Ausbildung am Institut mit den Ausbildungen »Supervision« oder »Organisationsentwicklung« fortsetzen.

Ausbildung Systemisches Coaching (€€)

ifs Essen Institut
Reinert Hanswille
Rodbergerstraße 102
45257 Essen
Tel.: 02 01 / 848 65 60
Fax: 02 01 / 848 65 70
E-Mail: info@ifs-essen.de
Internet: *www.ifs-consulting.de*

Zielgruppe

Personen, die ihre Coachingkompetenz erweitern wollen, um sich in ihrer praktischen Arbeit professioneller erleben zu können, und die neue Beratungsverhandlungen, Techniken und Methoden erlernen möchten.

Aufnahmevoraussetzungen

- Mindestalter ca. 30 Jahre
- Mehrjährige Berufserfahrung
- Bereitschaft zur Selbsterfahrung
- Beratungserfahrung

Rahmenbedingungen

- Teilnehmerzahl ist auf 14 begrenzt
- Gesamtstundenzahl: 350 Unterrichtsstunden
- Fünf Blockseminare à drei Tage (je 24 Unterrichtsstunden)
- Fünf Tage Gruppencoaching (je acht Unterrichtsstunden)
- Sechs Intervisionstage
- 50 Sitzungen eigene Coachingpraxis
- Zwei Fallberichte
- Erstellung eines persönlichen Coachingprofils

Ziele

Vermittlung von Fertigkeiten und Fähigkeiten, damit die Teilnehmer als Coach in der Lage sind, andere Menschen dabei zu unterstützen, neue, bessere Möglichkeiten für ihr berufliches Handeln zu entdecken.

Inhalte (Ausschnitt)

- *Blockseminar 1:* Einführung in die systemische Beratungspraxis, Orientierung und Entwicklung eines persönlichen Zielspektrums, Coachingdefinition, Indikationen für Coaching, Ebenen des Coaching, Coaching-Training
- *Blockseminar 2:* Systemische Veränderungsarbeit I, Fragetechniken, Zirkularität und zirkuläre Fragen, Skalierungen, Wunderfrage, hypothetische Fragen, Ausnahmefragen, lösungsorientiertes Coaching, Zielorientierung im Coaching, Hypothesenbildung, Coaching-Training
- *Blockseminar 3:* Systemische Veränderungsarbeit II, Arbeit mit Skulpturen, Puppen, Steinen, Arbeit mit dem Genogramm, systemische Landkarten, nonverbale Coachingstrategien, kreative Techniken im Coaching, Coaching-Training
- *Blockseminar 4:* Geschlechtsspezifische Aspekte im Coaching, NLP und hypnotherapeutische Ideen im Coaching, Team-Coaching, Konfliktcoaching, Ressourcenarbeit im Coaching, Arbeit mit Geschichten, Zeitlinienarbeit, Arbeit mit Imaginationen, Coaching-Training
- *Blockseminar 5:* Live-Coaching, Ressourcenlandkarten, Hochleistungscoaching, Entwickeln eines Zukunftsfilms, besondere Themen im Coaching, Beenden von Coachingprozessen, Abschlusskolloquium

Methoden

Übungen, Rollenspiele, Supervision

Prüfung

50 Stunden Coaching, zwei Fallberichte über zwei Coachingprozesse, Demonstration von zehn Coachingskills, Evaluation der Coachingkompetenz

Zertifikat

Bei Erfüllung der Abschlusskriterien wird das Zertifikat als »Systemischer Coach *(ifs)*« erteilt. Eine Anerkennung als Coach durch den *ECA* ist möglich.

Weitere Informationen

Ifs ist als Ausbildungs- und Lehrinstitut der *ECA European Coaching Association* anerkannt.

Ausbildung »Systemisches Coaching« (€€€€)

IFW, Institut für Fort- und Weiterbildung
Hans Friedl
Bodenstedtstraße 66
81241 München
Tel.: 089 / 82 90 86 18
Fax: 089 / 82 90 86 19
E-Mail: Friedl@i-f-w.de
Internet: *www.i-f-w.de*

Zielgruppe

- Manager und zukünftige Führungskräfte
- Weiterbildungsreferenten und Personalentwickler
- Ausbilder
- Berater und Trainer
- Kollegen aus psychosozialen Institutionen, die Leitungsfunktionen wahrnehmen und sich für Supervisionsaufgaben qualifizieren wollen

Aufnahmevoraussetzungen

Erfahrung in den Bereichen Personal oder Organisation; Bereitschaft zu selbsterfahrungsorientiertem Lernen in Übungen, Einzel- und Gruppenarbeiten; vollständige Bewerbungsunterlagen

Rahmenbedingungen

Die Ausbildung erstreckt sich über einen Zeitraum von ca. zwei Jahren. Sie ist aufgeteilt in fünf Seminarwochen à fünf Tage und drei Methodenworkshops à dreieinhalb Tage.

Ziele

Während der Ausbildung lernen die Teilnehmer, gruppendynamische Fähigkeiten mit systemischen Strategien der Teamführung zu verbinden.

Inhalte (Ausschnitt)

- *1. Seminar:* Führungsverhalten in Gruppen
- *1. Workshop:* Gruppendynamik
- *2. Seminar:* Systemische Diagnostik des Teams
- *3. Seminar:* Systemische Beratungsstrategien
- *2. Workshop:* Methoden der Moderation und Präsentation
- *4. Seminar:* Konfliktmanagement
- *3. Workshop:* Methoden und Konfliktmanagement
- *5. Seminar:* NLP und Coaching

Zusätzlich zu den Seminaren wird eine verbindliche Supervision angeboten, die Praxiserfahrung und Tätigkeiten einzelner Gruppenmitglieder koordiniert. Die Arbeit mit typischen Team- und Organisationsformen aus der Praxis sowie das Netzwerk verschiedener Subsysteme und Institutionen werden hier analysiert.

Methoden

Live-Supervisionen und Simulationen, Übungen und Rollenspiele

Prüfung

Keine

Zertifikat

Bei erfolgreicher Teilnahme erhalten die Teilnehmer ein Zertifikat des *IFW* für »Systemisches Coaching und Supervision«.

Weitere Informationen

Die Besonderheit des Konzeptes liegt in der Vernetzung von Techniken des Managementtrainings mit effektiven Methoden der Teamsupervision.

Curriculum »Systemisches Coaching und Teamentwicklung« (€€€)

Institut für systemische Beratung
Dr. Bernd Schmid
Schloßhof 3
69168 Wiesloch
Tel.: 0 62 22 / 818 80
Fax: 0 62 22 / 514 52
E-Mail: info@systemische-professionalitaet.de
Internet: *www.systemische-professionalitaet.de*

Zielgruppe
Alle, die Training, Beratung, Supervision, Moderation oder Teamentwicklung als Dienstleistung für Organisationen anbieten oder sich in Management-, Führungs- oder Fachfunktionen mit dem Thema qualifiziert auseinander setzen wollen.

Aufnahmevoraussetzungen
Mehr als drei bis fünf Jahre Berufserfahrung

Rahmenbedingungen
Das Curriculum sowie das Fortsetzungscurriculum setzen sich aus je sechs dreitägigen Bausteinen pro Jahr zusammen.

Ziele
Im Curriculum geht es um beraterische Konzepte und Methoden im Coaching von Einzelnen und Teams. Neben der Aufgabenorientierung steht das Verständnis unterschiedlicher Persönlichkeiten, ihrer Wirklichkeitsstile und ihrer wesensgemäßen Entwicklungswege im Vordergrund. Gleichzeitig geht es um Kommunikation und Beziehungsgestaltung in der Beratung sowie um persönliches und professionelles Lernen in Organisationen mit Hilfe von Beratung. In Impulsreferaten werden Landkarten für diese Fragestellungen und beraterische Vorgehensweisen im Umgang damit vermittelt. In kollegialen Beratungsübungen, Supervision und Coaching werden Entwicklungsthemen und der professionelle Umgang damit erlebbar gemacht.

Da Beratung eng mit der Kunst des Erzählens verknüpft ist, lernen die Teilnehmer die Kraft ihrer eigenen Erzählung im Umgang mit Metaphern, geleiteten Fantasien, Traumarbeit und in Theaterarbeit kennen.

Inhalte (Ausschnitt)

- *Baustein eins – Coaching, Führung, Teamentwicklung und Supervision:* Coaching, Supervision und Teamentwicklung; Intuition und methodisches Vorgehen in der Beratung; Entwicklung in Szene setzen – die Theatermetapher; Teamkultur, Persönlichkeit und beruflicher Lebensweg als Erzählungen; Beratung als Methode, als Berufsbild und als Bewährung am Markt; Träume und geleitete Fantasien als persönliche Spiegelung und als Wirklichkeitsinszenierung
- *Baustein zwei – Systemische Perspektiven und Methoden in Organisationen:* Grundannahmen zur Auftragsklärung; Ressourcenorientierung; Erläuterung anhand einer Teamberatung; Hypothesieren, Zirkularität, Neutralität; Erläuterung der Grundbegriffe systemischer Beratung und deren Implikationen für die Beratungspraxis; positive Konnotation; systemische Fragen – Vorstellen verschiedener Fragetechniken; systemische Interventionen; Erfahrungen mit deren Wirkung und Reflexion für die Beratungspraxis
- *Baustein drei – Führung und der Umgang mit Teams in turbulenten Zeiten:* Fokussierung in der Teamentwicklung; systemische Beiträge zur Teamentwicklung; Persönlichkeitsmodell professioneller Kompetenzen; Führungsdimensionen
- *Baustein vier – Persönlichkeit und berufliche Lebenswege:* einen persönlichen Stil entwickeln; Rollenmodelle der Persönlichkeit; Zusammenspiel der Entwicklung von Wesen und Rollen; Persönlichkeit und Wirklichkeitszugänge nach *Carl Gustav Jung*; Themen, Rollen und Beziehungen auf verschiedenen Lebensbühnen; Selbstverwirklichung und Wirksamkeit in Organisationen; Entwicklung professioneller Kraftfelder und wesensgemäßer Präsenz

- *Baustein fünf – die professionelle Begegnung mit Einzelnen und Teams:* Kulturbegegnung und professionelle Kommunikation in der Beziehung; Wirklichkeitsebenen und Ankopplung in der professionellen Begegnung; Ich-Du / Ich-Es-Beziehungspräferenzen und deren Bedeutung; Teams und Gruppen – Bühnen und Spiegel für das Individuum; berufliche und seelische Dimensionen von Beziehungs- und Arbeitsvereinbarungen; Verantwortung und »Verantwortungsstörungen« in Beziehungen
- *Baustein sechs – stimmige professionelle Entwicklung:* die eigene Entwicklung auf unterschiedlichen Bühnen – eine Zwischenbilanz; persönliche Lebenswege – gefundene Antworten und neue Fragen; Spiegelung und Feedback – Grundbedürfnis und Kompetenz in Teams; emotionale Kompetenz in Veränderungsprozessen; Standortbestimmung als systemischer Coach und Teamentwickler; Visionen, Träume und Fantasien als Wegbereiter für weitere Entwicklung; Teamkultur und Teamentwicklung

Methoden

Supervision, Arbeitsgruppen, Übungen, Impulsreferate, Plenums-Diskussionen, kollegiale Beratungen, Tonbandaufnahmen

Prüfung

- Zehn Seminarberichte zu den Weiterbildungsbausteinen
- Zehn Berichte über supervidierte Coachingprozesse
- Abschlussbericht über die persönliche und professionelle Entwicklung während der Weiterbildung
- Mindestens acht Tage Selbsterfahrung für Professionelle

Zertifikat

Zertifikat als »Systemischer Coach im Bereich Organisation« wird nach Absolvieren der Prüfungen sowie nach zwei Jahren (mindestens 30 Tage) Weiterbildung am *Institut für systemische Beratung* erteilt.

- Basiszertifikat: bescheinigt die Teilnahme an einem einjährigen Curriculum
- Fortgeschrittenen-Zertifikat: bescheinigt die zweijährige Teilnahme am Curriculum
- Qualifizierten-Zertifikat: bescheinigt mindestens zwei Jahre Weiterbildung am Institut mit dokumentierter professioneller Entwicklung.

Weitere Informationen

Mit der Buchung und Teilnahme am Curriculum erhalten die Teilnehmer die Mitgliedschaft im Netzwerk des *ISB Wiesloch (egroup)*. Dieses bietet ausgewählte und interessante Beiträge im Netzwerk sowie eine Plattform für Kontakte, Kooperationen, Bewerbungen und sonstigen fachlichen Austausch.

Berufsbegleitende Weiterbildung »Systemischer Coach« (€€)

ISCO AG
Institut für systemisches Coaching und Organisationsberatung
Gabriele Müller
Schamhorststraße 28/29
10115 Berlin
Tel.: 030 / 28 39 14 00
Fax: 030 / 28 39 14 44
E-Mail: info@isco-ag.de
Internet: *www.isco-ag.de*

Zielgruppe
Die Weiterbildung richtet sich hauptsächlich an Trainer, Lehrer, Supervisoren und Führungskräfte, die Beratungsprozesse durchführen oder schon als Coach tätig sind.

Aufnahmevoraussetzungen
Keine formalen oder akademischen Voraussetzungen

Rahmenbedingungen
Die Weiterbildung verteilt sich auf vier Module und setzt sich in dieser Zeit wie folgt zusammen (insgesamt 30 Tage):

- 19 Tage Seminar (ein Modul à fünf Tage, drei Module à vier Tage, zwei Tage Testing)
- Vier Tage Live-Coaching
- Ein Tag: zwei Supervisionen à vier Stunden

Parallel zu den Modulen treffen sich die Teilnehmer in Arbeitsgruppen zur Reflexion der Ausbildungsinhalte.

Ziele
Ziel der Ausbildung ist es, Coach-Persönlichkeiten zu entwickeln, die in der Lage sind, das Wahrnehmungs-, Einstellungs- und Verhaltensspektrum ihrer Coachees zu erkennen und gezielt zu erweitern. Es werden die folgenden Fähigkeiten entwickelt: Kontakte und Beziehungen herstellen, analytisch denken, prozessstrategisch herangehen, lösungsorientiert und systemisch denken und handeln, eine wertschätzende Haltung zum Ausdruck bringen. Das praxisorientierte Handlungswissen ist geeignet für die Anwendung in allen Bereichen der Wirtschaft, der Verwaltung, der Beratung, der Pädagogik und Therapie.

Inhalte (Ausschnitt)
Die Teilnehmer lernen, wie sie die Methoden effektiv, humorvoll, präzise, elegant einsetzen und ausbauen können. Sie trainieren, ihre beraterische Kompetenz zu reflektieren und für den Coachingprozess verfügbar zu machen.

- *Grundlagen des Coachings:* Gesprächsgestaltung und -führung, Eigen- und Fremdwahrnehmung, Strategien zur Konfliktlösung, strategische Flexibilität, Umgang mit Ambivalenzen
- *Aufgaben als Coach:* kompetent und vertrauenerweckend begleiten, die richtigen Fragen stellen, Erkennen unternehmerischer Systemstrukturen, verschiedene Wahrnehmungsperspektiven einnehmen, authentisch bleiben – eigene Kongruenz wahren, aktiv zuhören und aufmerksam sein, offen sein, selbstkritisch sein

Methoden
Arbeit in Peergroups, Einzel- und Gruppenarbeit, Livearbeit als Mediation sowie Supervision der Livearbeit, Kurzpräsentationen bzw. -vorträge, Rollenspiele, Plenumsdiskussionen

Prüfung

- Fallarbeit im eigenen Praxisumfeld inklusive Dokumentation
- Prozesscoaching zur Fallarbeit

Zertifikat
Nach Teilnahme an allen Ausbildungsmodulen, Mitarbeit in einer ausbildungsbegleitenden Peergroup sowie bestandener Abschlussmediation erhalten die Teilnehmer ein Zertifikat und sind berechtigt, die Bezeichnung »Mediator« zu tragen.

Weitere Informationen
Die Ausbilder sind auch als Berater und Trainer in der Wirtschaft tätig und können so Praxisbeispiele als Anschauung und Übung in die Ausbildung mit einbringen.

Coaching-Weiterbildung (€€)

K E + P
Entwicklungsberatung Dr. Reinhard Billmeier
Schlesierstr. 12
31139 Hildesheim
Tel.: 0 51 21 / 13 07 07
Fax: 0 51 21 / 13 07 08
E-Mail: drb@r-billmeier.de
Internet: *www.r-billmeier.de*

Zielgruppe
Personen mit Vorerfahrung in Personalentwicklung, Organisationsentwicklung und/oder Beratungsarbeit

Aufnahmevoraussetzungen
Die Teilnehmer sollen in ihrem Umfeld die Möglichkeit haben, im Verlauf der Weiterbildung Coachings durchzuführen. Es wird die Bereitschaft vorausgesetzt, vor oder während der Weiterbildung eigene Erfahrungen als (Klient) Coachee zu sammeln. Ein persönliches Vorgespräch ist ebenfalls Voraussetzung.

Rahmenbedingungen
- Ausbildung dauert ca. eineinhalb Jahre
- Maximal 14 Teilnehmer
- Neun Module à 2,5 Tage (ein Modul à 2 Tage)
- Vier Praxistage à 1,5 Tage (Schwerpunkt: Entwicklung des Coachs und seiner konkreten Coachingtätigkeit)

Ziele
Die Teilnehmer lernen schulenübergreifend verschiedene Coachingtechniken und -stile. Durch die Kooperation mit der *VW Coaching GmbH* ist ein Praxisbezug der Lerninhalte gesichert.

Inhalte (Ausschnitt)
- Kontraktgestaltung, Annäherung an das Kundensystem
- Systemische Methoden
- Gestalttherapeutische und bioenergetische Konzepte
- Kontaktzyklus, Kontaktunterbrechungen, Konfliktcoaching
- Hypnotherapeutische und intuitive Ansätze / Spiritualität von Coach und Coachee
- Karriereplanung: Strategieentwicklung für Professionals
- Rolle und Identität
- Gesundheitscoaching
- Qualitätsmerkmale von Coaches aus Sicht der Kunden (PE)

Methoden
Themeninputs, Themenerarbeitungen, Übungen, Rollenspiele, Feedback, Supervision etc.

Prüfung
Keine

Zertifi kat
Bestätigung der Teilnahme mit detailliertem Zertifikat

Weitere Informationen
Die Weiterbildung wird in Zusammenarbeit mit der *VW Coaching GmbH* angeboten und durch das *Institut DIEZ* (Diagnose, Intervention, Evaluations-Zentrum) der *Universität Magdeburg* wissenschaftlich begleitet.

Fortbildung zum Coach (€€€)

Kirchröder Institut Consulting und Training
Uschi Kopatz
Kirchröder Straße 46
30559 Hannover
Tel. und Fax: 05 11 / 954 98 70
E-Mail: kopatz@kirchroederinstitut.org
Internet: *www.kirchroeder-institut.de*

Zielgruppe

Führungskräfte aus Profit- und Non-Profit-Organisationen; zukünftige Berater und selbstständige Trainer, die ihre Beratungskompetenz entscheidend qualifizieren wollen

Aufnahmevoraussetzungen

- Abgeschlossene Berufsausbildung und mehrjährige Berufserfahrung
- Nachweis über bereits erbrachte Fortbildungen und erfahrene Supervisionen bzw. Coachings
- Absolvieren eines Eingangsgesprächs

Rahmenbedingungen

Zweijährige, nebenberufliche Fortbildung; insgesamt 350 Stunden (à 45 Minuten), 35 Tage in 10 Blöcken.

Ziele

Fach- und Führungskräfte optimieren ihr individuelles Leistungsprofil und werden zu professionellen Coaches ausgebildet, indem sie sich eine Beratungskompetenz aneignen und ihre Führungskompetenz verbessern. Dabei lernen sie effektive Methoden und Werkzeuge kennen und sie im Einklang mit ihrer Persönlichkeit in der Arbeit mit anderen Menschen und Organisationen wirkungsvoll einzusetzen.

Inhalte (Ausschnitt)

- *Block 1:* Einführung in das Coachingkonzept des *Kirchröder Instituts*, Phasen eines Coachingprozesses, Kontraktarbeit und Verträge im Coaching, der Coach und sein Wertesystem / Ethische Grundlagen
- *Block 2:* Projekt und Prozessmanagement, Potenzialanalyse, Work-Life-Balance
- *Block 3:* Systemische Beratung: Diagnosetools, Methoden und Interventionstechniken aus der systemischen Beratung
- *Block 4:* Change Management, Leitbildentwicklung, Transaktionsanalyse: Diagnosetools, Methoden und Interventionstechniken aus der Transaktionsanalyse
- *Block 5:* Beziehungsdynamiken in der Beratung, Übertragungen, Projektionen und Parallelprozesse
- *Block 6:* Führungskonzepte und Management, Personalentwicklung
- *Block 7:* NLP: Diagnosetools, Methoden und Interventionstechniken aus dem NLP
- *Block 8:* Organisations- und Strukturaufstellungen
- *Block 9:* Organisationslehre, Organisationsentwicklung, Prüfungsvorbereitung
- *Block 10:* Firmengründung und Businesspläne für den Coach

Methoden

Trainingssupervision und Eigenanalyse / Selbsterfahrung, Lerncoaching, geleitete Lehrsupervision

Prüfung

Schriftliche Abschlussarbeit (Fallarbeit), mündliche Abschlussprüfung

Zertifikat

Zertifiziert durch die *IHK Hannover* sowie die *EAS (European Association for Supervision and Coaching)*

Weitere Informationen

Für die Wochenblöcke ist die Anerkennung als Bildungsurlaub nach dem Niedersächsischen Bildungsurlaubsgesetz beantragt, jedoch bei Redaktionsschluss noch nicht erteilt.

»KönigsCoaching« – Fortbildung zum Coach (€€)

KönigsCoaching mit S.A.L.Z.
Gunter König, Diplom-Psychologe
Klosterstraße 11
74523 Schwäbisch Hall
Tel.: 07 91 / 85 70 00
Fax: 07 91 / 85 70 02
E-Mail: info@koenigscoaching.de
Internet: *www.koenigscoaching.de*

Zielgruppe

Selbstständige, Unternehmer; Führungskräfte, Berater; Menschen, die künftig als Coach arbeiten wollen und die über die unten genannten Voraussetzungen verfügen

Aufnahmevoraussetzungen

- Abgeschlossene Ausbildung / Studium
- Mindestens drei Jahre Berufserfahrung
- Die Interessenten sollten in einem Arbeitsfeld tätig sein, in dem sie Coaching sofort anwenden können
- Methodische Basisfertigkeiten im Umgang mit Menschen und beim Lösen von Schwierigkeiten / Konflikten

Rahmenbedingungen

- Gruppengröße: sechs bis neun Teilnehmer
- Ausbildung erstreckt sich über sechs Module à drei Tage
- Die Zeiten zwischen den Modulen sind zu nutzen für die Anwendung, Themenverarbeitung in Lernpartnerschaften, Hospitationen und Lehrcoaching. Zur Ausbildung gehört (Peer-)Supervision mit Dokumentation, ein dokumentiertes Beratungsprojekt von A (wie Akquisition) bis Z (wie »zu Ende gebracht«) sowie Darlegung verschiedener methodischer Kenntnisse und deren zielgemäßer Einsatz.

Ziele

In der Ausbildung lernen die Teilnehmer ihre eigenen Potenziale kennen, spielerisch ausschöpfen und erweitern, um anschließend als Coach zu arbeiten. Dabei erschließen sie sich die Methoden, die ihnen liegen, bekommen ein Verständnis dafür, was bei welchen Kunden wirksam ist und welche Interventionen in bestimmten Situationen nutzen.

Inhalte (Ausschnitt)

- *Modul I: Einführung in das Coaching mit Grundlagen:*
  Standortbestimmung und Klärung der Teilnehmer: In welchem Rahmen und mit welchen Kunden / Klienten will ich coachen?
  Stärken und Schwächen: Was kann ich anbieten? Was will ich anbieten?
  Realismus-Check: Welches Rüstzeug brauche ich, um erfolgreich zu coachen?
  Die Arbeitswelt der Führungskräfte und ihre besonderen Schwerpunkte und Probleme
  Akquisition, der dornige, schnelle oder auch überraschende Weg zum Kunden
  Der Weg zum Kontrakt: Auftrags- und Zielbestimmung, trägt die Beziehung?
- *Modul II: Einzelcoaching – wirksame Begegnung im Dialog:*
  Kommunikations- und Interaktionsphänomene sind das tägliche Brot im Coaching. Sie bestimmen Theorie und Praxis. Es wird anhand kommunikationstherapeutischer, systemischer, verhaltensmodifikatorischer und interaktionistischer Ansätze die Coachingpraxis beleuchtet sowie ihre Wirksamkeit und ihr Nutzen herausgearbeitet. Darüber hinaus wird geübt, wie Kontakt zum Kunden er- (und be-)halten wird, das Coachingziel erarbeitet und der Kunde bei seinen Schritten unterstützt.
- *Modul III: Coaching-Methoden – vom Verstehen zur Intervention:*
  Gegenstand ist die eingehende Auseinandersetzung mit methodischen Maßnahmen im Coaching. Das Seminar ist ein Feld der Anwendung von Techniken und Strategien, die die Teilnehmer mitbringen. Dafür wird das bisher Erlernte bezüglich Rollenspiel in eine Systematik überführt: Stufen vom Doppeln, über Inszenario bis zum direkten Rollenspiel werden geübt.

- *Modul IV: Teamcoaching – Systemisches und systematisches Betrachten der Landkarte Organisation:*
  Kultur und Struktur von Organisationen werden unter die Lupe genommen. In diesem Modul wird mit dem Instrument Inszenario gearbeitet. Durch Aufstellung der Systeme wird die Dynamik in Teams und Organisationen erkannt und werden mit dem Kunden Lösungen für verschiedene Ebenen erarbeitet. So können sanft Teamentwicklungsprozesse begleitet werden.
- *Modul V: Coachingfelder mit Spezialisierungen – das persönliche Coachingkonzept und seine Vermittlung:*
  Die Teilnehmer lernen die verschiedenen Coachingfelder kennen. Es erfolgt eine Beschäftigung mit der Coachingpraxis – sowohl innerhalb als auch außerhalb einer Institution. Die Teilnehmer erstellen ihr eigenes Coachingkonzept mit Zielgruppen, Budget, persönlichen Stärken, Wegen zum Kunden und methodischem Inventar. Es wird der Gesamtablauf eines Coachingprozesses und Standardsituationen mit verschiedenen Lösungsmöglichkeiten erarbeitet.
- *Modul VI: Präsentation der eigenen Arbeit in Theorie und Praxis:*
  Die Teilnehmer präsentieren ihre persönliche Coachingkonzeption. Diskutiert werden die Implikationen, Vorzüge und Geltungsbereiche. Dargestellt werden die verschiedenen Zielgruppen, Akquisitionsideen und Prospekte. Raum für Live-Beispiele mit Kunden.

Methoden
Impulsreferate, Rollenspiel, Demonstrationen, Einzelarbeit wechselt sich ab mit Plenum, Selbststudium, Supervision, Arbeitsblätter, Lernpartnerschaften, Hospitation, Lehrcoaching

Prüfung
Erstellung und Präsentation einer eigenen Coachingkonzeption am Ende der Ausbildung

Zertifikat
Institutseigenes Zertifikat zum Coach wird nach Absolvieren des Kolloquiums sowie Anfertigen der Abschlussarbeit erteilt.

Weitere Informationen
Nötig ist neben der Ausbildung ein entsprechender persönlicher Einsatz. Die Lerngruppe ist klein und folglich intensiv. Der Teilnehmer hat gleich nach dem ersten Modul einen Kunden zu finden, diese Arbeit zu dokumentieren und zu reflektieren.
Lernpartnerschaften, Hospitation und Lehrcoaching sind nicht nur erwünscht, sondern Pflicht.

Ausbildung zum Coach (€€€)

Konstanzer Seminare
Jasper R. Dehner
Theodor-Heuss-Straße 36
78467 Konstanz
Tel.: 0 75 31 / 942 93 80
Fax: 0 75 31 / 94 29 38 99
E-Mail: buero@konstanzer-seminare.de
Internet: *www.konstanzer-seminare.de*

Zielgruppe
Trainer, Berater, Personalverantwortliche

Aufnahmevoraussetzungen
- Keine akademischen oder formalen Voraussetzungen
- Der Teilnehmer sollte im Personalbereich oder als interner oder externer Trainer tätig sein.
- Der Teilnehmer muss die Möglichkeit haben, die gelernten Inhalte in Coachingprozessen unter Supervision umzusetzen.
- Bereitschaft, sich auch auf Selbsterfahrung und persönliche Entwicklung einzulassen

Rahmenbedingungen
- Ausbildung auf zwei Jahre angelegt
- Teilnehmerzahl auf 12 begrenzt
- Acht Blöcke zu jeweils drei Tagen (jeweils Mittwoch bis Freitag)

Ziele
Die Teilnehmer werden in die Lage versetzt, einen Coachingprozess zu planen und unter Berücksichtigung der systemischen Gegebenheiten im Unternehmen und der persönlichen Voraussetzungen der Führungskraft auch erfolgreich durchzuführen.

Inhalte (Ausschnitt)
- *Auftragsgestaltung:* Die Fallen erkennen und mit ihnen umgehen
- *Gestaltung der ersten Sitzung:* Beziehung aufnehmen, Problem klären usw.
- *Problemanalyse nach folgenden Gesichtspunkten:* systembedingte Faktoren, Ressourcen-Analyse, bisherige Lösungsversuche, Stabilisierung des Problems, erkennbare Muster
- *Interventionen:* mit systemischen Methoden, mit Methoden der Transaktionsanalyse und mit Methoden von *Milton Erickson*. Selbsterfahrung, Supervision, Begleitung von Coaching-Fällen der Teilnehmer

Methoden
Übungen, praktische Anwendungen in der Beratung von Teilnehmern, Video, Supervision

Prüfung
Keine

Zertifikat
Die Teilnehmer erhalten ein Zertifikat, das bestätigt, dass sie in der Lage sind, Coachings zu planen und durchzuführen.

Weitere Informationen
Wenn der Teilnehmer beim Coaching in Schwierigkeiten gerät, kann er sich beim Trainer innerhalb von 24 Stunden telefonisch Rat holen. Es besteht die Möglichkeit, an einer »E-Mail-Diskussionsrunde« teilzunehmen. Ehemalige sowie derzeitige Teilnehmer diskutieren hier aktuelle Fälle aus ihrer Praxis. Es wird auch eine Ausbildung »Die Führungskraft als Coach« angeboten.

Nachdiplomkurs Coaching für Führungskräfte (€€€)

TRIAS Institut für Coaching, Supervision und Organisationsentwicklung Zürich
Dr. Gerhard Fatzer
Brunnenwisstr. 17
CH-8627 Grüningen
Tel.: 00 41 / 1 / 936 14 81
Fax: 00 41 / 1 / 975 29 03
E-Mail: info@trias.ch; sylvia@kammrath-consulting.de
Internet: *www.trias.ch*

Zielgruppe
Fachleute der sozialen Arbeit oder verwandter Beraterberufe, die als Führungskräfte auf mittlerer Kaderstufe tätig sind; Führungskräfte des mittleren Managements aus Verwaltung, Wirtschaft und Sozial-/Non-Profit-Bereich

Aufnahmevoraussetzungen
Die Studienleitung entscheidet aufgrund der Erfüllung der Zulassungsbedingungen, der Zusammensetzung der Studiengruppe und der beschränkten Anzahl der Studienplätze definitiv über die Aufnahme in den Nachdiplomkurs. Zulassungsbedingungen sind Berufserfahrung (mindestens fünf Jahre) und Grundausbildungen entweder im Bereich Führung und Beratung oder psychologische Methoden wie NLP, TZI, TA etc.

Rahmenbedingungen
Insgesamt 25 Kurstage aufgeteilt in sieben Module von drei bis vier Tagen Länge. Die Zahl der Teilnehmer ist limitiert.

Ziele
Die Absolventen werden qualifiziert, Funktionen als interne Coaches – sei es für Kollegen, für Mitarbeiter oder für Führungskräfte anderer Unternehmensbereiche – zu übernehmen.

Inhalte (Ausschnitt)
- *Modul 1:* Text und Kontext von Coaching; den arbeitenden Menschen im Wandel verstehen, leiten und begleiten; Führen und Coaching als Change-Management-Instrumente
- *Modul 2:* das Coaching beginnen und planen; der Aufbau einer helfenden Beziehung; den Coachingvertrag schließen; den Coachingprozess als Aktionsforschungs-Projekt/Prozessbegleitung planen
- *Modul 3:* die Coaching-Beziehung gestalten; Gestaltkonzepte kennen und verwenden: Präsenz und Wahrnehmung; Kontakt und Beziehung, Authentizität, Support und Konfrontation
- *Modul 4:* das Coachingsystem mit einbeziehen; systemische Konzepte kennen und verwenden; Coaching als systemische, ressourcen- und lösungsorientierte Beratung verstehen und trainieren; öffentliche Verwaltungen, Nonprofit-Organisationen und Unternehmen: Unterschiede und Gemeinsamkeiten
- *Modul 5:* den Coachingprozess leiten; Arbeits- und Interventionsformen kennen und trainieren (in unterschiedlichen Anspruchsgruppen)
- *Modul 6:* Archetypen und Grundthemen des Coachings in unterschiedlichen Organisationen und Konstellationen; Bedeutung der Auswirkungen unterschiedlicher Konstellationen von Coach/Klienten-Beziehungen
- *Modul 7:* das Coaching erweitern, evaluieren und abschließen; die Verknüpfung von Coaching, Personal-, Team- und Organisationsentwicklung; Sonderformen des Coachings; Coachingprozesse evaluieren und durch Qualitätsmanagement-Systeme und Wissensmanagement-Verfahren weiterentwickeln.

Methoden
Übungen, Supervision, Intervision

Prüfung
Gegebenenfalls Anfertigung einer Abschlussarbeit

Zertifikat
Die Absolventen erhalten ein Zertifikat. Auf Wunsch können Studierende, die den Kurs als

Modul eines Nachdiplomstudiums absolvieren, einen Lernerfolgsnachweis in Form einer praxisnahen Abschlussarbeit nach Vorgaben zur Beurteilung einreichen.

Weitere Informationen

Der Nachdiplomkurs wird in Kooperation zwischen der *Hochschule für Sozialarbeit HSA Bern*, dem *Institut für Weiterbildung* und *TRIAS Grüningen* entwickelt und durchgeführt.

Master-Ausbildung Systemisches Coaching Aufbau-Ausbildung für Absolventen der Ausbildung Systemische Organisationsberatung (€€)

WIBK Wissenschaftliches Institut für Beratung und Kommunikation
Prof. Dr. Eckard König, Dr. Gerda Volmer
Neuhäuser Straße 108
33102 Paderborn
Tel.: 0 52 51 / 135 60
Fax: 0 52 51 / 13 56 12
E-Mail: wibk@gmx.de
Internet: *www.wibk.net*

Zielgruppe

Absolventen der Ausbildung Systemische Organisationsberatung bzw. entsprechender Ausbildungen

Aufnahmevoraussetzungen

Abgeschlossene Ausbildung in Systemischer Organisationsberatung

Rahmenbedingungen

Einjährige Ausbildung, aufgeteilt in sechs Blöcke zu je vier Tagen

Ziele

Die systemische Beratungskompetenz für den Bereich Einzelcoaching und Coaching von Teams vertiefen und erweitern

Inhalte (Ausschnitt)

- *Block 1:* Was ist Coaching?; Aufbau längerer Coachingprozesse; Erstkontakt und Orientierungsphase; Elemente systemischer Kurzzeitberatung; Erfolgsmessung im Coaching
- *Block 2:* Rekonstruktion der eigenen Entwicklungsgeschichte im Coaching: Einflussrad, Familienlandkarte, Familienchronologie; persönliche Regeln und Regeltransformation; Beobachtungsverfahren im Coaching; Frühaufklärung in sozialen Systemen
- *Block 3:* Aufbau von Lernsequenzen im Coachingprozess; verhaltenstheoretische Elemente im Coaching; Elemente der kognitiven und rational-emotiven Verhaltenstherapie im Coaching; Coaching von Führungskräften, Führungskraft als Coach
- *Block 4:* gestalttherapeutische Elemente im Coaching; Arbeit mit inneren Prozessen; Geschichten und Metaphern im Coachingprozess; Coaching intrapersonaler Konflikte; Intercultural Coaching
- *Block 5:* der Coach als Sparringspartner: provokative Verfahren im Coaching; Lebensplanung und persönliche Strategie als Thema im Coaching; Verhaltensverschreibungen und paradoxe Anweisungen; Selbst- und Zeitmanagement als Thema im Coaching
- *Block 6: Transtheoretical Approach* und *Stages of Change; Transition Coaching;* Implementierung von Coaching in sozialen Systemen; Abschluss längerer Coachingprozesse; persönliche Evaluation

Methoden

Input-Phasen, praktische Demonstration einzelner Vorgehensweisen, Übungen, Real-Life-Coaching, Kleingruppenarbeit

Prüfung
Die Teilnehmer müssen drei längere Beratungen durchführen sowie die Fälle schriftlich reflektieren; außerdem gibt es ein mündliches Prüfungsgespräch.

Zertifikat
Nach bestandener Prüfung erhält der Teilnehmer ein Zertifikat.

Ausbildung Systemische Organisationsberatung / Systemisches Coaching (€€)

WIBK Wissenschaftliches Institut für Beratung und Kommunikation
Prof. Dr. Eckard König, Dr. Gerda Volmer
Neuhäuser Straße 108
33102 Paderborn
Tel.: 0 52 51 / 135 60
Fax: 0 52 51 / 13 56 12
E-Mail: wibk@gmx.de
Internet: *www.wibk.net*

Zielgruppe
Führungskräfte, Bildungsverantwortliche, interne Berater und Trainer, selbstständige Berater und Trainer

Aufnahmevoraussetzungen
Erster Block als Probeblock. Teilnahme an den weiteren Blöcken wird in einem persönlichen Gespräch in diesem Block geklärt. Keine akademischen Voraussetzungen.

Rahmenbedingungen
Einjährige Ausbildung, aufgeteilt in sechs Blöcke zu je vier Tagen (Donnerstag bis Sonntag).

Ziele
Ziel der Ausbildung ist es, systemische Beratungskompetenz für die Beratung in Organisationen zu vermitteln, wobei der Schwerpunkt auf dem konkreten Einüben der jeweiligen Methoden für reale Situationen liegt.

Inhalte (Ausschnitt)
- *Block 1 – Grundlagen Systemischer Organisationsberatung:* Grundlagen systemischen Denkens, Visualisierung sozialer Systeme, Phasen des Beratungsprozesses
- *Block 2 – Organisationsberatung komplexer Systeme:* Phasen komplexer Veränderungsprozesse, Auftragsklärung, Diagnoseverfahren, das Konstruktinterview: Vorbereitung, Durchführung, Inhaltsanalyse
- *Block 3 – interne Struktur sozialer Systeme:* Interaktionsstrukturen, Systemgrenzen und Subsysteme, Beratung in Triadensituationen, systemisches Projektmanagement
- *Block 4 – Systemische Beratung in komplexen Situationen:* analoge Verfahren in der Beratung, Referenztransformation, Schritte der Konfliktberatung, Teamentwicklung
- *Block 5 – der Strategieprozess:* Phasen des Strategieprozesses, Organisations- und Umfeldanalyse, Vision und Leitbild, die Systemskulptur
- *Block 6 – Abschluss von Organisationsberatungsprozessen:* Entwicklung sozialer Systeme, Evaluation von Veränderungsprozessen, Stabilisierung von Veränderungsprozessen

Methoden
Input-Phasen, praktische Demonstration einzelner Vorgehensweisen, Übungen, Real-Life-Beratung, Kleingruppenarbeit

Prüfung
Teilnehmer müssen vier unterschiedliche Beratungen durchführen sowie diese Fälle schriftlich reflektieren; außerdem gibt es ein mündliches Prüfungsgespräch.

Zertifikat
Nach bestandener Prüfung erhält der Teilnehmer ein Zertifikat.

2.2 Karriere- und Outplacementberatung

Ausbildung zum Outplacementberater (€€)

2coach Personal- und Unternehmensberatung
Henrichs und Schiemann GbR
Roger Henrichs
Bramfelder Str. 76
22305 Hamburg
Tel.: 0 40 / 81 97 10 80
Fax: 0 40 / 81 97 10 82
E-Mail: info@2coach.de
Internet: *www.2coach.de*

Zielgruppe
- Menschen aus kommunikationspsychologischen Berufsfeldern
- Personalverantwortliche
- Trainer, Coaches, Change-Manager oder Menschen, die sich hierfür qualifizieren wollen

Aufnahmevoraussetzungen
Mindestalter 30 Jahre; Berufserfahrung; Vorgespräch oder Vorseminar

Rahmenbedingungen
- Kompaktkurs: zehn Tage – fünf Wochenenden à zwei Tage mit je 8,8 Unterrichtsstunden über einen Zeitraum von zwei Monaten.
- Seminarzeiten: Sonnabend und Sonntag jeweils 11.00 Uhr bis 18.30 Uhr.
- Gruppengröße: 4–8 Personen.

Ziele
Sicherer, professioneller Umgang mit den Beratungsklienten. Die Teilnehmer erwerben die Kompetenz zum konzeptionellen, stimmigen Herangehen an Menschen, die in einer für sie meist ungewohnten Situation, eventuell unter einem Trennungsschock, stehen.

Inhalte (Ausschnitt)
- *Modul 1 – Ausgangssituation:* Erarbeiten von Werkzeugen und Methoden, die dazu führen, dass der Erstkontakt gelingt und die Teilnehmer den Beratungsklienten für einen aktiven Prozess der Beratung gewinnen; Überblick über die Beratungsphasen des Gesamtprozesses; Verlauf von Trennungsphasen; methodisches Rüstzeug erwerben für die anspruchsvolle und entscheidende Startphase; Auftragsklärung/Grenzen der Beratung/systemische Betrachtung. Die Beratungsmodelle basieren u.a. auf *Riemann-Thomann* und *Widmer.*
- *Modul 2 – Standortbestimmung und berufliche Zieldefinition:* Veränderungsprozesse erkennen und managen, moderne Persönlichkeitsverfahren kennen und einsetzen, Coachingkompetenzen vorweisen können (Sherlock Holmes, Kern-Schalen-Modell, Vierfach-Klärung u.a.); Beherrschen von Frage- und Konfrontationstechniken, Kenntnisse des Zielmanagements; Visionskonzepte; Pentagon-Modell zur Problemklärung und Zielbindung
- *Modul 3 – Markt und Möglichkeit:* umfangreiche Informationen über Research- und Kontaktstrategien; Entwicklung von Marketingplänen; Zielvorgaben und Überprüfung des Zielmarktes; Qualifikations- und Kommunikationsplan; Analysierung des Zielmarktes (z.B. Branchenanalysen); Einsatz von Fremddatenbanken und anderen Researchquellen
- *Modul 4 – Entwicklung des Bewerbungsmarketings:* Konzeption und Aufbau einer individuell auf das Anforderungsprofil ausgerichteten Profilseite, Konzeption von Initiativbewerbungen, sichere Analyse bestehender Arbeitszeugnisse, Darstellung und Präsentation der Unterlagen, Vorbereitung auf anstehende Assessmentcenter, Einstellungsverfahren, Persönlichkeitstests
- *Modul 5 – Selbstpräsentation im Einstellungs-Interview:* Interviewarten, Gesprächstechniken zur zielgenauen Platzierung des Wissens und Könnens unter besonderer Berücksichtigung des Anforderungsprofils der vakanten Position

- *Modul 6 – flankierende Themen der Outplacementberatung:* Unterstützung von Führungskräften bei Trennungsgesprächen, Verhalten gegenüber im Unternehmen verbleibenden Mitarbeitern, Aspekte einer eventuellen Selbstständigkeit
- *Modul 7 – Einstieg als Outplacementberater* (Baustein erfolgt teilweise in Form des Einzelcoachings): Ermittlung der individuellen Einstiegsmöglichkeiten in Abhängigkeit von der Beratungszielgruppe und den individuellen Rahmenbedingungen; inhaltliche Schwerpunktthemen

Methoden
Gruppenarbeit; Praxisanteil ca. 70 Prozent, Einzelarbeit, Plenum

Prüfung
Arbeitsprobe an Realklienten

Zertifikat
Ausführliches Institutszertifikat

Qualifizierung zum Karriere- und Outplacementberater – »Master of Outplacement Consulting« (€€)

act value management consult
Susanne G. Rausch
Kurfürstendamm 54/55
10707 Berlin
Tel. und Fax: 030 / 88 91 29 12
E-Mail: contact@act-value.de
Internet: *www.act-value.de*

Zielgruppe
Unternehmensberater, Personalberater, Trainer, Coaches, die ihren Beratungsschwerpunkt entsprechend verändern wollen; Personalmanager oder andere Berufspraktiker, die sich in diese Richtung orientieren wollen

Aufnahmevoraussetzungen
- Mindestalter 30 Jahre
- Hochschulabschluss oder vergleichbare Ausbildung
- Mindestens fünf Jahre Berufserfahrung, davon mindestens zwei Jahre mit Führungserfahrung
- Absolvieren eines zweitägigen Zugangs-Assessments (zehnstündig)
- Zur Aufnahme in die Aufbaustufen ist nach der Grundstufe ein weiteres Assessment zu absolvieren.

Rahmenbedingungen
Die Ausbildung gliedert sich in eine Grundstufe und zwei Aufbaustufen mit jeweils fünf Modulen. Die gesamte Qualifizierungsmaßnahme erstreckt sich über 12 Monate.
Erstes Trimester: zwei jeweils dreitägige Workshops, die im Abstand von sechs Wochen stattfinden.
- Vier Wochen nach dem zweiten Workshop erfolgt ein Zwischen-Assessment.
- Danach erste Aufbaustufe: fünftägiger Intensivworkshop; sechs Wochen danach zweitägiger Workshop.
- Aufbaustufe zwei erstreckt sich über ca. acht Wochen und besteht aus zwei aufeinander aufbauenden zweieinhalbtägigen Tagesworkshops.
- In der zehnten Woche erfolgt eine eintägige Abschlussprüfung.
- Nach Abschluss des zweiten Workshops beginnen die Teilnehmer mit der aktiven Projektarbeit und finden sich parallel zur weiteren Ausbildung zu einem regelmäßigen Erfahrungsaustausch zusammen.
- Für Interessenten mit einschlägiger Berufspraxis als Berater (mindestens zwei Jahre) besteht die Möglichkeit zur Auswahl einzelner Module, wobei in jeder Ausbil-

dungsstufe mindestens ein Modul pro Qualifizierungsfeld belegt werden muss.

Ziele

Ziel dieser Qualifizierung zum Outplacementberater ist die Vermittlung und Erweiterung spezieller Methoden und Kenntnisse zur Beratung von Einzelpersonen, Gruppen und Organisationen in Trennungsprozessen.

Inhalte (Ausschnitt)

- Zugangsassessment
- Grundlagen (36 Stunden):
  - *Modul 1* (12 Stunden): Wahrnehmung und Selbstmanagement, Kommunikation und Interaktion, Führung
  - *Modul 2* (8 Stunden): diagnostische Verfahren, Interventionsmethoden, Coachingmethoden
  - *Modul 3* (8 Stunden): Arbeitstechniken, Projektmanagement, Selbst-Marketing
  - *Modul 4* (4 Stunden): Grundlagen BWL / AR, General Management, Changeprozesse
  - *Modul 5* (4 Stunden): Grundlagen der Beratung, Rahmenbedingungen, Beraterrolle
- Coaching / Lerngruppen / Zwischenassessment (Arbeitskreis Ethik) (10 Stunden)
- Aufbaustufe 1 (28 Stunden):
  - *Modul 6* (8 Stunden): Wahrnehmung und Selbstmanagement, Kommunikation und Interaktion, Führung
  - *Modul 7* (8 Stunden): Feedbacksysteme und Plausibilitätschecks, Konfliktmoderation, systemisches Coaching
  - *Modul 8* (6 Stunden): Projektmanagement, Qualitätsmanagement
  - *Modul 9* (4 Stunden): Trennungsmanagement, Personalreduktion, arbeitsrechtliche Aspekte
  - *Modul 10* (2 Stunden): Beratungsprozesse
- Evaluation / Coaching / Lerngruppen (Arbeitskreis Ethik (10 Stunden))
- Aufbaustufe 2 (22 Stunden):
  - *Modul 11* (6 Stunden): Kreativitätstechnik, Kommunikation, Konfliktmanagement, Führung und Ethik
  - *Modul 12* (6 Stunden): Systemisches Problemlösen, Gruppen- und Teamarbeit
  - *Modul 13* (6 Stunden): Organisation und Betreuung von Jobcentern
  - *Modul 14* (2 Stunden): Beratung von Einzelpersonen, Gruppen / Teams sowie Organisationen
  - *Modul 15* (2 Stunden): Projektarbeit und Supervision, Abschlussprüfung und Zertifizierung (8 Stunden)

Methoden

Seminare, Projektarbeit, Erfahrungsaustausch in Praxiszirkeln

Prüfung

Zur Aufnahme in die Aufbaustufen ist am Ende der Grundstufe ein Assessment zu bestehen. Am Ende der zweiten Aufbaustufe ist eine Abschlussprüfung zu absolvieren (eintägig).

Zertifikat

Nach erfolgreichem Abschluss der Grundstufe sind die Teilnehmer zu einer professionellen Tätigkeit als Karriereberater befähigt und erhalten das Zertifikat eines qualifizierten »Career Consultant«. Nach Abschluss der Aufbaustufen sind die Teilnehmer befähigt, professionell vom Verlust des Arbeitsplatzes betroffene Personen und Unternehmen mit Trennungsprozessen zu beraten und erhalten hierfür das Zertifikat »Master of Outplacement Consulting« sowie zusätzlich den »Master-Practioner NLP« als Zertifikat. Diese sind im Rahmen der *Global Trainer Community (GTC)* anerkannt. Nach der Zertifizierung erhalten die Teilnehmer die Möglichkeit zu einer kontinuierlichen Fortbildung und Supervision mit entsprechendem Zusatzzertifikat bei mindestens 20 Stunden pro Jahr.

Weitere Informationen

Alternativ zu dem sehr umfassenden Angebot wird für Personalmanager und -berater, die über entsprechende Vorkenntnisse verfügen, auch eine Kompaktversion (Dauer: sieben Tage à zehn Stunden) angeboten. Hier wird allerdings kein NLP-Master-Practitioner-Zertifikat vergeben.

Intensiv-Fortbildung zum OutPlacementBerater (€)

Boenig Beratung
Jutta Boenig
Im Guggenbühl 26
88662 Überlingen
Tel. und Fax: 0 75 51 / 30 84 84
E-Mail: boenig@boenig-beratung.de
Internet: *www.boenig-beratung.de*

Zielgruppe

Berater, Trainer, Coaches, Personalverantwortliche

Aufnahmevoraussetzungen

Fachleute mit hoher sozialer Kompetenz, Professionalität und Bereitschaft zu Reflexion und Selbsterfahrung. Die Fortbildung ist in hohem Maße arbeitsintensiv, sehr kompakt und praxisorientiert.

Rahmenbedingungen

Die Fortbildung umfasst fünf Tage (Sonntagabend bis Freitagmittag). Kleingruppe mit maximal sechs Teilnehmern.

Ziele

Die Teilnehmer lernen Karriere-/Outplacementberatung als Instrumentarium in seiner Komplexität kennen. Sie entwickeln ihr persönliches Beraterpotenzial, integrieren die Themen ihres eigenen Angebotes und erwerben die Kompetenz, Karriere-/Outplacementberatungen für alle Beteiligten des Trennungsprozesses erfolgreich durchzuführen.

Inhalte (Ausschnitt)

- *Karriere-Outplacementberatung als Instrumentarium:* Definition und Abgrenzung, Geschichte und Trends im Personalmanagement, Karriere- und Outplacementberatung und Marketing, Marktplatzierung und Kostenkalkulation, die Beteiligten im Trennungsprozess, Besonderheiten in Hierarchien und Altersgruppen, Projektkoordination von Gruppenoutplacement
- *Outplacementberatung als Prozess:* Berater-Standortanalyse, Wertehierarchien, Kommunikation und Wahrnehmung, psychologische Gesprächsführung, unterschiedliche Coachingansätze im Outplacement, Verhaltensmuster im Beratungsprozess, Verknüpfung Mediation und Outplacement
- *Outplacementberatungs-Hardskills:* Ist-Analysen / Potenzialanalysen, Profilabgleichungen, Sprache und Authentizität, Vorstellungsgespräche / Auswertungen, die Bedeutung von Kontaktnetzen, Personalauswahlverfahren, Zeugnissprache
- *Fortbildungs-Abschluss*

Methoden

Vortrag, Lehrgespräch, Einzel- und Gruppenarbeit, Übungen in der Selbsterfahrung, Fallarbeit und Rollenspiele mit Videoaufzeichnungen

Prüfung

Schriftliche Falldokumentation, Erarbeitung eines Praxisfalles mit Videoaufzeichnung

Zertifikat

Ein Teilnahmezertifikat wird nach bestandener Prüfung erteilt.

Weitere Informationen

Die Teilnehmer des Seminars werden auf Wunsch und Eignung in den Beraterpool der *Boenig Beratung* aufgenommen und in entsprechenden Projekten eingesetzt.

Counsellor – Beratung als universale Dienstleistung für Einzelne, Gruppen und Organisationen (€€€€)

Grundig-Akademie
Akademie für Wirtschaft und Technik
Gemeinnützige Stiftung e.V.
Martina Faust
Beuthener Straße 45
90471 Nürnberg
Tel.: 09 11 / 409 05 42
Fax: 09 11 / 409 05 44
E-Mail: faust@grundig-akademie.de
Internet: *www.grundig-akademie.de*

Zielgruppe
Alle Personen, die beratend tätig sind

Aufnahmevoraussetzungen
Erfolgreich abgeschlossenes Hochschulstudium mit einschlägiger Ausrichtung und eine zweijährige, einschlägige Berufserfahrung. Für die Teilnahme an Teil 2 »Ausbildung zum Counsellor für Großgruppen und Organisationen« ist zusätzlich die erfolgreiche Teilnahme an Teil 1 oder eine vergleichbare Ausbildung erforderlich.

Rahmenbedingungen
Die Module der Ausbildung sind auf vier Semester verteilt und gliedern sich in einzelne Blöcke.
- Teil 1: 270 Stunden in einem Jahr, davon 50 Stunden betreute Gruppenarbeit und Abschlussarbeit
- Teil 2: 270 Stunden in einem Jahr, davon 70 Stunden betreute Gruppenarbeit und Abschlussprüfung

Ziele
- Vermittlung der Fähigkeiten, Fertigkeiten und Kenntnisse zur Beratung von Einzelpersonen, Gruppen und Organisationen
- Kritisches Reflektieren und Einüben der Gestaltung und Durchführung von Beratungsprozessen
- Umgang mit Rollen, Grundlegung von kompetentem Handeln im Kontext sozialer Systeme und Entwicklung eigener Perspektiven
- Entwicklung des persönlichen Potenzials in der jeweiligen Beratungsform, persönliche Standortbestimmung für die Beratertätigkeit

Inhalte (Ausschnitt)
Teil 1: »Counsellor für Einzelne und Kleingruppen«:
- Modul 1: Einführung in die Beratung von Einzelnen und Kleingruppen
- Modul 2: Beratung von (Einzel-)Personen
- Modul 3: Beratung und Moderation von Kleingruppen und Teams
- Modul 4: Rahmenbedingungen der Beratung von Einzelnen und Kleingruppen
- Modul 5: Projektarbeit und Prüfung

Teil 2: »Counsellor für Großgruppen und Organisationen«:
- Modul 1: Einführung in die Beratung von Großgruppen und Organisationen
- Modul 2 und 3: Arbeit mit Großgruppen, Beratung von und in Organisationen I und II
- Modul 4: Rahmenbedingungen der Beratung von Großgruppen und Organisationen
- Modul 5: Projektarbeit und Prüfung

Methoden
Theoretischer Input und Reflexion, Projektarbeit und exemplarisches Lernen

Prüfung
Am Ende eines jeden Moduls steht eine schriftliche Prüfung von 90 bis 120 Minuten. Die Ergebnisse gehen ins Prüfungszeugnis ein. Zum Abschluss der beiden Teile der Ausbildung erstellen die Teilnehmer eine Projektarbeit. Im Rahmen eines Kolloquiums präsentieren sie die Ergebnisse dieser Arbeit.

Zertifikat
Mit dem erfolgreichen Abschluss der Prüfung, der Projektarbeit und des Kolloquiums erhalten die Teilnehmer am Ende des jeweiligen Teils ein Hochschulzertifikat.

Fortbildung »Züricher Laufbahnberatungs-Modell ZLM« Karriereplanung / Laufbahnberatung mit Einzelpersonen und Gruppen (€€)

Institut für angewandte Laufbahnpsychologie (IAL) Zürich – Mainz
Annina Büchner
Ulanenstraße 20
40468 Düsseldorf
Tel.: 02 11 / 45 33 16
E-Mail: IALbuechner@aol.com

Uetlibergstraße 266
CH-8045 Zürich
Tel.: 00 41 / 1 / 271 54 88
E-Mail: hannelorehafner@bluewin.ch
Internet: *www.laufbahnberatung.de*

Zielgruppe

Berufsberater, Arbeitsberater, Psychologen, Personen aus angrenzenden Berufsfeldern mit beraterischer Erfahrung

Aufnahmevoraussetzungen

- Höhere Ausbildung im sozialen Bereich; Erfahrungen in psychosozialen Beratungstätigkeiten
- Persönliche Eignung
- Das Leitungsteam entscheidet über die Zulassung zur Fortbildung.

Rahmenbedingungen

Berufsbegleitende Fortbildung, modular
Start-Seminar »Standort/Ressourcen« – sechs halbe Tage (ein Block, d.h. Donnerstagmittag bis Sonntagmittag).
Dann Teilung in

a) »Laufbahnberatung« im Einzelsetting (4 Sequenzen à 6 halbe Tage im Block) und
b) »Laufbahnberatung in Gruppen« (4 Sequenzen à 6 halbe Tage im Block)

- Theorie-Variante: 2 Sequenzen à 6 halbe Tage im Block. Hinzu kommt Übungs- und Anwendungszeit zwischen den Sequenzen. Es ist möglich, zu einem späteren Zeitpunkt ein begleitendes Projekt durchzuführen.
- Projekt-Variante: 4 Sequenzen à 6 halbe Tage im Block. Für die Vorbereitung, Durchführung und Auswertung des Projekts müssen die Teilnehmer zusätzlich ca. 80 Stunden einsetzen.

Ziele

Ziel ist die individuelle Entwicklung einer differenzierten Beratungsfähigkeit und die Vermittlung eines vielfältigen Methodenrepertoires, das auch die neuesten Ansätze der Laufbahnpsychologie integriert und die Reflexion des eigenen beraterischen Handelns fördert.

Inhalte (Ausschnitt)

- *Start-Seminar – Standort und Ressourcen:* Das Seminar bereitet gleicherweise auf die Seminare »Laufbahnberatung« und »Laufbahnberatung in Gruppen« vor. Es führt in die Laufbahnberatung ein, zeigt modellhaft deren Nutzen und die Unterschiede zur beruflichen Erstberatung auf. Die Elemente Selbsterkundung und Potenzialanalyse ermöglichen den Teilnehmern eine eigene Standortbestimmung und eine individuelle Entscheidungsfindung.
- *Seminar »Laufbahnberatung«:* Es vermittelt das umfassende Wissen und die adäquaten Methoden zur Laufbahnberatung mit Einzelpersonen, fördert den Transfer in die Praxis sowie die Arbeit am eigenen Beratungskonzept und die Selbstreflexion. Für die praktische Erprobung von Methoden, den Fachaustausch in regional organisierten Kleingruppen und die Beschreibung einer eigenständig durchgeführten Laufbahnberatung benötigen die Teilnehmer zusätzlich zwischen den Sequenzen ca. 40 Stunden Eigenarbeit.
- *Seminar »Laufbahnberatung in Gruppen«:* Es kann wahlweise ohne (= Theorie-Variante) oder mit eigenem und durchgeführtem

Projekt (= Projekt-Variante) belegt werden. Projekt bedeutet: Planung, Durchführung und Auswertung einer eigenen Laufbahngruppe. Die Teilnehmer erwerben die Voraussetzungen und das Wissen zur Durchführung von Seminaren »Laufbahnberatung in Gruppen«. Dazu gehören u.a. Methodenkenntnisse, Wissen über Gruppendynamik, Selbsterfahrung und Selbstreflexion. Bei der Projekt-Variante kommt die Planung, Durchführung und Auswertung einer eigenen Laufbahngruppe dazu.

Methoden

Referate, Übungen, regionale Kleingruppen, Literaturstudium

Prüfung

Für zwei der drei Seminare ist je eine Abschlussarbeit anzufertigen. Für »Laufbahnberatung« ist das die schriftliche Darstellung eines eigenen Beratungsfalls (Falldarstellung, vertiefte Herausarbeitung von Beratungszielen) und die Anwendung/Erprobung von ausgewählten Testverfahren. Für die »Laufbahnberatung in Gruppen« (Projekt-Variante) ist es die Beschreibung einer Projektarbeit mit einer Laufbahngruppe (Darstellung und Reflexion des methodischen Vorgehens bei der Gruppenberatung).

Zertifikat

Nach jedem Seminar erhalten die Teilnehmer einen Leistungsnachweis, nach den Seminaren »Laufbahnberatung« und »Laufbahnberatung in Gruppen« ein Zertifikat. Nach Absolvierung aller drei Seminare wird zusätzlich das Zertifikat »Laufbahnberatung ZLM« verliehen.

Ausbildung zum Certified Career Counselor (€€)

Karriere Management
Madeleine Leitner
Ohmstraße 8
80802 München
Tel.: 0 89 / 33 04 02 03
Fax: 0 89 / 33 07 94 45
E-Mail: ML@karriere-management.de
Internet: *www.karriere-management.de*

Zielgruppe

Personalentwickler, Berufsberater (angestellt oder freiberuflich), Bewerbungsberater und Trainer, Coaches, Outplacementberater, Unternehmensberater, Wirtschaftspsychologen und -pädagogen, Supervisoren, Psychotherapeuten

Aufnahmevoraussetzungen

Keine formalen oder akademischen Voraussetzungen. Mindestens dreijährige qualifizierte Berufserfahrung.

Rahmenbedingungen

- Teilnehmerzahl beträgt maximal 12
- Modul 1: 4 Tage
- Module 2 bis 6: jeweils Freitag 15 Uhr bis Sonntag 13 Uhr

Ziele

Ziel der Ausbildung ist die qualifizierte Anwendung von Techniken, die mit Berufsorientierung, Karriereplanung und Stellensuche zu tun haben. Besonderen Wert wird auf das Thema Diagnostik und Differentialdiagnostik gelegt (Klärung des eigentlichen, womöglich »verborgenen« Anliegens, Abgrenzung zu sonstigen Themen, die andere Ansätze erfordern, z. B. die Psychotherapie). Hintergrund ist vor allem der Ansatz der kreativen Stellensuche von *Richard Nelson Bolles*.

Inhalte (Ausschnitt)

- *Modul 1:* Berufliche Standortanalyse, biographische Arbeit, Selbstreflexion, Karri-

ereberatung: Abgrenzung zum Coaching, Supervision und Psychotherapie, Grenzen der Karriereberatung
- *Modul 2:* Elemente der beruflichen Zufriedenheit, Systematik der Karriereplanung, Technik der Lebensgeschichten nach *Bolles*, übertragbare Fähigkeiten: Definition und Ermittlung, Bestimmung von Tätigkeitsfeldern, Menschen und Arbeit: Eigenschaften, Typen, Verhalten, *Holland*-Code: Definition, Ermittlung und Interpretation, Technik der Entscheidungsmatrix
- *Modul 3:* Region, spezifische Arbeitsbedingungen, Geld und Arbeit: Einstellung, Verhalten, Probleme; Position, Ebene und passende Organisation; geleitete Visualisierung dazu, Übung nach *B. Sher*; Supervision I
- *Modul 4:* Werte und Arbeit, zentrales Motiv, Technik Karriereanker nach *Ed Schein*, Selbsterfahrung und Supervision II
- *Modul 5:* Realisierung I, Visionen der Ideengenerierung, verdeckter Stellenmarkt, PIE-Methode nach *Daniel Porot*, Supervision III, Fallbesprechung
- *Modul 6:* Grundsatzfehler bei der Stellensuche, Technik auf dem offenen und dem verdeckten Stellenmarkt, Verfassen von schriftlichen Unterlagen, Problemlösungserhaltung: Technik der Paragraphen, Haltung im Vorstellungsgespräch, Supervision IV, Fallbesprechung

Methoden
Theorie, vertiefte Vermittlung von Methoden, Selbsterfahrung, Supervision und Praxis

Prüfung
Keine

Zertifikat
Teilnehmer erhalten ein Zertifikat als »Certified Career Counselor«

2.3 Mediation

Kurs Mediation: Ausbildungsseminare für Konfliktvermittlung in der Wirtschaft (€€)

*4*2*3 Konflikt-Dialog-Mediation*
Herr Dr. Wittschier
Markt 2
50374 Erftstadt
Tel.: 0 22 35 / 46 17 57
Fax: 0 22 35 / 443 61
E-Mail: kontakt@423gmbh.de
Internet: *www.423gmbh.de*

Zielgruppe
Menschen, die für Vermittlungen in Konfliktfällen qualifiziert sind, bei sich eine natürliche Vermittlungskompetenz spüren und die sich durch Konflikterfahrungen gefordert sehen.

- Kurs I spricht Interessierte mit einer entsprechenden Berufsausbildung und -erfahrung an: Psychologen, Pädagogen, Juristen, Führungskräfte, Personalleiter und -entwickler, Wirtschaftsberater mit personalen Schwerpunkten.
- Kurs II richtet sich an Interessierte mit geeigneten Ausbildungen und Berufen in Pädagogik, Psychologie, Recht, Personalwesen, an Führungskräfte, Personalentwickler, Wirtschaftsberater mit personalen Schwerpunkten.
- Kurs III richtet sich an Menschen, die bereits eine Mediationsausbildung absolviert haben und ihre Fähigkeiten vor allem im Bereich Persönlichkeit und innere Mediation intensivieren wollen.

Aufnahmevoraussetzungen
Keine formalen oder akademischen Voraussetzungen

Rahmenbedingungen
Gruppengröße: 12 bis 14 Personen; Kursumfang: pro Seminar 4 Kurstage / ca. 35 Std.

Ziele
Vermittlung von Theorie und Praxis zur professionellen Ausübung von Mediation. Oberste Priorität haben praktische Übungen.

Inhalte (Ausschnitt)

- *Kurs I:* Die Teilnehmer lernen und üben den gesamten Mediationsprozess von A bis Z anhand konkreter Beispiele aus der realen Praxis. Sie helfen als Mediator, Konflikte durch Analyse, Diagnostik und Techniken zu lösen. Wirkungsvoller und souveräner Einsatz kreativer Methoden, indem individuell, situationsbezogen und prozessorientiert vorgegangen wird. Erkennen und Nutzen nonverbaler Signale, verdeckter Hintergründe, verborgener Absichten sowie nicht formulierter Ängste. Erreichen persönlicher Sicherheit der Teilnehmer in der verantwortlichen Organisation und Durchführung von Mediationsprozessen. Die Teilnehmer sind in der Lage, heftige Emotionen und starke Eskalationen schnell, sicher und humorvoll zu bewältigen. Juristische Aspekte der Mediation werden beachtet.
- *Kurs II:* Vertiefte und weiter gehende Vermittlung von Theorie und Praxis zur qualifizierten Ausübung der Mediation. Die Teilnehmer erweitern ihr Methodenrepertoire, indem neue und kreative Lösungsmethoden konkret eingeübt werden. Mediationsprozesse für Gruppen / Abteilungen vorbereiten, organisieren und durchführen. Optimierung der persönlichen Vermittlungskompetenz durch individuelles Coaching und in persönlichen Feedbackgesprächen. Stärkung des Selbstbewusstseins als Mediator, indem die Teilnehmer mutig und authentisch ihre Persönlichkeit in den Prozess einbringen. Die Teilnehmer sind in der Lage, Mediation zu vermarkten, zu präsentieren und Aufträge erfolgreich zu akquirieren.
- *Kurs III:* Die Teilnehmer entscheiden, sich Eigenkonflikten aktiv zu stellen, diese gelassener anzugehen und Lösungsalternativen zu reflektieren und zu erleben; sie lernen ihre innere Landkarte als Mediator

und als Persönlichkeit klarer zu überblicken und können dadurch ihr Leben nach ihren Interessen authentischer gestalten. Sie entwickeln persönliche Leitbilder und Ziele und finden dadurch ihre innere Balance. Sie nutzen in Veränderungsprozessen eigene und fremde Konflikte als Chance. Sie lernen und erleben Methoden der inneren Mediation und wenden diese bei sich persönlich an; die Teilnehmer reflektieren, entlarven und entschärfen die durch Konstruktivismen und Dramaturgien entstehenden inneren Konflikt-Eskalationen; sie tanken Kraft und Mut, Initiative zu ergreifen, Prozesse zu gestalten und Ergebnisse zu erzielen.

Methoden
Einzelvortrag, Gruppenarbeit, Psychodrama, Play-Back-Theater u. v. m.

Zertifikat
Jeweils nach Abschluss der einzelnen Kurse I bis III. Die Ausbildung orientiert sich an den Grundsätzen des *Bundesverbandes für Mediation in Wirtschafts- und Arbeitswelt e.V.*

Grundausbildung in Mediation (€)

Akademie für Wissenschaftliche Weiterbildung e.V.
Albert-Ludwigs-Universität und Pädagogische Hochschule Freiburg
Hans-Peter Warth und Andrea Munding
Bertholdstraße 17
79085 Freiburg
Tel.: 07 61 / 203-42 73/42 72
Fax: 07 61 / 203 44 09
E-Mail: info@akademie.uni-freiburg.de
Internet: *www.akademie.uni-freiburg.de*

Zielgruppe
Offen für alle Berufsgruppen. Insbesondere für Menschen geeignet, die nach neuen Wegen suchen, in ihren Berufsfeldern mit Konflikten konstruktiv umzugehen.

Aufnahmevoraussetzungen
Keine formalen oder akademischen Voraussetzungen. Mehrjährige Berufserfahrung erwünscht

Rahmenbedingungen
120 Stunden Grundausbildung und 80 Stunden Aufbaukurs einschließlich Supervision. Die Grundausbildung wird an vier bis fünf Wochenendblöcken von Freitag bis Sonntag durchgeführt.

Ziele
Ausbildung der Teilnehmer zu qualifizierten Mediatoren; Entwicklung und Festigung von Haltungen und Einstellungen sowie Techniken und Methoden, die die Teilnehmer befähigen, mediative Elemente in ihren Berufsalltag zu integrieren.

Inhalte (Ausschnitt)
Definition von Mediation, Arbeitsfelder der Mediation, Abgrenzung zu anderen Verfahren, Konflikttheorie, Prinzipien der Mediation, Selbsterfahrung und Selbstreflexion, Gesprächs- und Interventionstechniken, Grundkenntnisse aus Psychologie, Sozial- und Kommunikationswissenschaften, Mediation und Recht

Methoden
Vorlesung, Rollenspiele, Gruppenarbeit

Prüfung
Keine

Zertifikat
Hochschulinternes Zertifikat wird vergeben nach Absolvieren der Ausbildung. Hiermit kann die Zulassung beim *Bundesverband Mediation* beantragt werden.

Weitere Informationen
Anerkannt durch den *Bundesverband Mediation e.V.* Es existiert weiterhin eine »Basisausbildung Mediation«, die an sechs mal zwei Tagen für Studierende, für Referendare und Erwerbslose sowie für Berufstätige stattfindet.

Ausbildung zum Mediator – Schwerpunkt Wirtschafts- und Arbeitswelt (€€)

Akademie von Hertel
Anita von Hertel
Rolfinckstraße 12
22391 Hamburg
Tel.: 0 40 / 536 79 11
Fax: 0 40 / 536 79 90
E-Mail: anita@vonhertel.de; akademie@vonhertel.de; hertelteam@aol.com
Internet: *www.vonhertel.de*

Zielgruppe
Führungskräfte und Berater

Aufnahmevoraussetzungen
- Beruflicher Umgang mit Menschen
- Interesse am praktischen Erwerb von Mediationsfähigkeiten
- Ein telefonisches Aufnahmegespräch ist Voraussetzung für die Zulassung zur Ausbildung. Ziele dieses Gesprächs: Wie gut passen die bisherigen Kernkompetenzen des Interessenten zur Mediationskompetenz? Wie können diese sich ergänzen? Welche Ziele sind realistisch? Was kann der Teilnehmer in welchen Zeiträumen mit den Mediationsfähigkeiten wirklich erreichen – was nicht? In welchen Bereichen wäre der Bewerber interessiert, in Praxismediationen mitzuwirken? Wo wäre es ggf. interessant für den Bewerber, Mediatoren des Hertel-Teams bereits während der Ausbildung als Co-Mediator in der Praxis zu begleiten?

Rahmenbedingungen
- 200 Stunden Praxisausbildung
- Regelgruppengröße nicht unter 24 Teilnehmern, um genügend unterschiedliche Charaktere zur Übung zu haben
- Jeweils ca. sieben Teilnehmer pro Trainer / Kursbegleiter (intensive Einzelbetreuung möglich)
- Ausbildung zum zertifizierten Co-Mediator: zwei Grundkurswochenenden inkl. Testing (40 Stunden)
- Ausbildung zum zertifizierten Mediator: je nach Wunsch besteht Zeit zur praktischen Teilnahme an Co-Mediationen etc., ein bis zwei Jahre Ausbildungsdauer (200 Stunden Kursteilnahme plus Praxis und Supervision)
- Unterrichtsbestandteile sind Grundkurswochenenden, Literaturstudium, Peergroup, Mediationspraxis als Co-Mediator sowie Jahreskursausbildung

Ziele
Erfolgreiche Akquisition von Mediationsfällen in Wirtschafts- und Arbeitswelt. Alle Beteiligten balanciert »ins Boot zu holen« sowie eine für alle passende Mediationsebene auszuwählen. Mediationen professionell begleiten und abschließen, ggf. respektvoll beenden.

Inhalte (Ausschnitt)
- *2 Grundmodule:* Erfolgsfaktoren der Mediation und Zielcoaching in der Mediation (Reihenfolge frei wählbar).

- *Jahresausbildung:* Literaturstudium, Peergroup, Mediationspraxis als Co-Mediator, Dokumentation von Mediationen, Supervision sowie Testing-Zertifizierung.

Methoden

Der Schwerpunkt liegt auf dem Praxistraining nach entsprechendem Theorie-Input mit Live-Demonstrationen.

Prüfung

Am Ende des zweiten Grundkurswochenendes Praxis-Testing zum Co-Mediator in Form einer Mediationssimulation (Voraussetzung für Jahresausbildung). Nach Jahresausbildung: Testing zum Mediator.

Zertifikat

Nach Grundkurs: Co-Mediator. Nach Jahresausbildung: Zertifizierung zum Mediator *BMWA* (Zertifizierung findet jährlich im Juni statt).

Weitere Informationen

Die Ausbildung ist mit den Standards der Mediationsverbände in Deutschland, Österreich und der Schweiz abgestimmt. *Anita von Hertel* ist deutsche Vertreterin des *D-A-CH* (Arbeitsgemeinschaft für Mediation in Deutschland, Österreich, Schweiz), daher besonders reger Austausch mit den Nachbarländern. Zertifizierte Ausbildung vom *BMWA*.

Ausbildung Wirtschaftsmediation (€)

AL-Institut – Konfliktberatung und Mediation
Aloys Leyendecker
Im Landkapitel 12
54598 Piesport
Tel.: 0 65 07 / 70 15 80
Fax: 0 65 07 / 70 15 79
E-Mail: Info@MediationALInstitut.de
Internet: *www.MediationALInstitut.de*

Zielgruppe

Interessierte, welche die Aufnahmevoraussetzungen erfüllen

Aufnahmevoraussetzungen

- Vollendung des 26. Lebensjahres im ersten Ausbildungsjahr
- Abgeschlossenes Studium oder vergleichbare berufliche Qualifikation
- Mindestens zweijährige Berufserfahrung
- Persönliche Reife und positives Menschenbild
- Es werden nur solche Teilnehmer ausgebildet, die nach dem Gesamtbild ihrer Vorbildung und ihrer Persönlichkeit einen erfolgreichen Abschluss erwarten lassen. Über die Teilnahme entscheidet das Leitungsteam des jeweiligen Ausbildungsganges.

Rahmenbedingungen

Die Ausbildung umfasst 230 Stunden – davon 90 Stunden Grundkurs und 60 Stunden Spezialisierungsgebiete, 20 Stunden Supervision praktisches Handeln, 30 Stunden Selbsterfahrung, 30 Stunden Arbeitsgruppen. Alle Teilnehmer arbeiten sich in mehrere Spezialisierungsgebiete ein.
Maximale Gruppengröße: 15 Teilnehmer.
Kurse finden in der Regel Freitag 15–20 Uhr und Samstag 9–18 Uhr statt.
Die Ausbildung muss nicht in der vorgesehenen Zeit absolviert werden. Möglich ist, zunächst den Grundkurs mitzumachen und sich für die Module Zeit zu lassen. Die Ausbildung soll innerhalb von 4 Jahren abgeschlossen sein.

Ziele

In diesem Kurs lernen die Teilnehmer den Einstieg in die Mediation, die erste Kontaktaufnahme, die Motivation der Konfliktpartner, Orientierung im Konflikt und die Vorbereitung des Erstgesprächs kennen. Weiterhin werden sie die Tücken, Fallen und Regeln für das Erstgespräch im Rollenspiel erleben, die Mediation dort »verkaufen« und den Mediationsvertrag erarbeiten.

Inhalte (Ausschnitt)

Grundkurs (90 Stunden):

- Modul 1: Mediation – eine gerechte Form der Streitbeilegung
- Modul 2: Mediation und Prinzipien der Gerechtigkeit
- Modul 3: Ablauf des Mediationsprozesses I – der Beginn
- Modul 4: Emotionen und Manipulationen in der Mediation
- Modul 5: Ablauf des Mediationsprozesses II: Konflikte sehen und klären
- Modul 6: Ablauf des Mediationsprozesses III: Konflikte lösen
- Modul 7: Abschlussmodul: Konflikte beenden – Vereinbarungen treffen

Spezialisierungsgebiete (60 Stunden):

- Modul 8: Erlebte Ungerechtigkeit in Beziehungen; Beispiel: Beziehungen in der Arbeitswelt, Mobbing
- Modul 9: Erlebte Ungerechtigkeit bei Verteilung; Beispiel: Mediation in der Wirtschaft, zwischen Unternehmen
- Modul 10: Erlebte Ungerechtigkeit in Beziehungen; Beispiel: Mediation in Familienunternehmen
- Modul 11: Erlebte Ungerechtigkeit in sozialen Systemen; Beispiel: Mediation und Gemeinwesen
- Modul 12: Erlebte Ungerechtigkeit bei Unternehmenszielen; Beispiel: Partizipative Unternehmensentwicklung
- Abschlussprüfung

Fallbearbeitung unter Supervision und Selbsterfahrung (50 Stunden):

Im zweiten Studienabschnitt ist ein Mediationsverlauf unter Supervision eines Dozenten zu planen, durchzuführen, zu dokumentieren und in einer Kleingruppe zu vertreten.

Methoden

Rollenspiele. Neben der Wissensvermittlung wird in der Mehrzahl der Kurse Handlungskompetenz durch die Bearbeitung von Aufgaben sowie durch simulierte Praxisausschnitte vermittelt.

Prüfung

Zum Abschluss der Ausbildung wird ein Kolloquium mit Präsentation einer eigenen Mediation oder ein vergleichbares Testing durchgeführt. Die Verwendung eines dokumentierten Falles ist zulässig. Die Teilnehmer sollen sowohl ihr Selbstverständnis als Mediator als auch die situative Anwendung der Methoden der Mediation erkennen lassen.

Im Rahmen der Ausbildung ist eine Dokumentation von vier echten Mediationsfällen zu erstellen. Davon müssen zwei Fälle in Bezug auf die Konfliktbeteiligten, den Konfliktgegenstand, die wesentlichen Ereignisse des Ablaufs sowie das Mediationsergebnis vollständig aufbereitet sein. Einer dieser beiden Fälle muss mit einer Vereinbarung geendet haben. Die Aufbereitung hat weiter eine selbstkritische Stellungnahme zu den angewandten Interventionen und Methoden zu enthalten.

Abschlussarbeit: mindestens 20 Seiten; eigenständige, reflektierte Befassung mit einem oder mehreren Aspekten der Mediation.

Zertifikat

Die Ausbildung gilt als abgeschlossen, wenn der Kandidat dies beim Ausbildungsinstitut beantragt und folgende Nachweise erbringt: vier Falldokumentationen, erfolgreiche Teilnahme am Abschlusskolloquium, Abschlussarbeit, Teilnahme an mindestens 200 Stunden Ausbildung sowie 30 Stunden Arbeitsgemeinschaft.

Es wird ein Zertifikat des Ausbildungsinstituts erteilt; durch den Abschluss kann der »Mediator *BMWA*« erworben werden. Hierzu ist eine Mitgliedschaft beim *BMWA*, die Bezahlung der Mitgliedsbeiträge sowie die Antragstellung beim Verband nötig.

Weitere Informationen

Der Erweiterungskurs »Mache ich mich als Mediator selbstständig?« findet jedes Frühjahr an der Fachhochschule Erfurt statt. Die Ausbildung zum Wirtschaftsmediator *BMWA* richtet sich nach den jeweils aktuellen Standards des *BMWA*.

Masterlehrgang »Mediation und Konfliktregelung« (€€)

Arge Bildungsmanagement Wien
Astrid Graf
Friedstraße 23
A-1210 Wien
Tel.: 00 43 / 1 / 26 32 31 20
Fax: 00 43 / 1 / 263 23 12-20
E-Mail: office@bildungsmanagement.at
Internet: *www.bildungsmanagement.at*

Zielgruppe

- Personen mit abgeschlossener Ausbildung in psychosozialen und pädagogischen Berufen, Beratungsberufen, Gesundheitsberufen, Wirtschaftsberufen
- Rechtsanwälte, Juristen, Notare, Wirtschaftstreuhänder, Buchhalter, Betriebswirte
- Psychologen, Psychotherapeuten, Soziologen, Philosophen, Ethnologen, Unternehmensberater, Supervisoren, Sozialarbeiter, Sozialpädagogen, Lehrer, Lebens- und Sozialberater
- Frei tätige Planer, wie z.B. Architekten, Raum-, Landschafts- und Verkehrsplaner
- Verwaltungsbedienstete
- Betriebsräte
- Unternehmer, Personalleiter, Vorstandsmitglieder, Führungskräfte
- Politische Entscheidungsträger u.a.

Aufnahmevoraussetzungen

- Für die Ausbildung zum »Eingetragenen Mediator« und »Akademischen Mediator«: keine formalen oder akademischen Voraussetzungen, Listeneintragung beim Bundesministerium für Justiz (Österreich) ab 28 Jahren.
- Für die Ausbildung mit akademischen Titel »Master of ARTS«: abgeschlossene universitäre Ausbildung (Diplom, Magister, Doktorat) oder abgeschlossene Fachhochschule oder abgeschlossener Bachelor oder gleichwertiger Akademie- oder Kollegabschluss oder Absolvierung des Grundlehrgangs mit Abschluss »Akademischer Mediator« und fünfjährige Berufspraxis im Bereich Kommunikation und Konfliktmanagement.

Rahmenbedingungen

- Lehrgang mit universitärem Charakter, berufsbegleitend.
- Für Quellenberufe (siehe weitere Informationen) reduzierte Stundenzahl.
- Für Ausbildung zum »Eingetragenen Mediator«: Basiscurriculum (3 Semester) – Quellenberufe 256 Stunden, Nichtquellenberufe 364 Stunden: 9 Seminarmodule an Wochenenden (5 anwendungsorientierte Grundlagen, 4 Anwendungsfelder und Methoden der Mediation nach Wahl), theoretische Grundlagen in Recht, Ökonomie und Persönlichkeitstheorie, 20 Stunden Selbsterfahrung für Mediatoren, 8 Stunden Moderation und Präsentation, 32 Stunden Praxisseminar, 16 Stunden Praxissupervision, 8 Stunden Abschlussseminar. Extern zu absolvieren: 3 Stunden Einzelsupervision, 10 Stunden Peergruppen sowie 6 Stunden Fallarbeit.
- Für Ausbildung zum »Akademischen Mediator«: Basiscurriculum plus Aufbaustudium mit zusätzlichen 3 Seminarmodulen (dreieinhalb Semester): Basiscurriculum (siehe oben) sowie zusätzlich: 3 Seminarmodule (Aufbaumodul eins bis drei) – insgesamt 48 Stunden.
- Für Ausbildung zum »Master of ARTS (M.A.-Mediation)«: zusätzlich Aufbaustudium mit einem zusätzlichen Forschungssemester und Erstellung einer Master-Thesis (4 Semester): Basiscurriculum plus 3 Seminarmodule (siehe oben), zusätzlich 3 Seminarmodule (Aufbaumodule 4 bis 6) – insgesamt 72 Stunden.

Ziele

Die Ausbildung vermittelt Grundkompetenz für Mediation. Die fachliche Identität und Professionalität als Mediator soll durch Praxis und Weiterbildung gefestigt und vertieft werden.

Inhalte (Ausschnitt)

Basiscurriculum (Module 1 bis 5): Anwendungsorientierte Grundlagen der Mediation:

- Modul 1: Mediation – Grundlagen – Per-

sönliche Grundorientierung und die Gestaltung der professionellen Rolle als Mediator
- Modul 2: Neutralität, Allparteilichkeit, Kommunikation und Wahrnehmung
- Modul 3: Phasen und Schritte der Mediation – Teil 1
- Modul 4: Phasen und Schritte der Mediation – Teil 2
- Modul 5: Verhandlungs- und Kommunikationstechniken – Vertiefung und Konfliktmanagement-Methoden; Rolle des Rechts in der Mediation
- Grundlagenseminar 1: Persönlichkeitstheorien
- Grundlagenseminar 2: Rechtliche Rahmenbedingungen
- Grundlagenseminar 3: Grundzüge ökonomischer Zusammenhänge
- Seminar: Selbsterfahrung für Mediatoren

Wahlseminare (Module 6 bis 9): Anwendungsfelder und Methoden der Mediation (Auswahl von 4 bzw. 7 Wahlseminaren):
- Mediation in Wirtschaft und Arbeitswelt, Mediation bei öffentlichen Konflikten – Umweltmediation, Mediation in Bau und Planung, Mediation in interkulturellem Kontext, Trennungs- und Scheidungsmediation, Mediation im Bereich soziale Arbeit und Gesundheit, Schulmediation, Gemeinwesen-Mediation, Mediation als Verhandlungshilfe – das Harvard-Modell, Mediation als Klärungshilfe – Settings und Gesprächsführungstechniken bei eskalierten Konflikten, Querdenken/anders denken – anders handeln.
- Seminar: Moderation und Präsentation
- Abschlussseminar

Aufbaustudium Mediation:
- Aufbaumodul 1: Fallverstehen/Kasuistik in der Mediation
- Aufbaumodul 2: Haltung und Philosophie der Mediation
- Aufbaumodul 3: Soziale und politische Konfliktbereiche und die Einsetzbarkeit von Mediation

Aufbaustudium zum »Master of ARTS«:
- Forschungssemester sowie 3 Seminarmodule:
- Aufbaumodul 4: Sozialwissenschaftliche Forschungsmethodik und Forschungspraxis in der Methode Mediation
- Aufbaumodul 5: Diplomandenseminar/Forschungskolloquium
- Aufbaumodul 6: Abschlussseminar.

Methoden

Theorie-Inputs, Fallstudien, Rollenspiele, Übungen. Die Seminare sind didaktisch auf den Ablauf von Beratungsprozessen hin konzipiert. Alle Lernerfahrungen werden auf der Grundlage persönlicher Entwicklungsprozesse und mit Bezug auf die Dynamik der Lehrgangsgruppe hin reflektiert und vertieft. Praxisseminare und Praxissupervision; Peergruppen – selbst organisierte Studiengruppen.

Prüfung
- »Eingetragener Mediator«: mindestens ein dokumentierter und präsentierter Praxisfall
- »Akademischer Mediator«: Seminararbeit mit Diskussion über eine Videoaufzeichnung und mündliche Abschlussprüfung
- »Master of Arts«: Abschluss mit Master-Thesis und Demonstration der eigenen mediatorischen Handlungskompetenz

Zertifikat

Master of Arts – M.A. (Mediation)
Akademischer Mediator
Eingetragener Mediator nach ZivMediatGesetz 2003 (Österreich)

Weitere Informationen

Quellenberufe (nach ZivMediat-AV 47, 2004) sind: Rechtsanwälte, Notare, Richter, Staatsanwälte und Juristen der Finanzprokuratur, jeweils nach Ablegung der Berufsprüfung, Hochschullehrer aus dem juristischen Fach, Wirtschaftstreuhänder, Unternehmensberater und Ziviltechniker, jeweils ab Berufsprüfung, Hochschullehrer aus einem einschlägigen Fach, Psychotherapeuten, klinische Psychologen und Gesundheitspsychologen, jeweils ab Eintragung, Lebens- und Sozialberater und Sozialarbeiter, jeweils mit dreijähriger Berufspraxis.

Zusatzausbildung Mediation – Grund- und Praxiskurs für alle Berufsgruppen Bildungswerk Ver.di (€)

bildungswerk ver.di

Region Hannover-Hildesheim
Goseriede 10
D-30159 Hannover
Telefon: +49(0)511/12 400 410
Fax: +49(0)511/12 400 420

Bildungswerk der Vereinten Dienstleistungs-gewerkschaft (ver.di) in Niedersachsen e.V.

Bildungswerk der Vereinigten Dienstleistungs-gewerkschaft in Niedersachsen e.V.
Ursel van Overstraeten, Sabine Meissner, Inka Heisig
Goseriede 10
30159 Hannover
Tel.: 05 11 / 12 40 04 11
Fax: 05 11 / 12 40 04 20
E-Mail: overstraeten@bw-verdi-ha.de
Internet: *www.bw-verdi-ha.de*

Zielgruppe

Juristen, Psychologen, Gewerkschafter, Lehrer, kirchliche Mitarbeiter, Therapeuten, Projektmitarbeiter, Mitarbeiter in Personalabteilungen u.v.m.

Aufnahmevoraussetzungen

Auf akademische Voraussetzungen wird verzichtet, ausschlaggebend ist in erster Linie Einfühlungsvermögen. Erwünscht ist ein fundierter beruflicher Hintergrund.

Rahmenbedingungen

Berufsbegleitende Weiterbildung in Zusammenarbeit mit der Evangelischen Erwachsenenbildung und *SOPRA (www.sopra-mediation.de)*. Fortbildungseinheiten finden an Wochenenden und in Blockwochen statt. Beginn der Wochenenden je freitags um 14 Uhr. Die Fortbildung umfasst insgesamt 200 Zeitstunden. Gruppengröße: max. 20 Personen bei zwei Trainerinnen.

Ziele

Konflikte – in beruflichen, privaten, gesellschaftlichen und politischen Zusammenhängen – einvernehmlich und zum Vorteil aller Konfliktparteien regeln. Während der Ausbildung wird das hierfür nötige »Handwerkszeug« erlernt. Absolvieren des Kurses als Voraussetzung der Anerkennung durch den Berufsverband Mediation e.V.

Inhalte (Ausschnitt)

1. Einführung in die Mediation
2. Konfliktanalyse und Konfliktdiagnose
3. Psychologische Grundlagen – Typologie von Konflikten
4. Vermittlung im Konflikt – verschiedene Anwendungsgebiete
5. Konflikte am Arbeitsplatz
6. Praxis der Mediation – Fallvorstellung – Methoden der Fallbearbeitung
7. Kritische Situationen in der Mediation – Praxis und Supervision
8. Mediation in der Diskussion – Praxis und Supervision
9. Die selbstständige Mediationspraxis – Vernetzung im beruflichen Kontext

Methoden

Im Grundkurs wird eine Projektarbeit durchgeführt.

Prüfung

Keine; kann anschließend beim *Bundesverband für Mediation* abgelegt werden.

Zertifikat

Erfüllt die Richtlinien des *Bundesverbandes für Mediation e.V.*

Weitere Informationen

Regelmäßig stattfindende Informationsveranstaltungen. Blockwochen sind anerkannt als Bildungsurlaub.

Zusatzausbildung Mediation (€)

Mediationsstelle Brückenschlag e.V.
Astrid Wichmann
Am Sande 50
21335 Lüneburg
Tel.: 0 41 31 / 422 11
Fax: 0 41 31 / 22 14 77
E-Mail: info@BS-LG.de
Internet: *www.BS-LG.de*

Zielgruppe

Lehrer, Erzieher, Diplom- und Sozialpädagogen, Betriebsräte, Juristen, Personalmanager, Leute, die Mediation im Privat-, Kirchen- oder Vereinsleben anwenden wollen

Aufnahmevoraussetzungen

- *Grundkurs:* Notwendig ist die Bereitschaft zur Anwendung von Mediation im beruflichen, gesellschaftlichen oder privaten Umfeld sowie die Bereitschaft zur Auseinandersetzung mit dem eigenen Konfliktverhalten.
- *Wahlkurse:* Teilnahmevoraussetzung sind Grundkenntnisse in Mediation; Nachweis von mindestens 72 Unterrichtsstunden.
- *Praxiskurs:* Teilnahmevoraussetzung ist der Abschluss eines 148-stündigen Grundkurses Mediation und die Teilnahme an mindestens einem fachspezifischen Wahlkurs vor oder während des Praxiskurses.

Rahmenbedingungen

Seminare beginnen jeweils donnerstags um 10.00 Uhr und enden samstags um 18.00 Uhr. Grundkurs: 120 Unterrichtsstunden plus 28 Stunden Intervision. Ausbildung gegliedert in 3 Bausteine (insgesamt 292 Unterrichtsstunden): Grundkurs Mediation (148 Stunden), Wahlkurse in spezifischen Praxisfeldern (24 Stunden), Praxiskurs Mediation (120 Stunden). Der Grundkurs kann unabhängig von den anderen Bausteinen als »Grundausbildung Mediation« belegt werden und schließt mit Zertifikat ab. Die Seminare umfassen in der Regel 20 Teilnehmer und werden von einem Zweierteam geleitet. Wahlkursseminare haben 8 bis 15 Teilnehmer.

Ziele

Die Zusatzausbildung Mediation qualifiziert für die Anwendung von Mediation und ihren Elementen in beruflichen, gesellschaftlichen und privaten Zusammenhängen.

- *Praxiskurs:* Weiterentwicklung und Vertiefung der professionellen Mediationsfähigkeit der Teilnehmer.
- *Grundkurs:* Grundlagen, Methoden, Selbstreflexion, Intervision.
- *Wahlkurse:* Anwendung des im Grundkurs erlernten Mediationswissens auf spezifische Praxisfelder der Mediation, wie z. B. Arbeitswelt / Wirtschaft, Sozialarbeit, interkulturelle Konflikte.

»Mediation in der Arbeitswelt«: Gruppenmediation, Umgang mit Rollenverhalten und Organisationszwängen, Hierarchie und Machtgefälle in der Mediation, Einführung von mediativen Prozessen in der Arbeitswelt. Praxiskurs: Anwendung und Vertiefung der Grundlagen, Erweiterung der methodischen Möglichkeiten, Selbstreflexion, Praxisfeldentwicklung sowie Supervision. Insgesamt werden mindestens 40 Unterrichtsstunden Supervision erteilt.

Innerhalb eines Praxisprojektes führt jeder Teilnehmer zusätzlich einen abgeschlossenen Mediations- oder Coachingprozess mit kursfremden Personen durch. Der Fall wird geplant, dokumentiert, reflektiert und in der Abschlusssupervision bearbeitet. Der Praxisfall ist auf 10 bis 15 Seiten zu dokumentieren und an die Ausbildungsleitung abzugeben.

Methoden

Die zyklische Abfolge von Impulsreferat,

Übung, Reflexion sowie Verallgemeinerung stellt ein enges Zusammenspiel von Theorie und Praxis sicher. Übungen, Rollenspiele und deren ressourcenorientierte Auswertung stehen im Mittelpunkt. Unterschiedliche Konfliktlagen und der Einsatz verschiedener Mediationsmethoden werden simuliert und z.T. durch Videofeedback ausgewertet. Aktive Beteiligung der Teilnehmenden durch Einzel-, Partner- und Kleingruppenarbeit.

Prüfung

Voraussetzungen für die Erteilung eines Zertifikats nach erfolgreicher Teilnahme am Praxiskurs ist die Teilnahme an allen vier Seminarblöcken, der Nachweis mindestens eines Wahlkurses, die Teilnahme an mindestens 24 Stunden Praxisgruppe, der Nachweis eines erlebten sowie als Mediator durchgeführten Prozesses der Mediation oder des Konfliktcoachings in der Praxisgruppe durch Kurzdokumentation, Durchführung und Dokumentation eines zusätzlichen Praxisprojektes und Reflexion des Projektes in der Abschluss-Supervision.

Zertifikat

Die Gesamtausbildung entspricht den Ausbildungsrichtlinien und Standards des *Bundesverbandes Mediation e.V. (BM)*. Die Teilnehmer erhalten ein Zertifikat sowohl nach dem Grundkurs »Zusatzausbildung Mediation – Grundkurs« als auch nach dem Wahlkurs; nach erfolgreicher Absolvierung des Praxiskurses gibt es ein Gesamtzertifikat. Dieses stellt eine Voraussetzung für die Anerkennung zum *Mediation BM* dar. Hierzu müssen weiterhin Dokumentationen von vier Mediationsfällen vorgelegt werden.

Weitere Informationen

Die Wochentage sind in Norddeutschland als Bildungsurlaub anerkannt. Die Kurse finden z.T. in Kooperation mit der *Universität Hannover ZEW* sowie dem *VNB Regionalbüro Hannover* statt. Die Ausbildungsinhalte werden in selbst organisierten Praxisgruppen außerhalb der Seminarveranstaltungen vertieft.

Ausbildung zum Mediator (CVM) – Schwerpunkt Wirtschaftsmediation (€)

Ludwig-Maximilians-Universität München
Rechtswissenschaftliche Fakultät
Centrum für Verhandlungen und Mediation
Arndt Franke
Veterinärstr. 5
80539 München
Tel.: 0 89 / 21 80 14 37
Fax: 0 89 / 218 01 39 93
E-Mail: info@c-v-m.org
Internet: *www.c-v-m.org*

Zielgruppe

Studenten ab dem 5. Semester, Referendare aller Fachrichtungen

Rahmenbedingungen

Teilnehmerzahl ist auf 20 begrenzt. Gesamtumfang ca. 60 Stunden, sieben ganze Tage.

Ziele

Einführung und Überblick über die Methoden der Mediation.

Inhalte (Ausschnitt)

- *Modul 1 – Schwerpunkt Verhandlungsmanagement:*
  Grundlagen intuitiven und effektiven/rationalen Verhandelns
  Steuerung von Verhandlungsprozessen
- *Modul 2 – Mediationsablauf und Mediationstechniken:*
  Vermittlung des erforderlichen Wissens für eine effektive Mediationstätigkeit
  Definition, Ziele und Ablauf der (Wirtschafts-)Mediation
  Intuitive und idealtypische Wirtschaftsmediation

Techniken des Mediators (Kommunikations- und Fragetechniken; Kreativitätstechniken)
Rollen des Mediators
Komplexe Wirtschaftsmediationsverfahren

Methoden
Theoretische Wissensvermittlung; Rollenspiele, Simulation von Mediationsverfahren

Prüfung
Keine

Zertifikat
Nach erfolgreicher Teilnahme wird ein Zertifikat »Ausbildung zum Mediator (CVM) – Schwerpunkt Wirtschaftsmediation« vergeben.

Weitere Informationen
Aktuelle Veranstaltungstermine sind der Homepage zu entnehmen.

Mediationsausbildung (€)

Christliches Jugenddorfwerk Deutschlands (CJD)
Institut für Weiterbildung NRW
Dr. Karin Bieder-Schendler
Alte Delogstraße 5
46483 Wesel
Tel.: 02 81 / 338 79 24
Fax: 02 81 / 338 79 18
E-Mail: karin.bieder-schendler@cjd.de
Internet: *www.cjd-weiterbildung-nrw.de*

Zielgruppe
Personen, die als Mediatoren tätig werden wollen, Multiplikatoren

Aufnahmevoraussetzungen
Abgeschlossenes (Fach-)Hochschulstudium im Bereich Psychologie, Recht, Soziologie, Sozialarbeit, Sozialpädagogik, Betriebswirtschaft bzw. vergleichbare Studienabschlüsse oder abgeschlossene Berufsausbildung und/oder fünfjährige einschlägige Berufspraxis.

Rahmenbedingungen
Gesamtumfang Ausbildung: 200 Zeitstunden, acht Wochenenden (jeweils Freitag 14 Uhr bis Sonntag 12.30 Uhr) sowie zwei Wochenblöcke, täglich 9.30 Uhr bis 18.15 Uhr.

Ziele
Der effiziente Umgang mit intra- und interpersonellen Konflikten ist für die Zukunft eine der wichtigsten Größen für die Produktivität der Arbeit und des sozialen Zusammenlebens. Konflikt- und Vermittlungsfähigkeit fördern konstruktive und kooperative Teamprozesse und helfen, Leitungsaufgaben in kooperativer und offener Form wahrzunehmen.

Inhalte (Ausschnitt)
- Was ist Mediation – Idee und Geschichte
- Selbstanalyse im Umgang mit interpersonellen Konflikten
- Prozesse der Fremd- und Selbstwahrnehmung
- Konflikttheorien und -arten
- Wo und wie findet Mediation statt?
- Phasen der Mediation
- Kompetente Kommunikation nach dem Harvard-Konzept
- Nutzen und Grenzen der Mediation
- Supervision

Methoden
Theoretische Inhalte und praktische Übungen, Rollenspiele und Supervision

Prüfung
Innerhalb der Weiterbildung keine gesonderte Prüfungsarbeit.

Zertifikat
Teilnehmer erhalten das Zertifikat des *CJD Institut für Weiterbildung NRW* »Ausbildung zum Mediator« und haben hiermit die Möglichkeit, sich vom *Bundesverband für Mediation e.V.* anerkennen zu lassen.

Weitere Informationen
Für die Veranstaltung kann Bildungsurlaub beantragt werden.

Wirtschafts-Mediation (€€€€)

DGFP Deutsche Gesellschaft für Personalführung e.V.
Bayerische Akademie München
Katja Weidinger
Rosenkavalierplatz 18
81925 München
Tel.: 0 89 / 91 10 18
Fax: 0 89 / 91 10 94
E-Mail: weidinger@dgfp.de
Internet: *www.dgfp.de*

Zielgruppe
Fach- und Führungskräfte, die als Mediatoren in oder zwischen Unternehmen Konflikte effizient und nachhaltig lösen müssen.

Aufnahmevoraussetzungen
Keine akademischen Voraussetzungen

Rahmenbedingungen
Neun Module à drei Tage jeweils Donnerstag bis Samstag einmal monatlich. Gesamtumfang: 27 Tage, d.h. 189 Stunden. Maximale Teilnehmerzahl ist 15.

Ziele
Selbstständige Durchführung von Mediationen in Unternehmen und Organisationen

Inhalte (Ausschnitt)
- Grundlagen der Mediation
- Mediation als Kommunikationsprozess
- Phasen und Schritte eines Mediationsverfahrens
- Verhandeln und Argumentieren
- Kreatives Denken und Handeln im systemischen Kontext (1. Supervisionstag)
- Typische Konfliktkonstellationen im Unternehmen
- Mediation im Kontext der Organisationsentwicklung (2. Supervisionstag)
- Mediation zwischen Unternehmen und Konflikte mit externen Anspruchsgruppen
- Abschlusskolloquium und Prüfung

Methoden
Neben der theoretischen Darstellung des Wissens steht die praxisnahe Erprobung und das Erleben wichtiger Inhalte durch Übungen und Rollenspiele im Vordergrund.
Umfassende Reflexionen zur Überprüfung und Verfestigung des Erlernten. In den Supervisionen werden eigene Mediationsfälle sowie -erfahrungen der Teilnehmer aus dem beruflichen Umgang mit Konflikten unter den Gesichtspunkten der Mediation untersucht.

Prüfung
Dokumentation von zwei eigenen Mediationsfällen

Zertifikat
Der Teilnehmer erhält ein Zertifikat nach aktiver, erfolgreicher Teilnahme an allen Seminarmodulen sowie der Supervision und nach Absolvieren der Prüfung.

Aufbaustudium Wirtschaftsmediation (€€)

Dresden International University (DIU GmbH)
Jürgen Czytrich
Chemnitzer Straße 46b
01187 Dresden
Tel.: 03 51 / 46 33 56 72
Fax: 03 51 / 46 33 39 56
E-Mail: Juergen.Czrytrich@di-uni.de
Internet:
www.dresden-international-university.com

Zielgruppe

- Berufstätige in Wirtschaft, Organisationen und Verwaltung
- Geschäftsführer und Personalverantwortliche
- Betriebs- und Personalräte
- Rechtsanwälte, Richter, Juristen

Aufnahmevoraussetzungen

Abgeschlossene Ausbildung in einem psychosozialen, pädagogischen, wirtschaftlichen oder juristischen Grundberuf sowie Berufserfahrung. Beschränkung auf maximal 20 Teilnehmer.

Rahmenbedingungen

Berufsbegleitend mit einem Gesamtumfang von ca. 200 Stunden. Aufbau: Einführungsseminar plus 7 weitere Seminarmodule. Ausbildung findet jeweils Donnerstag bis Sonntag 9 bis 17 Uhr statt.

Ziele

Vermittlung und praktischer Umgang mit den Grundlagen der Mediation sowie den speziellen Anforderungen an die Wirtschaftsmediation

Inhalte (Ausschnitt)

- Einführungsseminar: Analyse eigener Stärken und Schwächen durch Reflexion und Selbstreflexion sowie durch Rollenspiel mit Einzel- und Gruppenfeedback, um eigene kritische Einschätzung der Befähigung zum Mediator zu gewinnen
- Mediationserprobung an praktischen Fällen
- Erlernen von psychologischen Grundlagen für die Mediation
- Darstellung von Konfliktpotenzialen in Unternehmen sowie Erlernen von Strategien zu deren Bewältigung
- Arbeit mit Hypothesen und Fragetechniken (u. a. nach *Tomm*)
- Verschiedene Konfliktbeendigungsverfahren
- Mediationstechnik des *San-Diego Mediation Center*, NBC-Modell, 6-Phasen-Modell
- Mediationsanaloge Supervision, Harvard-Konzept
- Supervision von Teilnehmerfällen
- Verhandeln mit mehreren Konfliktgruppen
- Prinzipien der Konfliktentstehung, Konfliktdiagnostik sowie Konflikttraining
- Moderationstechniken
- Verhandlungsführung in Klein- und Großgruppen
- Niederschrift von Schlussvereinbarungen

Methoden

Es wird viel Wert auf Rollenspiele sowie praktische Übungen zum erlernten theoretischen Hintergrund gelegt; Verwendung von Video-Demonstrationen. Die Teilnehmer werden in aktuelle Fälle der Wirtschaftsmediation eingeführt.

Prüfung

Auswahl eines Prüfungsfalles durch den Dozenten. Falldarstellung, kritische Reflexion der Verlaufsdynamik, Selbstreflexion; Sequenzen der Fallgeschichte werden durch Teilnehmer als Rollenspiel dargestellt und bearbeitet.

Zertifikat

Nach erfolgreicher Absolvierung der Prüfung einschließlich Verteidigung der Abschlussarbeit erhalten die Teilnehmer das Zertifikat der *Dresdner International University* »Wirtschaftsmediator«.

Weitere Informationen

Ausbildung auf Grundlage der europäischen Standards für Mediationsausbildungen.

Master-Studiengang Mediation (€€€)

Europa-Universität Viadrina Frankfurt/Oder
Yvonne Gogoll
Große Scharrnstraße 59
15230 Frankfurt/Oder
Tel.: 03 35 / 55 34 23 17
Fax: 03 35 / 55 34 28 50
E-Mail: master-mediation@euv-ffo.de
Internet: *www.master-mediation.euv-ffo.de*

Zielgruppe

- Bereits ausgebildete Mediatoren, die ihre praktischen Erfahrungen aus Ausbildung und Beruf in theoretisch-akademischer Reflexion und Diskussion fundieren und um die Spezialisierung auf ein bestimmtes Einsatzgebiet erweitern wollen.
- Personen, die eine umfassende praktische Mediationsausbildung suchen und sich gleichzeitig systematisch mit den theoretischen Grundlagen von Mediation auseinander setzen wollen.
- Personen, die in ihrem beruflichen Alltag komplexe Entscheidungen treffen, Projekte entwickeln und Verfahren oder Teamarbeit gestalten.

Aufnahmevoraussetzungen

Abgeschlossenes Hochschulstudium (Universität oder Fachhochschule). Über die Anerkennung ausländischer Abschlüsse entscheidet der Prüfungsausschuss. Beherrschung der deutschen Sprache in Wort und Schrift sowie die Fähigkeit, wissenschaftliche Lektüre in englischer Sprache zu verstehen (Beleg durch entsprechendes Zertifikat, z. B. TOEFL-Test).

Rahmenbedingungen

Postgradualer, dreisemestriger Studiengang für Teilnehmer aller Fachrichtungen (Abschluss: M. A.). Der Master-Studiengang beinhaltet eine komplette 200-stündige Mediationsausbildung, so wie sie von verschiedenen einschlägigen Verbänden gefordert wird. Das Studium umfasst pro Semester 18 Semesterwochenstunden im Rahmen von Präsenz- und Fernstudienmodulen, insgesamt also 54 Semesterwochenstunden. Studienbeginn ist jeweils zum Wintersemester. Insgesamt 48 Teilnehmer pro Jahrgang (in zwei Gruppen von je 24 Teilnehmern mit/ohne Mediationspraxisausbildung).

Ziele

- Möglichkeit der intensiveren und wissenschaftlich fundierteren Auseinandersetzung mit dem Thema Mediation in rein praktisch orientierter Ausbildung sowie Erweiterung der individuellen Kompetenzen in Konfliktvermittlung, Prozessbegleitung und Verfahrensgestaltung
- Wissenschaftliche Fundierung der bereits vorhandenen und sich stetig ausweitenden Mediationspraxis
- Vertiefung des gesellschaftlichen Diskurses über das Thema Mediation im deutschsprachigen Raum sowie Definition und kritische Beleuchtung neuer Einsatzbereiche für außergerichtliches Konfliktmanagement

Inhalte (Ausschnitt)

(1) Mediationspraxis – allgemeiner Teil:

- Grundlagen
- Phase 1: Arbeitsbündnis
- Phase 2: Bestandsaufnahme
- Phase 3: Bearbeitung der Konfliktfelder, Interessenermittlung
- Phase 4: Lösungsoptionen und deren Bewertung
- Phase 5: Lösung, Abschluss, Implementierung

(2) Mediationstheorie – allgemeiner Teil:

- Hintergründe und Ziele der Mediation
- Leitideen, Grundstrukturen und Techniken der Mediation
- Risiken und Grenzen der Mediation
- Die Zukunft der Mediation: Institutionalisierung und Professionalisierung

(3) Wahlfach-Bereiche:

Wirtschaft: Mediation von Wirtschaftskonflikten; Etablierung mediativer Strukturen in Unternehmen und Organisationen; Familie: Familienmediation im weitesten Sinne; Staat und Gesellschaft: öffentliche Planung und mediative Projektbegleitung; gerichtsnahe Me-

diation; Internationales Konfliktmanagement: internationale Mediation und Friedenssicherung; Arbitration und Mediation im internationalen Business.
Die freie Kombinierbarkeit der unterschiedlichen Wahlfach-Module erlaubt es den Teilnehmern, ihre Wahlfacheinheiten möglichst exakt auf ihre individuellen Interessen, Berufsfelder und Zukunftsaussichten abzustimmen.

Methoden

Kombination von internetbasiertem (und damit berufsbegleitend durchführbarem) Fernstudium und zahlreichen mehrtägigen Präsenzseminaren in Frankfurt/Oder und Berlin. Kursbegleitende E-Mails, Essays, Falldokumentationen und Erfahrungsberichte, Studienarbeiten, *Mediation Journals*.

Prüfung

Master-Arbeit (ca. 60 Seiten), mündliche Prüfung (40 Minuten). Im Laufe des Studiums werden insgesamt 90 »credit points« vergeben.

Zertifikat

Abschluss: Master of Arts (M.A.)

Weitere Informationen

Der Studiengang findet in Kooperation mit dem *Institut für Anwaltsrecht* an der *Humboldt-Universität zu Berlin* statt.

Wirtschaftsmediationsausbildung – Systemisches Mediieren (€€€)

Europäische Ausbildungsakademie der M.O.C. GmbH
Bahnstraße 4/301
A-2340 Mödling
Dipl.-Ing. Hanna Biberschick
Tel.: 00 43 / 22 36 / 45 86 05
Fax: 00 43 / 22 36 / 219 06
E-Mail: info@ausbildungsakademie.com
Internet: *www.ausbildungsakademie.com*

Zielgruppe

Psychologen, Pädagogen, Juristen, Führungskräfte und Teamleiter, Manager, Berater, Trainer, Psychotherapeuten, Unternehmer, Projektmanager etc.

Aufnahmevoraussetzungen

Keine formalen oder akademischen Voraussetzungen. Kostenfreies unverbindliches Erstgespräch zum Kennenlernen, zur Erwartungsklärung, allgemeinen Orientierung und Klärung noch offener Fragen. Absolvierung eines Einführungsseminars in Form eines Förderassessments.

Rahmenbedingungen

Gruppengröße max. 18 Personen, begleitet von zwei Trainern. Dreisemestrige Wirtschaftsmediatorenausbildung (ca. eineinhalb Jahre). 34 Seminartage (Einführungsseminar, zehn Module à zwei bzw. drei Tage, Theorieabende bzw. -tage und Supervisionstage). 365 Gesamtstunden, davon 30 Stunden Selbsterfahrung und 35 Stunden Arbeit in Peergruppen.

Ziele

- Kennenlernen systemischen Arbeitens
- Umsetzung des systemisch-konstruktivistischen Mediationsmodells
- (Er-)Leben der handlungsleitenden Grundhaltung des Wirtschaftsmediators
- Rolle und Aufgaben des Mediators
- Erlernen des systemisch-konstruktivistischen »Werkzeugkastens«
- Effektiver Einsatz der systemischen »Tools« in den verschiedenen Prozessphasen
- Erleben der Co-Mediation und Kooperationsmethodik

Inhalte (Ausschnitt)

- *Förderassessment:* Reflexion des eigenen Konfliktverhaltens, erste Schritte in die Mediation und die Rolle des Mediators, Feedback zur Reflexion der eigenen Grundfertigkeiten als Mediator.
- *Basismodule I und II:* Überblick und Erleben des gesamten Wirtschaftsmediationsmodells, Haltung des Mediators, Umsetzung einiger Basisinstrumente und -methoden und erster rechtlicher Überblick.
- *Modul III:* Umsetzung ausgewählter Instrumente und Methoden des systemischen Coachings in der Mediation.
- *Modul IV:* Vertiefung und Professionalisierung der Vorphase- und Einleitungsphase des systemischen Wirtschaftsmediationsmodells. Kennenlernen spezifischer »Tools« dieser Phasen.
- *Modul V:* Psychohygiene des Mediators.
- *Modul VI bis IX:* Vertiefung und Professionalisierung der Phasen »Sichtweisen darlegen« inklusive Konflikterhellung, Lösungsphase, Verhandlungsphase, Abschlussphase und Nachverhandlung des Lösungspakets. Erlernen spezifischer »Tools« dieser Phasen, Kennenlernen weiterer rechtlicher Aspekte.
- *Modul X:* Absolvierung der praktischen Prüfung
- *Supervisionstage:* Hier werden die Erfahrungen der Teilnehmer mit den bisherigen Ausbildungsschritten anhand konkreter Beispiele reflektiert und das erworbene Wissen vertieft (Praxisanleitung).
- *Theorietage und -abende:* Vermittlung spezifischer theoretischer Grundlagen aus den Bereichen Systemtheorie, Unternehmensgründung und Netzwerkbildung, Abfassung wissenschaftlicher Arbeiten und sonstiger aktueller Neuerungen im Bereich Mediation bzw. alternativer Konfliktregelungsmodelle.

Methoden

Didaktisches Hauptinstrument ist die praktische Übung. Die Haltung als Mediator wird auf der Basis systemisch-konstruktiven Denkens reflektiert.

Prüfung

Abschlussarbeit und Präsentation der Arbeit; zusätzlich wird gemeinsam mit dem Ausbildungskandidaten die Arbeit reflektiert und entsprechend Feedback gegeben.
Live-Demonstration einer Sequenz aus dem Fallbeispiel der Abschlussarbeit in der Rolle des Mediators; zusätzlich wird gemeinsam mit der Ausbildungsgruppe Feedback gegeben.

Zertifikat

Nach Absolvierung aller Module sowie der Abschlussprüfung erfolgt die Verleihung des Zertifikats zum CME (Certified Mediator) der *Europäischen Ausbildungsakademie* in Kooperation mit der *FH-Akademie Kufstein*. Die Absolvierung des Lehrgangs berechtigt zur Eintragung in die Liste der Mediatoren des *Bundesministeriums für Justiz*.

Weitere Informationen

Zur detaillierten Information wird ein Impulstag angeboten.

Ausbildung zum Wirtschaftsmediator (€€)

European School of Governance (EUSG)
Dr. Thomas R. Henschel
Wallstraße 15 / 15a
10179 Berlin
Tel.: 0 30 / 72 61 69 09 32
Fax: 0 30 / 726 16 92 49
E-Mail: Henschel@eusg.de
Internet: *www.eusg.de*

Zielgruppe

Alle, die lernen wollen, konstruktiv mit Konflikten umzugehen, und sich ein neues, zukunftsträchtiges und spannendes Betätigungsfeld erobern wollen. Die Ausbildung richtet sich an Personen, die in folgenden Bereichen tätig sind oder sein möchten:

- Friedliche Konfliktbewältigung oder Konfliktbeilegung
- Führungs- und Projektverantwortung
- Coaching
- Supervision

Aufnahmevoraussetzungen

Keine formalen oder akademischen Voraussetzungen

Rahmenbedingungen

Der Lehrgang umfasst 120 Zeitstunden, die auf 16 Ausbildungstage verteilt sind. Diese sind in fünf Modulen à drei bis vier Tage aufgegliedert.

Ziele

Die Teilnehmer sollen am Ende der Kernausbildung über genügend Fähigkeiten verfügen, Mediationsverfahren selbstständig und in Co-Mediation zu führen. Darüber hinaus sollen die Teilnehmer in der Lage sein, das Verfahren Mediation und ihre Dienstleistung auf diesem Gebiet wirksam am Markt anbieten zu können.

Inhalte (Ausschnitt)

- *Begrüßung und Verfahrensüberblick:* Einführung in die Themen Kommunikation und Konflikt, das Mediationsverfahren im Überblick. Recht in der Mediation; Konflikt, Mediation und ich
- *Konflikte und der Einstieg in das Verfahren:* Konflikt, Konfliktverhalten, -eskalation und -lösung; Verhandlungsstile; Phasen 0, 1 und 2 des Mediationsverfahrens; Mediation in der Wirtschaft
- *Kommunikation und Kern des Verfahrens:* Phase 3 des Mediationsverfahrens; Kommunikation: Lehre und Techniken; Positionen und Interessen; Anforderungen an den Mediator
- *Verhandeln und Üben:* Phase 4 und 5 des Verfahrens, Kreativitätstechniken in der Mediation, Entscheidungsfindung, intensives Rollenspiel durch alle Phasen
- *Recht und Abschluss:* Recht und Rechtsanwälte in der Mediation, Co-Vision, Supervision, das Recht des Mediatorenberufs, Abschluss

Methoden

Rund- und Gruppengespräche, Präsentationen und Lehrgespräche, Rollenspiele, Case-Studies, interaktive Übungen, Gruppenarbeiten

Zertifikat

Nach erfolgreichem Abschluss der Kernausbildung (5 Module) erhalten die Teilnehmer das Zertifikat der *DGMW* und der *AWVM*. Dies berechtigt sie, diese Berufsbezeichnung (auch als Anwalt) offiziell zu führen.

Weitere Informationen

Die Kernausbildung in Wirtschaftsmediation richtet sich in Inhalt und Umfang nach der Ausbildungsrichtlinie der *Deutschen Gesellschaft für Mediation in der Wirtschaft e.V. (DGMW)* und bildet den wesentlichen Teil der theoretischen Ausbildung zum Wirtschaftsmediator. Es gibt einen Kooperationsausbildungsgang zum Wirtschaftsmediator der *Akademie für Wirtschaftsmediation und Verhandlungsmanagement (AWVM)* und der *Deutschen Gesellschaft für Mediation in der Wirtschaft (DGMW)*. Es wird auch ein »Compact Intensiv Seminar« für Mediation angeboten. Aktuelle Seminarhinweise sind der Homepage von *EUSG* zu entnehmen.

Berufsbegleitender Weiterbildungsstudiengang Mediation – Abschluss: Diplom-Mediator (FH) (€)

Evangelische Fachhochschule Ludwigshafen, Hochschule für Sozial- und Gesundheitswesen
Prof. Dr. Christiane Simsa, M.A.
Maxstraße 29
67057 Ludwigshafen
Tel.: 06 21 / 59 11 30
Fax: 06 21 / 591 13 59
E-Mail: mediation@efhlu.de
Internet: *www.efhlu.de*

Zielgruppe

Alle Interessenten, die im beruflichen Kontext ihr Wissen um eine wichtige Methode des Konfliktmanagements erweitern und ihre Fähigkeiten zur konstruktiven Konfliktbearbeitung stärken wollen.

Aufnahmevoraussetzungen

- Abgeschlossenes Studium an einer Fachhochschule, Universität oder Berufsakademie
- Durchgängige, zusammenhängende dreijährige und einschlägige Berufserfahrung nach dem abgeschlossenen Studium
- Nachweis über eine während des berufsbegleitenden Weiterbildungsstudiengangs auszuübende Tätigkeit in der Mediation bzw. eine Verpflichtungserklärung, die in der Studienordnung geregelten mediativen Tätigkeiten während des Studiums zu erbringen

Rahmenbedingungen

Pro Studienjahr stehen in der Regel 25 Studienplätze zur Verfügung.
Der Weiterbildungsstudiengang besteht aus vier Semestern. Gesamtstundenzahl der Ausbildung 490 Stunden:

- 1. Semester: 80 Stunden
- 2. Semester: 91 Stunden
- 3. Semester: 32 Stunden sowie zwei Gruppensupervisionen à 6 Stunden
- 4. Semester: Diplomarbeit und Abschlusskolloquium – individuell

Semesterübergreifend: 20 mindestens einstündige Mediationssitzungen sowie jeweils Vor- und Nachbereitungszeit von je zwei Stunden (60 Stunden), 5 Einzelsupervisionen inkl. Vor- und Nachbereitungszeit (15 Stunden), Hausarbeiten, Literaturstudium, selbst organisierte Arbeitsgruppentreffen (200 Stunden)

Ziele

Studierende sollen mit hohem professionellen Wissen und persönlicher Kompetenz ausgestattet werden, damit sie in ihren beruflichen Arbeitsfeldern wesentliche Beiträge zu alternativen Konfliktlösungen leisten können.

Inhalte (Ausschnitt)

- *1. Semester* (fünf dreitägige Seminare): Einführung in Theorie und Praxis der Mediation, die Rolle des Mediators, das Mediationsgespräch, Besonderheiten des Mediationsverfahrens, Grenzen der Mediation / Reflexion
- *2. Semester* (drei fünftägige Studienwochen): rechtliches und konflikttheoretisches Grundwissen, Ethik der Mediation
- *3. Semester* (zwei dreitägige Seminare): Arbeitsfelder der Mediation, Wahlpflichtfächer wie z.B. »Wirtschaftsmediation«, »Mediation in Schule und Jugendarbeit«, »Mediation beim Täter-Opfer-Ausgleich«, »Familienmediation«
- *4. Semester:* Diplomarbeit und Abschlusskolloquium

Methoden

Kommunikations- und Interaktionsübungen, Rollenspiele, Kleingruppenarbeit, Diskussionen im Plenum und Vorträge

Prüfung

Im ersten und im dritten Semester werden jeweils eine Hausarbeit und im zweiten Semester zwei Klausuren geschrieben. Im vierten Semester ist eine Diplomarbeit zu fertigen. Weiterhin sind 20 Sitzungen als Mediator zu protokollieren und zwei Gruppensupervisionen sowie fünf Einzelsupervisionen (davon eine Live-Supervision) nachzuweisen.

Abschlusskolloquium: In einem in der Regel 30-minütigen Kolloquium ist die Diplomarbeit vom Studierenden zu verteidigen. Hierbei wird festgestellt, ob der Studierende mit dem Themengebiet vertraut ist, das den Gegenstand der Diplomarbeit bildet. Dies findet vor einer dreiköpfigen Prüfungskommission statt.

Zertifikat
Nach erfolgreichem Absolvieren der vier Semester sowie Bestehen von Diplomarbeit und Abschlusskolloquium erhält der Student den Titel: Diplom-Mediator (FH).

Weitere Informationen
In Rheinland-Pfalz ist der Weiterbildungsstudiengang als berufliche Weiterbildung gemäß dem Bildungsfreistellungsgesetz anerkannt.

Nachdiplomkurs Mediation in Wirtschaft, Umwelt und Verwaltung (€€€€)

Fachhochschule Aargau, Nordwestschweiz
Prof. Dr. Ueli Siegenthaler
Martinsberg, Postfach 515
CH-5401 Baden
Tel.: 00 41 / 056 / 203 10 50
Fax: 00 41 / 056 / 203 10 51
E-Mail: w-info@fh-aargau.ch
Internet: *www.fh-aargau.ch*

Zielgruppe
Personen, die bei Konflikten im Wirtschafts-, Umwelt- und Verwaltungsbereich das Gewinner-Verlierer-Prinzip durch eine optimale Lösung für alle Beteiligten ersetzen wollen.

Aufnahmevoraussetzungen
Hochschul- oder Fachhochschulabschluss (oder gleichwertige Ausbildung) und Erfahrungen in der Arbeitswelt

Rahmenbedingungen
Nachdiplomkurs umfasst insgesamt 30 Kurstage, 32 Stunden Supervision sowie eine Diplomarbeit.

Ziele
Absolventen lernen, neben dem methodischen Handwerkszeug gleichzeitig auch ihre soziale Kompetenz zu erweitern und die eigenen Konfliktlösungsstrategien zu verbessern.

Inhalte (Ausschnitt)
Bausteine 1–6: Im ersten Studienjahr werden Grundlagen und Basiswissen, begleitet durch Supervision in Gruppen, vermittelt

- Baustein 1 (2 Tage): Was ist Mediation?
- Baustein 2 (2 Tage): Die Kunst der Wahrnehmung
- Baustein 3 (4 Tage): Der Umgang mit Konflikten
- Baustein 4 (3 Tage): Kommunikation in der Mediation
- Baustein 5 (2 Tage): Interkulturelle Aspekte und ihre Wirkung in der Mediation
- Baustein 6 (8 Tage): Konfliktlösungsverfahren Mediation

Bausteine 7–8: Auseinandersetzung mit den Besonderheiten der Mediation in Wirtschaft, Umwelt und Verwaltung

- Baustein 7: Mediation in Gruppen
- Baustein 8: Praxisbeispiele aus Wirtschaft, Umwelt und Verwaltung

Ausbildungssupervision/Fallbesprechung in Gruppen

Methoden
Referate, Einzel- und Gruppenarbeiten, Fallstudien und Rollenspiele, praktische Übungen, eine Diplomarbeit sowie Supervision

Prüfung
Diplomarbeit: theoretischer Teil sowie Dokumentation von mindestens 10 Stunden prak-

tischer Tätigkeit als Mediator oder Co-Mediator.

Zertifikat

Nach erfolgreicher Absolvierung aller Module sowie der Diplomarbeit Zertifikat als »Dipl.-Mediator« (FH)

Weitere Informationen

Die Nachfrage nach dem Studiengang ist groß, die Zahl der Studienplätze beschränkt. Die Zuteilung der Studienplätze erfolgt ggf. erst nach persönlichem Gespräch mit dem Interessenten.

Berufliche Weiterbildung Mediation – Konstruktive Konfliktbewältigung (€€)

Fachhochschule Frankfurt am Main –
University of Applied Sciences
Abteilung Weiterbildung
Helmut C. Büscher
Nibelungenplatz 1
60318 Frankfurt
Tel.: 0 69 / 15 33 26 81
Fax: 0 69 / 15 33 26 83
E-Mail: buescher@wb-fh.frankfurt.de
Internet: *www.fh-frankfurt/fb4.fh-frankfurt.de*

Zielgruppe

- Hochschulabsolventen mit Berufserfahrung in den Bereichen Wirtschaft, Sozialarbeit und Pädagogik, Schule, Verwaltung (insbesondere Personalentwicklung)
- Mitarbeiter aus Behörden, Verbänden und Vereinen
- An der Weiterbildung zur professionellen Beratung Interessierte mit (Fach-)Hochschulzulassung, ausreichend Berufserfahrung (mindestens 3 Jahre) sowie einer stabilen Persönlichkeit mit Lebenserfahrung

Aufnahmevoraussetzungen

Fachhochschul- bzw. Hochschulzulassung. Die Aufnahme zur beruflichen Weiterbildung erfolgt nach einem ausführlichen Kontaktgespräch unter den Aspekten: Erwartungen an die Ausbildung – Interessenschwerpunkte – Konfliktverständnis – Gruppenfähigkeit.

Rahmenbedingungen

Es werden maximal 18 Teilnehmer zugelassen. Die Weiterbildung findet in der Regel 14-tägig freitags und samstags außerhalb der hessischen Schulferien statt. Insgesamt 330 Veranstaltungsstunden innerhalb von 16 Monaten.

Ziele

- Vermittlung theoretischer Grundlagen der konstruktiven Konfliktbearbeitung und Mediation
- Ermöglichung eines vertrauensvollen Rahmens, in dem eigenes Verhalten erprobt und reflektiert werden kann
- Erweiterung des Verhaltensrepertoires in Konfliktsituationen
- Selbstständige Anwendung von Mediation im eigenen beruflichen und fachlichen Umfeld mit Hilfe professioneller Begleitung und Supervision – u. v. m.

Inhalte (Ausschnitt)

- Konfliktbegriff, Konfliktanalyse und -darstellung, Grundprinzipien und Grenzen der Mediation
- Kommunikation im Prozess der Konfliktbearbeitung
- Interkulturalität und Mediation
- Gender, Kommunikation und Mediation
- Konfliktbearbeitung: Kontrakt, Simulation eines Mediationsfalles
- Bereiche der Mediation: Wirtschafts-, Familien- und Nachbarschaftsmediation sowie Mediation in der Sozialarbeit
- Darstellung und Dokumentation von Konfliktfällen
- Fallbearbeitung und Coaching sowie Selbstreflexion (Supervision)

- Transfer der Methoden der Konfliktvermittlung in die Praxis
- Abschlusskolloquium und gemeinsame Auswertung

Methoden
Vorlesung, selbstständige Fallarbeit, Supervision

Prüfung
Abschlusspräsentation in einem abschließenden Kolloquium

Zertifikat
Die Teilnehmer erhalten nach erfolgreichem Abschluss (Kolloquium) ein qualifiziertes Zertifikat über die inhaltlichen Schwerpunkte der Ausbildung und die erbrachten Leistungen. Mit diesem Zertifikat ist eine Voraussetzung für die Anerkennung als Mediator durch den *Bundesverband Mediation* erfüllt.

Weitere Informationen
Das Weiterbildungsangebot ist angelehnt an die Richtlinien des *Bundesverbandes Mediation e.V.*

Weiterbildendes Studium Mediation (€€)

FernUniversität in Hagen
Weiterbildendes Studium Mediation
Prof. Dr. Katharina Gräfin von Schlieffen
Fachbereich Rechtswissenschaft
Geschäftsführender Leiter
Rechtsanwalt Stefan Kracht
Universitätsstr. 21, AVZ I
58084 Hagen
Tel.: 0 23 31 / 987-28 78 / 42 59
Fax: 0 23 31 / 987-395
E-Mail: LG.vonSchlieffen@fernuni-hagen.de
Internet: *www.fernuni-hagen.de*

Zielgruppe
Anwälte, Notare, Referendare, Juristen in Wirtschaft und Verwaltung, Interessierte anderer Berufsgruppen

Aufnahmevoraussetzungen
Abgeschlossenes Hochschulstudium oder abgeschlossene Berufsausbildung und mindestens drei Jahre Berufserfahrung in einem Bereich, der einen wesentlichen Bezug zu Streitschlichtung bzw. konsensualer Konfliktbewältigung hat.

Rahmenbedingungen
- Weiterbildendes (Fern-)Studium
- Gesamtumfang: ca. 480 Stunden über zwei Semester (ohne Praktika!), davon 368 Stunden Fernstudium und 96 bzw. 112 Stunden Präsenzunterricht (vier Wochenenden je Donnerstag bzw. Freitag bis Sonntag)
- Gruppengröße in den Präsenzphasen: maximal 15–20 Teilnehmer
- Studienbeginn ist zweimal pro Jahr möglich (jeweils Anfang April bzw. Oktober).
- Während des zweiten Semesters ist eine Praxistätigkeit erforderlich, da mindestens zwei eigene Mediationsfälle dokumentiert werden müssen.

Ziele
- Kompetenz entwickeln, die Konfliktparteien als Mediator dazu anzuregen, (wieder) miteinander zu kommunizieren, über die Positionen hinweg die eigenen Interessen wie die der anderen Partei zu erkennen und dadurch Perspektiven zu schaffen, die eine für alle Beteiligten gewinnbringende Lösung ermöglichen.
- Selbstverständnis als Mediator entwickeln.

Inhalte (Ausschnitt)
Grundstudium/erstes Semester:
- Fach I: Mediation und Rechtskultur
- Fach II: Mediation und menschliches Verhalten

- Fach III: Verhandlungstechniken

Hauptstudium/zweites Semester:
- Psychologie der Mediation III
- Der Umgang mit Machtgefällen
- Die Technik der teilnehmenden Neutralität

Wahlfächer/Anwendungsfelder:
- Zivilrecht I (Trennungs-/Scheidungsmediation; Mediation im Kinder-/Jugendrecht, Erbkonflikte)
- Zivilrecht II (Konflikte in und zwischen Unternehmen)
- Öffentliches Recht (Mediation im öffentlichen Bereich)
- oder Strafrecht (Täter-Opfer-Ausgleich)

Methoden

Fernstudium und Präsenzphasen

Prüfung
- Grundstudium (Voraussetzungen, um zum Hauptstudium zugelassen zu werden): in jedem der drei Fächer eine schriftliche Einsendearbeit; Teilnahme an zwei Präsenzveranstaltungen
- Hauptstudium (Zulassungsvoraussetzung zur mündlichen Abschlussprüfung): mindestens zwei schriftlich dokumentierte Praxisfälle, Teilnahme an zwei Präsenzveranstaltungen zur Wahlfachgruppe, mündliche Abschlussprüfung

Zertifikat
- Nach dem ersten Semester: Grundstudienzertifikat (enthält die Ergebnisse der Einsendearbeiten)
- Nach dem zweiten Semester: universitäres Abschlusszeugnis

Weitere Informationen

Der Zeitbedarf zum Durcharbeiten der Theorieteile im Fernunterricht kann individuell verschieden sein, so dass die Zeitangaben den nach der Studienkonzeption angenommenen Zeitaufwand wiedergeben. Die zugelassenen Teilnehmer erhalten gemäß § 90 Abs. 1 Hochschulgesetz NRW den Status als Weiterbildungsstudierende. Nach erfolgreichem Studienabschluss ist es möglich, am internationalen Studiengang »European Master in Mediation« am Universitätsinstitut *Kurt-Bösch – IUKB* – in Sion (CH) teilzunehmen und dadurch den Grad eines »European Master in Mediation« (EMM) zu erwerben. Nähere Informationen finden sich auf den Internetseiten des *IUKB* unter *www.iukb.ch.*

Curriculum Mediation – Ausbildung zum Mediator (€€)

Forum für ressourcenorientierte Lösungen (FroL)
Holger von Berg
Haid-und-Neu-Straße 5a
76131 Karlsruhe
Tel.: 07 21 / 970 39 32
Fax: 07 21 / 971 39 33
E-Mail: berg@frol.de
Internet: *www.frol.de*

Zielgruppe

- Mitarbeiter aus Unternehmen
- Mitarbeiter und Inhaber von Familienbetrieben bei Übernahme und Übergabe
- Mitarbeiter und Inhaber von Arztpraxen
- Mitarbeiter aus dem Non-Profit-Bereich, wie z. B. Sozialeinrichtungen und Bildungseinrichtungen

Aufnahmevoraussetzungen

- Abgeschlossenes Hochschul- oder Fachhochschulstudium, z. B. Lehramt, Medizin, Psychologie, Jura, Sozialarbeit-Pädagogik, Heilpädagogik oder
- Ausgebildeter Supervisor oder Coach oder
- Heilpraktiker / Organisationsberater oder entsprechende berufliche Qualifikation

außerdem:

- fünfjährige Berufserfahrung nach Abschluss
- einige Erfahrung in Beratung, Supervision oder Coaching in den letzten fünf Jahren
- Minimum 180 Stunden an Fortbildungsveranstaltungen / Weiterbildungen in beratenden, therapeutischen oder kommunikationstheoretischen Kontexten.

Rahmenbedingungen

Ausbildung (insgesamt 402 Ausbildungsstunden) gliedert sich in:

- acht Blöcke – insgesamt 192 Ausbildungsstunden
- acht Supervisionstage (während der Ausbildung) – insgesamt 64 Ausbildungsstunden
- Begleitung von 3 Mediations- oder Konfliktbegleitungsfällen mit Vor- und Nachbereitung und anschließender schriftlicher Auswertung – 30 Ausbildungsstunden
- acht Tage Peergroups oder Triadenarbeit während der Ausbildung mit Nachweis – 30 Ausbildungsstunden
- Abschlussarbeit und Abschlusskolloquium
- Die Kompakte finden alle 2–3 Monate statt, dazwischen liegen Supervisionstage, Peergroups und Triaden.

Ziele

Vermittlung von umfangreicher Kompetenz, mit der die Teilnehmer in den verschiedensten Mediations- und Konfliktbegleitungsverfahren wirksame Hilfe und Unterstützung bieten können.

Inhalte (Ausschnitt)

- *Kompakt 1:* Einführung in die verschiedenen Kommunikationsmodelle
- *Kompakt 2:* Einführung in die Theorie und Praxis systemisch-konstruktivistischer / phänomenologischer Grundlagen
- *Kompakt 3:* Geschichte und Entwicklung der Mediation, Rolle des Mediators, der »wissende Körper« in der Mediation – Körperwahrnehmung und kreatives Potenzial
- *Kompakt 4:* Werte, Normen, Ethik, Menschenbild, Spiritualität, Rollenkompetenz im Spannungsfeld von Mann und Frau
- *Kompakt 5:* wichtige Grundkenntnisse aus dem juristischen Bereich und Grundprinzipien des Rechts in der Mediation und Konfliktbehandlung
- *Kompakt 6:* Mediation in Familien, Trennung, Scheidung, Bearbeitung komplexer Konflikte in Organisationen, im öffentlichen Bereich und in der Arbeitswelt
- *Kompakt 7:* Gender-Aspekt, Harvard-Konzept als transformativer Ansatz, verschiedene Phasenmodelle der Mediation
- *Kompakt 8:* Konfliktanalyse, Erarbeitung von Mediationsplänen, Techniken der Mediation in Gruppen, Kolloquium, Abschluss

Methoden

Gruppenübungen, Supervisionstage, Peergroups

Prüfung
Schriftliche Abschlussarbeit (ca. 20 Seiten) über das in der Ausbildung Erlernte in Verbindung mit der Begleitung und Umsetzung in den drei vorgegebenen Mediationsfällen; mündliches Abschlusskolloquium

Zertifikat
Abschlusszertifikat vom *Forum für ressourcenorientierte Lösungen Karlsruhe*

Wirtschaftsmediation (Zertifikatsausbildung) (€€€)

Grundig-Akademie
Akademie für Wirtschaft und Technik
Gemeinnützige Stiftung e.V.
Martina Faust
Beuthener Straße 45
90471 Nürnberg
Tel.: 09 11 / 409 05 42
Fax: 09 11 / 409 05 44
E-Mail: info@grundig-akademie.de
Internet: *www.grundig-akademie.de*

Zielgruppe
Personalverantwortliche, Unternehmer, Geschäftsführer, Projektmanager, Betriebsräte, Trainer, Moderatoren, Juristen

Aufnahmevoraussetzungen
Keine formalen und akademischen Voraussetzungen

Rahmenbedingungen
Der dreistufige Aufbau mit längeren Pausen zwischen den einzelnen Bausteinen bietet Gelegenheit, das erworbene Wissen und Können zwischenzeitlich zu erproben und Erfahrung zu sammeln. Die einzelnen Module bilden jeweils ein in sich geschlossenes Ganzes und können einzeln gebucht werden. Maximale Teilnehmerzahl ist 12.
Wirtschaftsmediation – Zertifikatsausbildung: Gesamtdauer 24 Tage und ein Tag Prüfung (ein Tag):

- Wirtschaftsmediation I: Grundausbildung sechs Tage
- Wirtschaftsmediation II: Komplexe Situationen und Skills acht Tage
- Wirtschaftsmediation III: Systemdesign – Mediation in und zwischen Unternehmen 10 Tage

Ziele
Die Grundausbildung soll es den Teilnehmern ermöglichen, Mediation kennen zu lernen und erste Erfahrungen zu sammeln. Der Kurs Wirtschaftsmediation II ergänzt übungs- und fallorientierte Arbeit. Hier spielt die Einübung kommunikativer Tools eine große Rolle. Der Kurs Wirtschaftsmediation III behandelt detailliert die spezifischen Probleme der Anwendung von Mediation in verschiedenen ökonomischen Feldern.

Inhalte (Ausschnitt)

- *Wirtschaftsmediation I:* Allgemeine Einführung in die Mediation, Anwendungsbereiche in der Wirtschaft, Vorteile von Mediationsverfahren, das Mediationsverfahren, Fähigkeiten und Methoden des Mediators, Einführung in die Konfliktdiagnose, Implementierung im betrieblichen Alltag, Ausblick – Konfliktdesign
- *Wirtschaftsmediation II:* Fallarbeit in komplexen Situationen, kommunikative Tools für Mediatoren, Klärungshilfe, Strategien der Klärungshilfe, die Interaktion der Parteien in der Mediation, Mediation in komplexen Settings
- *Wirtschaftsmediation III:* Rechtsfragen, Einbindung von Rechtsanwälten, Abschluss der Mediation, die Integration der Mediation in die Konfliktlösung der Unternehmen, Mediation im Unterneh-

men; Supervision und Vorbereitung der Falldokumentationen, Mediation zwischen Unternehmen: Besondere Anforderungen
- *Prüfung:* Vorstellung von Mediationsfällen

Methoden

Die Fortbildung verknüpft theoretisches Wissen und Training. Sie ist anwendungs- und erfahrungsorientiert und ermöglicht den Teilnehmern Phasen der Erprobung. Wesentliche Methoden sind: Theorievortrag, Kleingruppenarbeit, Moderation, Erarbeiten von Praxisbeispielen, Rollenspiele, Feedback und systemische Aufstellung.

Prüfung

Die Prüfung wird in einer größeren Gruppe (sechs bis acht Teilnehmer) durchgeführt. Die Teilnehmer stellen dabei einen von ihnen betreuten Mediationsfall vor. Sie diskutieren spezifische Handlungsprobleme und schwierige Situationen im Mediationsprozess. Sie stellen Leitlinien ihrer Arbeit dar. Diese Präsentation wird intensiv im Kreis der Kollegen besprochen. Die betreuenden Trainer geben ein detailliertes Feedback mit genauen persönlichen Entwicklungsvorschlägen.

Zertifikat

Nach bestandener Prüfung erhalten die Teilnehmer ein entsprechendes Zertifikat der Akademie, das als eine Grundlage zur Zertifizierung als Mediator *BMWA* zählt.

Weitere Informationen

Die Gesamtausbildung entspricht den Richtlinien des Verbandes für Mediation in Wirtschaft und Arbeitswelt. Mit dem Abschluss der drei Module, der Dokumentation von Fällen und der Mitgliedschaft im *BMWA* können sich die Teilnehmer als Mediator zertifizieren lassen.

Ausbildung zum Mediator – Mediation mit Methoden der Transaktionsanalyse (€)

Habichtswald Seminare
Karl-Heinz Risto
Zierenberger Straße 5
34270 Schauenburg-Martinhagen
Tel. und Fax: 0 56 01 / 92 51 90
E-Mail: risto@habichtswald-seminare.de
Internet: *www.habichtswald-seminare.de*

Zielgruppe

Berater, Pädagogen, Juristen, Supervisoren, Trainer, Führungskräfte

Aufnahmevoraussetzungen

- Abgeschlossene Berufausbildung oder Studium
- Mehrjährige Berufserfahrung, Erfahrung mit Konfliktmanagement

Rahmenbedingungen

Die Ausbildung erstreckt sich über 12 zweitägige Ausbildungseinheiten (Freitag/Samstag) innerhalb von zwei Jahren. Gesamtumfang: 200 Theoriestunden inkl. Ausbildungssupervision. Gruppengröße: 6–12 Teilnehmer. Ausbildungsbeginn ist in der Regel einmal jährlich.

Ziele

Die Teilnehmer sollen befähigt werden, selbstständig Konflikte durch Mediation lösen zu können.

Inhalte (Ausschnitt)

- *1. Jahr:*
  Motivation; Gruppenfindung
  Einführung in die Mediation sowie Transaktionsanalyse
  Konfliktbewältigungsstrategien und biografische Hintergründe
  Konfliktmodelle, Konflikteinstellungen und Konfliktstile
  Konfliktebenen und Konfliktanlässe; Dynamik der Konflikteskalation

Individuelle und systemische Bezüge
Spezifische Interventionstechniken; Kriseninterventionen
Typische Situationen und Settings der Mediation
Gestaltung der Anfangssitzung; Prozess und Phasen der Mediation
Einführung in die verschiedenen Praxisfelder der Mediation
Professionelle Selbstreflexion
Ethische und philosophische Aspekte

- *2. Jahr:*
  Felder der Mediation: Familienmediation, Schule, Umweltmediation, Wirtschaftsmediation
  Mediationspraxis: Etablierung auf dem Feld (unter Supervision)
  Institutionelle Rahmenbedingungen
  Aufbau von Kooperationen
  Akquisition
  Supervision von Mediationen
  Kolloquium

Methoden

- Systemisch orientierte Transaktionsanalyse, TZI
- Ab dem 2. Ausbildungsjahr eigenständige Mediations- und Konfliktmanagementpraxis
- Während der gesamten Ausbildung Lernsupervision in der Gruppe

Prüfung

Schriftliche Arbeit (Darstellung eines Mediations-Projektes), Kolloquium

Zertifikat

Zertifikat als »Mediation (GSM)« der *Gesellschaft für Schlichtung und Mediation;* Grundlagenzertifikat Transaktionsanalyse (DGTA) der *Deutschen Gesellschaft für Transaktionsanalyse*

Weitere Informationen

Seminare nach den Richtlinien der Gesellschaft für Schlichtung und Mediation (GSM). Die Ausbildung der *Habichtswald Seminare* ist auch als fortgeschrittenes TA-Training durch die *Deutsche Gesellschaft für Transaktionsanalyse* auf dem Weg zur »Praxiskompetenz Transaktionsanalyse« bzw. zum internationalen Examen anerkennbar.

Ausbildung in Wirtschaftsmediation (Wirtschaft und Arbeitswelt) (€€€)

Hamburger Institut für Mediation e.V.

Hamburger Institut für Mediation e.V.
Deseníßstraße 54
22083 Hamburg
Tel.: 0 40 / 29 22 74
Fax: 0 40 / 23 99 99 24
E-Mail: info@himev.de
Internet: *www.himev.de*

Zielgruppe

Diese Ausbildung richtet sich u. a. an Führungskräfte, Personalentwickler, Betriebsratsmitglieder, Juristen, Unternehmensberater, Mitarbeiter aus Verwaltung und Behörden und an alle anderen Menschen, die im Arbeitsalltag mit Konfliktsituationen konfrontiert werden. Eine abgeschlossene Ausbildung und Berufserfahrung wird vorausgesetzt.

Aufnahmevoraussetzungen

Hochschul- oder Fachhochschulabschluss oder abgeschlossene Berufsausbildung und Erfahrung in der Arbeitswelt

Rahmenbedingungen

Die Ausbildung umfasst insgesamt 250 Stunden in einem Zeitraum von 18 Monaten:

- Ausbildung: 31 Tage à 6,5 Stunden = 201 Stunden
- Supervision: 6 x ½ Tag = 21 Stunden
- Peergroups: 2 x 2 Tage à 7 Stunden = 28 Stunden

Ziele

Diese Ausbildung vermittelt Kompetenzen für den Mediator, um Konflikte einvernehmlich und zum Vorteil aller Konfliktbeteiligten zusammen mit diesen zu lösen. Mediation ist neben dem Zivilprozess und dem Schiedsgerichtsverfahren eine kostengünstige, schnelle und effektive Methode, um Konflikte zu bearbeiten und zu lösen. Die Konfliktparteien werden von einer neutralen und allparteilichen Person – dem Mediator – bei der gemeinsamen Erarbeitung von eigenverantwortlichen Lösungen unterstützt. Um hier Win-Win-Ergebnisse zu erzielen, lernen die Teilnehmer, konfliktschärfende Strategien und blockierende Kommunikations- und Beziehungsmuster zu erkennen und aufzulösen, stärken ihre soziale Kompetenz, erleben ihre persönliche mediative Grundhaltung und verbessern ihre eigenen Konfliktlösungsstrategien. Hierzu vermitteln wir Kenntnisse aus den Bereichen: Kommunikation, Systemtheorie, Psychodynamik, Konfliktlehre, Wahrnehmungspsychologie, Methodik der Mediation, Haltung und Ethik, rechtliche Rahmenbedingungen.

Inhalte (Ausschnitt)

- *Baustein 1 – Grundlagen der Mediation* (2 Tage): Was ist Mediation? Anwendungsbereiche, die Säulen der Mediation, die fünf Phasen der Mediation, Wirtschaftsmediation praktisch erfahren, Konflikt und Zieldefinition, Chancen, Risiken und Grenzen
- *Baustein 2 – Kunst der Wahrnehmung* (2 Tage): Pforten der Wahrnehmung, die Landkarte meiner Realität, Selbst- und Fremdwahrnehmung, Wahrnehmung als sozialer Prozess, Wahrnehmung und Wahrheit
- *Baustein 3 – Kommunikation in der Mediation* (4 Tage): Grundlagen der Kommunikation, Brücke des Verstehens, Vorannahmen, Vorurteile, Kommunikationsmuster, Umgang mit Störungen/Stress auflösen, Kommunikation mit Humor in der Wirtschaftsmediation
- *Baustein 4 – Umgang mit Konflikten* (4 Tage): Konfliktarten, die Dynamik der Konflikteskalation, Macht und Konkurrenz, Konfliktanalyse und -diagnose, eigenes Konfliktverhalten, wohin mit den Aggressionen?
- *Peergroup-Wochenende* (2 Tage)
- *Baustein 5 – Einführung in die systemische Sichtweise* (3 Tage): Erklärungsmodelle der Systemik, Systemgesetze in Organisationen, Systemfragenkatalog, Auftragsklärung, Bedeutung und Anwendung für die Wirtschaftsmediation, eigene Haltung, Einführung in die systemische Aufstellung
- *Baustein 6 – Mediationsprozess* (4 + 2 Tage): Baukasten der Methoden, Rolle des Mediators, Haltung und Verhalten in der Wirtschaftsmediation, Co-Mediation, Einzelarbeit, Arbeit mit Stellvertretern, Selbstklärung
- *Baustein 7 – Rolle des Rechts* (2 Tage): Mücke oder Elefant? Einbeziehung des Anwalts, Mediationsverträge, Vereinbarungen, Abgrenzung zur Rechtsberatung
- *Peergroup-Wochenende* (2 Tage)
- *Baustein 8 – Mediation in und zwischen Gruppen* (4 Tage): systemische Sichtweise in der Gruppenmediation, Moderation und Visualisierung, Vielparteienmanagement, Methoden und Interventionen, Mediationsplan, Reduktion von Komplexität, Synchronisierung des Prozesses, Rückkopplungssysteme, Beteiligungsketten
- *Baustein 9 – Mediation in der Verwaltung* (2 Tage): Strukturen und Abläufe in der öffentlichen Verwaltung, gesellschaftlicher Auftrag, Anwendungsbereiche der Verwaltungsmediation, Vorteile verwaltungsinterner Mediation, Mediation und Personalvertretung, Mediation in Außenbeziehungen, Implementation in der öffentlichen Verwaltung
- *Baustein 10 – Abschlusstesting – Live-Mediation* (2 Tage)

Methoden
Präsenzseminare am (verlängerten) Wochenende mit vielen praktischen Übungen (Einzel- und Gruppenarbeit, Rollenspiele, Seminararbeit, Gruppen- und Einzelfeedback), Peergroup-Wochenenden, angeleitete Supervisionen

Prüfung
- Für die Anerkennung durch das *Hamburger Institut für Mediation e.V.*: zwei ausführliche Falldokumentationen und ein Testing (Live-Mediation in der Gruppe)
- Für die Anerkennung durch den *BMWA*: weitere zwei Falldokumentationen sowie eine Abschlussarbeit.

Zertifikat
Absolventen der Ausbildung erhalten nach den Prüfungen jeweils Zertifikate des *Instituts für Mediation e.V.* sowie (bei Vorlage von vier abgenommenen Falldokumentationen) des *BMWA (Bundesverband Mediation in Wirtschaft und Arbeitswelt)*.

Weitere Informationen
Der Ausbildungsgang findet erstmalig 2005 statt. Eine Prozesszertifizierung der Kursqualität durch die *Handelskammer Hamburg* ist angestrebt.

Wirtschaftsmediation – professionelles Konfliktmanagement – Wirtschaftsmediator (IHK) (€€)

Haus der Technik e.V.
Außeninstitut der RWTH Aachen
HDT Akademie
Dr. Jochen Fischer
Hollestraße 1
45127 Essen
Tel.: 02 01 / 180 31
Fax: 02 01 / 180 32 69
E-Mail: hdt@hdt-essen.de
Internet: *www.hdt-essen.de*

Zielgruppe
- Führungskräfte in Unternehmen
- Unternehmensberater, Personal- und Organisationsberater
- Betriebsratsmitglieder
- Ingenieure
- Juristen
- Alle interessierten Fach- und Führungskräfte, die bereits in der Mediationsarbeit tätig sind oder damit beginnen wollen

Aufnahmevoraussetzungen
Ein abgeschlossenes Diplomstudium einer Fachhochschule oder Universität ist von Vorteil. Berufserfahrung ist erwünscht.

Rahmenbedingungen
Sieben Module à ein bis drei Tage (meist Freitag/Samstag); Gesamtdauer ca. ½ Jahr.

Ziele
Befähigung der Teilnehmer, Probleme und Konflikte des Berufsalltags zu strukturieren und zu analysieren, in jeder Eskalationsstufe systematisch bearbeiten sowie lösen zu können.

Inhalte (Ausschnitt)
- *Modul I* – Grundlagen der Wirtschaftsmediation: Grundlagen, historische Entwicklung und typische Anwendungsgebiete für Wirtschaftsmediation, Ablauf eines Mediationsverfahrens
- *Modul II* – Kommunikations- und Arbeitstechniken: Wahrnehmen in der Mediation, aktives Zuhören anwenden, Informationen wirksam senden können
- *Modul III:* Verhandlungsführung, Verhandlungstechniken und Verhandlungsanalyse, kompetitive Verhandlungsführung, integrative Verhandlungsführung, Harvard-Konzept, Wirtschaftsmediation bei Vertragsverhandlungen

- *Modul IV:* Vorbereitung und Durchführung eines Mediationsverfahrens
- *Modul V:* Management von Wirtschaftsmediation, Recht in der Wirtschaftsmediation, Abgrenzung der Wirtschaftsmediation von der Rechtsberatung, Haftungs- und Versicherungsfragen, Mediationsvertrag und -klauseln, Abschlussvereinbarung und Vollstreckbarkeit
- *Modul VI:* Konfliktmanagement und Konfliktmoderation
- *Modul VII:* Mediation in Wirtschaftsunternehmen, typische Konfliktkonstellationen in Unternehmen, *ConflictManagement-Design*, Problemfelder Fusion und Unternehmensnachfolge, Mediation im internationalen Kontext
- *Abschlussprüfung*

Methoden
Fachvorträge, Diskussionen, Fallstudien, Gruppen- und Projektarbeit, spezielle Übungen zur Transfersicherung

Prüfung
Die Teilnehmer präsentieren und diskutieren im siebten Modul ihre Abschlussarbeit.

Zertifikat
Die Teilnehmer erhalten ein Zertifikat vom *Haus der Technik* sowie das Zertifikat »Wirtschaftsmediator« der *IHK Essen*.

Weitere Informationen
Der Lehrgang erfüllt die Voraussetzungen des Arbeitnehmerweiterbildungsgesetzes für die Beantragung von Bildungsurlaub.

Weiterbildungsstudiengang Mediation (€€€)

Heidelberger Institut für Mediation in Kooperation mit der Universität Heidelberg
Lis Ripke
Mönchhofstraße 11
69120 Heidelberg
Tel.: 0 62 21 / 47 34 06
Fax: 0 62 21 / 47 26 93
E-Mail: ripke.mediation@t-online.de
Internet: *www.mediation-heidelberg.de*

Ausführliche Informationen zu erhalten über:
Akademie für Weiterbildung an den Universitäten Heidelberg und Mannheim
Friedrich-Ebert-Anlage 22–24
69115 Heidelberg
Tel.: 0 62 21 / 54 78 10
Fax: 0 62 21 / 54 78 19

Zielgruppe
Interessenten aus juristischem, ökonomischem oder psychosozialem Berufsfeld oder vergleichbaren Berufsgruppen

Aufnahmevoraussetzungen
- Abgeschlossenes Hochschulstudium – vorzugsweise ein psychologisches, sozialwissenschaftliches oder juristisches Studium – oder eine vergleichbare Qualifikation
- Zwei Jahre bereichsspezifische Berufserfahrung, die in der Regel nach Studienabschluss absolviert sein sollte
- Möglichkeit, bereits während der Ausbildung Mediation zu praktizieren

Rahmenbedingungen
Variable Ausbildungsdauer zwischen zwei und fünf Jahren. Die Seminare finden in einzelnen Tagesblöcken statt und sind auch für Interessenten offen, die nicht an der gesamten Zusatzausbildung teilnehmen möchten.
Das Heidelberger Curriculum umfasst 200 Zeitstunden. Darin enthalten sind 150 Zeitstunden Seminare und 50 Zeitstunden für die angeleitete Supervision der eigenen Mediationspraxis. Dies entspricht 267 akademischen Ausbildungsstunden. Außerdem sind mindes-

tens 50 Zeitstunden für die praxisbezogene Tätigkeit im Selbststudium anzusetzen.

Ziele

Die Ausbildung soll die Teilnehmer befähigen, Mediation qualifiziert auszuüben. Sie dient dem Erwerb praktischer Fähigkeiten und Fertigkeiten unter Einbezug wissenschaftlicher Grundlagen und Forschungsergebnisse sowie der Integration von Fertigkeiten aus den verschiedenen Grundberufen. Seitens der Teilnehmer und der Ausbilder ist die Ausbildung interdisziplinär ausgerichtet.

Inhalte (Ausschnitt)

Die Seminare sind in vier aufeinander aufbauende Einheiten gegliedert, in denen die Grundlagen und Kernbereiche der Mediation sowie spezielle Anwendungsbereiche behandelt werden.

- *A-Seminare: Einführungskurse*
  Darstellung von Grundannahmen, Wesen und Vorgehen der Mediation, Voraussetzungen der Mediation, grundlegende Mediationstechniken sowie Rahmenbedingungen, praktische Anwendung der Mediation
- *B-Seminare: Ergänzungskurse*
  Vermittlung fehlender Kenntnisse aus dem jeweils anderen Grundberuf: für Angehörige psychosozialer Grundberufe wird ein Kurs über Grundlagen des Familienrechts angeboten, für Angehörige juristischer Grundberufe ein Kurs über psychologische Grundlagen der Mediation
- *C-Seminare: Fortgeschrittenenkurse*
  Vertiefung und Erweiterung der Kenntnisse und Fertigkeiten über Methoden, Strategien und Techniken der Mediation, Kommunikation in der Mediation, Konfliktmuster in der Mediation, Gerechtigkeit und Recht in der Mediation, Strategien und Techniken der Mediation. Es sollen mindestens 3 C-Seminare besucht werden.
- *D-Seminare: Vertiefungskurse*
  Spezielle Anwendungsbereiche der Mediation, spezifische Probleme in der Mediation
- *Praktischer Teil: A 2-Seminar*
  Praktische Anwendung der Mediation (Dokumentation, Supervision, Marketing)
- *Supervision*

Methoden

Starke Betonung von Supervision und Qualitätsmanagement, Vorlesung, Rollenspiele, Dokumentationen

Prüfung

Dokumentation von vier eigenen Mediationsfällen. Jeder der Fälle soll mindestens vier Sitzungen umfassen und in mindestens zwei Fällen erfolgreich mit einem Memorandum abgeschlossen sein. Die schriftliche Falldarstellung über diese Mediationen sind bei der Kommission, die den Abschluss der Weiterbildung abnimmt, vorzulegen, damit diese sich ein Bild über die praktischen Fähigkeiten und Fertigkeiten des Auszubildenden machen kann.

Zertifikat

Die Heidelberger Weiterbildung gilt als abgeschlossen, wenn die Teilnahme an den Seminaren und der Supervision im erforderlichen Umfang nachgewiesen ist und die Dokumentation von vier eigenen Mediationsfällen vorliegt. Sie wird mit dem Abschlussseminar beendet und durch das Zertifikat der Universität Heidelberg bescheinigt. Der Abschluss »Mediator BAFM« ist anerkannt vom *Europäischen Forum für Ausbildung und Forschung in Mediation.*

Weitere Informationen

Die Ausbildung orientiert sich an der von der *BAFM* verabschiedeten Ausbildungsordnung.

Zusatzqualifikation Mediation – Mediation und Konfliktmanagement in der Arbeitswelt (€€)

Hochschule für Angewandte Wissenschaften Hamburg
Fachbereich Sozialpädagogik;
ZEPRA – Zentrum für Praxisentwicklung
Martina Stehn
Saarlandstraße 30
22303 Hamburg
Tel.: 0 40 / 42 85 70 51
Fax: 0 40 / 428 63 34 66
E-Mail: martina.stehn@sp.haw-hamburg.de
Internet: *www.haw-hamburg.de/sp/zepra*

Zielgruppe
Sozialpädagogen, Psychologen, Juristen, Pädagogen, Pastoren, Funktionsträger in Betrieben, Verwaltungen und Verbänden, Unternehmensberater, Personalentwickler und Trainer

Aufnahmevoraussetzungen
Zwei Jahre Berufserfahrung sowie Gelegenheit zur Mediation während der Qualifizierung. Im Einzelfall kann ein Auswahlgespräch erfolgen.

Rahmenbedingungen
Gesamtdauer: insgesamt 200 Zeitstunden (Seminare + Supervision + Intervision). Die maximale Teilnehmerzahl beträgt 20.

Ziele
Die Ausbildung bietet den Teilnehmern in kompakter Form eine vollständige Grundlage, um ein eigenes, qualifiziertes Mediationsangebot für Konflikte in Organisationen aufzubauen – als externer oder auch interner Mediator.

Inhalte (Ausschnitt)
- *Grundkurs (Block 1–4):* Theoretische Grundlagen: Konflikttheorien (u.a. *Glasl, Schwartz, Rosenberg,* Harvard-Konzept), Mediation: Rahmen, Phasen, Kommunikationsmodell, Grundsätze, transformative Mediation nach *Bush/Folger*, systemisch-lösungsorientierter Ansatz (*Steve de Shazer/ Insoo Kim Berg*)
- *Umschaltblock (Block 5):* Kontingenzmodell *(Glasl)*, Fallverstehen in der Mediation *(Wandrey)*, Führen von Einzelgesprächen, Praxisfeldentwicklung: Start in das eigene Praxisprojekt
- *Aufbaukurs (Block 6–8):* Rechtliche Grundlagen, Definition und Entwicklungsphasen von Teams, Machtphasen und -strategien in Unternehmen, Aufbau eines eigenen Mediationsprofils

Methoden
Seminarblöcke, Supervision, Intervision sowie auch eigene Praxisübungen der Teilnehmer, Impulsreferate, Übungen, Rollenspiele und deren Reflexion
Selbsterfahrung, Feedback sowie Videofeedback u.v.m.

Prüfung
Nach dem Abschlussblock fertigen die Fortbildungsteilnehmer eine Seminararbeit an. Diese besteht aus der Durchführung, Supervision und Dokumentation einer eigenen Mediation. Die Seminararbeit kann auch nach Beendigung des Kurses durchgeführt und zu einem späteren Zeitpunkt zur Begutachtung bei *ZEPRA* eingereicht werden.

Zertifikat
Teilnehmer, die an mindestens 90 Prozent der Seminare, Supervisionen und Intervisionen teilgenommen haben und deren Seminararbeit mit »bestanden« bewertet wird, erhalten ein entsprechendes institutseigenes Zertifikat.

Weitere Informationen
Die Ausbildung ist anerkannt durch den *BM*. Nach Abschluss der Qualifikation und Durchführung von vier Mediationen kann die Anerkennung als »Mediator BM« beantragt werden. Die dreitägigen Seminare können als Bildungsurlaub eingereicht werden.

Wirtschaftsmediator (IHK) (€€)

IHK Akademie
In Kooperation mit *gwmk (Gesellschaft für Wirtschaftsmediation und Konfliktmanagement e.V.)* und *Steinbeis Transfer-Institut IBL,* Berlin
Dipl.-Kaufmann Thomas Kölbl
Von-Adrian-Straße 5
83620 Feldkirchen-Westerham
Tel.: 0 80 63 / 912 51
Fax: 0 80 63 / 912 88
E-Mail: koelbl@muenchen.ihk.de
Internet: *www.muenchen.ihk.de*

Zielgruppe

- Geschäftsführer und Mitarbeiter mit Führungsverantwortung
- Richter, Unternehmensjuristen, Rechtsanwälte
- Steuerberater, Wirtschaftsprüfer
- Personalleiter
- Alle Personen der öffentlichen und privaten Wirtschaft, die Interesse an den Methoden der außergerichtlichen Streitbeilegung haben.

Aufnahmevoraussetzungen

Ein akademischer Abschluss ist keine Aufnahmebedingung.

Rahmenbedingungen

Sechs aufeinander folgende Module mit je zwei bis drei Tagen (Donnerstag bzw. Freitag je 9.00 Uhr – 21.00 Uhr sowie Samstag 9.00 Uhr – 17.00 Uhr). Die Module umfassen insgesamt 150 Unterrichtseinheiten.

Ziele

- Mit den Methoden der Mediation Konflikte aus dem Wirtschaftsumfeld frühzeitig analysieren sowie interessengerecht, kostengünstig und zeitsparend bearbeiten und lösen
- Befähigung, einer qualifizierten beruflichen Tätigkeit als Wirtschaftsmediator nachzugehen
- Grundlegende Methoden und Techniken der Mediation – bezogen auf die Bereiche Wirtschaft und Arbeitswelt – sowie konflikt- und erkenntnistheoretische Grundlagen und weiterhin interdisziplinäre und internationale Kenntnisse vermitteln

Inhalte (Ausschnitt)

- Grundlagen der Wirtschaftsmediation
- Kommunikations- und Arbeitstechniken für Wirtschaftsmediation
- Vorbereitung und Durchführung eines Mediationsverfahrens
- Verhandlungsführung, Verhandlungstechniken und -analyse
- Management von Wirtschaftsmediation
- Wirtschaftsmediation in der Praxis

Methoden

- Fallstudien aus der Praxis sowie interaktive Unterrichtsmethoden bilden die Basis für die Behandlung der theoretischen Aspekte der Wirtschaftsmediation.
- Fachvorträge, Fallstudien, Gruppen- und Projektarbeiten, spezielle Übungen und Diskussionen.
- Praktiker berichten über ihre Erfahrungen mit dem Einsatz von Wirtschaftsmediation.
- Persönliches Feedback für jeden Teilnehmer.

Prüfung

Jeder Teilnehmer hat eine Fallstudie oder einen Essay zu einem aktuellen Thema der Wirtschaftsmediation einzureichen, die oder der im letzten Modul in einem halbstündigen Prüfungsgespräch diskutiert wird.

Zertifikat

Nach Absolvieren der Prüfung erhalten die Teilnehmer das Zertifikat »Wirtschaftsmediator (IHK)«.

Weitere Informationen

Ausbildung als Basis eines modularen Systems: Das *Steinbeis Transfer-Institut* bietet zur Weiterführung Speziallehrgänge zur Vertiefung, Fortbildung sowie Supervision an. Seit 2004 wird ein *Master of Business Administration (MBA)* mit Schwerpunkt *Dispute Resolution* angeboten.

Berufsbegleitende Ausbildung Mediation – Vermittlung im Konflikt (€€)

Institut Sikor – mediation training
Markus Sikor
Am Heugärtle 33
86916 Kaufering
Tel.: 0 81 91 / 970 74 60
Fax: 0 81 91 / 970 74 61
E-Mail: info@institut-sikor.de
Internet: *www.institut-sikor.de*

Zielgruppe

Menschen, die privat oder beruflich einen konstruktiven Umgang mit Konflikten erlernen möchten. Die Ausbildung eignet sich insbesondere als Zusatzqualifikation für Personen, die in sozialen, pädagogischen, beratenden oder juristischen Bereichen tätig sind.

Aufnahmevoraussetzungen

Keine akademische Vorbildung erforderlich. Ein Fragebogen zur Ausbildung der Teilnehmer, zum beruflichen Werdegang sowie zur Motivation, die Mediatorausbildung zu absolvieren, muss mit der Anmeldung eingereicht werden.

Rahmenbedingungen

Gesamtumfang: 200 (Zeit-)Stunden. Sieben verlängerte Wochenenden (Donnerstag- bzw. Freitagabend bis Sonntagmittag) und zwei Wochen (Montag bis Freitag). Gruppengröße auf maximal 18 Personen beschränkt.

Ziele

Ganzheitliche fundierte Ausbildung der Teilnehmer, um einen – sowohl im privaten als auch beruflichen Umfeld – konstruktiven Umgang mit Konflikten zu erlernen.

Inhalte (Ausschnitt)

- Faire Kommunikation, Empowerment im Konflikt
- Persönliche Konfliktkompetenz
- Erfolgreiche Konfliktlösung: psychologische Grundlagen von Konflikten, Konflikttypologie, Philosophie der Mediation etc.
- Mediation in Aktion: Mediationsphasen, kreative Problemlösungsmethoden
- Verschiedene Anwendungsbereiche von Mediation in der Praxis
- Vertiefung einzelner Anwendungsfelder der Mediation, wie z. B. Wirtschaftsmediation, Familienmediation, interkulturelle Mediation etc. (je nach Teilnehmerzusammensetzung)

Methoden

Reflektieren des eigenen Konfliktverhaltens durch Übungen und Rollenspiele. Es wird vor allem mit der »Gewaltfreien Kommunikation« nach *Marshall B. Rosenberg* gearbeitet. Ausbildung als Mix aus Impulsreferaten, Übungen, Reflexion, angeleiteter Mediation und Selbstwahrnehmung usw. Verwendung von Audio- und Videofeedback sowie Supervision und Intervision. Coachingpartnerschaften.

Prüfung

Präsentation eines selbst gewählten Abschlussprojekts

Zertifikat

Nach erfolgreichem Abschluss der Ausbildung und dem Absolvieren der Prüfung erhalten die Teilnehmer ein entsprechendes Zertifikat des Instituts. Es berechtigt zusammen mit dem Nachweis von Mediationsfällen zur Anerkennung als Mediator (BM) beim *Bundesverband für Mediation e.V.*

Weitere Informationen

Das Institut legt großen Wert auf eine ganzheitliche Ausbildung, d. h., der sachliche, vor allem aber der emotionale Aspekt der Konfliktlösung wird bei der Ausbildung berücksichtigt. Während der Ausbildung werden persönliche und gruppendynamische Themen aufgegriffen, um den Teilnehmer in seiner ganzen Person mit einzubeziehen. Dauer und Inhalte der Ausbildung entsprechen den Ausbildungsstandards des *Bundesverbandes Mediation e.V.*

Mediation in Wirtschaftsunternehmen (€€)

ISK Consulting (Institut für Streitkultur)
Monika Oboth
Rheinstraße 32–33
12161 Berlin
Tel.: 0 30 / 85 10 35 55
Fax: 0 30 / 79 70 54 25
E-Mail: info@streitkultur.de
Internet: *www.streitkultur.de*

Zielgruppe

Führungskräfte in Unternehmen, externe Personal- und Organisationsentwickler, (zukünftige) Berater und Trainer in der Wirtschaft

Aufnahmevoraussetzungen

Es sind keine formalen oder akademischen Voraussetzungen nötig. Es wird die Bereitschaft des Teilnehmers erwartet, sich mit dem Thema Konflikt eingehend zu beschäftigen und neue Methoden der Konfliktbewältigung zu erlernen.

Rahmenbedingungen

Berufsbegleitende Ausbildung in acht Modulen über 11 Monate. Es besteht die Möglichkeit, Teile der Ausbildung als Kompakt- und Aufbaukurs zu buchen. Die Gruppengröße beträgt maximal 15 Personen.

Ziele

Die Teilnehmer sollen bei Konflikten im Wirtschafts- und Unternehmenkontext zügig, lösungsorientiert und nachhaltig reagieren können. Das Hauptaugenmerk liegt hierbei auf der Erhöhung der Kooperationsbereitschaft und -fähigkeit. Die Ausbildung befähigt die Teilnehmer, Beteiligte in schwierigen und konfliktbelasteten Situationen zu unterstützen sowie tragfähige Vereinbarungen zu finden.

Inhalte (Ausschnitt)

- *Modul I:* Grundlagen der Mediation
  Konfliktdefinition, Phasen der Mediation, Interventionstechniken
  Erste Rollenspiele mit individuellem und ressourcenorientiertem Feedback
- *Modul II:* Die gewaltfreie Kommunikation nach *Marshall B. Rosenberg* in der Mediation (GfK)
- *Modul III:* Mediation in der Anwendung
- *Modul IV:* Werkzeuge der Verhandlung nach dem Harvard-Konzept
- *Modul V:* Erweiterung der eigenen Konfliktfähigkeit als Grundlage professioneller Mediation
  Umgang mit Eskalation und Aggression: Übungen und Rollenspiele
  Umgang mit Störungen und Widerständen: Übungen und Rollenspiele
- *Modul VI:* Konflikte in Organisationen systemisch betrachtet
- *Modul VII:* Konflikte in Teams und Projektgruppen
- *Modul VIII:* Das persönliche Profil als Mediator
  Rechtliche Aspekte in der Mediation
  Fallbearbeitung aus der eigenen Berufspraxis (Vorbereitung, Rollenspiel, Nachbearbeitung, Dokumentation)
  Supervision, Kolloquium und Feedback
  Abschlusspräsentation und Bescheinigung bzw. Zertifizierung

Methoden

Neben theoretischen Impulsen im Wesentlichen: Übungen, Rollenspiele mit Supervision, individuelles und ressourcenorientiertes Feedback, Videofeedback, Intervision durch gegenseitiges Coaching (außerhalb der gemeinsamen Kurszeiten), Elemente der Selbsterfahrung

Prüfung

Im achten Modul der Ausbildung werden vom Teilnehmer zwei Praxisfälle in einem Kolloquium schriftlich und auch im Rollenspiel vorgestellt. Diese werden dann gemeinsam mit der Ausbildungsleitung ausgewertet.

Zertifikat

Die Teilnehmer erhalten eine Bescheinigung über die Teilnahme an der Ausbildung, inkl. der Inhalte gemäß der Ausbildungsrichtlinien des *Bundesverbandes Mediation* und der absolvierten Module. Ein Zertifikat wird nach erfolgreichem Bestehen der Prüfung vergeben (bescheinigt neben den Ausbildungsinhalten auch den ausdrücklichen Erfolg der Teilnahme).

Weitere Informationen
Vorab findet ein Infoabend statt. Hier gibt es die Möglichkeit, die Trainer kennen zu lernen sowie Fragen zu stellen. Es werden diverse weitere Kurse angeboten, wie beispielsweise ein Tageseinführungsseminar Mediation sowie ein Grundlagenseminar Mediation für Juristen. Ebenso gibt es weiterführende Seminare wie z.B. »Existenzgründung und Präsentation« – ein Workshop für zukünftige Mediationsprofis. Auch Inhouse-Seminare für Führungskräfte werden angeboten.
Die Teilnehmer haben Gelegenheit, bei Mediationsverfahren der *ISK Consulting* zu hospitieren. Voraussetzung hierfür ist die aktuelle Beauftragung der *ISK* mit einem Verfahren und die Einwilligung der Medianten in die Hospitation. Die Ausbildung richtet sich nach den Standards und Richtlinien des *Bundesverbandes Mediation*. Die Jahresausbildung ist von den Ländern Berlin und Brandenburg als Bildungsurlaub anerkannt.

Jahresausbildung Mediation (€)

neustart – Institut für Mediation und kreative Lösungen
Jutta Groth
Wolzinger Zeile 29
12307 Berlin
Tel.: 0 30 / 744 31 45
Fax: 0 30 / 70 78 76 45
E-Mail: info@neustart-mediation.de
Internet: *www.neustart-mediation.de*

Zielgruppe
Erwachsene aller Bereiche

Aufnahmevoraussetzungen
Keine formellen oder akademischen Voraussetzungen

Rahmenbedingungen
Die Jahresausbildung umfasst 120 Stunden (Grundausbildung). Diese Ausbildung wird auch als Kompaktkurs in einer Sommerakademie angeboten (3 Wochen). Seminare finden jeweils einmal monatlich freitags von 15.30 Uhr bis 18.30 Uhr und samstags von 9.30 Uhr bis 18 Uhr statt. Die Gesamtausbildung umfasst insgesamt 200 Stunden. Gruppengröße: 8–24 Teilnehmer.

Ziele
Im Laufe des Seminars werden die Teilnehmer dazu befähigt, das Mediationsverfahren selbstständig anzuwenden.

Inhalte der Grundausbildung (Ausschnitt)
Rolle und Haltung des Mediators, Theorie und Praxis der Mediation, Prozesse der Mediation, Gesprächs- und Interventionstechniken, Konfliktanalyse und Strategien der Konfliktbearbeitung, das Harvard-Prinzip, Mediation in unterschiedlichen Anwendungsfeldern:

- Wirtschaft – Sozialbereich
- Interkulturell
- Paar-, Gruppenbeziehung
- Gruppen und Teams

Abgrenzung zu anderen Verfahren, Grundkenntnisse aus Psychologie, Sozial- und Kommunikationswissenschaften, Recht und Mediation

Methoden
In Kleingruppen wird in Rollenspielen geübt. Auf Wunsch Video-Selbstüberwachung bei den Rollenspielen möglich.

Zertifikat
Nach der Gesamtausbildung von 200 Stunden

kann eine Anerkennung durch den *Bundesverband Mediation* beantragt werden.

Weitere Informationen

Die Ausbildung entspricht den Richtlinien des *Bundesverbandes Mediation e.V.* und ist als Bildungsurlaub anerkannt. Es werden auch die jeweiligen Aufbauseminare sowie Supervision zur Erlangung der Gesamtausbildung angeboten. Die Aufbauseminare richten sich thematisch nach den Anwendungsfeldern der Teilnehmer, z.B. Mediation in der Wirtschaft.

Weiterbildendes Studium Mediation und Konfliktmanagement in Wirtschaft und Arbeitswelt (€€)

Ruhr-Universität Bochum, Weiterbildungszentrum
Dipl.-Ökol. Bärbel Heidbreder und
Dipl.-Päd. Christa Zinn
44780 Bochum
Tel.: 02 34 / 322 64 66
Fax: 02 34 / 321 42 55
E-Mail: wbz@ruhr-uni-bochum.de
Internet: *www.ruhr-uni-bochum.de/wbz*

Zielgruppe

Fach- und Führungskräfte in Unternehmen, Verwaltungen, Verbänden und Bildungseinrichtungen

Aufnahmevoraussetzungen

Abgeschlossenes FH- oder Hochschulstudium; in Ausnahmefällen kann die Eignung über die Qualifizierung in einem einschlägigen Berufsfeld nachgewiesen werden. Erwünscht ist der Nachweis über die Anwendungsmöglichkeiten von Mediation im Berufsfeld der Teilnehmer. Angeboten und erwünscht ist ein Klärungsgespräch zur Teilnahme an der Weiterbildung.

Rahmenbedingungen

Gesamtzeitraum: ca. zwei Jahre. Zwei- bis dreitägige Kompaktseminare mit Gesamtumfang von 250 Stunden (10 Module).

Ziele

Die Teilnehmer sollen befähigt werden, als Konfliktberater und Mediatoren in deren jeweiligem Arbeitsfeld tätig zu werden.

Inhalte (Ausschnitt)

- Einführung in die Mediation
- Der systemische Ansatz in der Mediation
- Verhalten im Konflikt, Erarbeiten von Mediationsplänen
- Das »klassische Setting« der Mediation – Phasen der Mediation
- Transformative Mediation – das Empowerment-Konzept
- Grundlagen des Verhandelns nach dem Harvard-Konzept
- Konfliktbearbeitung in Gruppen und Organisationen
- Berechnung der Konfliktkosten
- Arbeitstechniken mit dem Hexagon konstruktiver Konfliktbearbeitung in Organisationen
- Entwicklung von Konfliktmanagementsystemen
- Mediation und systemische Organisationsentwicklung

Methoden

Neben Studieneinheiten gibt es »begleitende Projektarbeit«, »Supervision« sowie eine »Peergroup«. Teil der Ausbildung ist die Planung, Durchführung und Dokumentation eines Mediationsprojektes. Zur Begleitung dieses Projektes wird eine dreitägige Supervision angeboten, um die hier anfallenden praktischen Probleme bei der Umsetzung des erlernten Wissens bearbeiten zu können. In den »Peergroup«-Kleingruppen findet eine kollegiale Intervision statt.

Prüfung
Eigenständiges Anfertigen einer Falldokumentation sowie Teilnahme am Abschlusskolloquium

Zertifikat
Nach regelmäßiger und vollständiger Teilnahme an allen Veranstaltungen sowie erfolgter Anfertigung der Falldokumentation und Absolvierung des Abschlusskolloquiums erhalten die Teilnehmer ein entsprechendes Zertifikat der *Ruhr-Universität Bochum.* Wird mehr als 10 Prozent der Gesamtstundenzahl verpasst, wird lediglich die Teilnahme an den Einzelveranstaltungen bescheinigt, das Zertifikat wird nicht erteilt.

Weitere Informationen
Orientiert sich an qualitativen und quantitativen Standards des *Bundesverbandes Mediation in Wirtschaft und Arbeitswelt (BMWA).*

Ausbildung Mediation – Schwerpunkt: Konfliktbearbeitung in Teams und Gruppen (€€)

SOKRATeam GmbH
Thomas Robrecht
Eugen-Kalkschmidt-Weg 2
81927 München
Tel.: 0 89 / 94 46 85 01
Fax: 0 89 / 94 46 85 03
E-Mail: thomas.robrecht@sokrateam.de
Internet: *www.sokrateam.de*

Zielgruppe
Menschen, die bereits über Erfahrung in der Leitung von Gruppen verfügen, wie z.B. Personalentwickler, Trainer, Berater, Therapeuten, Führungskräfte, Projektleiter u.v.m.

Aufnahmevoraussetzungen
Es wird keine akademische Vorbildung vorausgesetzt. Der Teilnehmer muss eine Tätigkeit ausüben, bei der er Gruppen leitet, und es muss die Chance bestehen, während der Ausbildungszeit in diesem Rahmen Konflikte in Gruppen zu bearbeiten.
Interessierte müssen einen Fragebogen zur derzeitigen beruflichen Tätigkeit, zu Zielen, Werdegang, Motivation etc. schriftlich einreichen bei der Anmeldung. Die Auswahl der Teilnehmer erfolgt nach Eingang der Anmeldung sowie Vielfalt und Unterschiedlichkeit der Teilnehmer – nach deren Tätigkeitsfeldern und -erfahrungen.

Rahmenbedingungen
Die Gruppen werden jeweils von zwei erfahrenen Mediationsausbildern betreut; maximale Gruppengröße: 20 Teilnehmer. Gesamtumfang: 150 Stunden: sechs Wochenenden (je 15 Stunden) plus zwei mal fünf Tage (je 30 Stunden) mittwochs – sonntags. Die Ausbildung ist in acht Module untergliedert.

Ziele
Ein besonderer Schwerpunkt der Ausbildung liegt auf der Persönlichkeitsentwicklung, da der Mediator zunächst mit seinen eigenen Themen »ins Reine« kommen muss, bevor er andere Menschen bei der Bewältigung ihrer Konflikte begleiten kann.

Inhalte (Ausschnitt)
- Grundlagen der Mediation
- Reflexion des eigenen (Konflikt-)Verhaltens
- Konflikt: Typologie, Eskalationsdynamik und Analyse
- Identifikation von Manipulationsformen und angemessener Intervention
- Entwicklung eines persönlichkeitsstimmigen Mediationsstils
- Harvard-Konzept: Chancen und Grenzen
- Die Mediationsphasen
- Abgrenzung der Mediation zu anderen Verfahren

- Gruppenleitung: Gruppenphasen, Gruppendynamik und Leitungsrolle
- Wege zur Integration der Mediation in das persönliche Arbeitsumfeld

Methoden
Die Ausbildung richtet sich nach dem Teilnehmerkreis und orientiert sich an Haltung und Methode der themenzentrierten Interaktion. Anwendung von Rollenspielen und Video-Feedback. Die Teilnehmer erhalten die Gelegenheit, eine Gruppenleitung mit eigenen Themen zu übernehmen, um die Wirkung von Interventionen und ihrer Persönlichkeit zu reflektieren. Intervision: Die Teilnehmer vertiefen in selbstständigen Kleingruppen ihre Mediationsfertigkeiten.

Prüfung
Keine spezielle Prüfung, sondern Teilnahme an allen Modulen und Intervisionen als Voraussetzung zur Erteilung eines entsprechenden Zertifikats.

Zertifikat
Die Teilnehmer erhalten ein Zertifikat über 170 Stunden (150 Stunden Seminar plus 20 Stunden Intervision). Mit dem Nachweis von insgesamt 200 Stunden (zusätzliche 30 Stunden Supervision, die nicht im Seminarpreis enthalten sind) und der schriftlichen Dokumentation und Reflexion von vier supervidierten Mediationen können die Teilnehmer beim *BM* den Antrag auf Anerkennung als »Mediation BM« stellen.

Weitere Informationen
Anerkannte Ausbildung nach den Standards und Richtlinien des *Bundesverbandes für Mediation e.V.*

Fortbildung zum Dispute Manager (StW) (€€)

Steinbeis Transfer Institut – International Business Law
Anita Port
Gutenbergstraße 1
85737 Ismaning
Tel.: 0 89 / 94 57 34 48
Fax: 0 89 / 94 57 31 99
E-Mail: port@steinbeis-law.de
Internet: *www.stw-training.de*

Zielgruppe
Fach- und Führungskräfte aller Ebenen, Manager, Geschäftsführer und Vorstände, Unternehmensjuristen und Personalverantwortliche, Unternehmensberater

Aufnahmevoraussetzungen
Keine formalen oder akademischen Voraussetzungen. Führungsverantwortung erwünscht. Eine Grundausbildung in Mediation, z. B. die Kooperationsausbildung der *IHK München* oder *Frankfurt* zum Wirtschaftsmediator, sollte zuvor absolviert werden.

Rahmenbedingungen
Gesamte Präsenzzeiten: 120 Stunden plus 20 Stunden Bearbeitungszeit für den Prüfungsfall. Die Fortbildung umfasst fünf Module à 3 Tage.

Ziele
Dispute Manager als Konfliktlöser in Managementfunktion, Konflikthelfer für das Management oder Konfliktmoderator in konkreten Konfliktsituationen

Inhalte (Ausschnitt)
- *Modul 1* (3 Tage = 24 Stunden):

Einführung: Gegenseitiges Kennenlernen, beruflicher Hintergrund der Teilnehmer, Aufbau, Inhalte und Ziele der Fortbildung
Unternehmensstrukturen, Managementaufgaben
Systemischer Ansatz der Unternehmensanalyse
Konfliktmanagement
- *Modul 2* (3 Tage = 24 Stunden): Selbstmanagement
Stressmanagement
- *Modul 3* (3 Tage = 24 Stunden): Kommunikations- und Verhandlungsmanagement
- *Modul 4* (3 Tage = 24 Stunden): Mitarbeiterführung / Leadership
Führung von Gruppen und Teams
- *Modul 5* (3 Tage = 24 Stunden): Konfliktmanagementsysteme in Unternehmen / Organisationen: Möglichkeiten der Konfliktlösung in Unternehmen
Stufenplan eines Konfliktmanagementsystems
- *Abschlussprüfung* (1 Tag)

Methoden
Rollenspiele, Übungen u.v.m.

Prüfung
Prüfungsgespräch und Lösung eines konkreten vorgegebenen Konfliktes (schriftlich und mündlich). Ein Tag zzgl. Ausarbeitungszeiten für die schriftliche Lösung (20 Stunden).

Zertifikat
Zertifikat der *Steinbeis Hochschule Berlin*

Kurs M6: Mediation (€€)

TRIANGEL
Institut für Supervision, Organisationsberatung und Familientherapie
Dr. Harald Pühl
Horstweg 35
14059 Berlin
Tel.: 0 30 / 32 60 93 28
Fax: 0 30 / 32 60 93 29
E-Mail: info@institut-triangel.de
Internet: *www.institut-triangel.de*

Zielgruppe
Grundsätzlich alle Interessierten, die in ihrer derzeitigen Tätigkeit einen praktischen Bezug zur Konfliktlösung haben und somit Mediation anwenden können.

Aufnahmevoraussetzungen
Keine akademischen Voraussetzungen. Vorausgesetzt wird allerdings ausreichende Berufs- und Lebenserfahrung sowie möglichst bei Beginn der Fortbildung ein entsprechender Praxisbezug.

Rahmenbedingungen
Die Fortbildung findet berufsbegleitend an 9 Wochenenden (Freitag 14 Uhr bis Sonntag 15.30 Uhr) in einem Zeitraum von 12 Monaten statt. Gemäß Richtlinien des *BM* und *BMWA* ist die Fortbildung in einen Grundkurs (110 Unterrichtsstunden) sowie einen Aufbaukurs (90 Unterrichtsstunden) aufgeteilt.

Ziele
Die berufliche Fortbildung befähigt Mediatoren als allparteiliche Instanz, Konfliktmechanismen zu erkennen und zu entgegnen sowie in kooperativer Form zusammenzuarbeiten. Weiterhin erlernen die Teilnehmer, Gemeinsamkeiten in den Vordergrund zu stellen und damit Win-Win-Lösungen zu erreichen.

Inhalte (Ausschnitt)
- Mediation in Theorie und Praxis
- Psychologische Grundlagen
- Rechtliche Grundlagen
- Interventionstechniken
- Umgang mit Eskalation

- Konstruktives Konfliktverhalten
- Anwendungsbereiche der Mediation

Methoden
- Neben theoretischer Wissensvermittlung auch Rollenspiele realer Praxisfälle
- Video: Selbstbeobachtung und Lernvideos
- Supervision
- Coaching zur Unterstützung des individuellen Praxisprofils, der Selbstreflexion sowie des praxisorientierten Lernens
- Lerngruppen zur Vertiefung sowie praktische Übungen an konkreten Konfliktsituationen

Prüfung
Durchführung und Dokumentation von zwei Mediationen durch jeden Teilnehmer

Zertifikat
Nach regelmäßiger Teilnahme und zwei dokumentierten Mediationen erhalten die Teilnehmer ein detailliertes Abschlusszeugnis über 200 Stunden.

Weitere Informationen
Die Weiterbildung ist anerkannt vom *Bundesverband für Mediation (BM)* sowie zertifiziert vom *Bundesverband Mediation in Arbeit und Wirtschaft (BMWA)*. Die Dozenten und Kursleiter sind Praktiker, die als Berater neben ihrer Ausbildungstätigkeit auch ständig mit der Anwendung von Mediation zu tun haben und so den Kursteilnehmern neben dem theoretischen Wissen auch die konkrete Anwendung näher bringen können.

Weiterbildungsprogramm Mediation (€€)

Universität Bielefeld
Institut für Anwalts- und Notarrecht
Sekretariat Prof. Dr. Fritz Jost,
Frau Fiedler-Hahn
Postfach 10 01 31
33501 Bielefeld
Tel.: 05 21 / 106 39 24
Fax: 05 21 / 106 80 57
E-Mail: mediation@anwaltskurse.de; info@kompaktkurs.de
Internet: *www.mediation-fuer-rechtsanwaelte.de, www.kompaktkurs.de, www.anwaltskurse.de*

Zielgruppe
Das Studienangebot richtet sich in erster Linie an Rechtsanwälte.

Aufnahmevoraussetzungen
Die Teilnehmer müssen mindestens das erste juristische Staatsexamen bestanden haben.

Rahmenbedingungen
Die Teilnehmerzahl ist auf 18 Personen begrenzt. Der Kurs ist zu sechs Veranstaltungsblöcken von jeweils mehreren Tagen zusammengefasst. Die Kurseinheiten finden täglich von 9.00 Uhr bis 18.00 Uhr statt. Das Programm startet in der Regel im April jeden Jahres und umfasst einschließlich des Prüfungsteils 160 Stunden. In den Veranstaltungen besteht grundsätzlich Anwesenheitspflicht. Die Veranstaltungsblöcke haben eine Dauer von jeweils 2–3 Tagen.

Ziele
Das Weiterbildungsprogramm Mediation soll Kenntnisse und Fertigkeiten vermitteln, mit denen die Teilnehmer selbstständig Mediationsverfahren – einvernehmliche Streitbeilegung durch Vermittlung – erfolgreich durchführen können.

Inhalte (Ausschnitt)
- Grundlagen der Mediation
- Kommunikations- und Arbeitstechniken
- Verhandlungsführung, Verhandlungstechniken und Verhandlungsanalyse

- Vorbereitung und Durchführung eines Mediationsverfahrens
- Recht in der Mediation, Mediation im Wirtschafts- und Arbeitsrecht, Mediation im Familienrecht, Täter-Opfer-Ausgleich
- Mediationstraining, Mediation und Marketing, Prüfungsteil

Methoden
Vorlesung, Übungen, Rollenspiele, Gruppenarbeit, Fallpräsentation durch Teilnehmer

Prüfung
Die Prüfung besteht aus der Präsentation eigener oder simulierter Mediationsfälle und einem Abschlusskolloquium. Die Prüfung wird mit »bestanden« oder »nicht bestanden« bewertet. Der Prüfungsausschuss besteht aus drei Prüfern. Diese sollen in der Regel Personen sein, die selbst eine Mediationsausbildung erfolgreich abgeschlossen haben. Den Vorsitz führt ein Professor der *Universität Bielefeld*. Der Prüfungsausschuss wird vom Dekan der Fakultät für Rechtswissenschaft der *Universität Bielefeld* bestimmt.

Zertifikat
Nachdem die Teilnehmer die Ausbildung vollständig absolviert und den Prüfungsteil erfolgreich abgeschlossen haben, erteilt die *Universität Bielefeld* durch das *Institut für Anwalts- und Notarrecht* und die *gwmk* ein Abschlusszertifikat. Die *Rechtsanwaltskammer Hamm* bestätigt, dass nach Auffassung des Präsidiums die erfolgreiche Teilnahme an dem Lehrgang eine geeignete Ausbildung im Sinne des §7a BORA zur Führung des Titels »Mediator« darstellt.

Weitere Informationen
Die Weiterbildung findet in Kooperation mit der *gwmk Gesellschaft für Wirtschaftsmediation und Konfliktmanagement e.V.*, München statt.

Seminartage Mediation – Wege aus dem Konflikt (€)

Universität Bremen, Zentrum für Weiterbildung (ZWB)
Jutta Ferber-Gajke
Bibliothekenstraße
28359 Bremen
Tel.: 04 21 / 218 34 08
Fax: 04 21 / 218 32 09
E-Mail: zwb@uni-bremen.de
Internet: *www.weiterbildung.uni-bremen.de*

Zielgruppe
An Mediation Interessierte aus juristischen und anderen beratenden Berufen, aus Berufen der Gesundheitsvorsorge sowie aus sozialen Berufen; Studierende der *FernUniversität Hagen*

Aufnahmevoraussetzungen
Keine formalen oder akademischen Voraussetzungen

Rahmenbedingungen
Zwei Blöcke, jeweils Freitag 18.00 Uhr bis 21.00 Uhr und Samstag 10.00 Uhr bis 18.00 Uhr.

Ziele
Einführung in die Mediation und damit einen Überblick über Grundlagen der Mediation erlangen. Kennenlernen spezifischer Methoden der Mediation und die Unterscheidung zu anderen außergerichtlichen Verfahren der Konfliktlösung.

Inhalte (Ausschnitt)
Erlernen kreativer Techniken, die die Lösungsmöglichkeiten von Konflikten erweitern:
- Strukturierte Gesprächsführung
- Erweiterte Kommunikationsmöglichkeiten
- Neue Perspektiven schaffen
- Haltung der Neutralität

Am zweiten Seminarwochenende werden verschiedene berufsqualifizierende Ausbildungen zum Mediator vorgestellt.

Methoden
Visualisierung, Selbstreflexion, Rollenspiele, Kleingruppenarbeit

Prüfung
Keine

Zertifikat
Keines

Weitere Informationen
Keine Mediationsausbildung, eher zur Orientierung im Bereich Mediation vor der Auswahl eines Mediationsausbildungsinstituts.

Kontaktstudium Mediation – Schwerpunkte »Mediation in Wirtschaft und Arbeitswelt« und »Arbeitswelt / öffentlicher Bereich; Familienmediation« (€€€)

Carl von Ossietzky Universität Oldenburg,
Zentrum für wissenschaftliche Weiterbildung
PD Dr. Joseph Rieforth
Barbara Kaup
Postfach 25 03
26111 Oldenburg
Tel.: 04 41 / 789 28 86
Fax: 04 41 / 789 44 11
E-Mail: barbara.kaup@uni-oldenburg.de
Internet: *www.uni-oldenburg.de/zww*

Zielgruppe
Pädagogen, Juristen, Psychologen, Wirtschaftswissenschaftler, Fachkräfte in Organisationen und Verwaltung

Aufnahmevoraussetzungen
Abgeschlossenes Hochschul- oder Fachhochschulstudium. In Ausnahmefällen wird eine Aufnahme durch den Nachweis besonderer Eignung ermöglicht. Notwendig ist der Nachweis über Anwendungsmöglichkeiten von Mediation im eigenen Arbeitsfeld oder in Kooperation mit anderen Einrichtungen. Über die Zulassung entscheidet die Arbeitsgruppe Mediation der *Universität Oldenburg.*

Rahmenbedingungen
Berufsbegleitendes Studium, d. h. Wochenendseminare zu in der Regel 20 Unterrichtseinheiten, die im Abstand von einem bis anderthalb Monaten durchgeführt werden. Zu Beginn findet ein Einführungs- und Auswahlseminar statt. Das Ausbildungskonzept ist interdisziplinär angelegt und umfasst die Studienschwerpunkte Familienmediation, Mediation im öffentlichen Bereich sowie Mediation in Wirtschaft und Organisationen (Spezialisierung im Hauptstudium).
Gesamtumfang – 365 Unterrichtsstunden – 2,5 Jahre (fünf Semenster):

- *Grundstudium:* 213 Unterrichtseinheiten – 1,5 Jahre (drei Semester)
  Theorie und Methodik: 165 Unterrichtseinheiten
  Supervision: 48 Unterrichtseinheiten
- *Hauptstudium:* 152 Unterrichtseinheiten – ein Jahr (zwei Semester)
  Theorie und Methodik: 80 Unterrichtseinheiten
  Supervision: 72 Unterrichtseinheiten

Ziele
Den Teilnehmern werden praxisnah Methoden und Techniken der Konfliktvermittlung durch Dozenten mit umfangreichen Erfahrungen geboten.

Inhalte (Ausschnitt)
Grundstudium: Einführung in die Mediation

- Seminar 1: Einführungs- und Auswahlseminar
- Seminar 2: Grundlagen der Mediation und des Konfliktmanagements

- Seminar 3: Phasen und Schritte der Mediation
- Seminar 4: Verfahren professioneller Gesprächsführung
- Seminar 5: Methoden und Techniken der Mediation
- Seminar 6: Rolle und Haltung des Mediators
- Seminar 7: Verhandeln und Argumentieren
- Seminar 8: Visualisierung und Kreativitätstechniken in der Mediation

Hauptstudium: Schwerpunkt Mediation in Wirtschaft und Arbeitswelt

- Seminar 1: Organisatorische Rahmenbedingungen eines Mediationsverfahrens
- Seminar 2: Grundlagen der Mediation in Wirtschaft und Arbeitswelt
- Seminar 3: Verhandeln
- Seminar 4: Aufgaben und Besonderheiten der Mediation in Wirtschaft und Arbeitswelt
- Scheidungsmediation

Methoden

Im Grundstudium werden die notwendigen Fähigkeiten und Fertigkeiten vermittelt, die für eine produktive und erfolgreiche Bearbeitung von Konflikten notwendig sind. Die Teilnehmer erlernen Methoden und Techniken, die sie selbst befähigen, Mediation als Instrument zur konstruktiven Konfliktregelung zu nutzen. Das Themenspektrum umfasst eine intensive Auseinandersetzung sowohl mit personen- als auch prozess- und sachbezogenen Dimensionen der Mediation.

Prüfung

Abschlussprüfung: Falldokumentationen und Abschlusskolloquium. Zwei in der Supervision vorgestellte Mediationsfälle sowie zwei Dokumentationen von abgeschlossenen Mediationsfällen sowie Absolvieren des Abschlusskolloquiums.

Zertifikat

Nach erfolgreichem Abschluss des Kontaktstudiums erhalten die Teilnehmer ein Zertifikat der *Carl von Ossietzky Universität Oldenburg.* Für die Verleihung des Zertifikats gelten folgende Bedingungen: regelmäßige und vollständige Teilnahme an allen Veranstaltungen und erfolgreich bestandene Abschlussprüfung.

Weitere Informationen

Das *ZWW* steht in Verhandlung mit dem *Bundesverband Mediation in Wirtschaft und Arbeitswelt (BMWA)* und dem *Bundesverband Mediation (BM),* um eine Anerkennung zu beantragen. Die Weiterbildung ist eng verzahnt mit den Forschungsaktivitäten der Arbeitsgruppe Mediation der *Universität Odenburg.* Dies hat den Vorteil, dass das Lehrangebot immer auf dem neuesten Stand ist und ständig wissenschaftlich hinterfragt wird. Die Teilnehmer beteiligen sich an der Forschung als Forscher wie als Probanden: Sie ermöglichen anonymisierte Untersuchungen in den Trainings- und Supervisionsgruppen und führen eigene Vorhaben z. B. im Rahmen von Publikationsprojekten und Dissertationen durch.

Fachübergreifende praxisbegleitende Zusatzausbildung – Mediation in 3 Bausteinen (€€)

Zentrale Einrichtung für Weiterbildung der Universität Hannover
Dr. Martin Beyersdorf
Schlosswender Straße 5
30159 Hannover
Tel.: 05 11 / 762 45 48
Fax: 05 11 / 762 56 86
E-Mail: m.beyersdorf@zew.uni-hannover.de
Internet: *www.zew.uni-hannover.de*

Zielgruppe

Dienstleistungsberufe, Personalführung/Teamleitung, Juristen, pädagogische, soziale und beratende Berufe, Personalräte, Betriebsräte, ehrenamtlich Tätige

Aufnahmevoraussetzungen

Notwendig ist die Bereitschaft zur Anwendung von Mediation im beruflichen, gesellschaftlichen oder privaten Umfeld (Praxisfeld) sowie die Bereitschaft zur Auseinandersetzung mit dem eigenen Konfliktverhalten. Formale oder akademische Voraussetzungen gibt es nicht. Zur Teilnahme an Baustein II müssen mindestens die ersten drei Seminarblöcke des Grundkurses absolviert sein, bevor ein Teilnehmer an einem Wahlkurs teilnehmen kann. Voraussetzung zur Teilnahme am Baustein III ist der Abschluss eines 148-stündigen Grundkurses Mediation beim *Brückenschlag e.V.* oder eine vergleichbare Mediationsausbildung.

Rahmenbedingungen

Die Ausbildung ist in drei Bausteine gegliedert:

- Baustein I: Grundkurs Mediation (148 Unterrichtsstunden); maximale Teilnehmerzahl: 20
- Baustein II: Wahlkurse in spezifischen Praxisfeldern (je 24 Unterrichtsstunden)
- Baustein III: Praxiskurs Mediation (120 Unterrichtsstunden); Teilnehmerzahl: 12–20

Der Gesamtumfang der Ausbildung beträgt mindestens 292 Unterrichtsstunden. Der Grundkurs kann auch unabhängig von einer Fortsetzung mit Bausteinen II und III belegt werden.

Ziele

Ziel der Mediation ist es, die Fähigkeit der Streitbeteiligten zu fördern, ihren Konflikt eigenverantwortlich, einvernehmlich und zu beiderseitigem Vorteil zu regeln.

Inhalte (Ausschnitt)

- *Baustein I – Grundkurs Mediation:* Methoden der Kommunikation im Konflikt, Verhandlung ohne Verlierer, Problemlösungsmethoden und Konsensverfahren, Mediationsphasen und phasenspezifische Interventionen, Fallannahme und Fallentwicklung, Grundsätze und Ethik, Mediation zwischen Recht und Psychotherapie, Konflikt: Typologie, Dynamik, Analyse; Reflexion des eigenen (Konflikt-) Verhaltens
- *Baustein II – Wahlkurse:* Die Wahlkurse ermöglichen die Auseinandersetzung mit spezifischen Anwendungsfeldern der Mediation. Innerhalb der Gesamtausbildung ist die Belegung von mindestens einem Wahlkurs obligatorisch:
  Mediation in der Arbeitswelt (Wirtschaft), Mediation in der Sozialarbeit, Mediation in der Schule und Jugendarbeit, Mediation in interkulturellen Konflikten u. v. m.
- *Baustein III – Praxiskurs:* Sicherheit im Prozessverlauf der Mediation, flexibler Methodeneinsatz, Erweiterung der methodischen Möglichkeiten, Vorgespräche im Mediationsverfahren, Visualisierung, direkte und indirekte Gesprächsführung, Reflecting Team, Verknüpfung von Sitzungen, Rollenreflexion und Wahrung der Rolle, Umgang mit eigenen Blockaden, Unterstützung des Praxisprojektes

Methoden

Coaching: Jeder Teilnehmer wird bei der Reflexion individueller Fähigkeiten und des eigenen Praxisprofils unterstützt. Impulsreferat –

Übung – Referat, Rollenspiel und Körperübung, Videofeedback, Intervision: In selbstständig arbeitenden Intervisionsgruppen wird die Ausbildung vertieft. Für den Grundkurs sind 4 Samstage, für den Praxiskurs 3 Samstage zusätzlich einzuplanen.

Prüfung

- Teilnahme an allen Veranstaltungen
- Teilnahme an mindestens einem Wahlkurs der *Brückenschlag e.V.*
- Vollzug der »Begleitenden Schritte« in der Praxis
- Durchführung und Dokumentation eines Projektes
- Reflexion des Projektes in der Abschluss-Supervision

Zertifikat

Mit Abschluss der Gesamtausbildung erfüllen die Teilnehmer die Ausbildungsvoraussetzungen für die Anerkennung des *Bundesverbandes Mediation e.V.* Unabhängig von einer möglichen Fortsetzung der Ausbildung wird nach Teilnahme an den 5 Kursblöcken und Vorlage der Intervisionsgruppenprotokolle das Zertifikat »Zusatzausbildung in Mediation – Grundkurs« gemeinsam von der *ZEW* der *Universität Hannover,* dem *VNB e.V.* (Landesstelle für Erwachsenenbildung) und der *Mediationsstelle Brückenschlag* ausgestellt.

Weitere Informationen

Für die Ausbildung kann Bildungsurlaub beantragt werden. Es werden auch Ausbildungen in den Bereichen Coaching und Supervision angeboten – Näheres unter:
www.zew.uni-hannover.de/wb/semkurse.html.

Anhang

Literatur

Altmann, G., Fiebinger, H. und Müller, R. (2005). *Mediation: Konfliktmanagement für moderne Unternehmen.* Weinheim: Beltz.

Andrezejewski, L. (2004). *Trennungs-Kultur. Handbuch für ein professionelles, wirtschaftliches und faires Kündigungs-Management.* München: Wolters Kluwer/Luchterhand.

Backhausen, U. (2005). *Das Unplanbare managen.* Vortrag Coachingkongress 05, 04./05.03.2005, Frankfurt/Main.

Bähner, Ch. und Schwertfeger, E. (2003). Wenn zwei sich streiten. *management & training,* 5/2003, 37–41.

Bandler, R. und Grinder, J. (1975). *The structure of magic.* Palo Alto: Science Books.

Bandler, R. und Grinder, J. (1984a). *Metasprache und Psychotherapie. Die Struktur der Magie.* Paderborn: Junfermann.

Bandler, R. und Grinder, J. (1984b). *Neue Wege der Kurzzeit-Therapie. Neurolinguistisches Programmieren.* Paderborn: Junfermann.

Bandura, A. (1977). Self-efficacy: Toward a unifying theory of behavioral change. *Psychological Review,* 84, 191–215.

Baron, G. (2001). *Ideen finden.* Top Tools für kreative Köpfe. München: Financial Times.

Barthelmess, M. (1999). *Systemische Beratung. Eine Einführung für psychosoziale Berufe.* Weinheim: Beltz.

Bartussek, W. (2004). Als MediatorIn in der Mitte sein – Bedeutung und Wirkung der Körpersprache in der Mediation. *Zeitschrift für Konfliktmanagement,* 5/2004, 199–204.

Becker, H. (1998). Psychoanalyse und Organisation. Zur Bedeutung unbewusster Sozialisation in Organisationen. *Freie Assoziation,* 1/2/1998, 81–100.

Belardi, N. (2002). *Supervision. Grundlagen, Techniken, Perspektiven.* München: Beck.

Bergmann, C., Brandstätter, H. und Eder, F. (1994). *Studienberatungstests für Maturanten. Abschlussbericht.* Universität Linz: Institut für Pädagogik und Psychologie.

Bergmann, Chr. (2004). Berufswahl. In: Schuler, H. *Enzyklopädie der Psychologie.* (S. 343–387). Göttingen: Hogrefe.

Berg-Peer, J. (2003). *Outplacement in der Praxis. Trennungsprozesse sozialverträglich gestalten.* Wiesbaden: Gabler.

Berne, E. (2002). *Spiele der Erwachsenen.* Reinbek bei Hamburg: Rowohlt. (Im Original: *Games People Play,* 1968).

Bundesverband Deutscher Unternehmensberater BDU e.V. (2000). *Outplacementberatung in Deutschland 1999/2000.* BDU-Studie.

Blumenscheid, A. und Ehlers, U. (2002). *Ideen-Management. Wege zur strukturierten Kreativität.* München: Gerling Akademie.

Boenig, J. (2003). Outplacement. Lichtblick nach Kündigung. *ManagerSeminare,* 68, 18–24.

Bolduan, G. und Debus, I. (2001). *Outplacement als Chance: mit dem Karrierecoach zum beruflichen Neustart.* Frankfurt: Eichborn.

Bolles, R. N. (2002). *Durchstarten zum Traumjob. Das Handbuch für Ein-, Um- und Aufsteiger.* Frankfurt: Campus.

Böning, U. und Fritschle, B. (2005). *Coaching fürs Business. Was Coaches, Personaler und Manager über Coaching wissen müssen.* Bonn: ManagerSeminare Verlags GmbH.

Bördlein, C. (2001). Das Neurolinguistische Programmieren – Hochwirksame Technik oder haltlose Behauptungen? *Schulheft,* 103, 117–129.

Bornmüller, G. und Seefeldt, M. (2003). *Kriterien zur Auswahl von Unternehmensberatern. Auszug aus einer Studie zur Erhöhung der Effizienz und Erfolgsquote bei Beratungsprojekten.* www.hansebuch.de.

Bose von, D., Martens-Schmid, K. und Schuchardt-Hain, C. (2003). Führungskräfte im Gespräch über Coaching. In: K. Martens-Schmid (Hrsg.). *Coaching als Beratungssystem. Grundlagen, Konzepte, Methoden* (S. 3–54). Heidelberg: Economica.

Brauer, Y. (2004). *Coaching: Eine empirische Untersuchung zu Zielsetzung, Intervention und Coachingerfolg bei Einzelcoaching.* Unveröffentlichte Diplomarbeit Universität Mannheim.

Brauer, Y. (2005). Wie Zielvereinbarungen im Coaching helfen. *Wirtschaftspsychologie aktuell,* 1/2005, 40–43.

Brenner, D. (2004). Karriere – was ist das? In: DGfK: *Karrierespots.* Eigenverlag.

Brown, D. und Brooks, L. (Hrsg.). (1994). *Karriereentwicklung.* Stuttgart: Klett-Cotta.

Bundesinstitut für Berufsbildung (2001). *Qualität beruflicher Weiterbildung,* Bonn.

Cohn, R.C. (2000). *Von der Psychoanalyse zur Themenzentrierten Interaktion.* Stuttgart: Klett-Cotta.

Corpino, P. (1996). *Laufbahnentwicklung von Dual-Career Couples – Gestaltung partnerschaftsorientierter Laufbahnen.* Dissertation Universität St. Gallen.

De Bono, E. (1999). *Six thinking hats.* New York: Back Bay Books.

Deutscher Verband für Neuro-Linguistisches Programmieren e.V. (Hrsg.) (2003). *Denkanstöße – Ratgeber zur effizienten Kommunikation.* Berlin: DVNLP e.V.

Deutsches Institut für Erwachsenenbildung e.V. (2001). *Checkliste für Weiterbildungsinteressierte.*

Dilling, H., Mombour, W. und Schmidt, M.H. (Hrsg.) (2004). *Internationale Klassifikation psychischer Störungen.* Bern: Huber.

Duden *Herkunftswörterbuch: Etymologie der deutschen Sprache* (2001). Mannheim: Dudenverlag.

Eby, L.T., Johnson, C.D. und Russell, J.E.A. (1998). A Psychometric Review of Career Assessment Tools for Use With Diverse Individuals. *Journal of Career Assessment,* 6, 3, 269–310.

Eidenmüller, H. (2000). *Vertrags- und Verfahrensrecht der Wirtschaftsmediation.* Köln: O. Schmidt.

Eidenmüller, H. und Hacke, A. (2003). Institutionalisierung der Mediation im betrieblichen Konfliktmanagement. *Personalführung,* 3/2003, 20–29.

Eidenschink, K. (2004). »Mann, bin ich gut!« – Die Not narzisstischer Manager. *wirtschaft & weiterbildung,* 11/2004, 42–46.

Eidenschink, K. (2005a). »Mann, bin ich gut!« – Was narzisstische Manager bewirken können. *wirtschaft & weiterbildung,* 1/2005, 38–40.

Eidenschink, K. (2005b). Coaching von narzisstischen Führungskräften. *wirtschaft & weiterbildung,* 2/2005, 46–49.

Eilles-Matthiessen, C., ElHage, N., Janssen, S. und Osterholz, A. (2002). *Schlüsselqualifikationen in Personalauswahl und Personalentwicklung: Ein Arbeitsbuch für die Praxis.* Bern: Huber.

Ellis, A. (1993). *Die rational-emotive Therapie.* München: Pfeiffer.

Ewig, E. (Hrsg.) (2002). *MediationsGuide2002.* Köln: Centrale für Mediation.

Fengler, J. (2001). Coaching: Definition, Prinzipien, Qualifikationen, illustriert anhand einer Fall-Vignette. *Gruppendynamik und Organisationsberatung,* 1, 37–48.

Fisher, R., Ury, W. und Patton, B. (2004). *Das Harvard-Konzept. Der Klassiker der Verhandlungstechnik.* Frankfurt/Main: Campus.

Geißler, H. (2005). *Coaching – Was kommt nach der Euphorie?* Vortrag Coaching Kongress 05, 10./11.06.2005 Wiesbaden.

Glasl, F. (1999). *Konfliktmanagement. Ein Handbuch für Führungskräfte, Beraterinnen und Berater.* Bern, Stuttgart: Haupt.

Grawe, K., Donati, R. und Bernauer, F. (1994). *Psychotherapie im Wandel. Von der Konfession zur Profession.* Göttingen: Hogrefe.

Greif, S. (2005). *Mehrebenen-Coaching von Individuen, Gruppen und Organisationen.* Vortrag Coachingkongress 05, 04./05.03.2005, Frankfurt/Main.

Gündel, J. (1991). *Transaktionsanalyse: was sie kann, wie sie wirkt und wem sie hilft.* Mannheim: PAL Verlagsgesellschaft.

Haeske, U. (2003). *Konflikte im Arbeitsleben. Mit Mediation und Coaching zur Lösungsfindung.* München: Kösel.

Hagen, M. (2005). *Individualisierung statt Innovation – über die Gefahr, im Coaching nachhaltige Veränderungen zu verhindern.* Vortrag Coachingkongress 05, 04./05.03.2005, Frankfurt/Main.

Harris, T. A. (1992). *Ich bin o.k. Du bist o.k.* Reinbek bei Hamburg: Rowohlt.

Heizmann, St. (2003). *Outplacement. Die Praxis der integrierten Beratung.* Bern: Huber.

Hermann, A. (2001). *Outplacement: Eine Untersuchung der individualvertraglichen Gestaltung und kollektivarbeitsrechtlichen Aspekte eines neuen Instruments des Personalabbaus.* Frankfurt: Peter Lang.

Hess, D. (2003). Die Nachfrage nach Mediatoren: Nicht so wahnsinnig hoch. *Personalführung,* 3/2003, 30–33.

Heß, T. und Roth, W.L. (2001). *Professionelles Coaching. Eine Expertenbefragung zur Qualitätseinschätzung und Entwicklung.* Heidelberg: Asanger.

Heuel, G. (2001). Supervision – Ein Element der Personalentwicklung. *Personal,* 9/2001, 498–501.

Holland, J.L. (1959). A theory of vocational choice. *Journal of Counseling Psychology,* 6, 35–45.

Holland, J.L. (1997). *Making vocational choices: A theory of vocational personalities and work environments* (3rd ed.). Odessa, FL: Psychological Assessment Resources.

Hösl, G. (2002). *Mediation. Die erfolgreiche Konfliktlösung.* München: Kösel.

Hossiep, R. und Paschen, M. (1998). *Bochumer Inventar zur berufsbezogenen Persönlichkeitsbeschreibung (BIP).* Göttingen: Hogrefe.

Ingold, E., Koch, S., Perrin, I. und Schoch, K. (2004). *Outplacement – ein lohnendes Angebot? Wie verbleibende Mitarbeiter darüber denken.* www.fhso.ch/pdf/human/SNP24-DA-Outplacement.pdf

Irle, G. (2001). Mediation – Moderation – Supervision: Ein Vergleich. *Gruppendynamik und Organisationsberatung,* 1, 5–20.

Jansen, A., Mäthner, E., Bachmann, T. (2003). Evaluation von Coaching. *Organisationsentwicklung – Supervision – Coaching,* 3/2003, 245–254.

Jelinek, P. (2005). Können Führungskräfte ihre Mitarbeiter coachen? Die Führungskraft als Coach. *ManagerSeminare Coaching im Diskurs,* 82, 13.

Jochum, E. und Jochum, I. (2001). Führungskräfte als Coach? *Personal,* 9/2001, 492–495.

Jörin, S. und Stoll, F. (in Vorb.). *Position Classification Inventory (PCI). Deutschsprachige Adaptation.* Bern: Huber.

Jörin, S., Stoll, F., Bergmann, C. und Eder, F. (2003). *EXPLORIX – Deutschsprachige Adaptation des Self-Directed Search (SDS) nach J. Holland.* Bern: Huber.

Kaesler, C. (2003). Die Arbeit mit dem Persönlichkeitsprofil im individuellen Coaching. In: K. Martens-Schmid (Hrsg.). *Coaching als Beratungssystem. Grundlagen, Konzepte, Methoden* (S. 201–225). Heidelberg: Economica.

Kanning, U.P. und Holling, H. (Hrsg.) (2002). *Handbuch personaldiagnostischer Instrumente.* Göttingen: Hogrefe.

Karpman, S. (1968). Fairy tales and scribt drama analysis. *TA Bulletin* 7/26, 39–43.

Kerntke, W. (2004). *Mediation als Organisationsentwicklung.* Bern: Haupt.

Kets de Vries, M. (2003). Manager neben der Spur. *Handelsblatt* 072 v. 11.04.03.

Kets de Vries, M. (2004). Putting leaders on the couch. *Harvard Business Review,* 01/2004, 64–71.

Kirsch, J. und Hendricks, N. (1995), 15 Jahre Outplacement in Deutschland. *Personalführung,* S. 964.

Klein, K.D. (2000). Quo vadis ... Orientierungshilfen durch Coaching und Karriereberatung – Eine Einzelfallstudie. *Organisationsberatung Supervision Clinical Management,* 1, 67–80.

Klein, S. (2001). *Trainingstools.* Offenbach: Gabal.

Kleinbeck, U. (1996). *Arbeitsmotivation. Entstehung, Förderung und Wirkung.* Weinheim und München: Juventa.

Kluge, F. (1989). *Etymologisches Wörterbuch der deutschen Sprache.* Berlin: Walter de Gruyter.

König, B. (2001). Psychoanalytisches Konfliktmanagement – oder die Entdeckung unbewusster Konfliktpotentiale. *Personal* 9/2001, 486–490.

König, E. und Volmer, G. (2003). *Systemisches Coaching.* Weinheim: Beltz.

König, G. (2005). Das Inszenario®. *Wirtschaftspsychologie aktuell,* 1/2005, 58–61.

Krabbe, H. (2004). Kurz-Mediation – Die Kunst der Gesamtmediation in einer Sitzung. *Zeitschrift für Konfliktmanagement,* 2/2004, 72–78.

Kraiker, Ch. und Peter, B. (Hrsg.) (1998). *Psychotherapieführer: Wege zur seelischen Gesundheit.* Münc hen: Beck.

Kuhl, J. und Scheffer, D. (2003). *Auswertungsmanual für den Operanten Motiv-Test (OMT).* Universität Osnabrück.

Langmaack, B. (2001). *Einführung in die Themenzentrierte Interaktion.* Weinheim: Beltz.

Lang-von Wins, T., Mohr, G. und von Rosenstiel, L. (2004). Kritische Laufbahnübergänge: Erwerbslosigkeit, Wiedereingliederung und Übergang in den Ruhestand. In: H. Schuler (Hrsg.). *Enzyklopädie der Psychologie* (S. 1113–1189). Göttingen: Hogrefe.

Lauterbach, M. (2003). Coaching: Eine Dienstleistung zwischen Modeerscheinung und professioneller Kunst – Zur Qualität von Coaching. In: K. Martens-Schmid (Hrsg.). *Coaching als Beratungssystem. Grundlagen, Konzepte, Methoden* (S. 91–122). Heidelberg: Economica.

Lauterburg, C. (2004). Drum prüfe, wer sich ewig bindet. *Organisationsentwicklung* 02/2004, 20–29.

Lazarus, R. (1966). *Psychological Stress and the Coping Process.* New York.

Locke, E.A. und Latham, G.P. (1990). *A Theory of Goal Setting and Task Performance.* Englewood Cliffs, NJ: Prentice-Hall.

Looss, W. (2002). *Unter vier Augen. Coaching für Manager.* München: Redline Wirtschaft.

Marker, C. (2004). Put the stinking fish on the table. *management & training* 4/2004, 14–16.

Martens-Schmid, K. (2003). Alte Muster – neue Lösungen. Musteranalyse als Instrument der Veränderung im Coaching. In: K. Martens-Schmid (Hrsg.). *Coaching als Beratungssystem. Grundlagen, Konzepte, Methoden* (S. 177–199). Heidelberg: Economica.

Mayrhofer, W. (1989). *Trennung von der Organisation: vom Outplacement zur Trennungsberatung.* Wiesbaden: Dt. Univ.-Verl.

McClelland, D.C. und Boyatzis, R.E. (1982). Leadership motive pattern and long-term success in management. *Journal of Applied Psychology,* 67, 6, 737–743.

McClelland, D.C. (1987). *Human motivation.* Cambridge University Press.

McEwen, C.A. (1998). Managing Corporate Disputing. *Ohio State Journal of Dispute Resolution,* 14, 1ff.

Meier, H. (2001). Integrierte Karrierekonzepte. *Personalwirtschaft,* 8, 32–34.

Metzler-Burren, C. (2003). *Distance Counselling. Entwicklung einer Beratungsmethodik/eines Methodeninventars für die berufliche Fernberatung einschließlich eines Trainingshandbuches und Trainingskonzeptes, LEONARDO DA VINCI Pilotprojekt, Internetveröffentlichung:* www.praca.gov.pl/nczpz/distance_counselling/DistanceProzent20Counselling/De/6_1_DIPLOMWinni-stand-16-06-2003DE.DOC

Montada, L. und Kals, E. (2001). *Mediation: Lehrbuch für Psychologen und Juristen.* Weinheim: Beltz.

Moser, K. (2004). Organisationale Sozialisation und berufliche Entwicklung. In: H. Schuler (Hrsg.). *Enzyklopädie der Psychologie* (S. 533–595). Göttingen: Hogrefe.

Mühlenhoff, H. (2003). Der Head-Hunter ist kein Karriere-Coach. *Personalwirtschaft,* 11, 35.

Neuberger, O. (1995a). *Führen und geführt werden.* (5. Aufl.). Stuttgart: Enke.

Neuberger, O. (1995b). *Mikropolitik. Der alltägliche Aufbau und Einsatz von Macht in Organisationen.* Stuttgart: Enke.

Nicolai, W. (2003). Kein leichter Job. *management & training,* 4/2003, 34–35.

o.V. Trennungsberatung im Umbruch. *Personalmagazin,* 1/2005, 69–73.

Pichler, M. (2003). Coaching: Handlungsspielräume gezielt erweitern. *wirtschaft & weiterbildung,* 11/12/2003, 8–12.

Preiser, S. und Buchholz, N. (1997). *Kreativität. Ein Trainingsprogramm in sieben Stufen für Alltag und Beruf.* Heidelberg: Asanger.

Proksch, S. und Königswieser, U. (2004). Brauchen Unternehmen Mediation? – Neue Erkenntnisse zum Konfliktverhalten von Unternehmen. *Zeitschrift für Konfliktmanagement* 4/2004, 168–172.

Pühl, H. (2003a). Organisations-Mediation im Kontext verwandter Beratungsverfahren. In H. Pühl (Hrsg.). *Mediation in Organisationen. Neue Wege des Konfliktmanagements: Grundlagen und Praxis* (S. 165–179). Berlin: Ulrich Leutner.

Pühl, H. (2003b). Mediation in Organisationen – eine Einführung. In: H. Pühl (Hrsg.). *Mediation in Organisationen. Neue Wege des Konfliktmanagements: Grundlagen und Praxis* (S. 9–19). Berlin: Ulrich Leutner.

Rappe-Giesecke, K. (2003). *Supervision für Gruppen und Teams.* Berlin: Springer.

Rauen, Ch. (2002). Der Ablauf eines Coaching-Prozesses. In: Ch. Rauen (Hrsg.). *Handbuch Coaching* (S. 233–249). Göttingen: Hogrefe.

Rauen, Ch. (2003). Unterschiede zwischen Coaching und Psychotherapie. *Organisationsentwicklung – Supervision – Coaching* 3/2003, 289–292.

Rauen, Ch. (Hrsg.) (2002). *Handbuch Coaching.* Göttingen: Hogrefe.

Rauen, Ch. (Hrsg.) (2004). *Coaching-Tools.* Bonn: ManagerSeminare Verlag.

Redlich, A. (1996). *Konfliktmoderation. Handlungsstrategien für alle, die mit Gruppen arbeiten.* Hamburg: Windmühle-Verlag.

Reichel, R. und Rabenstein, R. (2001). *Kreativ Beraten. Methoden, Modelle, Strategien für Beratung, Coaching und Supervision.* Münster: Ökotopia.

Remdisch, S. und Utsch, A. (2004). Evaluation als Beitrag zur Entwicklung von Qualität. *Personalführung* 3/2004, 19–23.

Rogers, C. (1978). *Die klientenzentrierte Psychotherapie.* Frankfurt: Fischer.

Rosenstiel, L. von (2004). Kommunikation in Arbeitsgruppen. In: H. Schuler (Hrsg.). *Lehrbuch Organisationspsychologie* (S. 387–414). Bern: Huber.

Runde, B. (2004). Der Fragebogen S-C-Eval. In: Ch. Rauen (Hrsg.). *Coaching-Tools.* (S. 337–342) Bonn: managerSeminare Verlag.

Scheffer, D. (2005). *Implizite Motive – Entwicklung, Struktur und Messung.* Göttingen: Hogrefe.

Schein, E. (2001). *Karriereanker. Die verborgenen Muster in Ihrer beruflichen Entwicklung.* Darmstadt: Lanzenberger, Dr. Looss, Stadelmann.

Schlesiger, C. (2003). Gefeuert und gefördert. *Capital,* 8/2003, 100–102.

Schmidt, T. (2003). *Coaching. Eine empirische Studie zu Erfolgsfaktoren bei Einzelcoaching.* Unveröffentlichte Diplomarbeit. Universität Berlin.

Schmidt-Lellek, Ch. (2001). Was heißt »dialogische Beziehung« in berufsbezogener Beratung (Supervision und Coaching)? *Organisationsberatung – Supervision – Coaching* 3/2001, 199–212.

Schmidt-Lellek, Ch. (2003). Coaching und Psychotherapie – Differenz und Konvergenz. *Organisationsentwicklung – Supervision – Coaching* 3/2003, 227–234.

Scholz, H. (2003). Visual Facilitating. Ein Bild sagt mehr als tausend Worte. *ManagerSeminare* 68/2003, 62–68.

Schreyögg, A. (2000). Editorial von *Organisationsberatung – Supervision – Clinical Management* 1/2000, 3–8.

Schreyögg, A. (2003a). Die Differenzen zwischen Supervision und Coaching. *Organisationsentwicklung – Supervision – Coaching* 3/2003, 217–226.

Schreyögg, A. (2003b). *Coaching. Eine Einführung für Praxis und Ausbildung.* Frankfurt: Campus.

Schreyögg, A. (2005a). *Konfliktcoaching für neu ernannte Führungskräfte.* Vortrag Coachingkongress 05, 04./05.03.2005, Frankfurt/Main.

Schreyögg, A. (2005b). Coaching von »echten« und »Quasi«-Doppelspitzen. Vortrag Coaching Kongress 05, 10./11.06.2005 Wiesbaden. In: S. Schmitz-Buhl (Hrsg.). *Coaching: Kompetenzen nutzen – Synergien fördern. Beiträge zur Wirtschaftspsychologie 2005.* Heidelberg: R. v. Deckers.

Schreyögg, A. (im Druck). *Coaching von Doppelspitzen.* Frankfurt/Main: Campus.

Schulz von Thun, F. (1982). *Miteinander Reden 1. Störungen und Klärungen.* Reinbek bei Hamburg: Rowohlt.

Schulz, D., Fritz, W., Schuppert, D., Seiwert, L.J. und Walsh, I. (1989). *Outplacement: Personalfreisetzung und Karrierestrategie.* Wiesbaden: Gabler.

Städele, B. (1992). *Trennung ohne Kündigung. Eine Untersuchung über Implementationsprobleme des Outplacements.* Konstanz.

Sourisseaux, A. und Banat, J. (2005). Coaching für Top-Manager: Zu viel Diskretion schadet. *Wirtschaftspsychologie aktuell,* 2/2005, 22–25.

Stahl, Th. (im Interview mit M. Pichler) (2003). Vereinfachung tötet den Geist des NLP. *wirtschaft & weiterbildung* 10/2003, 38–39

Sturm, R. (2004). Mediation versus Moderation – Innovative Konzepte im Vergleich. *Zeitschrift für Konfliktmanagement* 1/2004, 4–8.

Super, D.E. (1957). *The psychology of careers.* New York: Harper und Row.

Ter Horst, A. und Reidl, G.-J. (2004). Outplacement via Telefon und Internet. *Arbeitgeber,* 07, 22–23.

Thomas, A. (Hrsg.) (1993). *Kulturvergleichende Psychologie: eine Einführung.* Göttingen: Hogrefe.

Tietze, K.-O. (2003). *Kollegiale Beratung.* Reinbek bei Hamburg: Rowohlt.

Titscher, S. (2001). *Professionelle Beratung: Was beide Seiten vorher wissen sollten.* Frankfurt/Wien: Wirtschaftsverlag Ueberreuter.

Tomaschek, M. (2005). Teamarbeit – eine Frage des Wohin und Womit? Teamcoaching versus Teamentwicklung. *ManagerSeminare Coaching im Diskurs,* 82, 7.

Tönnes, S. (2002). *Entspannung, Suggestion, Hypnose. Praxisanleitung zur Selbsthilfe und Therapie.* Heidelberg: Asanger.

Troschke, von, B. (2001). Grenzen des Coaching durch Führungskräfte. *Personal* 9/2001, 502–504.

Uhde, von, A.L. (2005). Professionalisierung von Coaching. Interview mit *Wirtschaftspsychologie aktuell* 1/2005, 38–39.

Vogelauer, W. (2001). *Methoden-ABC im Coaching: praktisches Handwerkszeug für den erfolgreichen Coach.* Neuwied, Kriftel: Luchterhand.

Vogelauer, W. (2002). Was Führungskräfte von Coaching erwarten. *management und training,* 6, 10–13.

Vogelauer, W. (2005). Drei Vorgehensmodelle für drei Settings. Gruppen-, Team- und Corporate Coaching. *ManagerSeminare Coaching im Diskurs* 82, 6.

Wandersleben, N. (2004). *Outplacement-Beratung: Anforderungen, Vorteile, Grenzen.* Düsseldorf: VDM-Verl. Dr. Müller.

Weinert, A.B. (2004). *Organisations- und Personalpsychologie.* Weinheim: Beltz.

Wittchen, H.-U. und Jacobi, F. (2002). Die Versorgungssituation psychischer Störungen in Deutschland. *Psychotherapeutenjournal* 0, 6–15.

Zapf, D. und Semmer, N.K. (2004). Stress und Gesundheit in Organisationen. In: H. Schuler (Hrsg.). *Enzyklopädie der Psychologie,* Band 3 Organisationspsychologie (S. 1139–1244). Göttingen: Hogrefe.

Zapf, D. (2000). Emotionen in Organisationen. In: J. Otto, H.A. Euler und H. Mandl (Hrsg.). *Emotionspsychologie. Ein Handbuch.* Weinheim: Psychologie Verlags Union.

Zapf, G. (1999). Mobbing in Organisationen. Überblick zum Stand der Forschung. *Zeitschrift für Arbeits- und Organisationspsychologie,* 43, 1–25.

Liste der zitierten Internetadressen

www.bdu.de

www.bmev.de

www.coach-datenbank.de

www.coaching-report.de

www.coaching-tools.de

www.dgfk.de

www.dgfk.org

www.dincertco.de

www.his.de

www.hrexperts.de

www.step-on.de

A: Verbände und Dachorganisationen

Die folgenden Informationen zu Dachorganisationen und Verbänden wurden anhand der zum Zeitpunkt unserer Recherchen (Februar 2005) über das Internet verfügbaren Informationen zusammengestellt. Den Sprachgebrauch der Verbände, bezogen auf die Terminologie Ausbildung bzw. Weiterbildung, haben wir übernommen. Die Angaben zu Aufnahmegebühren und Jahresbeiträgen dienen der Orientierung und sind ohne Gewähr. Zu beachten ist auch, dass einige Verbände gestaffelte Beiträge für verschiedene Mitgliedsgruppen anbieten. Entsprechende Informationen dazu finden sich auf den Homepages der Verbände.

Psychologie

Berufsverband Deutscher Psychologen e.V. (BDP)

Als einer der ältesten Berufsverbände Deutschlands (gegründet 1946) vertritt der *BDP* mit ca. 13.000 Mitgliedern rund ein Drittel der berufstätigen Psychologen in allen berufs- und bildungspolitischen Angelegenheiten. Voraussetzungen für die Mitgliedschaft ist ein Diplom in Psychologie oder ein mindestens achtsemestriges Studium im Studiengang Diplom-Psychologie.

Von den 11 Fachsektionen sind in unserem Kontext die Aus-, Fort- und Weiterbildung in Psychologie und die Wirtschaftspsychologie am interessantesten. Anbieter wirtschaftspsychologischer Dienstleistungen findet man in der Expertendatenbank unter *www.bdp-wirtschaftspsychologie.de.* Voraussetzung für die Aufnahme in die Datenbank ist ein Diplom in Psychologie und eine mindestens dreijährige Berufserfahrung. Die Mitgliedschaft im BDP kostet im Jahr 210 Euro.
Kontakt: *www.bdp-verband.org*

Beratung

Die *DGfB* mit Sitz in Köln wurde im September 2004 als Dachverband von 27 Fach- und Berufsverbänden gegründet, die im Bereich Beratung tätig sind.

Deutsche Gesellschaft für Beratung (DGfB)

Ziele sind die Schärfung der Profile der Beratungsberufe, die Etablierung einer übergreifenden Qualitätssicherung der Beratung, die Stärkung des Verbraucherschutzes, die Förderung der wissenschaftlichen Fundierung von Beratung und die Forcierung der Lobbyarbeit für Beratung.

Der Verband wird öffentlich Stellung nehmen zu Fragen der Qualität, Ethik, Ausbildung und europäischen Entwicklung von Beratung. Eigene Standards für Beratungsberufe sollen eingeführt werden. Ferner ist eine Fachtagung geplant.
Kontakt: noch keine Internetadresse verfügbar.

Coaching

Austrian Coaching-Council (ACC) – Österreichischer Dachverband für Coaching

Der gemeinnützige *ACC* wurde 2002 gegründet und versteht sich als Interessenvertretung österreichischer Coaches. Ziel des Vereins ist es, die Professionalisierung der Beratungsdienstleistung Coaching voranzutreiben und die wirtschaftlichen, juristischen und sozialen Interessen ihrer Mitglieder zu vertreten. Der *ACC* setzt sich für die Qualitätssicherung der Coachingausbildung ein. Er verfügt über zwei Datenbanken: In der Datenbank Coaching-Profile sind Coaches aufgelistet, die eine Ausbildung in einem vom *ACC* anerkannten Ausbildungsinstitut absolviert haben; in der Coach-Datenbank für Professionals finden sich Coaches mit langjähriger Berufserfahrung. Der Jahresbeitrag im *ACC* beträgt 320 Euro. Es gibt keine Aufnahmegebühr.
Kontakt: *www.coachingdachverband.at*

Deutscher Bundesverband Coaching e.V. (DBVC)

Der Anfang 2004 neu gegründete *DBVC* zielt ab auf die Förderung und Entwicklung des Coachings in Praxis, Forschung und Lehre sowie in der Aus-, Fort- und Weiterbildung. Grundsatz ist das Zusammenwirken von Praktikern, Ausbildern, Wissenschaftlern und Kunden (»Vier-Säulen-Konzept«).

Zu den Aufnahmekriterien für Coaches gehört ein abgeschlossenes Studium der sozialwissenschaftlichen und/oder betriebswirtschaftlichen Richtung oder anderer Fachrichtungen mit coachingrelevanter Zusatzausbildung. Zusätzlich werden eine Coachingausbildung oder ein Äquivalent sowie die Empfehlung durch zwei *DBVC*-Mitglieder gefordert. Außerdem gibt es eine Reihe von Kriterien, die sich auf Berufserfahrung, Führungserfahrung und Feldkompetenzen beziehen. Es wird zwischen einer Aufnahme als Senior-Coach und einer Aufnahme als Coach *(DBVC)* unterschieden, wobei für Letzteren geringere Anforderungen an Berufserfahrung, Führungserfahrung und Feldkompetenz gerichtet werden.

Die Gebühr für das Aufnahmeverfahren beträgt 1.500 Euro, die Jahresbeiträge betragen für Coaches 660 Euro und für Senior-Coaches 1.000 Euro pro Jahr. Daneben gibt es gesonderte Aufnahmekonditionen für institutionelle Coachinganbieter, Coaching-Weiterbildungs-Anbieter, Wissenschaftsexperten und Experten aus Unternehmen und Organisationen.
Kontakt: *www.dbvc.de*

Deutscher Verband für Coaching und Training e.V. (dvct)

Der *dvct* wurde im August 2003 gegründet. Ziel des Verbandes ist es, die Qualität von Coaching zu fördern und sich für Transparenz, Ordnung und Struktur des Coachingmarkts einzusetzen. Der *dvct* ist ein Berufsverband sowohl für Coaches als auch für Trainer. Für Coaches besteht die Möglichkeit, sich bei Erfüllung der Voraussetzungen (Ausbildung, Berufserfahrung, akademischer Abschluss) aufgrund schriftlicher Ausarbeitungen und praktischer Prüfungen zertifizieren zu lassen. Für die Zertifizierung wird ein Coachingfall schriftlich ausgearbeitet, zudem ist ein Live-Coaching (ähnlich einem Assessment-Center) zu absolvieren. Schließlich wird aktuell eine Schlichtungsstelle aufgebaut, die für Trainer, Coaches, Klienten und Kunden in Konfliktfällen zur Verfügung stehen soll. Die Aufnahmegebühr beträgt 50 Euro, die Kosten für eine Zertifizierung betragen 300 Euro.
Kontakt: *www.dvct.de*

European Coaching Association e.V. (ECA)

Der Verband *ECA* wurde 2004 gegründet und hat etwa 200 Mitglieder. Ziele sind die Sicherung von Qualitätsstandards in Coaching und Coachingausbildung sowie die Information und Beratung von Organisationen, Unternehmen und Öffentlichkeit. Ein für die Mitglieder verbindlicher Verhaltenskodex regelt den Umgang untereinander sowie den Umgang des Coachs mit Kunden und Auftraggebern.

Der *ECA* hat auf Basis seiner Qualitätsstandards unterschiedliche Gütesiegel (*ECA*-Lizenzen) entwickelt, für die jeweils verschiedene Voraussetzungen im Hinblick auf Zusatzausbildungen, Referenzen und Berufserfahrungen erfüllt werden müssen. Die Aufnahmegebühr beträgt 100 Euro; der Jahresbeitrag liegt bei 250 Euro.
Kontakt: *www.eca-online.de*

International Coaching Federation (ICF)

Der Verband *ICF* wurde im Jahr 1992 in den USA gegründet; eine deutsche Sektion gibt es seit 2001. Mitglieder der *ICF* sind über 7.000 professionelle Coaches aus 29 Ländern. Damit ist die *ICF* der weltweit größte Coachingverband. Die *ICF* sieht sich als Interessenvertretung für die internationale Gemeinschaft der Coaches. Hauptziel sind die Sicherung und Weiterentwicklung von Qualitätsstandards und ethischen Grundsätzen im Coaching. Auch der Verband *ICF* verfügt über eigene, interne Zertifizierungsmöglichkeiten. In Deutschland bietet er zweimal jährlich eine für Interessenten offene Mitgliederversammlung an. Einmal jährlich findet eine internationale Konferenz statt.
Kontakt: *www.coachfederation.org*

Interessengemeinschaft Coaching (IGC)

Bei der 2002 gegründeten *Interessengemeinschaft Coaching* handelt es sich um ein Netzwerk von Coaches, die sich für Qualität und Transparenz im Bereich des Coachings einsetzen. Ziele der *IG-Coaching* sind die Entwicklung und Förderung der Qualität von Coaching und Coachingausbildungen sowie eine Erhöhung der Markttransparenz. Eine Besonderheit ist zudem der enge Kontakt zu Wissenschaftlern und wissenschaftlichen Instituten, die mit der gerade beginnenden Wirksamkeitsforschung des Coachings befasst sind. Ebenso wie die *ACC* unterhält auch die *IG-Coaching* Datenbanken professioneller Coaches, die über Profil und Honorare der Coaches informieren.
Kontakt: *www.ig-coaching.de*

Open Coaching – der lernende Verband (OC)

Dieser im Herbst 2004 gegründete Zusammenschluss will kein typischer Verband, sondern ein innovatives Netzwerk von Coachingfachleuten sein. *Open Coaching* verwendet in seiner Organisation und Kommunikation Elemente der Open-Source-Bewegung und der Open-Space-Großgruppenarbeit, bietet niederschwellige Eintrittsbedingungen und Qualitätssicherung durch ein lernendes System. Es wird von einem weit gefassten Coachingbegriff ausgegangen, um eine dynamische Lernkultur zu etablieren und neue Formen und Methoden des Coachings auszuprobieren. Um einen regen Austausch der Mitglieder zu fördern und eine hohe produktive Dynamik aufrechtzuerhalten, wurde ein Lernpunktesystem eingeführt. Nur wer sich beständig in die Arbeit des Verbandes einbringt, erhält Lernpunkte, die er benötigt, um Mitglied bleiben zu können. Auf eine schlanke Organisationsform wurde Wert gelegt. *OC* besteht aus einem Organisationsteam, das alle Aktivitäten koordiniert, und aus Arbeitsgruppen. Die Entscheidungskompetenz liegt bei den Mitgliedern. Mitglied kann jeder werden, der über eine fundierte Coachingausbildung verfügt.
Kontakt: *www.open-coaching.net*

Professional Coaching Association (ProC)

Der dem NLP nahe stehende Verband *ProC* wurde Anfang 2004 gegründet und versteht sich als Interessengemeinschaft professioneller Coaches sowie als pragmatischer Verband mit schlanken Strukturen, dessen Ziel es ist, der Wirtschaft schnelle und vertrauenswürdige Lösungen anzubieten.

Eine Besonderheit von *ProC* ist die Ausrichtung auf Coaches, die maximal 50 Prozent ihrer Tätigkeit durch Coaching bestreiten. Der Verband vergibt ein internes Gütesiegel zum *ProC*-Coach, für das u.a. eine Coachingausbildung (mindestens 80-tägig), Erfahrungen im Bereich Wirtschaft sowie umfangreiche Coachingerfahrungen (200 Stunden) nachzuweisen sind. Das Zertifikat soll gegenüber Kunden und Auftraggebern als Gütesiegel dienen. Die Aufnahme in die *ProC Association* kostet einmalig 500 Euro, die Auditierung kostet 470 Euro.
Kontakt: *www.proc-association.de*

Karriereberatung

Deutsche Gesellschaft für Karriereberatung e.V. (DGfK)

2001 gegründet mit dem Ziel, den Erfahrungsaustausch zwischen Karriereberatern zu fördern und Methoden zu entwickeln, engagiert sich die *DGfK* ebenso für die Qualitätssicherung im Beratungsprozess wie für die Förderung der Transparenz auf dem Markt der Karriereberater. Zurzeit hat die *DGfK* 22 Mitglieder. Eine Mitgliedschaft ist an folgende Voraussetzungen geknüpft: (Fach-) Hochschulstudium oder vergleichbarer Abschluss, mehrjährige einschlägige Beratungspraxis, Anerkennung der in der Satzung verankerten Grundsätze der Arbeit als Karriereberater sowie der *DGfK*-Standards und ethischen Grundsätze sowie Empfehlung von mindestens zwei ordentlichen Mitgliedern der *DGfK*. Der Jahresbeitrag beträgt 250 Euro.
Kontakt: *www.dgfk.org*

Outplacementberatung

Fachverband Outplacementberatung im Bundesverband Deutscher Unternehmensberater e.V. (BDU)

Der *BDU* ist der größte Unternehmensberaterverband weltweit, zurzeit unterteilt in 21 Fachgliederungen. Der Fachverband Outplacementberatung wurde 1993 von führenden Beratungsgesellschaften mit dem Ziel gegründet, dieses Beratungsgebiet auf hohem Qualitätsniveau weiterzuentwickeln und in der Öffentlichkeit kompetent zu vertreten. Mitglieder dieses Fachverbandes haben das Aufnahmeverfahren des *BDU* und ein weiteres Prüfverfahren mit fachspezifischen Kriterien, das die Fachgruppe Outplacement vornimmt, durchlaufen. So muss z. B. ein freiberuflicher Berater fünf Jahre praktische Erfahrung haben, davon drei Jahre in selbstständiger Tätigkeit. Für das Aufnahmeverfahren benötigt er drei Kundenreferenzen und zwei Referenzen durch *BDU*-Mitglieder. Des Weiteren werden eine Auskunft aus dem Gewerbezentralregister (ob die Ausübung eines bestimmten Gewerbes untersagt ist) und ein polizeiliches Führungszeugnis erwartet. Zusätzlich muss der Berater profunde Praxiserfahrung in der Outplacementberatung nachweisen, sich kontinuierlich fortbilden und sich zur Einhaltung der *BDU*-Grundsätze für die Berufsausübung als Outplacementberater verpflichten.
Kontakt: *www.bdu.de*

Interkulturelle Beratung

Die in Deutschland tätigen interkulturellen Berater haben sich (bislang) nicht zu einem Verband zusammengeschlossen. Viele von ihnen sind aber Mitglied bei *SIETAR*.

Society for Intercultural Education, Training and Research e.V. (SIETAR)

Die deutsche Landesgruppe des weltweit engagierten *SIETAR*-Netzwerks wurde 1994 gegründet. *SIETAR Deutschland e.V.* bezeichnet sich selbst als ein »internationales Netzwerk von Menschen, die ein gemeinsames Interesse an der Verbesserung interkultureller Kommunikation und Kooperation verbindet« und »bietet ein Forum für alle, die in Berufen mit kulturübergreifenden Aufgabenstellungen tätig sind«. Mitglieder von *SIETAR* erhalten Fachinformationen, wie z. B. einen Newsletter mit Informationen und Diskussionen von Fachartikeln, Rezensionen und Veranstaltungsankündigungen, *SIETAR* führt selbst Kongresse durch und bietet Tagungen, Workshops, Arbeitsgruppen und Regionaltreffen an. Über das kommerzielle Kleinanzeigenforum kann man Anbieter interkultureller Dienstleistungen finden. Die Mitgliedschaft ist an keine Voraussetzungen gebunden. Der Jahresbeitrag beträgt 100 Euro. Daneben gibt es Sonderkonditionen für institutionelle Mitglieder.
Kontakt: *www.sietar-deutschland.de*

Supervision

Die 1989 gegründete *DGSv* ist der Fach- und Berufsverband der Supervisoren in Deutschland. Er hat 3.400 Mitglieder und 34 Ausbildungsstätten. Zu den

Deutsche Gesellschaft für Supervision (DGSv)

Aufgaben des Dachverbands gehören die Zertifizierung von Ausbildungen, die Qualitätsentwicklung für Berater, die Konzeptentwicklung und Vermarktung von Supervision, die Organisation von Veranstaltungen sowie Publikationen. Die Qualität der nach den Richtlinien der *DGSv* ausgebildeten Berater wird gewährleistet durch: standardisierte Weiterbildung, hohe persönliche und fachliche Anforderungen an die Ausbildungsinteressenten und die Teilnahme an Qualitätsentwicklungsprojekten. Die Aufnahmegebühr für die *DGSv* beträgt 200 Euro. Der Jahresbeitrag liegt bei 230 Euro.
Kontakt: *www.dgsv.de*

Mediation

Bundesverband Mediation e.V. (BM)

Der *BM* wurde 1992 gegründet und gehört damit zu den ersten Vereinigungen von Mediatoren in Deutschland. Dem Verband gehören derzeit etwa 830 Mitglieder an. Hauptziel des interdisziplinären Verbands ist die Verbreitung und Weiterentwicklung der Mediation. Der *BM* verfolgt ausschließlich gemeinnützige Zwecke. Er entwickelte im Jahr 2000 Qualitätsstandards für die Durchführung von Mediation und die Ausbildung von Mediatoren. Zu diesen Qualitätskriterien gehören unter anderem mindestens 200 Stunden Ausbildung in Mediation, entsprechend den Standards und Ausbildungsrichtlinien des Verbands, sowie eine Dokumentation der durchgeführten Mediationen, Supervision und Vernetzung. Wer die Standards des Verbands erfüllt, kann sich zertifizieren lassen und ist berechtigt, den geschützten Titel »Mediator BM/ Mediatorin BM« zu tragen. Der Jahresbeitrag liegt bei 200 Euro.
Kontakt: *www.bmev.de*

Centrale für Mediation

Die *Centrale für Mediation* wurde 1998 als Tochter des Verlags *Dr. Otto Schmidt KG* gegründet. Ihren Mitgliedern stellt die *CfM* ein Leistungsangebot zur Verfügung, das einen Newsletter, den Bezug von Fachzeitschriften, einen Eintrag in den Mediatoren-Suchservice, einen Eintrag in den Mediationsguide sowie Aus- und Weiterbildungsangebote umfasst. Der Jahresbeitrag beträgt für Einzelpersonen 144 Euro und für Kanzleien/Sozietäten je nach Größe um die 300 Euro.
Kontakt: *www.centrale-fuer-mediation.de*

Bundesverband Mediation in Wirtschaft und Arbeitswelt e.V. (BMWA)

Der *BMWA* ist eine Vereinigung von Mediatoren, die im deutschsprachigen Raum im Bereich der Wirtschaft tätig sind. Die Mitglieder des Bundesverbandes stammen überwiegend aus juristischen, psychologischen, sozialwissenschaftlichen und wirtschaftswissenschaftlichen Berufen und arbeiten nach den Richtlinien des Verbands. Mit etwa 200 Mitgliedern ist der *BMWA* die größte Interessenvertretung der im Bereich Wirtschaft tätigen Mediatoren. Der Jahresbeitrag beträgt 148 Euro.
Kontakt: *www.bmwa.de*

Die *Deutsche Gesellschaft für Mediation (DGM)* wurde 1998 von Wissenschaftlern und Praktikern als gemeinnütziger Verein gegründet. Ziele sind die Förderung und Verbreitung der Mediation und die Schaffung von Strukturen zu

Deutsche Gesellschaft für Mediation (DGM)

ihrer Anwendung im Alltags- und Rechtsleben. Die Aufgaben der *DGM* sind Informationsinitiativen zur Förderung der Akzeptanz der Mediation sowie die Etablierung der Mediation in der praktischen Anwendung. Darüber hinaus dient die *DGM* als gemeinnützige Plattform für Anbieter und Fachverbände. Schließlich schafft sie Ausbildungsstandards und unterstützt die Entwicklung und Anwendung verbesserter Verfahren.

Die *DGM* ist gegliedert in zwei Fachgruppen (Mediation im öffentlichen Bereich, Wirtschaftsmediation) sowie in nach Bundesländern aufgeteilte Regionalgruppen. Sie gibt einen vierteljährlich erscheinenden Newsletter heraus, der für Mitglieder kostenlos ist. Auf der Homepage findet man ein Mediatorenverzeichnis. Darüber hinaus stellt die *DGM* teilweise kostenloses Informationsmaterial zur Verfügung und vermittelt preisgünstige Hilfe bei der Erstellung einer Homepage.
Kontakt: *www.dgm-web.de*

Deutsche Gesellschaft für Mediation in der Wirtschaft e.V. (DGMW)

Die *DGMW* ist ein gemeinnütziger Verein, der als unabhängiger Verband freier Mediatoren Netzwerke bildet und unterstützt. Ziel ist die Förderung und Pflege der Mediation sowie die Interessenvertretung der Berufsgruppe der Mediatoren. Die *DGMW* hat eigene Ausbildungsrichtlinien für Mediatoren erstellt und führt entsprechende Ausbildungen durch.

Bedingungen zur Aufnahme als ordentliches Mitglied sind ein abgeschlossenes Hochschulstudium oder eine gleichwertige berufliche Qualifikation, eine zweijährige einschlägige Berufserfahrung seit Studienabschluss sowie eine Grundausbildung zum Mediator nach der Ausbildungsverordnung der *DGMW* oder einer anderen, von der *DGMW* anerkannten Organisation. Wer diese Voraussetzungen erfüllt, darf ferner auf Antrag die Bezeichnung »Mediator/in *(DGMW)*« führen. Der Jahresbeitrag beträgt für Einzelmitglieder 120 Euro. Für Gemeinschaften, Verbände, Vereine und juristische Personen gelten höhere Beiträge. Die *DGMW* gliedert sich in zurzeit vier Regionalgruppen. Sie stellt auf ihrer Homepage ein Verzeichnis der ihr angeschlossenen Mediatoren zur Verfügung.
Kontakt: *www.dgmw.de*

Gesellschaft für Wirtschaftsmediation und Konfliktmanagement e.V. (GWMK)

Die 1998 gegründete *GWMK* verfolgt das Ziel der Förderung und Verbreitung der Mediation als alternatives Konzept der Konfliktbeilegung im Bereich wirtschaftlicher Streitigkeiten. Die über 100 Mitglieder setzen sich interdisziplinär aus Unternehmen, Verbänden, Praktikern und Wissenschaftlern zusammen. Die Aufgaben der *GWMK* sind die Beratung über die Durchführbarkeit von Mediationsverfahren in Konfliktsituationen sowie die Verfahrensvorbereitung in konkreten Streitfällen. Weiterhin bietet die *GWMK* über die *GWMK-Akademie* eigene Fortbildungsprogramme für Wirtschaftsmediatoren an. Die Jahresbeiträge betragen für Einzelpersonen 385 Euro; die Beiträge für Verbände, Organisationen, Beraterkanzleien und Unternehmen sind nach Größe bzw. Umsatz gestaffelt.
Kontakt: *www.gwmk.org*

B: Checkliste zur Auswahl einer Weiterbildung

Informationen / Anmeldung

- ☐ Der Anbieter hat eine übersichtliche und informative Internetpräsenz.
- ☐ Die Informationen enthalten alle wichtigen Daten über Ziele, Inhalte, Voraussetzungen, Dauer, Organisationsform, Kosten und Abschluss der Weiterbildung.
- ☐ Der Besuch einer Informations- oder Probeveranstaltung ist möglich.
- ☐ Die Anmeldemodalitäten sind klar und kundenfreundlich.
- ☐ Teilnehmer erhalten nach der Anmeldung unaufgefordert eine Anmeldebestätigung.

Beratung

- ☐ Persönliche Beratung durch den Anbieter ist möglich.
- ☐ Die Beratung ist kompetent und freundlich.
- ☐ Die Beratung nimmt Bezug auf individuelle Fragen und die Situation des Interessenten, sie ist keine reine Verkaufsveranstaltung.

Ziele / Inhalte

- ☐ Ziele und Inhalte sind klar und eindeutig beschrieben.
- ☐ Die Inhalte werden regelmäßig aktualisiert.
- ☐ Es werden verschiedene beratungsrelevante Theorien, Modelle und Methoden vermittelt.
- ☐ Die Weiterbildung ist nützlich auch in Bezug auf die strategischen Ziele (Netzwerk, Kunden) eines Interessenten.
- ☐ Die Weiterbildung ist in ausreichendem Maße praxisorientiert.

Menschenbild / Beraterverständnis

- ☐ Der Anbieter kann über grundlegende Werte und das Menschenbild seiner Weiterbildung Auskunft geben.
- ☐ Das Verständnis von Professionalität in der Beratung kann klar vermittelt werden.
- ☐ Der Anbieter kann zusichern, dass er mit keiner Sekte oder ähnlichen Vereinigung zusammenarbeitet. Die Referenten sichern zu, dass sie nicht »nach der Methode von *L.R. Hubbard* arbeiten und nicht Mitglied in der Organisation WISE von *L.R. Hubbard* sind«.

Didaktik / Methodik

- ☐ Didaktik und Methodik sind auf die Weiterbildungsziele und -inhalte abgestimmt.
- ☐ Es werden verschiedene Lernformen wie Gruppengespräche, Rollenspiele, Vorträge, Fallbeispiele und Selbststudium kombiniert.
- ☐ Es werden auch »Live-Beratungen« bzw. »Live-Coachings« durchgeführt.
- ☐ Der Anbieter fördert die persönliche Entwicklung des Teilnehmers durch Supervision, Lehrcoaching o.Ä.

Referenten / Dozenten

- ☐ Die Referenten/Dozenten sind fachlich sehr gut qualifiziert.
- ☐ Die Referenten/Dozenten verfügen über umfassende Praxiserfahrung im interessierenden Beratungsfeld.
- ☐ Die Aus- und Weiterbildungen der Lehrkräfte sind transparent, auf Nachfrage wird darüber informiert.
- ☐ Die Referenten/Dozenten sind methodisch/didaktisch qualifiziert.
- ☐ Die Referenten/Dozenten bilden sich regelmäßig weiter.
- ☐ Die Referenten/Dozenten aktualisieren das Lehr- und Lernmaterial.
- ☐ Die Referenten/Dozenten vermitteln ein professionelles Beraterverständnis.

Teilnehmer

- ☐ Die Teilnehmerzahl ist auf eine angemessene Gruppengröße begrenzt.
- ☐ Die Teilnehmer müssen bestimmte Voraussetzungen erfüllen, was Ausbildung und Berufserfahrung betrifft.
- ☐ Es gibt klare Informationen über diese Teilnahmevoraussetzungen.
- ☐ Die angegebenen Voraussetzungen an die Teilnehmer werden auch tatsächlich umgesetzt.

Ort

- ☐ Der Veranstaltungsort ist gut mit dem Auto und mit öffentlichen Verkehrsmitteln erreichbar. (Beachten Sie: Sitz des Anbieters und Ort der Veranstaltungen sind nicht immer identisch!)
- ☐ Es sind ausreichend und ausreichend große Räume vorhanden.
- ☐ Die Ausstattung der Räumlichkeiten entspricht den Ansprüchen der Weiterbildung.
- ☐ Die technische Ausstattung ist auf dem neuesten Stand und funktionstüchtig.
- ☐ Verpflegung und Unterbringung sind in der Nähe des Veranstaltungsortes zu erschwinglichen Preisen möglich.

Dauer / zeitliche Gliederung

- ☐ Dauer und Ziel der Weiterbildung stehen in einem sinnvollen Verhältnis zueinander.
- ☐ Die angegebenen Zeiten werden eingehalten.

Abschluss / Zertifikat

- ☐ Informationen über Prüfungen und Abschluss sind transparent.
- ☐ Die Bedeutung des Zertifikats wird dem Interessenten genau erläutert. Dies beinhaltet auch Informationen über die Anerkennung eines Zertifikats sowie Informationen darüber, inwieweit der Abschluss der Weiterbildung zum Führen von Titeln oder Berufsbezeichnungen berechtigt.
- ☐ Das Zertifikat ist von einem einschlägigen Dachverband der entsprechenden Beratungsform anerkannt.

Qualitätssicherung

- ☐ Referenten und Dozenten werden sorgfältig ausgewählt und bilden sich regelmäßig weiter.
- ☐ Neueste Praxiserfahrungen und wissenschaftliche Erkenntnisse werden in das Weiterbildungskonzept integriert.
- ☐ Der Anbieter überprüft regelmäßig die Qualität seiner Leistung, indem er z. B. die Teilnehmerzufriedenheit erhebt und / oder eine Selbstevaluation durch die Referenten und Trainer durchführen lässt.
- ☐ Beschwerden werden sorgfältig analysiert.
- ☐ Der Anbieter informiert über sein Qualitätskonzept sowie über die Art der Qualitätssicherung.

Vertrag

- ☐ Der Vertrag beinhaltet präzise Informationen zu Inhalt, Zielen, Zulassungsvoraussetzungen, Organisationsform, Ort, Dauer, Kosten, Teilnehmerzahl, Prüfung, Abschluss, Zahlungsweise sowie zu Rücktritts- und Kündigungsmodalitäten.
- ☐ Der Leistungsumfang ist klar und eindeutig definiert (genaue Angabe der Unterrichtsstunden und der maximalen Teilnehmerzahl).
- ☐ Teil- und Ratenzahlungen sind möglich.
- ☐ Der Vertrag bietet akzeptable Kündigungs- oder Rücktrittsbedingungen.
- ☐ Eine Kündigung rechtzeitig vor Beginn der Weiterbildung ist unentgeltlich bzw. gegen eine Bearbeitungsgebühr möglich.
- ☐ Bei den Kündigungsgründen vor oder während der Weiterbildung wird eine nachweisbare Erkrankung des Teilnehmers oder Arbeitslosigkeit von anderen Gründen unterschieden.
- ☐ Auf Rückfragen zum Vertrag gibt der Anbieter freundlich und kompetent Auskunft.

Seriosität und Professionalität

- ☐ Die Gesamtheit der Qualitätskriterien, die sicherlich individuell ganz unterschiedlich gewichtet werden, ermöglichen eine abschließende Einschätzung der Seriosität eines Angebots. Ein besonderes Augenmerk verdienen sicherlich der Vertrag sowie der persönliche Eindruck von Ausbildern und Referenten. Auch ist der Umgang mit Konflikten und Beschwerden während einer Weiterbildung ein Gradmesser für die Professionalität eines Anbieters.

C: Alphabetische Liste der Weiterbildungsanbieter

Coaching

2coach Personal- und Unternehmensberatung Henrichs und Schiemann GbR

3k Consulting

Akademie für wissenschaftliche Weiterbildung an der Pädagogischen Hochschule Heidelberg e.V.

alwart + team

artop-Institut an der Humboldt-Universität zu Berlin

ascoach, Akademie für systemisches Coaching

BTS Gesellschaft für Organisationsberatung, Training und Supervision

CA Coaching Akademie GmbH

cct corporate competence team – training+coaching-center

Coaching Academy CIP (Centrum für Integrative Psychotherapie) GmbH

Coaching Center Berlin GbR

COATRAIN coaching und personal training GmbH

CONTRAIN, Consulting und Training GmbH

Deutsche Gesellschaft für Personalführung (DGFP) e.V.

Deutsche Psychologen Akademie GmbH (BDP)

Dietz Training und Beratung

EAG-FPI, Europäische Akademie für psychosoziale Gesundheit und Kreativitätsförderung, Fritz Perls Institut

ECA European Coaching Association e.V.; ECA Academy

Europäische Ausbildungsakademie der M.O.C. GmbH

Fachhochschule Frankfurt am Main – University of Applied Sciences

Grundig-Akademie, Akademie für Wirtschaft und Technik; Gemeinnützige Stiftung e.V.

Johannes Grünwald KEG, Lehrinstitut für European Coaching Association

Habichtswald Seminare

ias Institut für Angewandte Sozialwissenschaften

ifs Essen Institut

IFW, Institut für Fort- und Weiterbildung

Institut für systemische Beratung

ISCO AG, Institut für Systemisches Coaching und Organisationsberatung

K E + P Billmeier Kramer Lauterbach

Kirchröder Institut Consulting und Training

KönigsCoaching mit S.A.L.Z.

Konstanzer Seminare

TRIAS Institut für Coaching, Supervision und Organisationsentwicklung Zürich

WIBK Wissenschaftliches Institut für Beratung und Kommunikation

Karriere- und Outplacement

2coach Personal- und Unternehmensberatung Henrichs und Schiemann GbR

act value management consult

Boenig Beratung

Grundig-Akademie, Ausbildungen

Institut für angewandte Laufbahnpsychologie (IAL) Zürich – Mainz

Karriere Management

Mediation

4*2*3 Konflikt-Dialog-Mediation

Akademie für Wissenschaftliche Weiterbildung e.V., Albert-Ludwigs-Universität und Pädagogische Hochschule Freiburg

Akademie von Hertel

AL-Institut – Konfliktberatung und Mediation

Arge Bildungsmanagement Wien

Bildungswerk Ver.di, Bildungswerk der Vereinigten Dienstleistungsgewerkschaft in Niedersachsen e.V.

Christliches Jugenddorfwerk Deutschlands (CJD), Institut für Weiterbildung NRW

DGFP Deutsche Gesellschaft für Personalführung e.V., Bayerische Akademie München

Europäische Ausbildungsakademie der M.O.C. GmbH

Europa-Universität Viadrina Frankfurt/Oder

Dresden International University (DIU GmbH)

European School of Governance (EUSG)

Evangelische Fachhochschule Ludwigshafen, Hochschule für Sozial- und Gesundheitswesen

Fachhochschule Aargau, Nordwestschweiz

Fachhochschule Frankfurt am Main – University of Applied Sciences, Abtl. Weiterbildung

FernUniversität Hagen

Forum für ressourcenorientierte Lösungen (FroL)

Grundig-Akademie, Ausbildungen

Habichtswald Seminare

Hamburger Institut für Mediation e.V.

Haus der Technik e.V., Außeninstitut der RWTH Aachen

Heidelberger Institut für Mediation in Kooperation mit der Universität Heidelberg

Hochschule für Angewandte Wissenschaften Hamburg, Fachbereich Sozialpädagogik; ZEPRA – Zentrum für Praxisentwicklung

IHK Akademie

Institut Sikor – mediation training

ISK Consulting (Institut für Streitkultur)

Ludwig-Maximilians-Universität München, Rechtswissenschaftliche Fakultät; Centrum für Verhandlungen und Mediation

Mediationsstelle Brückenschlag e.V.

neustart – Institut für Mediation und kreative Lösungen

Ruhr-Universität Bochum, Weiterbildungszentrum

SOKRATeam GbR

Steinbeis Transfer Institut – International Business Law

TRIANGEL Institut für Supervision, Organisationsberatung und Familientherapie

Universität Bremen, Zentrum für Weiterbildung (ZWB)

Universität Bielefeld, Institut für Anwalts- und Notarrecht

Carl von Ossietzky Universität Oldenburg, Zentrum für wissenschaftliche Weiterbildung

Zentrale Einrichtung für Weiterbildung der Universität Hannover

Stichwortregister

Über die Autorinnen

Dr. Claudia Eilles-Matthiessen (Jg. 1966) verbindet mehrjährige Praxiserfahrung als selbstständige Beraterin mit einem wissenschaftlichen Hintergrund. Als Lehrbeauftragte der Universität Frankfurt befasst sie sich mit den aktuellen Entwicklungen organisationspsychologischer Themen wie Coaching, Führung und überfachliche Kompetenzen. Ihre praktischen Arbeitsschwerpunkte sind Coaching sowie die Vermittlung von Beratungskompetenzen. – Claudia Eilles-Matthiessen lebt mit ihrem Mann und ihrem Sohn bei Frankfurt am Main.
Internet: *www.cem-beratung.de*
E-Mail: *claudia.eilles@cem-beratung.de*

Dr. Susanne Janssen (Jg. 1969) arbeitet seit mehreren Jahren in der Personal- und Führungskräfteentwicklung eines international tätigen Großkonzerns (Fluggesellschaft). Zuvor war sie nach dem Studium der Psychologie mehrere Jahre lang als freie Mitarbeiterin in einer Unternehmensberatung tätig. Ihre Themenschwerpunkte sind (strategische) Führungskräfteentwicklung, Potenzialanalyse und interkulturelles Management. – Susanne Janssen lebt mit ihrem Mann und ihren zwei Kindern in Frankfurt am Main.
E-Mail: *Susanne_Janssen@gmx.de*

Sandra Merz-Hörmann (Jg. 1968) hat mehrere Jahre Erfahrung als Human-Resources-Manager in internationalen IT-Unternehmen. Nach ihrem Studium der Betriebswirtschaft mit Hauptfach Personal & Organisation legte sie im Rahmen ihrer Personalarbeit im Unternehmen ihren Schwerpunkt auf Personalentwicklung. Ihre Aufgaben als Human-Resources-Manager sind die Beratung von Führungskräften sowie die Auswahl von Coaches und Beratern. Sandra Merz-Hörmann lebt mit ihrem Mann und ihrem Sohn in Hofheim/Taunus.
E-Mail: *TheHoermanns@t-online.de*